U0142972

·精華版·

創新管理
Innovation Management

吳松齡 著

五南圖書出版公司 印行

自　序

　　經濟學者克魯曼（Paul Krugman,1995）曾述及「推動國家邁入下一個成長階段的唯一要素是原創力、發明力、創造力、想像力和真正的創業精神」。管理大師杜拉克則提及：「不創新，即滅亡」（Innovate, or Die）。如今面對瞬息萬變的經營環境，企業組織須不斷面對問題及採取決策，須持續尋找改進組織效能的方法，才得以永續經營。市場時時在變、環境時時在變、制約的條件與管理典範也時時在變，因此現代的經營管理者須審慎思考對策，冀求突破困境，開創新局。

　　產業與企業組織都會面臨成熟期，企業會老化、新產品會變成舊產品、科技產業會變成傳統產業、事業設計免不了會喪失魅力、管理典範更會缺乏效能、績優團隊的績效也可能會降低，我們要如何賦予企業組織新的生命？創新是近年來企業組織談競爭優勢的顯學，當今的企業組織無論是哪一個業種或業態，在經營管理上所共同面對的課題就是要如何創新。

　　創新說起來容易，實際上真的進行時卻是困難重重。創新也不是一陣熱潮，因為它主要來自於企業組織的日常管理與營運活動，是為了解決問題與永續發展而想出來的辦法。因此，企業組織需要持續不斷進行創新，才能稱得上是卓越的創新型企業，要達到這個目標，首先就應打造一個良好的創新平台。

　　創新平台指的是組織內需要有激發創意的機制，或是可立即使用的資源，以協助點子進行實驗，同時有一套良好的跨單位整合作業流程，能快速動員企業組織內部既有的資源，結合外部環境與競爭情勢，將創意點子轉換為有價值的新商品、技術、流程、管理典範、策略、企業文化或事業設計。

　　企業組織應將本身塑造為創新火車頭的積極角色，傾全力於新商品、技術、管理典範、策略或事業設計的開發，為其帶來良好的市場價值、市場占有率、顧客占有率、利潤與績效成長。企業組織為達成上述目標與願景，創新型企業就需以下的關鍵議題：(1)創新構想的激發；(2)從消費者的需求出發並用心感受消費者需求的價值創新；(3)給予經常與顧客接觸的基層員工（包括業務與研發人員在內）自由創意提案及實驗機會；(4)培植創新的一流人才（包括高IQ、EQ與AQ人才）；(5)營造支持創新的環境（指資金、人才、創

新團隊、核心流程、企業文化）；(6)高階經營團隊應扮演創新的引領者與守護者角色；(7)激勵獎賞提出創新構想的人員與團隊。

創新到底是什麼？是to Make Changes或是Innovate?事實上，創新與變革幾乎是同義詞。創新通常指的是：(1)突破現況的改善或開創革命性的全新商品、原材料／零組件、流程／作業方法、設施設備／模（治）工具及檢驗／改進方法等，以獲取更高價格、更低成本、更快效率、更安全，或更方便的效益；(2)創新也可用在突破現況的改善，或開創革命性的全新組織與管理行為，如：公司治理模式與管理典範、領導統馭與人力資源管理、產銷與服務經營模式、市場調整與營運區位、市場行銷區域與通路擴大、產品線轉換與增減、知識管理與學習型組織、企業文化與組織經營等方面的轉型，以獲致更高的經營績效。

由於我長年在各個業種與業態的企業經營管理與商務活動中，擔任企業醫生的角色，對於企業組織與非營利組織的創新管理活動所扮演的角色，從創新參與者到旁觀者、策略者、規劃者、執行者，幾乎都曾身歷其境。自然而然有相當多元化的觀點與經驗，所以我相當期望能將創新管理予以撰寫出來，以為分享讀者，並藉由本書引起讀者更進一步的研究興趣，對於企業組織與個人走向數位化、全球化與國際化之發展，有更精進的省思與應用。很高興五南圖書文化事業公司的經營者與商學管理編輯室的張副總編輯給予我這個機會，使得本書能順利編輯與出版，在本書付梓之際，我要感謝五南圖書文化事業公司的高效率編輯群與張毓芬副總編輯、內子洪麗玉，及大葉大學企管系暨事業經營所、朝陽科技大學休閒事業管理系所與修平技術學院企管系等師長與同儕的支持與協助，才能使本書順利出版，唯敝帚自珍之餘不勝惶恐，企盼諸位先進不吝給予斧正與指導。

吳松齡　謹識

葉副處長序

　　經濟部大力推動創新的觀念，且極力要將台灣塑造為「創新之島」。但創新究竟要如何具體的加以定義？台積電董事長張忠謀就將創新界定為不僅指研發技術的創新而已，更重要是經營模式（Business Model）的創新；管理大師杜拉克（Peter F. Drucker, 1998）提出更明確的定義：「創新指改變資源的生產或是改變消費者得自資源的價值與滿足」、「只要是使現存資源創造價值的方式有所改變，都可稱之為創新」；經濟史及經濟思想家熊彼得（Joseph Alois Schumpeter, 1934）率先使用「創新」的「企業家精神」與「創造性破壞的永恆風暴」的概念。整體來說，創新應可說是創造知識、管理典範、企業文化、科技擴散及事業設計的主要來源，也就是企業在原材料、產品、服務、活動、製程、經營、管理、行銷、通路或營運上的任何改變，都可視為創新。

　　由於二十一世紀資訊、通訊與網路電腦的高度發達，使得企業組織面對愈來愈嚴苛的競爭與挑戰，企業組織要如何構築創新發展策略，以提升商品的經營品質與技術層次，已成為當前企業組織追求生存與發展的重要課題。創新是在高度變動的環境中建立競爭優勢的不二法門，對企業組織的經營者、CEO與策略創新領導人來說，如何盤點與查驗本身組織的創新體質，並和競爭者相比較，實為重要的策略規劃動作。

　　創新是無論其業種與業態屬於哪一類？組織經營之規模如何？傳統產業或高科技／生物科技產業？在經營上所無法避免而且須共同面對的課題。在此激烈且快速變動的時代，企業組織的經營者、CEO與策略創新領導人須深切體驗「不創新，即滅亡」所呈現的意義，企業組織須掌握市場核心需求、創造高度成長的市場價值、創造實質財務績效、維持優勢的市場占有率與顧客占有率、擴大競爭優勢等終極訴求。這就需要企業組織以效率化的創意領航及效能化的創新行動，並不斷以系統思考的程序，探尋企業經營與管理的關鍵瓶頸，聚焦資源於消除管理瓶頸、擺脫習慣與制約，採取矯正預防措施，徹底杜絕企業的劣根慣性、突破習慣領域及持續創新與變革，使企業組織得以系統化的方法及價值化的知識來深耕企業，加速轉型為「破壞性創新者」，快速突破所面臨的瓶頸與障礙，以取得永續經營的通行證。

　　「勇敢改變，可能會輸；但若不改變，注定失敗。」這句話就足以說明現今的企業組織為迎接種種經營環境的新挑戰，在推動創新時須要講究務實，同時更要能容忍錯誤；錯誤並不可怕，只要能從錯誤中學習成長，就可能享受到創新成功的豐盛與甜美果實。創新是所有企業組織追求成功的關鍵，尤其是在知識經濟時代，創新更是唯一的成功之道，面對瞬息萬變的經營環境，企業組織須不斷地創新，須持續尋找改進組織效能的方法，才得以擁有永續經營的能力與條件；但創新絕對不是一句口號，而是須從根本作變革，變革的起點則是視野的轉變與文化的塑造，才能真正達到事業永續經營與蛻變再造的目標。

　　作者吳松齡老師是工商產業與休閒產業的經營管理顧問師，具有豐富的企業創新、變革、再造的實際輔導及企業經營管理之實務與教學經驗，且在大葉大學企管系、朝陽科技大學休閒事業管理系與修平技術學院企管系講授相關課程，為實務與理論兼具之專家學者。渠以實際輔導與管理之經驗，並結合學術理論撰寫成《創新管理》一書，自是相當符合教學相長的意旨。本人相當期望該書之出版問世，及早為公共、工商、服務與休閒產業領域貢獻心得與智慧，並能培育出更優質的創新者。

　　本書編寫採取理論與實務並重方式，全書由創新管理相關之理論基礎發展為進行創新管理活動，以確立藉由創新管理活動以奠定企業組織的永續發展競爭優勢之利基。其引領讀者由理論研究到實質運用之意圖甚明，且在各章節均提出個案或與章節主題有關之議題，更為強化讀者學習績效與易讀易懂之助力，頗為適合企業經營管理階層與創新領域的從業人員、大學院校相關系所學生及有志投入創新管理研究者之學習與參考。本人相當高興為本書作序，並藉此書出版之際，鄭重推薦本書給各位先進女士與先生參考閱讀。

經濟部中小企業處副處長

目　錄

第**1**部
概　念：為什麼要創新

Chapter **1**
預測未來的最好方法
就是創造它

創意的目的乃在解決問題與達成目標願景，因此創意應要有思維與策略，方能有效
達成目標。創意與創新能力除了天賦異稟外，還可透過後天學習與思考方法磨練之
同步運作，方得以凝聚出與眾不同的創意與創新能力。唯在創意與創新能力的養成
與爆發之前，也應經由精練、模擬、測試與實證的過程，方能形成一個嶄新、無人
可比的創新構想。在此數位知識時代裡，企業組織更需要有創新設計的能力與構想，
且要練就一套甚至多套的創新能力，方能在激烈變動的時代中成為標竿企業。

　　二十一世紀知識經濟時代裡，無謂傳統製造業、科技製造業、商業，甚至休閒業均受到快速全球化競爭環境與全球運籌管理體系的影響，以致使許許多多的工商服務產業外移到中國大陸（甚至由中國沿海轉進到中國內陸）、東歐、西亞與東南亞等地區，使得這些已開發與高度開發國家的綿密產業網路，受到上述勞力廉價國家或地區的磁吸作用，而使其產業網路發生斷層，甚至有產業空洞化的危機，在此危機中唯有開發創意，突破習慣領域，強化創新發展與管理，加速企業轉型與提升競爭力，才能化危機為轉機。

◎ 第一節　創意的本質在協助成功解決問題

　　創意的目的乃在協助組織解決發展的瓶頸問題，進而使企業的願景與經營目標得以實現，提升企業的競爭力。因此，創意應基於為企業組織的競爭優勢、問題解決能力、創新管理模式與觀念、創新商品與生產服務作業方式等前提，方能達成創意的目標。

一、創意點子與管理新觀念的形成

　　創意的點子常常會在我們日常生活中浮現；在企業管理行為中，也有相當多的創意被管理學界、管理顧問界與實務界所引領，而進入各個業種、業態與業際中，進而興起許許多多的管理觀念與管理模式，如：執行力、企業倫理、企業責任、公司治理、EQ管理、BSC平衡計分卡、員工分紅、惡意併購等真是洋洋灑灑。但任何管理模式與管理觀念的創意產生，大多並非創意者創作出前所未有的想法或思維，其原因乃在於人們的腦力尚不至於發達到這個地步，也就是說即使能創造出前所未有的創意，仍會遭受接受點子的人們所懷疑或採取刻意的默視。

　　你也許會問：為什麼會有如此情形發生？其實理由很簡單，因為接收點子者未必能理解原創者的意涵、表現與價值；況且這些點子是前所未有或無中生有的觀念與模型，且大多偏離了人們的習慣領域，以致要費盡心思，透過傳播與說服，方能產生其影響力與吸引力。產業界與顧問界的大眾思考其新管理觀念的是或非，大眾行動的善或惡，大眾態度的取或捨，其觀念的創新作法，並經由學術界的概念化（Conceptualized）與泛論化（Generalized），也成就為新的

管理觀念與模型。

產業界在順境之際，需要維持著創意以提升企業組織的永續經營與管理能力。在逆境時，也同樣需要創意來延續企業組織的續航能力，並藉由創意來解決瓶頸問題與突破經營管理困局。而現階段的人們在工作進行中，要依賴創意來謀取高昂的工作績效；在休閒餘暇時也需要依賴創意，使其休閒體驗價值得以體現；在婚姻與家庭生活，也需要創意，使其生活達到美滿與和樂。

因此無論是個人、企業組織、行政機構，或是非營利事業組織，應是無時無刻均需要創意。但只要是創意，就會是有效或是好的創意嗎？其實並不盡然，而是要看狀況。就拿廣告創意來講，有些創意是差勁的，其理由是廣告主與廣告創意者沒有跳脫奢侈的魔咒，因為他們認為只要能花錢就能拉抬平凡廣告的記憶曲線，即使再差勁、再彆腳的商品均可在消費者心中奪取一席之地，但他們卻忽略了消費者的遺忘曲線是呈現陡峭的下降趨勢，原因無他，乃在於消費者對該廣告的印象相當模糊，以致差勁的廣告創意只有媒體受益，對廣告主與消費者而言，均是奢侈或浪費罷了。

有了新的管理觀念與管理模式時，企業組織想要勇敢面對甚而導引實施時，須要看清事實，因為事實是相當殘酷的，且這些殘酷的事實也一再提醒我們，要如何執行？要如何提高組織與員工的績效？要如何為消費者／顧客所接受？這些均是需要費盡心力的，且更需要組織文化、組織結構、策略規劃管理的配合與改變，還要有相當的執行力，如此才能達成引進新觀念與新模式或新點子的實現。

二、創意與新管理觀念的實踐

基於上述我們所探討的創意本質，我們可提出一個建議：「任何創意點子或管理的新觀念／新模式，並非均適合於任何產業或任何企業組織」，所以我們在此鄭重地建議企業組織的卓越領導人與各部門經理人員，須審慎地評估與驗證各項創意，或新管理觀念的基本假設與其商業化計畫的邏輯／可行性，之後才能決定如何將其導入於企業組織、商品（含服務、活動）、生產與服務作業及商業化模式中。

所以我們將創意定義為：「綜合運用各種天賦能力與創意專業技術，從現有的商品、服務與活動、組織文化與組織結構、生產與服務作業及經營管理過程中，尋求新的概念、新的體現、新的方法、新的商品的過程，乃稱之為創意」。

㈠創意與新管理觀念的吸引力與影響力

創意的特殊意義乃在於「How to Say?」、「How to Show?」與「How to Special?」也就是創意的基本任務乃在於：吸引人注意、整合訊息與呈現意涵，及吸引力與影響力的展現與體現。

創意的效果與價值重點在其吸引力與影響力，如在二十與二十一世紀中，全面品質經營、企業再造與流程改造、知識管理、顧客關係管理、核心競爭力、供應鏈管理、企業資源規劃、精實生產、策略管理等新管理觀念，曾經引導我們如何改造企業文化、企業體質、降低成本、提高競爭力及提升顧客滿意度與顧客價值，然而我們若是仔細地研究，會發現這些新的管理觀念的創意並非引領企業組織轉型與永續發展的重要推手，事實上最重要的是這些新的管理觀念，發揮了吸引企業組織領導人與經理人員的關注眼光，進而吸引他們的注意力，並蛻化為執行力，方能使這些新的管理觀念得以落實，進而發揮其影響力與價值。

㈡創意與新管理觀念的創新決定性能力

創新發展的創造力怎麼來的？基本上仍是經由人們的腦力開發而來，當然潛力的開發須經過教育與實際運作，方能將其創造力激發出來。這就是說任何創意點子需要經由天賦的智慧，並加上後天學習與思考方法的磨練，同時加以運用的結果才能衍生出創意點子來（如圖1-1所示）。

其實人們的創意想像力是與生俱來的，在日常生活中或是職場工作中，想像力可不斷地發揮作用，由想像力所主導人們的思考習慣，將會經由想像力不斷提升人們的創新能力，且創意思考能力愈高的人，是由於他不吝於發掘想像力，且不輕易認為想像力已消耗殆盡，所以想像力是愈發掘使用愈為高昂與銳利。

身為企業人，就有責任多做創意功課，以為提供解決問題與提高競爭力的助益，若想培養創意與想像力，不妨平時多做功課，如：⑴表現出歡欣鼓舞的表情；⑵表現出「得到國家品質獎」的喜悅；⑶表現出「在火星登陸發現生命源」的驚喜；⑷表現出「採菊東籬下，悠然見南山」的閒情逸致；⑸表現出「疑似前無路，柳暗花明又一村」的希望；⑹表現出「商品上市，形成熱賣」的情景；⑺表現出「業績勇奪第一名」的風光；⑻表現出「年老色衰，孤苦零丁」的淒涼；⑼表現出「久困深山，突尋得出路」的興奮等，只要多做自我多元思考路徑的訓練，就可促使個人與企業的創意無限多與想像力無限大。

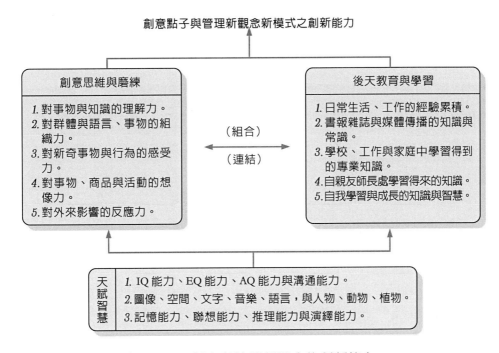

創意點子與管理新觀念新模式之創新能力

創意思維與磨練
1. 對事物與知識的理解力。
2. 對群體與語言、事物的組織力。
3. 對新奇事物與行為的感受力。
4. 對事物、商品與活動的想像力。
5. 對外來影響的反應力。

（組合）
（連結）

後天教育與學習
1. 日常生活、工作的經驗累積。
2. 書報雜誌與媒體傳播的知識與常識。
3. 學校、工作與家庭中學習得到的專業知識。
4. 自親友師長處學習得來的知識。
5. 自我學習與成長的知識與智慧。

天賦智慧
1. IQ 能力、EQ 能力、AQ 能力與溝通能力。
2. 圖像、空間、文字、音樂、語言，與人物、動物、植物。
3. 記憶能力、聯想能力、推理能力與演繹能力。

🔖 圖 1-1　創意與管理新觀念的創新能力

㈢創意與新管理觀念的持續性創新

　　企業應以人本的情懷激發創意與新的管理觀念，因為太過於講究科技技術驅動的創新，並無法滿足顧客需求或新的顧客價值。現代企業應重視顧客的需求，並將過去重視科技創新的方式改變爲重視人文情懷的破壞性創新方式，並藉以創造出新穎、有價值、有效用，與能使顧客體驗價值滿足的商品、生產與服務作業、組織文化與組織結構及商業化模式。

　　創意點子與新管理觀念的創新，除了須居於重視顧客價值與需求之原則外，尚應重視內部顧客的參與需求，及給予參與創新行動機會，高階經營管理者更應扭轉過去的策略創意與發想主導者角色爲策略創意與發想的守護者，盡力給予創意與新管理觀念萌芽與發展的自主空間。另外企業更應建構其組織的創新網路，對內提供全體員工創意點子與新管理觀念之發想、創造、實驗與跨部門整合的機制，以將創意點子與新管理觀念轉換爲有價值的商品與商業化模式；對外則提供企業與其他外部利益關係人的創新資訊交流、知識分享與專業技術互動機制。如此所建構的創新網路，正是能持續性創新的基本創新管理法則。

三、創意點子與創意思考方法

馬歇爾（Ian Marshal）與漢洛夫（S. Hameroff）在 *Toward a scientific basis for consciousness* 一書中提出三種完全不同的思考方式：

㈠連續性思考

連續性思考代表企業組織與人們理性的、邏輯的、受規則約束的思考，即是一樁直接的、有邏輯的，非關激情的理性思考方式。在商業活動裡的思考活動均是連續性的思考，如：企業在進行策略規劃時，應先進行情勢分析之後再擬定策略與經營目標，並將經營目標編定到該組織的最基本單位，同時確立各層級單位的行動方案，以作為達成目標的一連串合乎邏輯的行動依據。

事實上，企業的事業經營、管理結構與管理觀念，大多基於連續性思考的方法加以規劃，如：員工出勤管理、各層級職務規範、各作業系統的作業程序與作業標準等，均是利用連續性思考的模式與概念予以規劃與設定。所以企業運用連續性思考方法，來開發創意點子與新管理觀念的主要優點，乃在於：快速、正確、精準與可靠等特性，而主要缺點則為此方法被限制在該既定程序、標準與規範之框架中運作，的確是缺乏彈性。

㈡聯想性思考

聯想性思考乃出自於習慣性思考，也就是平行式的思考。此一思考方法可為我們產生事物間的關聯性，同時此一思考方法可經由經驗而產生連結或重建，每當我們看到某一事物時，其神經網路就會增強記憶，一直到能再確認為止，而若這個事物發生模式改變時，則接受此事物的能力也會慢慢改變，一直到記憶已進行重新接連另一新的事物中，當達到能認知或辨識新事物或模式時，其思考的神經網路方告停止。

事實上，聯想性思考是試誤法則（即自錯誤中學習）的一種，也因為具有此特性，所以聯想性思考法也是一種靜默學習模式。企業組織所擁有的大量知識、智慧與技術，大致上是無法被其組織成員，甚至利益關係人所具體描述或形容的內容，然而企業組織卻依賴這些無法被描述的靜默知識、智慧與技術，方能維繫其順利運作與發展；這些靜默的知識、智慧與技術，平時儲存在該企業內部的全體員工的行為、技巧、經驗與成果中。

聯想性思考的好處是可隨時與其行為、技巧、經驗與成果進行對話，也可經由經營管理與各項作業過程中的成功與失敗經驗裡獲得學習，且在學習過程中可感受到以前未曾學習過或經歷過的經驗，且還可持續地進行思考與頭腦的重建。所以這種思考方法可將思維、概念、創意中的模糊概念與偏誤概念予以剔除，以保留可供辨識與運用的部分。但其缺點則是速度慢、正確性低且易受到習慣的影響，雖然經由此方法可學習新的知識與技術，但卻要花費不少時間去努力。唯此思考方法的進行過程不易與他人分享，因為它是須由自己在錯誤中學習的，別人是無法取代或代為服務的。

(三)創造性思考

創造性思考是直覺式與整體性的思考方法，此一思考方法是挑戰既定的想法、突破習慣領域、改變思維方向之富有見解的、直覺性的、創造性的思考方法。此種思考方法為促進新思想型態的發展，及新管理觀念模式的辨識。且創造性思考方法是針對連續性思考與聯想性思考的思考過程中所蒐集或呈現的資訊與資料，加以統整後引為思考過程中的經驗範疇，此範疇為產生思考的地方，

漂流木藝術家就像是神奇的魔法師

漂流木，從世人眼中的廢棄物，經由藝術家的巧思一動，妙手一揮，創意火花就可把不起眼的漂流木變成千變萬化、高雅的藝術品，這個過程就像是一則美麗動人的傳奇故事！不管在一般家庭、公共場所或是校園裡，到處都可看到漂流木的影子，漂流木已融入人們的生活中了。【作者拍攝】

有人稱為量子思考場域，所以創造性思考方法也可稱為量子思考。

企業組織之商業活動的創造性思考，須是各層級的組織結構應具有相當的彈性與跨單位間的互動溝通能力，方能在思考過程中讓各個員工均能扮演著各自職務上的重要角色，而藉由企業組織內的資訊溝通與整合，找出該企業組織應增加的概念、應行割捨的概念及可創造出新意義的概念，以補其不足。此即為創造性思考方法能成為標竿企業之能力來源。然而要運用此創造性思考方法時，應記得要跳脫出原有的思考與典範之框架，找出創新思維以達成創意與新管理觀念之進一步認知與見解。

第二節　創意與創新的創意社會

二十一世紀台灣產業轉型與提升競爭力的關鍵，是創意與創新。雖然科技研發與設計會帶來商品與企業組織的高附加價值，但企業組織卻須投入大量的資本，這對台灣的產業而言，是不太容易的。另外，在受到全球化的深遠影響，文化與知識性的東西就變成很重要的資產，如：出版、電影、電視、廣告、流行、工藝等產業，愈是全球化，流動得愈快，消化也愈快。如此的文化性、知識性的商品與管理觀念，要提高它的附加價值，得先從提升感動性、感受性與感覺性的層次著手，所以這個時代的創意須從創新著手。

一、培養創意與創新的習慣

任何人均有過「找不到創意」與「不知道如何創新」的困擾，因為我們大多是在需要的時候才想到要去開發創意與創新商品或管理觀念。所以我們要在平時即將存在於人們生活周遭與企業經營管理活動中的創意與創新因子，加以捕捉以形成人們與企業組織的創意與創新習慣。

創意存在於人們與企業組織的日常作息與作業活動中，創意與創新的活動會促使人們與企業組織將之當作是一份全職的工作，且創意與創新活動並非無中生有，而是要充分地準備與持續地做功課與練習，使其成為人們與企業組織的日常例行性工作，也就是形成創新的習慣。

崔拉‧夏普（Twyla Tharp）在 *The Creative Habit* 一書中提到培養創意習慣的方法與原則為：

㈠創造一個創意思考前的準備儀式

在進行創意思考之前，應有一些準備儀式，讓創意者與創新者自己的心理與身體調整到最佳狀態，才能真正地專注到創意與創新焦點上。而此處所稱的儀式泛指創意者與創新者固定會做的某些簡單活動，為受到他們的認知與相信，是願意投入人力、心力、物力與財力，不會猶豫該做或不該做，這個儀式可讓他們進入最好的工作狀態，並能產生立即進行創新的衝動。

㈡找出你的創意 DNA

創意DNA即是創意密碼，也是創意思考模式。在進行創意思考時，應從自己的創意 DNA 出發，才能發揮創意，因為每個人或企業組織都有自己的創意DNA，也就是同一件事情，不同的人或企業組織均有其不同的觀點。

㈢過度憂慮與分心是創意與創新的殺手

創意者與創新者若心存憂慮，擔心其創意不夠好時，將會使創意點子與新管理觀念的發想遭到限制。這些憂慮與分心，依 Tharp 的說法為：⑴害怕被嘲笑；⑵以前已有人做過了；⑶執行成果不如預期；⑷不知道怎麼做；⑸一心多用；⑹資訊與數字充斥壓縮右腦的活動機會；⑺時間壓力如影隨行。

㈣記憶與經驗是創意與創新的源頭

人們與企業組織的記憶孕育了無數的創意種子，創意並非無中生有或憑空發展出來，有可能由於過去片段的記憶與經驗而勾起創意與創新的點子。

㈤從小創意開始，衍生成大的創意

不要認為小小的創意點子沒什麼了不起或價值，因為所有的創意是從日常生活或工作中的細微之處開始發展的，這些小創意將累積彙整並衍生出大的創意。

㈥創意需要有組織的資料整理過程

人們與企業組織的創意點子須將之記錄、存檔，並將其整理、分析與管理，如此方能在任何時間點裡以供隨時取得並參考。

㈦創意來自於實際的執行，而不是完美的計畫

創意的發想與產生是來自於創意思考的過程，且在過程中會有許許多多的變數存在，進而衝擊到思考過程，因而產生創意，而不會是依據完美的計畫就能產生創意點子的，況且依計畫的創意可能會扼殺了原來思考過程中所可能產生的創意點。

㈧創意應建立在多元的基礎上，否則就是空想

因爲你心裡所想的與你所能做的會有落差，而此落差就需要你擁有必要的技能才能予以消除或彌補，如此才能實現你心裡所想的。且這些技能應包括熟悉的與不熟悉的技能在內，切勿遠離你所不熟悉的技能，因爲它將會壓縮你的創意空間。

二、培養創意與創新設計知識管理

在二十一世紀知識經濟時代中，由於受到資訊與通信科技快速發展的影響，而使得商品生命週期大幅縮短，企業組織領導人與各部門管理人員在面對全球化與快速變遷的市場時，創新速度已成爲市場決勝的關鍵。企業組織須坦然面對這個講求競爭力與競爭優勢的壓力，組成創新團隊，營造創新環境，且將員工價值與顧客價值予以再造，以研發出新的商品與管理觀念，是當前企業組織領導人與各部門管理人員須全力以赴的責任。

㈠創意與創新的起步

事實上，創意與創新在起步時，並不會那樣的複雜與困難，因爲創新思維的開始，可由突破習慣領域的制約開始，試圖經由神經網路與創新思考途徑，嘗試以不同的邏輯來解讀，企圖從此思考過程中激發出創意與創新。此處所稱的制約，是一種習慣領域的框架，這個框架其實就是被習慣制約的現象，不論是人們或是企業組織都會被自己固定的習慣所束縛，以致不想去突破此習慣領域的制約，甚至根本害怕改變這個固有習慣。

想要進行創新思維，就須由改變這些固有的僵化習慣開始，將其受到制約的束縛予以掙開，從既有創新思維模式中自我放空，才能以嶄新的思維模式激

發創意的想法與創新的點子、新的管理觀念、新的商品、新的經營管理技術與方法,及邁向創業成功的大道。

㈡組成創新團隊

企業組織為因應創新及知識時代的來臨,須遴選或培養出具有核心能力的人才,組成創新團隊,並建立有效的運作機制,積極地站在消費者的立場來開發新的管理觀念與商品。

企業組織的創新團隊,須培養出團結合作精神的信念,並將其內部顧客與外部顧客的價值作為企業組織的核心價值,朝向知識學習型組織的理念前進,成功地將其企業組織導入永續經營的康莊大道發展。

㈢建構創新的環境

企業組織所擁有的知識、經驗、智慧與技術正是創新的源泉,企業為求永續經營,就須創新其商品、管理觀念／模式、組織文化與組織行為,藉由創意與創新思維來推展知識學習型組織的運作生態,以為孕育與累積知識經驗、智慧與技術及知識型員工的養成。如此的知識管理模式與學習平台,將可在組織內部塑造出創新的知識分享環境,進而塑造出創新文化。

知識學習型企業的領導人與全體員工的創新環境建構將可把知識價值經由互動機制的知識分類管理、分析、萃取及探勘,以建立知識的應用系統,如此將可避免失敗且蓄積創新能量。在此創新文化的企業組織中,員工將會成為知識型員工,這些知識型員工經由組織的創新環境薰陶,將可變成該企業組織的知識資產。

㈣創新知識管理

企業組織的知識、經驗、智慧與技術等資源的短缺,是因為員工發生流動,所以,如何延續管理就變得相當地重要。員工延續管理事實上是知識管理平台,也是企業組織的創新管理工具。此一知識管理平台的任務,就是將企業組織的知識、經驗、智慧與技術經由創造、儲存、萃取與探勘而達到知識之共享與創新,而此等知識涵蓋經營管理及「產、銷、人、發、財」等各機能與各作業程序,及企業間與企業外部的各種知識／智慧／經驗／技術的來源機制。員工延續管理除了建置文件檔案管理外,尚應將員工日常工作的思考作業過程,予以

轉化成為文字或影音圖檔等方式，並加以儲存，而此一知識管理平台是該企業組織的創新程序的一項來源。

㈤創造員工價值

一般而言，創新程度較低的員工對企業的非知識系統依賴性較高，而創新程度較高的員工則對知識資源的依賴程度較高，所以說，企業的知識資源與創新體系的建立，是決定知識型員工對企業組織的忠誠度，與工作績效高低的一項重要因素。

企業組織為提升企業競爭力，應將既有習慣或思維加以突破，塑造員工的價值，及創新員工獨立思維與思考的能力，利用創意思考方法產生企業組織更多的創意與創新理念。員工價值的創造乃在於企業組織的員工分享知識與創新企業組織的文化，使組織內的員工在創新文化中追求組織的整體利益，並能在組織內部與外部的互動機制中，發展出與競爭對手有差異性的知識價值，進而形成企業組織的競爭力。

㈥知識與商品的創新

企業組織進行知識管理與分享知識時，將可有效地降低成本，並妥善運用組織的創新資源，以建置高附加價值的商品之核心能力，也就是將其知識管理與知識分享的績效，轉化於其商品的研發設計、生產與服務作業、市場行銷及經營管理的創新上，以提升各作業人員與作業流程的績效，降低作業時間與成本，並能適時、適量、適質與適價地達成組織與顧客的要求，建構出紮實的競爭優勢。

㈦滿足顧客需求與創造顧客價值

真正的創新不在科技發明，而在於能感受消費者的需求，創造出新穎、有效用的商品，帶給顧客、消費者需求滿足，創造出新的顧客價值。而企業組織則須由領導人，與各部門經理人員傾全力守護著創意的自主空間，讓創意能萌芽，同時促使行銷服務與研發創新人員能充分發揮創意與實驗創意的機會。且企業組織也應定期評鑑創意發展之績效，以督促創意團隊發揮滿足顧客新需求與創造顧客新價值的目標。

㈧企業永續經營的泉源

微軟總裁比爾・蓋茲指出知識、速度與創新，是企業永續經營的成功關鍵因素，所以創意與創新設計已是現階段進行創新知識傳播給組織內部員工，以為分享、認知與尊重有關創新與創意的人際間互動價值所在，也是企業為求永續經營所應建立的知識平台。

三、創新設計與知識的交會

二十一世紀以創新決勝負，設計開發正是創新力的具體表現，在創新設計領域中，須尋找與全球利基與特色定位，當然這個方向與策略是需要導入知識管理的觀念和制度，讓創新設計的理念與企業組織的工作理念結合在一起，使創新設計能力得以升級。當然導入知識管理體系時，乃需要經過電腦化、網路化、知識管理化與創新整合化的過程，方能在面對國際化與全球化風潮時，能因應處理因全球設計網路化（Global Design Network）所需要的溝通互動、工作銜接、組織管理與績效評核等重要作業。

㈠創新思維新模式

Stephen R. Covey 在 *Business think-rules for getting it right-now and no mater what* 一書中，提到當今企業組織所出現的問題癥結在於思考模式（或者是根本沒有思考）。企業組織與個人須建立一個成功的思維（Business Think），此一思維是促使企業組織真正進入卓越與高績效的關鍵，而此關鍵思維是為溝通及思考建立一套標準化與最適化的思考方法，以作為商業化模式的基石。至於標準化、最適化的思考方法原則有：⑴自我意識的檢驗；⑵激發企業同仁的好奇心；⑶尋找出最佳解決方案；⑷挖掘相關佐證數據與資料；⑸分析判斷解決方案的價值與利益；⑹全面進行了解問題的連漪影響效應；⑺設置警示煞車器以為緩衝解決方案之進行速度；⑻找出真正問題所在。

經由上述思考方法八大原則，將可從根本外培養出新的思考、溝通與決策的方法與模式，且可做出正確的判斷，把舊思維予以剔除，以獲取正確的解決方案，同時可藉由成功的思維工具，促使企業組織與個人能徹底改變思維方式及周圍的環境情勢地位，這就是創新發展的最佳效能。

(二)電腦化

員工學經歷專長、作業系統、顧客管理系統、供應商管理系統與技術系統等資料庫的建置，企業組織的各作業管理系統經由電腦化的互動與分享，將可提高企業的競爭優勢。

同時透過電腦化進行創新系統設計作業，將工作導入設計作業中，以有效率的設計結果部分（如：外觀、細節構造、功能性等），與設計本身（商品的適切性、生產與服務作業流程、背景條件等）之認知，予以納入在創新設計作業體系的過程當中，為企業組織的創新工作團隊經驗之傳承與知識管理的關注焦點。

(三)網路化

企業組織內部的區域網路化，使全體同仁（尤其是創新工作團隊）均能經由網路架構做好各自負責之工作，即使在同一辦公室的同事也習慣以電子郵件方式進行工作溝通、業務互動與會議簡報。如設計新商品時各級主管可於電腦螢幕中瀏覽其所屬員工的工作內容、工作進度與消耗之工時，必要時主管更可透過區域網路系統與作業進度超前之設計，與開發人員探討目前的創新設計草案內容與改進新商品品質的建議，更可督促設計進度落後之人員快速提出改進的構想，及協助排除進度落後之異常原因。

至於企業組織與其供應商與消費者，則可經由網際網路與通訊科技的結合，其創新的新商品設計過程，更可建構協同商務系統，以利消費者及供應商間可直接在網際網路線上提供或開放某些領域或區塊，供消費者及供應商參與創新設計，達到個性化的滿足感。另外其消費者及供應商也可透過網際網路隨時掌握到想要的資訊，供應商了解工作進度，並可做好及時供應所需的物品；而消費者則可了解其委託設計開發／生產製造的商品之作業進度，同時也可在草案階段到模型／樣品製作間，提供參與的意見與另行提出的要求以為補充。這些業務互動機制與需求滿足機制，是網路化須經過的途徑，也是追求創新設計時，不得不建構的創新設計網路化過程。

(四)知識管理化

事實上當企業組織與消費者或供應商的業務互動機制一旦展開，他們對於

其所關注的焦點議題，往往會在網路上或面對面的互動交流活動中要求加以討論。而現今全球化、國際化的風潮，已爲企業組織立下國際性商務活動的典範，那就是無論您走到哪裡，勢必要隨時掌握到您的 Office 或工廠／服務場所中有關消費者關注議題的進度與結果，如此您將不會羈延工作，同時也可滿足與消費者的互動需求，這就要依靠知識管理系統來達成。

知識管理系統的建構是企業組織進行 e 化、m 化的一種工作環境，知識管理是將電腦的便利性、效率與網際網路的快速反應結合外，再將人性、創意與自由納進去，使得現代的企業組織與個人均能將創意設計與知識管理融合，以提升企業形象與創意設計專業能力。

㈤創新整合化

創新設計與知識管理交會的結果，告訴我們，在哪個地方或方向有創意，我們就往哪個區塊發展（Innovation, I'll be There）。也就是將創新設計與知識管理系統予以整合，不但要使其融合，且更要將企業組織的商品創新設計系統、生產與服務作業系統、經營決策行爲、市場行銷、經營管理、顧客管理、顧客關係等方面予以整合在一起，或單獨或多種的創新設計整合，以爲滿足消費者的需求，並使創新設計思維能成爲全球化社會的不同文化之族群，或社群間互

稻草文化昇華為地方特色產業

台灣是農業社會，糧食生產以稻米為主，稻草則是副產品，稻草是農村生產稻穀的剩餘價值，可利用稻草為堆肥、飼料、稻草灰、建材、稻草繩、稻草鞋、寢具等，或紮成稻草人驅逐鳥類，防止鳥類啄食穀粒果實，因而將稻草文化發展為兼具環保、休閒、文化、藝術與學習的地方特色產業。【展智管理顧問公司：陳禮猷】

相了解所面對的問題之挑戰與解答。

第三節　運用創新設計提升企業競爭力

　　企業組織要先建立以滿足顧客需求與期望為導向的企業文化，且要能運用知識管理的方法，才能創新服務其顧客。創新服務的領域不但包括商品，同時也涵蓋各個作業領域，如：台灣的美國安泰人壽，就鼓勵員工勇於創新、鼓勵員工犯錯及永遠領先同業一步的「Click-Call-Coffee」的行銷服務理念：「Click指互動式網路溝通，重點是以高科技工具提供顧客的最方便與最快速的服務，做到由顧客自我選擇恰當的時間、地點與速度。Call 指專業化的顧客服務，給予顧客親切與真誠的感受之服務。Coffee 則是專人上門服務。」這個行銷服務理念就是運用知識管理創新行銷的一個嶄新的行銷方式。

　　要想成功地推動知識管理創新設計經營管理，就要能做到：(1)以經營管理之策略來決定知識管理的議題或選項；(2)知識管理效益須與企業願景與主要經營目標相呼應；(3)營造出全組織的創新、分享與持續學習的氣氛與文化；(4)以激勵獎賞的策略促進全體同仁的參與、利用與發揮創意與創新發展潛力；(5)將創新管理與知識管理交會，協助企業賺取利潤與達成永續發展。

一、提升企業組織的創新設計之發展水準

　　在台灣曾有人感到不能理解的同一件廣告行銷案件，可由 A 企劃公司以三十萬元來承包，但若由 B 傳播公司來做卻要八十萬元，這是什麼道理？同樣的牛肉麵在小吃店只要七十元，但在五星級大飯店卻要一百五十元，這是什麼理由？事實上，這只是一個創新服務的價值觀念差異，這就是創新品質服務的價值所在。

　　企業除了依賴政府政策的獎勵與輔導措施來發展本身的創新能力外，尚應自身企業組織要整個動起來，要從最高階的經營管理階層內心真誠的動起創新意識，並將其所認知的創新意識導入於企業組織的各個階層與各個員工，且更要體現出二十一世紀的數位化急遽發展需求速度的挑戰需求，所以要的創新管理深化為講究速度、專業與機動彈性的策略，為其內部顧客與外部顧客做好最適切的服務，以和時間競賽，方能得免於被淘汰的命運。

　　企業組織為求快速提升其發展創意發想與創新發展的創造力，最好能由培養創意與創新設計人才方面著手。因為設計人員的培養過程，乃係整合不同國家、不同文化與不同領域的學員間的體驗與學習經驗，以培植出不同的創新設計經驗傳承與經驗智慧的交換，並藉由創新思維的技術發展出不同的創意、見解、思維哲學、研究方法與創新技術，如此的學員培養將會為其企業組織引進嶄新的創意思考模式，從而激發其他員工的創造力。

二、避開企業創新的盲點

㈠企業創新的敵人

　　台積電董事長張忠謀於 2004 年 3 月「創新之路」演講會上提到創新有四個敵人：「⑴既得利益反對改革；⑵一個成功的組織；⑶守舊與傳統；⑷企業領導人希望被愛戴。」他甚至提到希望台積電能朝組織扁平化創新，但也坦言他希望是得到被愛戴的人，因此台積電也就無法達成組織扁平化的目標。

㈡企業創新推展阻力

　　1. 多一事不如少一事的心理作祟
　　2. 外界環境與組織結構無法跟進創新的阻力
　　3. 資源分配不均是創新的阻力
　　4. 僵化官僚的作業程序與作業標準之阻力
　　5. 未能跟隨創新的企業組織文化阻力
　　6. 缺乏高階經營層的支持與以身作則之阻力
　　7. 缺乏高階經營層的授權與賦權之阻力
　　8. 缺乏激勵獎賞誘因之阻力
　　9. 缺乏創意思考及創新發展環境滋養與維持之阻力

三、提高創新生產力的核心能力

　　台灣的傳統產業大多是一群散布在台灣各地的中小企業，台灣之所以能成為亞洲四小龍之首，是依賴著這一群中小企業，在過去此等中小企業為台灣建構分工綿密且機動性高、抗經濟風暴潛力特佳、品質高、供應能力快速等特質

的中小企業網路，是讓台灣的經濟與金融得以安然度過石油危機、經濟蕭條、泡沫經濟，與金融危機的經濟奇蹟所在。然而在二十一世紀裡，這些中小企業的創業者須改變以往的成本低與品質好就能屹立於業界的思維，因為在這個網路、電腦、通訊結合的世代，須具有不同於以往的競爭優勢，才能成為產業明星或標竿企業，而這些競爭優勢須建構在技術創新、市場反應快速、品質精確、持續降低成本、掌握市場利基、掌握大顧客，與開發新商品的基礎之上，方能快速成長與維持競爭優勢並成為贏家。

㈠創業（創新）者應具有的核心競爭優勢

1. 企業組織經營的新形式

企業組織經營形式應有別於以往的傳統家族經營的模式，且要將家族企業經營模式轉型為企業家族的經營模式，也就是納入更多具有各種創意專長與高度認識、企圖心的人才參與經營，如：行銷、研發、創新、管理、品質、服務、商品等方面的團隊。

2. 企業組織的授權與賦權管理新模式

企業組織的管理與決策行為，應將以往明星式的領導模式轉化為講究充分授權與賦權的責任、互信、相互依賴與相互均衡領導模式，以使全體員工均能真誠任職與奉獻服務，贏取員工的向心力與全力以赴之意願與行動。

3. 市場走向的全球化思維

二十一世紀全球化主義的發展，企業組織沒有辦法獨立於全球化浪潮，須將其市場放在全球，及體驗其面對的競爭已是全球性的市場競爭。

4. 市場行銷須放眼全球化的行銷

台灣進入WTO之後，市場行銷已是全球化的趨勢，即使您做的是內需型商品，但您卻不可避免於進口商品或國人自國外採購，或國人到國外消費的替代性競爭，所以須要有效放眼全球化競爭的行銷策略、戰略、戰術與人才。

5. 新商品的創新設計與開發新能力

創新商品已是數位時代生存的法則，任何企業組織要想能屹立永續經營與發現，應朝向將 OEM 轉型為 ODM 與 OBM 的方向，發展其創新設計與開發的新能力。

6.經營管理活動的創新模式

企業組織的經營管理行為不可再自限於昔日的成功經營管理模式，應配合數位、通訊、行動與知識經濟時代的需求，蛻變其企業組織的經營管理模式。

7.發展全球運籌合理的經營模式

全球化的發展對於企業組織的委託加工與服務的需求，乃建構在低成本、高品質、快速供應的基礎之上，企業經營模式應朝向全球化分工合作的思維發展，以因應競爭世代的需求。

㈡傳統產業發展為明星產業的發展模式（如圖 1-2 所示）

自有品牌追求永續經營以創造鵝的美麗價值

台灣加入 WTO 之後，經濟將更加自由化、國際化，農業保護政策亦將逐漸開放，禽肉關稅調降，白肉市場結構亦將重新分配，以飼料養鵝之思維極需改變；養鵝產業應針對鵝肉功用，及嗜草性、故事性、文學性、趣味性、遊憩性等方面創新經營與自創品牌行銷，以突破經營困境，奠定永續經營契機。【台南縣休閒農業發展協會】

(八)掌握全球分工提升競爭優勢，成為 GL/SI：
1. 為擴大快速成長與掌握滿足消費者需求利益，進行全球化分工體系。
2. 建構全球運籌管理（Global Logistics）與系統整合（System Integrity）體系，以擴大競爭優勢成為明星產業。

(七)自創品牌開發通路成為 OBM：
1. 為開發自己的路，進而自創品牌經營，以徹底擺脫代工的宿命。
2. 開發市場及通路、提高品質與技術水準、成為名副其實的自我事業經營者。

(六)掌握核心客戶成為 ODM：
1. 依賴 R&D 能力的成熟、經營管理的提升，生產與服務作業技術的不斷創新開發，而取得顧客的信賴，逐漸與其建立夥伴關係。
2. 進而在顧客的降低成本與提高競爭力需求下，而取得其 ODM 的最佳夥伴與策略聯盟的對象。

(五)強化創新設計與開發能力：
1. 為了擺脫代工的夙命與提高競爭力獲利力，開始跨入創新設計與開發領域。
2. 在自我研發設計過程中摸索與成為具有 R&D 的能力，同時取得國外與國內顧客的信賴，而進入 ODM 領域。

(四)跨國投資將台灣提升為營運總部：
1. 因應貨幣匯率波動，人工成本高漲與接近原材料市場等需求，而到第三世界及中國大陸投資設廠。
2. 在海外投資過程中累積到將台灣公司提升為營運總部（如：研發設計中心，行銷中心與財務管理中心等），由台灣控制各地分公司之營運管理業務。

(三)為國外顧客代工成為 OEM：
1. 由於在代工過程中累積了生產製造與市場行銷能力，受到國外顧客的青睞而成為其代工廠。
2. 在此階段廠追求：品質水準提升、交期及時、價格低廉及顧客要求的快速回應。
3. 在此階段逐漸接近國外市場及全球的商品資訊情報的了解與分析。
4. 同時與國外顧客的互動交流中，開始產生如何降低營運成本與國外分工的價值觀。

(二)為國內中心廠代工成為 OEM：
1. 由於生產或服務品質逐漸受到肯定而能直接取得中心廠的代工業務。
2. 此時段中，創業者須講究追求：品質穩定、交期及時與價格合理。
3. 由於商譽逐漸提升、訂單量也增多，於是公司也因而逐漸擴大經營規模。
4. 有些公司可能會直接跳過此階段，而直接接受國外顧客的代工業務。
5. 企業組織開始進行組織規劃與分工合作，制定權責等管理行為。

(一)從創業維艱開始：
1. 集合資金創業，可能會是1人公司，也可能是3～5人／50人以內／100人以內之公司。
2. 剛開始創業時所可能掌握訂單大多約為公司產能的 50%左右，不足者極力開發客源以為填充所不足的產能。
3. 剛開始經營業務大多數是零星代工／代銷，有可能是二包三包的行銷模式。
4. 經營管理模式大多為家族企業的經營管理模式。

♀圖 1-2 發展為明星產業的天龍八部曲

創新與守成

資料來源：摘錄自林富元，2007.09.24，台北市：經濟日報

　　企業對顧客的大迷思是：顧客真正要的是創意創新（Innovation），企業給的卻是維持現狀（Status Quo）。顧客都喜歡「驚喜」，幾年前，蘋果電腦推出另類的 iPod，最近又推出 iPhone，讓顧客驚喜連連，這就是創新力的最佳證明。

　　創新是瞬間吸引大量新顧客的最佳武器，但大部分廠商還是不知不覺地在做「模仿者」。「模仿者」的空間十分有限，充其量，只能和模仿對象不相上下，卻無法培養顧客的忠誠度。模仿者永遠尾隨領先者之後，員工無法真正發揮他們的創新力。

　　《顧客究竟想要什麼？》的作者麥肯建議領導者可自問以下問題，以營造創新的企業文化：

1. 抽樣詢問員工，他們創新的熱情有多高？還是隱約感覺墨守成規、偏安過日，已變成公司的文化了？
2. 請團隊成員每個人寫下他們最景仰的業界創新人物，及做此選擇的原因，並要求他們說明可從這些人身上學到什麼，如何應用到公司經營。
3. 公司總是說：不斷在「改進」。「改進」固然很好，但如果長期安於微小的改進，是否會變成「大創新」的障礙？
4. 公司強調要提供顧客「難忘的體驗」，過去或許曾經做到，但如果不創新，還能繼續提供這種體驗嗎？
5. 自我評估公司是模仿者還是創新者。能否提出創新構想的確實數目？
6. 公司是一個容納多元思考的熔爐？還是充滿不安全感，只容許「一言堂」的獨裁環境？

　　如果以上的問題，讓你發現公司實在缺乏創新動力，從今天起，開始建立一個市場、顧客導向的創新機制，並親自驅動全公司上下參與。創新，今天不做，明天就太遲了！

（作者是美國多元創投董事長、全球玉山科技協會理事長）

Smart Innovation 1-2

能永續經營的才叫創新

資料來源：摘錄自記者陳秀蘭，2007.11.13，台北市：經濟日報

日本產業技術綜合研究所（AIST）在 2001 年改組為獨立行政法人，負責執行日本科技創新政策，AIST 的資源主要是用在生命科技、電子資訊科技、奈米科技、環境與能源（比重高達四分之一）、地質調查與應用及度量衡這六大領域研究。

AIST 預算規模，約近 1,000 億日圓，總共雇用 3,191 名研究人員，人事經費約占總經費比 36%，管理成本占 6%，用於直接研究比率則占 45%，AIST一年財產收入約 5,000 日圓。但 AIST 並不追求專利權收入增加，而是如何讓研究成果，透過與企業合資，以周邊上百個專利構成形成巨大的商業利益。

AIST並不希望從申請專利獲得財產收入，而是希望能從學術研究觀點，縮短企業創新時程的基礎研究。不過，AIST 是一個獨立法人，政府財政機構當然會要求研發績效，以作為其編列預算衡量基準，因此，AIST 不以專利權收入作為績效衡量標準，但政府則要求 AIST 一年至少提出 5,000 份研究論文，一年內至少有七篇是獲得企業界及專家引用高且評價高的論文。

創新已是全球科技研發重要課題，如何讓企業在激烈競爭環境下，縮短創新時程，讓企業不必投入太多基礎研究；AIST 勤於論文發表，勝於專利申請，就是希望透過技術公開，縮短企業創新時程。

AIST 致力推廣的創新概念，不是僅在科學與技術的發現，而是創新技術須能降低環境影響，且對地球永續經營有幫助、對社會做出貢獻的技術，這才叫創新。對企業而言，企業追求的是短期目標，但如何透過商業經營模式與經濟的活動，讓企業了解這個遠程目標，AIST 整整花費一年時間思考促進創新的方法，並提出創新建築師構想（Inovation Architect）。創新就像建築師在設計一棟建築一樣，須了解社會需求，將社會需求反應在基礎研究上，因此，創新建築師設計，就是扮演跨領域研究的橋樑角色。

Chapter 2
開發創造力　突破習慣領域

習慣領域在人們與企業組織中，總是如影隨形地在影響著我們與組織的行為與想法，
習慣領域正如人們的大腦運作模式一般，主宰著我們與組織的行為模式與發展方向。
所以我們在這個激烈變化的時代裡，為使企業組織能維持既有事業競爭力，及開發
出新事業、新商品的競爭力，以追求企業組織的永續經營與達成為業界標竿之願景，
就須突破習慣領域，並開發出創意與創新能力，使企業組織能時時有創意構想產生，
並能掌握產業的發展方向，及永保企業的長青。

　　二十一世紀的確是一個新舊交替的世代，不但是充滿奇蹟的年代，更是展現我們最深層自我的年代。在這個世代裡，我們及企業組織須體驗到「置之死地而後生」的意涵，同時也須做好準備以接受全新年代的嚴酷考驗與試煉，若是禁得起的人們與企業組織，才能快樂地進入另一個境界獲致成長與發跡的契機，否則面對的殘酷挑戰與競爭，將會迫使您變得有如行屍走肉，完全感受不到生命的脈動與歡愉，至於企業組織則將會為時代的洪流所沖毀而退出產業。

◎ 第一節　開發創造力與自我分析的創意魔法

一、成為創新與創意概念的實踐者

　　我們都知道在新舊間要尋出創意，方能有足夠精力與創意跳脫出被卡在新舊間不可動彈的縫隙，我們絕不可存有「以不變應萬變」的思維，因為我們所處的正是轉變期。在轉變的時刻裡，若我們選擇轉變時可能會帶來危險，但卻也是個充滿無限契機的時刻，這也就是許多個人或企業選擇轉變時，普遍感受到一種無力和愉悅交雜感覺的原因。在這個新舊間的世代裡，我們將會是無可避免地要扮演企業文化的催化者角色，也就是說，由於老舊的企業文化已在消逝中（甚至早已消失殆盡了），我們只有選擇迎接新的企業文化，不管您是否接受，您都須隨著變動的軌跡去催化新文化的形成，且您在今日的所作所為，將會成為日後行為模式立下基礎。

㈠找出創意與創新的概念

　　創意並沒有辦法印證古有明訓「有志者事竟成」之價值，因為創意的產生並不是您廢寢忘食地苦思機巧就可達成的，因而在現今世代的個人與企業組織，要想成為創新者的第一步就是找出創意。創意並非事先已包裝好，也非機巧而來，因為創意須經由以往經驗、智慧、能力與專長等知識累積的蓄積、擴散過程，且透過創意思考方法，去除其想像力與創造力被企業組織以往發展經驗所禁錮的限制，進而發展出具有深度的創意。

　　所謂有深度的創意並不一定需要複雜深奧的點子或功能，有時簡單的但需要動點腦筋才能找得到的點子或功能，也一樣有可能成為有價值的創意。一般

而言，創意的構成要素約有九個（如圖 2-1 所示），在這些構成要素中以概念思考的深度最重要，因為它是開發出創意的最主要條件，當然其他要素有任何一項缺少時，其創意的效果將會受到影響的。

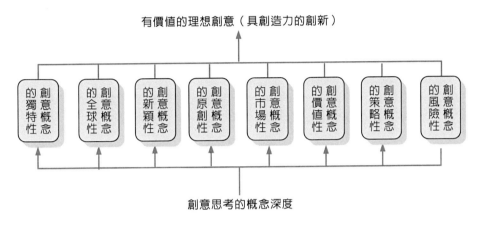

有價值的理想創意（具創造力的創新）

的創意概念
獨特性

的創意概念
全球性

的創意概念
新穎性

的創意概念
原創性

的創意概念
市場性

的創意概念
價值性

的創意概念
策略性

的創意概念
風險性

創意思考的概念深度

❤圖 2-1　有價值有深度之創意的構成要素

　　任何創意與創新的概念並不是不去做事先的篩選、過濾、分析、歸納、修改與整合，而是在事先應有的行動，以符合企業的需求、期望與關注焦點，否則將會創造出一個毫無價值與發展性的商品與管理概念。而沮喪與譏諷正是創新與創意神奇魔法的敵人，因為它們將導致妥協，如此一來，將會使創造未來的發展潛力受到限制。要如何才能創造未來？尤其在新舊的時代裡，變革是唯一不會改變的事物，我們並不需要去促成變革，只需要對變革的方向稍加影響即可，在新舊年代間的過渡時期，所給予我們的禮物就是變革，不管我們是否發現到變革這一個事物，實際上我們已投入在為創造未來的變革活動中，因此我們應藉此變革的機會創造一個充滿創意魔法的創新概念，以創造一個屬於企業組織的競爭優勢與競爭力。

㈡包裝創意與創新的概念

1. 理想創意展現的功效

創意的堆砌與累積，將會使有價值的理想創意展現出多種效能與效率：

⑴此等創意已成為企業組織的品牌資產一部分，也就是此等創意使得其品牌價值與形象、商品、管理績效及企業形象產生了正面的幫助與價值。

(2)此等創意如同病毒般地源源發展其延伸性創意，而形成開發創造力與創新發展的創意魔法，更進而提升了不易被模仿取代的競爭優勢。

(3)高績效的企業組織經營管理團隊，都知道如何運用其組織創意與創新團隊的創意魔法，使其員工恢復創意與創新的活力，並在員工間開創出一種群體共識及全體員工共同追求的目標。

(4)優秀的創新者，能創造出可供其使用的創新概念，並於商業活動中，針對每一件不合時宜或需要的事物加以改變，或予以重新規劃設計。

(5)創意使得創新發展具有一致性，在各階段的創意點子與創新發展間，建立一種易於識別的血緣關係，便於消費者的了解與認同。

2.理性的創意自我檢查

(1)是否具獨特性？（如：有沒有比別人有特殊功能、外觀、造型、賣點？）

(2)是否具全球性？（如：可放之全球銷售可能？侷限於本土化？）

(3)是否具新穎性？（如：新鮮？可立即打動顧客？吸引顧客？）

(4)是否具原創性？（如：有沒有複製或抄襲之嫌疑？）

(5)是否具市場性？（如：消費者／顧客能了解您的創意？看得懂？接受？）

(6)是否具價值性（如：具有經濟價值？投資報酬率合乎預期？能讓顧客留下記憶？）

(7)是否具風險性？（如：可能完整執行？可能發生跟進模仿者？）

(8)是否合乎策略性？（如：合乎產品定位？消費者承諾？品牌個性？企業組織願景與目標？）

3.如何進行創意與創新概念的包裝

(1)最重要的就是專注於創意與創新概念的價值：這個價值是顯示出消費者需求的覺察力、滿足消費者感性與感動生活／工作的需求、高顧客滿意度、拉近消費者與商品的距離、擔任消費者在企業／組織內的代言人／架橋、領導流行風潮與消費趨勢、促使消費者與企業組織間的共贏等方面的創意與創新概念實施之最後可能成果。而上述的理想價值與成果，須在創新團隊與高階經營管理人員的腦海中呈現出清晰的圖像或影像，同時須做好自我檢查，不要怕發現缺陷、面對修改的尷尬，以及即使全盤推翻的麻煩與痛苦，因為自我的檢查是做給自己看的，不必要邀請他人參與。最重要的，不可忽視採行檢討，且要不斷地採取這些步驟，因為不管最終目標在何處？您已真正展開理想價值

的追求與實踐，況且自己檢查總比被人檢查出來好過嘛。

(2)至於要如何將這些創意與創新概念説明給其內部與外部利益關係人了解、認知與接受？這些説服的內容則須經由口語與非口語的溝通方式將這些概念推銷出去。當然，最好將這些概念包裝得有味道，同時更要有品味，什麼叫作有品味？也就是要殷切、中肯、綿密與嚴謹地將其內涵、價值與目標告訴有關的利益關係人，以取得支持與認同，而在溝通時要注意溝通與説服的技巧，同時更要考量各次溝通面對的對象所關注議題焦點而有不同詞藻或術語的引用，唯其中唯一不可改變的是此概念的價值與目標。

(3)但在做溝通與説服時，切勿將其概念之最終價值予以公開，因爲概念從發想到成熟階段間，會遭遇到許多反改變、反變革的聲浪的襲擊與反對，若一開始即將最終價值予以攤開，則會在此孕育發展過程中因抵擋衝擊而折損許多創意的點子，甚至爲組織政治問題而跌跌撞撞，以致在概念成熟時即已遍體鱗傷，早已是妥協的結果，自然在其實現的價值上會大打折扣的。

(4)爲求順利爲相關的利益關係人了解、接受與認同，您或許可學習談判的議題切割戰術，將您的創意與創新概念予以切割爲幾個較小的概念，先行釋放較小的概念於組織內部中，經由此次的釋放與運作，在時機成熟時將可因勢利導地將各個小概念予以整合在一起。

(5)在概念推銷過程中，也應審視各部門各個員工的意見及反應，並加以查驗這些概念是否有問題？是否需要補強或修正？是否溝通與説服技巧有問題？及時做調整、修改與整合。

(三)傳遞創意與創新的概念

1. 創新團隊内部的協商

　　雖然創意與創新者須具備全方位專業知識的涉獵經驗，以利在創新團隊裡相互切磋與交流互動。但在創意與創新活動裡，每個創新者與創新團隊乃基於個人創意表現與團隊合作兩個方向交互進行，雖然各個人享有獨立的創意思考的權利，然而團隊成員間應認知需要秉持集體商議與諮商的義務，也就是說當個人創意與創新概念與團隊決議相衝突時，並不一定依據團隊決議爲之，而可依集團創意思考模式，由成員投票選出前幾名的點子供創新團隊主管圈選或決定。

2.創新團隊向組織的推銷

　　創意與創新者在其團隊圈選或決定出創意點子或創意概念時，即應展開向其企業組織推銷之活動，一般來說這個推銷時間的消耗上也頗為浩大且耗費時間。向組織推銷其概念／點子的方式大多需要取得該組織的高階經營層（尤其執行長）的支持與認同，並能由其帶領實施者較易於成功。所以創意與創新概念要能對其企業組織產生很大的影響力，且能真正付諸實施的話，是相當需要能得到高階經營層或執行長的支持與認同的。

3.創新團隊向組織傳遞推銷的注意事項

(1)須將其創意或創新概念與該組織經營管理階層所關注的焦點議題結合，
　　且能很順利地讓他們了解、認同與支持。

(2)若可在組織內部建立共識，進而形成推動創新發展的利基。

(3)另外，也可結合組織外部的人，形成推展的共識，如利用經營管理顧
　　問師說服組織高階經營層與各部門主管之了解、認同與支持。

㈣實現創意與創新的概念

　　一般而言，企業是相當集權的組織，雖然有所謂的產業民主，但這個民主似乎只在董事會、工會與福利委員會中有投票的近似民主行為，又何曾聽過企業決策（如：經營決策、商品開發決策、管理行為決策、產銷計畫決策等）能依據相關員工全員參與票決而確立？即使執行長、各級主管也都由企業組織或執行長的官派任命，又何曾有過由其所屬員工加以投票通過後任命的？所以創新團隊成員一方面感受到日常作業的高度自由，另一方面卻要習慣於近乎集權式決策行為，所以創新團隊成員的心理負擔是很沉重的，因為他（她）們相當擔心被組織中的另一個持反對意見或觀念者所否決。

1.認清企業組織的文化或原貌

　　創新者須了解自己的組織文化或原貌，其組織高階經營管理團隊與執行長對於創意點子或創新概念是否具有接受創新理念與接受創新者之溝通、說服的雅量或修養？其組織發展是否已到了須轉型或改變的分水嶺？均足以影響到企業組織能否將創意與創新的概念付諸實施的關鍵。創新者須體現到其企業組織文化與決策模式，對新觀點的接受度，及組織競爭環境狀況，經由分析、整合與了解後，採取不同的傳遞、宣傳與溝通戰術，以取得組織的認同與支持，否

則是不易於管理決策行為中獲取認可通過的。甚且若創新者堅持創意時會被批評「狂傲自大，不知進退」，而採取妥協，卻有可能被批評「沒有原則，鄉愿作風」，另外創新概念之實施及對組織外推廣時，也需要組織系統來運作，而不是由創新團隊來運作，頂多只是配角而已。

2.創新概念在組織中的推展實現機制之建立

以美國 GE 公司推展創新觀念（電子商化與數位化為例）之步驟（以下取自李振昌譯，*T. H. Davenport, L. Prusak & H. J. Wilson* 著，《就是這個 *IDEA*》，天下遠見出版公司，第一版，*2004* 年，*PP. 74～75*）為例說明：

(1)威爾許宣布在接下來的策略檢討會議上，每一個事業單位都須報告，如何成為所屬產業中在電子商務上的領導廠商。

(2)邀請公司的外部電子商務領導者到奇異公司的高階主管會議上演講。

(3)在公司人員評估會議上，要求每一事業單位找出電子商務的領導人，此項活動由負責找出電子商務主要威脅的 Destroy Your Business.com 工作小組從中協助。

(4)奇異資訊長 Gary Reiner 亦提供支持，並同時領導有二十名成員的公司先鋒小組。

(5)實施導師計畫，奇異前五百名主管各個人均須找一個網際網絡的導師。

(6)威爾許到各地巡視時，會問當地領導人是否加快了電子商務的腳步。

3.進行創新概念推展實現時應注意事項

(1)應擬具有推展實現的計畫，此計畫包括人員、預算、時程、查核點、績效評估方式與績效目標值等在內。

(2)須講究穩健踏實的步驟逐步推動，而不可抱持「創新是浪漫」的心態來推動。

(3)創新推展實現計畫之推動，最好與激勵獎賞結合運用，因為創新概念的推動並不是每個人的最愛，況且人們具有少做少錯、不做不錯與多做多錯的怠惰人格特質。

(4)創新推展實現的第一步，是要經由教育訓練與試行試做的經驗教育方式，來進行組織內部的觀念改革與創新技能專長培植。

(5)創新團隊成員於創新概念推展過程中，應掌握何時退出，而放手給組織成員的自主實現。

(6)創新概念可思考建立專案組織或委託有經驗者或組織來負責推動。

(7)創新概念的推動，若涉及涉外的商業行為時，則應考量外部溝通與商業談判的戰術與技巧的運用。

㈤創意與創新概念的商業化

任何創意與創新概念當在組織內部能順利推展實施時，則有必要將之推展到其組織的外部利益關係人中，因為在創新管理領域裡若只放在其組織內部時，有可能在以往獨善其身與孤芳自賞的年代中是可行的。但在二十一世紀，只有自我的要求變革，並無法使其商品成為滿足消費者的利器，因為在製造產業、服務產業或休閒產業中，均要講究其供應鏈（SCM）與顧客價值鏈、顧客滿意鏈的整合，方能使其企業組織之運作得以順暢且能擁有其競爭優勢，掌握市場競爭地位與達成高度的顧客滿意度。所以二十一世紀的創新概念最終是要推廣到其組織的外部，並形成商品及運用商業化模式以為推展出去。

二、從創意點子發展為創新概念、商品

從事創意工作的創意者，大多是企業組織的創意點子或創新概念的首倡者和能發掘新概念或商品的人。一般而言，創新者是感覺到受到狹隘的商業活動的限制，以致想要開創其個人或企業的可行方向，而有此等想法者原來就是要打破舊制的人，他們大多相當了解個人或企業所位處環境（政治、經濟、文化、社會與技術層面）的壓力與創痛，因而他們極力構思與發展創新概念，以治療或剔除該企業所遭受到的這些壓力與創痛。

當然，這些創新者大多具有：(1)體現到其所位處的壓力與創痛所在；(2)體驗到須扭轉、改變目前或未來所處的壓力與創痛；(3)體會到利益關係人的感受與感覺；(4)能關懷到利益關係人的領導能力；(5)能創新發展以召喚內部與外部的利益關係人，使他們均能了解到其潛能，並促使他們支持與認同之能力等方面的特徵，但新的點子就會形成一個創意，若是沒有去執行落實此一創意，也就不能稱之為創新。

基於如上的討論，我們應可將創意看作人們或企業組織發生了競爭和轉型的壓力，與遭遇到競爭者衝擊的創痛之後為求改變、轉型，因而產生了突破習慣領域的潛能，且發展出能紓解或解除所遭受的壓力與創痛之創意點子，並經由創新能力轉化模式形成創新的概念／商品，達到完全的紓解或解除壓力與創痛，此創新的過程如圖 2-2 所示。

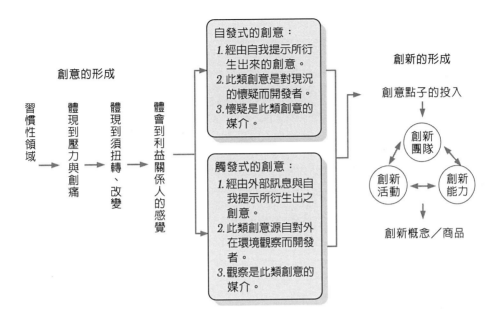

▲圖 2-2 企業組織從創意到創新的形成模式

㈠創意與創新的定義

游伯龍、王美靜（〈創意與創新──由擴展 *HD* 開始〉，中華民國習慣領域學會第 *8* 屆論文研討會，*2000* 年）曾為創意與創新做如下的定義：「創意是創造有價值的點子或念頭思路，有價值的點子須能解除自己或別人的痛苦與壓力。而創新是指創造新的架構或格局，努力使創意落實，讓創新價值成真。」所以創意是一個新的構想或新的點子，而創新則是由創意所構成，創意也可說是創新的起源，創意需要經由創新程序的整合，才能形成其創新的價值與成果。

Joseph Alois Schumpeter（1883～1958）將創新定義為：「將已發明事物，發展為社會可接受並具商業價值的活動」，指出若是僅發明某些新的事物但不能解除某些特定族群的壓力與創痛時，就不具創新的價值。

創意若從其創意形成的來源來看，可分為自發式的創意與觸發式的創意（有關定義如圖 2-2 所說明者為之），但不論哪一種創意，其創意是形成創新的泉源，應是可接受的定義，但假若我們並未確實地推展落實創意點子時，就無法達成創新的目標，至於創意與創新效率則為另一件重要議題。

(二)創意轉化為創新的模式

事實上，不論創意點子來自於自發式或觸發式，自我競爭情勢的分析與自我情境、背景、資源、知識、專長、能力與技術的充分理解，是開發創意的創造力所需的。而對於我們想要解除的壓力與創痛，也就須具備有解決問題的思考觀念、能力、技術、資源、經驗與知識，否則我們將無法將之整合為問題的解決能力，自然這些解決問題的能力是我們將所產生的創意予以創新轉化為創新發展的能力。

在莊素玉（《創新管理——探索台灣企業的創新個案》，天下遠見出版公司，第一版，2000 年）一書中曾提到：「一個成型的商品是由三千個具創意的點子而來，這三千個點子只有四個能進行研發。最後，只有一個能脫穎而出。」所以創意點子能成為具有創新概念或商品價值的真是鳳毛麟角；也就是說，在創新活動進行轉化過程中所需要的創意點子愈多，也就愈有機會達成創新目標及創新結果的產出。在創新的形成過程中，本書稱之為創新能力轉化模式，該模式是將解決問題所需的能力予以綜合以解決某企業的壓力與創痛，也就是每個企業均有其獨特的習慣領域及能力集合，若這些集合經由適當的組合、分析與轉換後，將會產生出新的概念或商品，並能創造出價值，滿足企業組織的內部與外部利益關係人之需求與期望，並可解除或降低企業本身的壓力與創痛。

至於這個創新能力轉化模式則有三個階段，分述如下：

1. 創意點子投入

不論是自發式創意或是觸發式創意，均是為解決企業的內部與外部互動、交流與商議／談判過程中所衍生的問題、壓力與創痛。但企業進行改造、轉型與蛻變，最普遍的問題、壓力與創痛是來自外部利益關係人所施加的壓力，也就是競爭環境的壓力。但起於內部利益關係人所施加的壓力，則是促成組織內部的再造與流程改造、管理模式的蛻變等方面的懷疑而偵測得到的；而外部的顧客、供應商、行政機構、法令規章、保險金融機關等方面所關注焦點議題則是經由觀察而偵測得到的。

2. 創新能力的轉化

企業組織的全體員工（尤其經營管理階層與各部門主管）是此一過程的靈魂要素，有可能是以個人的或創新團隊之形式來執行此一創新過程。當然在此過程裡，須集合該創新者的創新能力集合（如：知識、經驗、觀念、技術、智

慧、技巧、資源及人格特質等創新能力），並加以組合與整合爲創新能力，經由創新活動的執行與推展，並得以將理想的創意點子轉化爲新的概念或商品。

3.形成新概念或商品

經由創新能力與整合理想的創意點子所轉化成的新概念或商品，將可提供給內外部利益關係人之期望、要求與解決問題的滿足，當然也是爲企業組織或個人達成解決問題與排除壓力的目標。

㈢創新活動的執行與推展

創新能力轉化模式中，需要將創意點子運用創新能力經由創新活動的執行與推展，方能將理想的創意點子轉化爲新的概念或商品，唯要如何將創新能力深化於創意的理想點子中而予以創新執行與推展？競爭工程則是企業組織爲提升及應用創新活動之執行力與推展力的一項創新發展模式。

競爭工程的創新發展模式有七個步驟，可將如何分析解決問題所需的創新能力予以呈現出來，以利高階經營層與創新團隊領導人可清晰地了解到其企業組織；要解決問題與排除壓力所應具備的創新能力集合（Competence Set），進而制定出較具實現可行的創新能力集合的發展策略，然後再將據予轉型、改造與蛻變爲勇於接受競爭挑戰與富有競爭精神的企業組織。競爭工程的系統概念如圖 2-3 所示。

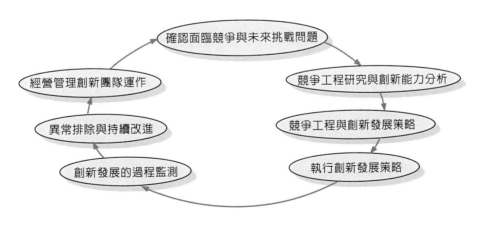

♀圖 2-3　競爭工程的創新發展模式

1. 確認面臨競爭與未來挑戰問題

企業在經營管理運作過程中所遭遇到的壓力與創痛，及未來可能需要面對的競爭挑戰問題，應由創新團隊與經營管理團隊充分而密切地合作，羅列出該企業已面臨的競爭挑戰問題與未來可能遭遇的競爭挑戰問題之挑戰清單，作為競爭工程研究與創新能力分析之必要資訊。

2. 競爭工程研究與創新能力分析

在發掘與確認後的挑戰清單中，加以決定該企業所須發展的創新概念或商品之後，應針對其企業組織目前的習慣領域及創新能力集合加以鑑別與澄清，同時經由 SWOT 分析與 PEST 自我診斷分析等技術，將目前的習慣領域及創新能力集合轉化為概念或商品，以追求企業的持續發展機會。唯若需要提升其企業的競爭力及開發更具發展潛力的概念或商品時，則應先行鑑識出未來可能需要或目前的能力不足但有發展潛力的概念或商品，並找出所需要的能力集合清單，以作為能力集合擴展的依據。

3. 競爭工程與創新發展策略

經由競爭工程研究與創新能力分析，將可提供一個理性與策略規劃的良好基礎，並將其研究分析之結果予以界定出具有策略性意義的市場地位，同時也能清楚地了解目前企業組織所在的位置與在競爭情勢中所處的競爭狀況，若兩者間存在有誤差時，其差異點即為該企業組織應達成的競爭目標。另外，並應根據企業組織目前所具備的資源及所處的情勢，分析有哪些能力集合是企業組織須據以從事其創新團隊所選定的有潛力商品。所以一旦目標定案後，企業就可開始發展其未來的策略，且這個策略的關鍵點是在於這個流程是以量測為導向的方式來加以制定的。

4. 執行創新發展策略

創新發展策略一經擬妥之後，即應針對所要達成的目標擬定競爭工程與創新發展計畫，並依該計畫予以推展與落實，在此計畫中應界定監視與量測指標及其目標值、各計畫內容的執行進度與查核點，在此階段的創新發展過程中各個指標執行成果的查核點是在查驗創新發展策略的執行成效的管制點。進入這個階段時，就是將前述幾個階段所擬定出的策略與構想／行動方案付諸實施，此階段在執行創新發展過程中可說是最為殘酷且也是真實的挑戰，因為這個階段是執行創新發展策略的成敗關鍵，所以要特別關注。

5.創新發展的過程監測

企業對於創新發展過程應引用適當的方法進行監視與量測，這些監視與量測的方法，須具有證實該創新發展過程能達到所擬定之計畫結果的能力，而若未能達成預期的目標時，則應進行異常要因的排除與持續改進，以確保商品與創新概念能符合顧客與市場的要求，此監視與量測方式為須建立監視與量測的測量技術、查驗的抽樣計畫、滿足與不滿足的回饋計畫等重點，當然在創新發展過程中所界定的目標值或績效是最重要的。在策略／行動方案執行時，企業組織應予以監視與量測有關創新發展是否依據策略／行動方案加以執行？執行創新發展之團隊成員須密切監測執行的進度與成果是否符合策略／行動方案之目標要求。

6.異常排除與持續改進

企業組織在進行創新發展之策略／行動方案時，往往受到競爭者的挑戰、政府法令規章的修改、國際與企業社會責任關注議題的發展，與消費者需求與期望的變化，以致在創新過程中需要做修正或調整其創新發展的策略／行動方案。同時在創新發展過程中，也易發生進度因受到上述因素的影響以致發生延遲或停滯的情形，因而在執行過程中須建立一個持續回饋的迴路，每當創新發展進度及目標與預期目標發生偏誤現象之際，即應檢討發生異常的要件與因素，且運用統計品管（SQC）手法的要因分析法（或稱魚骨圖分析法）與統計分析技術加以分析、了解與鑑識出異常要因所在位置與其發展原因。且應針對其異常因素及其潛藏的因素加以檢視與改進，以作為次一個創新發展的競爭工程循環目標，而此一循環活動是沒有終止的一天，除非您已可完全占有整個市場，否則這個改進的作業是永無休止的。

7.經營管理創新團隊的運作

這個階段事實上與前一個階段（異常排除與持續改進）是相輔相成的，可說是共同並列為創新發展的競爭工程分析的最後一個階段，且也是第一個階段。因為每次創新發展策略／行動方案的執行，均應結合各種不同的專長、知識、技術、智慧、能力與經驗的創新者與創意者而形成一個創新團隊。所以這個團隊的成員有可能須視其商品的特性調整其團隊成員，因為如此的特殊組合，故也須予以培育訓練，以創新團隊發揮創意與創新奠立良好的基礎。但創新團隊的領導人更要能懂得專案管理的領導統御、激勵獎賞、進度管制、績效評估與溝通協調，方能使整個團隊能順利運用及達成創新發展之目標。

渡假村布建 RFID 休閒創新更便利

休閒產業在二十一世紀被喻為新世代的產業金礦。無線識別系統已來臨，RFID 應用領域廣泛，透過 RFID 技術能隨時提供房客所需，入住房客手戴電子腕帶，不需任何物品，一雙拖鞋一件 T 恤，就可在渡假村吃喝玩樂，電子腕帶就是房客的房卡、電子錢包、會員通行證、住宿識別、各種包裝行程等，還可隨時針對不同的房客提供立即性數位化服務。住宿安全上，也會提供更全面性的精細與先進設施。據了解，渡假村全面 U 化預計花兩年時間，未來包括門禁系統、手腕帶、會員通行證等都要更新。【展智管理顧問公司：陳禮猷】

第二節　從突破習慣領域到提高創新能力

　　以往企業管理與人力資源學界與產業界大多相信習慣主導命運，而命運的好與壞則源自於習慣的良窳，所以習慣領域理論（Habitual Domains Theory; HD）學者游伯龍提出（Yu, P. L.: 1990; 游伯龍，1998）其核心概念為：「習慣這一種無形的力量，長久下來緊緊地把人類固定在一個特定思維模式之下。」習慣領域正如同人類的大腦一樣的運作模式，主導及牽引人類的行為模式。

　　個人行為與企業經營管理行為基本上是一樣的，若是在此數位知識經濟時代裡，仍默守著習慣領域的行為與營運模式，勢必造成企業組織之經營管理領域及個人的生活領域愈為狹窄，其所呈現出的經營發展品質及個人的生活品質勢必受到衝擊，以致使個人的生涯與組織的發展陷入困境。在分秒必爭的激烈競爭時代裡，經營管理階層唯有敞開胸襟以容數位時代的千里視野，一點之破豁以見九天新境，一理之領悟以破百歲之執，如此的大破大立心態以突破習慣

領域，將可創新發展無限的個人生涯新境與組織競爭力新優勢。

一、突破習慣領域與開創個人生涯新境

HD 學者游伯龍的論述：「當人們學習得愈多時，則所得的新知識將會愈少；因為他的習慣領域經由學習與運作的過程而逐漸形成，以致在形成時而呈現出穩定狀態與不再擴充其習慣領域。」所以，在此觀點中將會陳述出企業經營管理階層由於過去的經營成功、管理績效顯著、市場占有率居高不下、員工士氣與工作效率呈現高績效之同時，將會使其組織的經營管理與發展思維顯露出封閉與保守趨勢，且呈現出缺乏創新標的與活動的窘境。

依據中華民國習慣領域學會理事林金順（〈突破習慣領域開創生涯新境〉，《中華民國習慣領域學會92年度會論文集》，2004年，PP. 2-1～2-19）的研究，整理如下：

㈠習慣領域內涵與個人生涯管理、生涯發展之意涵（如表 2-1 所示）

表 2-1　習慣領域，生涯管理與生涯發展的意義

習 慣 領 域		對映的生涯管理意境	對映的生涯發展境界
層　次	內　涵		
實際領域	從個人內心實際被引發出來的思維與念頭總合，也就是發生在當下的必然現象，其結果需要相對的努力方能達成的。	現實的定位與目前所位處的環境及實際投入的意志。	1.自我為中心。 2.追求生存的安全。 3.追求職業的安定。 4.追求物質生活的滿足。 5.生存需求的滿足感。
可達領域	現在的思維與念頭所可能被引發出來的可能性，也就是正常情形之下可能產生的結果或目標。	在生涯管理而言，也就是其生涯的理想目標，且對於個人生涯管理而言，是須要擬具明確而具體的生涯目標以供努力達成的。	1.群己的社會關係 2.追求生活的安適。 3.進而追求創業。 4.物質與精神生活並重。 5.創造工作的成就感。

| 潛在領域 | 有可能發展出來的思維與念頭，而此一領域需要加以激勵或刺激方能引發出來的結果或目標。 | 可視為生涯的理念與夢想，也就是成就。 | 1. 重視未來歷史關係。
2. 追求生命的安逸。
3. 轉而追求犧牲奉獻。
4. 著重精神生活的滿足。
5. 強調奉獻的價值感。 |

(二)習慣領域與生涯管理的發展

1. 習慣領域發展之成敗兩極心態

其一為積極的心態與實現的習慣（就是抱持續極心態，以建立有價值與不畏艱難地挑戰生涯目標及堅持竭盡一切所能突破困境，以邁入更新的領域）；其二為消極退縮與規避阻礙或困難的習慣（就是對遇到挫折或困難時找藉口逃避，以致不會發現新機會，其生涯發展有可能失敗或是停滯不前）。

2. 習慣領域的擴大模式（如圖 2-4 所示）

可分為：(1)改良性擴大（就是在既有生涯領域與職業生涯軸線上追求持續的發展，其發展方向與目標未變更但其擴展的方法／動力則有所變化）；(2)啟發性擴大（就是在原有生涯領域與職業生涯軸線上開創新的方案，其發展的立足點未變更，但發展方向與目標則呈現出「面」的發展，而非改良性之「線」性發展）；(3)破壞性擴大（就是進行多面向與全方位的創新思考，不同起點朝不同角度的發展，極可能因其他接觸而交集為新的習慣領域）。

改良性擴大

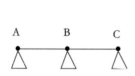

（管理學士→管理碩士→管理博士）

啟發性擴大

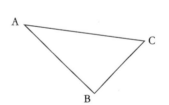

（部會首長由大學教授借調或公職卸下後創立營利事業）

破壞性擴大

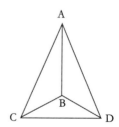

（陳水扁為三級貧戶之子，苦學當律師、至台北市長再為中華民國總統）

🔔圖 2-4　習慣領域的擴大模式

3.習慣領域的生涯發展理念

⑴每個人均應將自己定位在具有無限價值的潛能者；⑵關注核心領域的關鍵改變命運的主要原因；⑶要有明確目標及挑戰潛能的信心與行動力；⑷確實掌握自己命運的主導權；⑸視工作發展為自己的使命，並全力以赴地達成使命；⑹要懂得珍惜時間，切忌浪費與虛擲；⑺要能知足感恩與犧牲奉獻。

㈢如何突破習慣領域拓展個人生涯的新境

1.習慣領域相關因素與生涯發展的互動關係

習慣領域構成的九大相關因素：⑴定位與目標；⑵時間與過程；⑶環境與氣勢；⑷理念與意志；⑸行動與執行；⑹領域與層次；⑺資源與能量；⑻智慧與才識；⑼機會與變化。至於習慣領域與個人生涯發展的互動關係，則依此九大相關因素加以說明，如表 2-2 所示。

🔖表 2-2　習慣領域與生涯發展的互動關係

習慣領域	生涯發展	互　動　關　係　與　影　響
定位／理念	核心目標	習慣性領域源自於目標的追求，尤其具有挑戰性之目標較能激發潛力以突破一切的生涯困境，並開發出新的潛在領域以超越自我與創造出另一波生涯高峰。
時間年齡	成長過程	時間主導習慣領域擴展的寬度與深度，習慣領域的大小也規範到時間的分配與運用；經由時間與資源、理念、行動的適切連結運用，可拓展更為寬廣的生涯發展領域。
環境情勢	氣勢心境	不同的生涯領域源自於不同的環境特質與形勢，所以不同的習慣領域之環境氣勢與生涯領域的氣勢心境，將會創造出不同的個人人際網路與生涯發展領域。
創變理念	堅定意志	創新改變的理念及堅定創變改進的意志，將帶動生涯目標的貫徹與達成。尤其從實際領域擴展到可達領域及潛在領域之過程中的阻礙與限制，更須有創變理念與堅定的意志方能達成改進的目標。
有效行動	強力執行	有效的行動將可促使生命領域的擴充與創新，持恆與有效的執行力是達成生命目標不可或缺的重要因素。有效的行動可導引突破習慣領域，強力的執行力則是改變生涯領域與創新生涯領域的主要動力。

寬廣領域	宏觀層次	習慣領域的寬度、廣度、深度與質度須善加經營，生涯領域所涵蓋的生長、學習、感情、工作、人際與生活等層次愈為完整宏觀，則其質度在格局與境界中也愈高。各層領域經由連結與擴展，將可創新更大的習慣領域與生涯領域。
資源開發	能量統整	開發新資源將會帶動新領域的探索與發展，資源經由統整與有效運用，有助於開創新領域。資源包括道德、智慧、感情、資訊、時間、學習、自然與人際資源等無窮無盡的有形與無形資源，只要能善用資源，其生涯領域自是頗為寬廣。
追求智慧	連結才識	智慧引導進入潛在資源，並預防問題、發現新境創造新局與主導機變，以達到可達領域的知識研究以到達極限之際，即應進入潛在領域追求無限寬度的智慧，則可使生涯領域與不同領域的新知快速連結，加速擴展其生涯領域。
機緣變易	生涯創新	人生諸多機緣都在可達領域中，唯有突破實際領域，方能衍生新機緣開創生涯新境。生涯發展由實際領域發展到可達領域，並進入不易預測的潛在領域過程中，充滿無數的變數與機緣，而每一機緣均是拓展生涯新領域的突破點。也就是生涯危機處處潛藏，唯有創新機緣與引導變革，方能永保競爭優勢。

資料來源：整理自林金順（2004），〈突破習慣領域開創生涯新境〉，《中華民國習慣領域學會第 11 屆論文集》，PP. 2-7～2-13。

2.如何從突破習慣領域拓展生涯新境（如表 2-3 所示）

♣ 表 2-3　由突破習慣領域拓展生涯新境之途徑

序	途徑名稱	具 體 對 策 與 作 法
一	人生定位與生涯目標	1. 不同時空調整不同的角色定位，卸掉包裝與歷史包袱。 2. 突破格局與角色蛻變，以為適應各種新環境與新情勢。 3. 確立人生核心目標，找到潛在領域的自我生命價值與理念。 4. 堅守核心目標並無限擴充生涯領域。
二	時間運用與生涯歷程	1. 突破歲月的年齡的時間障礙與鴻溝，擺脫被套牢之限制。 2. 以積極求解心態追求提前運用前瞻性的未來。
三	境勢維繫與生涯影響	1. 經由變遷之環境中將自己主動定位為勇於面向挑戰。 2. 養成在困逆環境中提升生涯創造力的能力與激發新希望的意志力。 3. 善於「錯、挫、逆、敗」中激發解困轉逆與救亡圖存的意志力與目標，以開創意外的成就。

四	心理修煉與 生命意志	1. 培養拋棄規避退縮與消極的「退卻合理化」習慣，永遠以「積極求解」的積極心態與光明心念迎接挑戰。 2. 擴大人生的關心面（由個人→家庭→同族→社會→國家→國際）。 3. 心中常存希望之火，並加以引燃起創新生涯的行動力。
五	力行哲學與 生涯發展	1. 果斷與毅力堅持到底，全力貫徹絕不因受挫而輕言放棄。 2. 建置生涯發展主要與次要／備用方案，因應時代與環境的變局。 3. 力行持恆貫徹精神，遇困逆時要突破它，不可自我退卻。
六	領域拓展與 寬廣生涯	1. 盡力擺脫環境與習慣束縛，時時延伸學習觸角與領域。 2. 不畏失敗挫折，須勇於嘗試新領域及開創新機會。 3. 適應接受新領域，並創新連結各種新知識、技能、智慧與需要的專長。
七	資源開發與 人生財富	1. 經由網際網路的連結與各種不同領域之資源做整合、交換、共享、互惠，並改進群我關係。 2. 善用個人與社會資源，以開創天地間資源及改造生涯新境。 3. 正確認知各種有限的有形資源與無限的無形資源，並加以有效地規劃與運用。
八	智慧培養與 生涯內涵	1. 善用智慧並須培養出通識智慧與專門技能。 2. 須時時學習處處吸收新知之終身學習方式拓展學習領域。
九	機變因緣與 人生轉折	1. 學習洞察能力以掌握潛藏的生涯危機與變數，並予以改善。 2. 培養出創機導變的智慧與能力，從知變、應變、處變、握變到導變，也就是要能「未窮先變、未變先通、應變無窮」的積極作為。

資料來源：整理自林金順（2004），〈突破習慣領域開創生涯新境〉，《中華民國習慣領域學會第11屆論文集》，PP. 2-13～2-19。

二、突破習慣領域與提升企業創新能力

㈠習慣領域的陷阱

我們的記憶、觀念、想法、作法、判斷、反應（統稱為念頭與思路）雖然是動態的，但當它經過一段時間之後，應會漸漸地穩定下來而停留在某一個固定的範圍內，這些念頭與思路的綜合範圍，應包含有動態和組織，這就是所謂的習慣領域，而這些念頭與思路將會因我們的專注於某件事情時，使得我們的大腦細胞發生快速明暗之三度空間似的網狀變化（即所謂的腦海中的電網），此種變化和念頭與思路是相對應的，因此我們可稱習慣領域是我們腦海中所有

電網（Circuit Patterns）的綜合，習慣領域也就是操作我們大腦的軟體。

有部「向左走向右走」的電影中的男女主角，為何一個老是往左走？另一個往右走？是男女主角的習慣領域操作其大腦的電網須老是朝左或朝右走，以致始終無法見面再續情緣之情節，可真道盡了企業與個人的行動慣性。因為每個人大多存在著獨有的習慣領域或行動慣性（Active Inertia），且它對企業與個人的影響卻是無所不在的，同時更是強而有力地直接影響到企業與個人的思維想法與作為，更可悲的它甚至將會役使企業組織與個人的生涯發展。但若我們能對其深入了解後，學習去突破桎梏，而變成主宰者，且能運用、擴展與改進它們時，那時我們將可發揮出更大的潛藏力量去改變與創造我們的價值。

1. 習慣領域為什麼會變成陷阱

在股票市場中，常發現兩年前的股王為什麼現在股價跌破面值？當然也發現某些沒沒無聞的企業卻在現在變成當紅炸子雞？同樣的時間、產業環境與同樣的均在同一個國家中的企業，為何會有卓越企業走向敗亡？一家經過組織再造與商品再現的夕陽企業卻能脫胎換骨變成業界標竿？

上述的例子雖是極端，但卻是常見的案例，我們在此提出來是因為企業領導人對於核心策略、核心顧客／商品、核心員工、核心作業流程與核心的知識／能力／專長的執著沿用或因時利導改變之決策所致，也就是若企業領導人太迷戀於昔日的成功方程式，而忽略到外在環境的改變趨勢與壓力，不思改變過去的有效成功方程式，以因應時代變化與利益關係人的要求時，則將會是衰敗的開始。

這些企業賴以成功的方法策略、資源、技能、商品、價值與流程，也就是所謂的行動慣性或習慣領域，這些習慣領域對於個人或企業的決策具有相當大的影響力。企業組織的習慣領域若無法跟著內在與外在環境的變化修正與改變其有關的策略、方法、資源、技能、商品、價值與流程，以回應不同時空、背景與環境變化的要求時，顯然已墜入習慣領域的陷阱內。

2. 習慣領域的陷阱

哈佛商學院教授薩爾（Donald N. Sull）的研究模型（如圖 2-5 所示），他指出所以會發生習慣領域陷阱的原因大致上是企業組織為往日成功的承諾所限制，而此承諾指的是有效的流程、核心價值、策略架構、競爭資源、顧客關係等成功的方程式，然而企業自信於昔日的成功方程式，以致執著與持續地保有此成功的方程式的方法、策略或流程，而對外部與內部環境的變化未予回應與及時

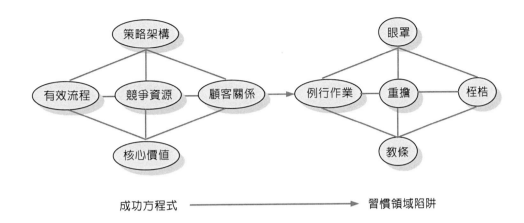

成功方程式 ──────────────────▶ 習慣領域陷阱

✿ 圖 2-5 從成功方程式變為習慣領域陷阱

資料來源：整理自王能平（2004），〈從 HD 試談行動慣性〉，《中華民國習慣領域學會第11屆年會論文集》，PP. 196～197。

轉化新的成功方程式，因而形成其習慣領域的陷阱。

圖 2-5 中的成功方程式是標竿企業昔日賴以成為業界標竿的方法，由於高階層級對其往日成功的方法、策略或流程相當引以為傲，以致歷經時代的變遷與內外環境的激變，仍不改其專注於此等成功方程式之實踐與執行，以致發生如下的變化：(1)核心／有效的流程變成例行性作業，形成僵化的作業流程；(2)策略架構本是指引企業組織順應競爭情勢策略的一個架構，卻因而變成了該企業的眼罩，遮去了該企業規劃具有因應競爭環境的敏感力與察覺力；(3)競爭力資源是該企業的「產、銷、人、發、財、資訊與時間」等資源，也是與競爭者互比高下的資源，卻因無法順應時代與環境變遷之要求而變成負擔；(4)顧客關係是維持業績成長與利潤創造的要素，然而對於其內部與外部顧客而言，維持既有的方法、策略或流程卻是企業對其顧客的承諾，所以仍持續維持既定的顧客關係經營與管理模式，以致這一層顧客關係的經營管理變成桎梏；(5)核心價值仍是企業組織與其他企業組織（尤其競爭者）的區隔，進而能成為標竿企業的組織願景、使命、經營理念與組織文化，然而在面對激烈的競爭環境與情勢，卻未做任何調整或創新，以致變成教條。這些由原來是成功的方程式卻變成習慣領域的陷阱，是企業在面對挑戰或改變要求時，只能一再重複往昔的方法、策略或流程，因而深陷其中而無法掙脫，甚至導致衰敗或是退出產業。

3.突破習慣領域尋找企業組織的創新標的

習慣領域的陷阱是導致無法創新的最大敵人，所以任何一家企業組織須在其發展的過程中，時時加入最大的注意力在企業組織各種標的上，並予以審視是否陷入了習慣領域的陷阱？而這些標的則涵蓋了如後的各個項目：營業時間、營業場所、使用材料、經營技術、管理技術、商品的形狀／結構／性能、廣告文案訴求、市場定位、通路定位、價格策略、物流配送、人力資源管理、財務資金管理等在內。

上述的各種標的均是企業組織的可創新項目，雖然企業之成功創新有時只要能突破單一創新項目即可達成，但多數的創新是需要多個項目之組合，方能將其創新的能量與績效予以擴大，並能延續該企業組織的成功時間。談起創新的複雜性與困難性，事實上有時並不如想像中的複雜，因為創新思維的起步，是從突破習慣領域的陷阱開始，嘗試以不同的路徑或方向來思考，或是嘗試以不同的思維或邏輯來解釋所選擇的創新標的，而從此過程中激發出創新的行動力與價值，以突破經營的桎梏與重擔，並將習慣領域陷阱予以徹底破除，建構其企業組織的嶄新成功方程式，當然上述的創新須是持續適時不斷地重複進行，以維持其企業組織的永續經營與發展潛能。

創新思維的腳步與起步事實上並不艱難，而是要從改變僵化的習慣領域著手，如：每天下班回到家的時候，改變以往先倒杯開水坐在椅子休息一會兒的習慣，而是先將上班服飾換為家居便服再倒開水與坐在椅子上的時候，也許您會有不同的感覺與體驗。所以，企業組織的創意者與創新者若是每天花個十分鐘甚至一個小時自我放空一切日常例行事務，做個冥想或許會湧現出創意與創新思維。故而在此願意建議讀者每天能從現有的思維中自我放空，應能突破既存現有的習慣領域而引導創造力大門的敞開，進而找出您或企業的創新標的，突破習慣領域邁向創新發展之路挺進。

(二)專注堅持擺脫習慣領域的陷阱

企業在追求其企業願景、使命與經營目標的實現過程中，將無可避免的會遭遇到許許多多的困擾、問題與障礙，所以在此激烈競爭的時代中，要如何在消費者的需求與期望、競爭環境與機會成本的限制之下，予以落實推動聚焦的策略與戰術，將有限資源轉化創造出無限的價值，則是二十一世紀企業的高階經營層不得不正視與面對的創新思維議題。

　　企業組織須要能鑑別出其既有消費者與潛在的消費者之需求與期望，並加以掌握其真正的需求與期望，以創造實質的經營與財務績效，是企業所應追求的最終與最主要目標。當然，須針對各項競爭資源策略架構、核心價值、顧客關係與有效流程，進行系統思考的程序加以探索該企業組織之經營管理的重擔、眼罩、教條、桎梏及例行作業之關鍵瓶頸所在，而後聚焦突破劣質的習慣領域，擺脫昔日成功方程式的制約，避免再度陷入習慣領域之陷阱，使其組織得以順利轉型、再造與突破既有的習慣領域陷阱，並獲取經營管理的順利運作與績效顯現。

　　我們在此提出一個案例，來探討突破習慣領域陷阱創造出創新能力與競爭力的個案研討。Hereules 公司是亞洲地區最大的塑膠材質容器的製造與銷售企業，在 1978 年創業設立公司經營塑膠容器設計與產銷業務，於 1990 年及 2000 年中各有一次突破習慣領域陷阱的創新經營發展演出，以致該公司終能躍居塑膠容器產業的標竿企業之地位。

　　1. 第一次突破習慣領域陷阱機會與演出

　　⑴ 1989 年前的成功方程式；⑵ 1989 年的習慣領域陷阱（如圖 2-6 所示）；⑶ 1990 年起的成功方程式（如圖 2-6 所示）。

　　2. 第二次突破習慣領域陷阱機會與演出

　　⑴ 1999 年前的成功方程式；⑵ 1999 年代的習慣領域陷阱（如圖 2-7 所示）；⑶ 2000 年起的成功方程式（如圖 2-7 所示）。

㈢突破習慣領域的創新行動方法

　　從上述的討論，我們將可發覺到企業要想能生存與持續發展，就須要能不斷地強化其經營管理能力和提高競爭力，而創意與創新能力則是提高企業競爭力與持續成長發展，而不為產業競爭環境所淘汰的最重要關鍵。

　　事實上，創意是可經由管理與開發，及不斷的嘗試、研發與轉化為創新商品，而將創意變成為企業組織「會下蛋的金雞母」的事業或生意。創意與創新是需要予以轉化的，也就是將創意發展為創新。

　　在今天的產業環境裡，任何企業都能突破習慣領域與取得賺錢的創新，雖然有人認為創新的代價很高，但不可否認地創新所要付出的代價可能很低，甚至有可能不費一毛錢！因而這個議題最重要的在於「您有膽量去冒突破習慣領域與創造創新能力這個風險嗎？」然而不論是企業組織或是個人，大多數均會擔心創新風險，因而少有人或企業敢勇於採取實際行動。

1989 年前成功方程式	1989 年習慣領域陷阱	1990 年起成功方程式

一、策略架構：
1. 積極發展卓越的生產技術與顧客維持良好的公眾關係。
2. 設立模具自我設計與製造管理系統。
3. 家族成員全心投入產業營運管理。
二、顧客關係：
1. 經營者兄弟每週至少拜訪 A 級顧客一次，以建構良好的顧客關係。
2. 利用資深員工與家族成員內部創業模式，深植與供應商的緊密關係。
三、核心價值：
1. 苦幹實幹的事業經營理念。
2. 追求產品品質縱深及快速供貨能力。
四、競爭資源：
1. 產品品項高達兩千種、品類蓋各種容器需求之產業。
2. 藉由員工忠誠度、老闆努力拚鬥精神，而可與同業進行市場占有率之爭奪。
五、有效流程：
1. 從顧客需求去開發製造產品。
2. 彈性化製造，以迎合及時交貨需要。
3. 機械高達六十台，有足夠進行顧客交貨需求滿足之能力。

一、眼罩：
1. 產品開發策略受到成功經驗影響，以致自認開發可引導流行。
2. 業務量擴充，以致員工培養程度不足，發生管理人才斷層。
二、桎梏：
1. 專注生產，要求有機會就要生產，以致庫存過多，積壓成本。
2. 各項管理系統未隨業務量成長而改變或整合，以致管理績效低落。
3. 各供應商同樣積壓庫存。
三、教條：
1. 經營者自認是容器界經營之神以致沒有制度、沒有政策、沒有理念。
2. 一切以經營者口諭為依循，未能審時度勢。
四、重擔：
1. 庫房不足再外租，而有九個庫房仍嫌不夠。
2. 經營者不能一日不到公司上班，否則產銷失序。
五、例行作業：
1. 由經營者認知來進行開發產品，未考量到市場與顧客需求變化。
2. 由管理者總綰產銷運作，沒有激勵獎賞及提案管道。
3. 員工不明白未來願景，只知認真工作以保飯碗。

一、策略架構：
1. 延聘顧問師到公司導入企業管理方案。
2. 審視顧客，並予以分類管理。
3. 制定經營目標與獎賞制度
二、顧客關係：
1. 建立業務部門，培育業務與顧客服務人才。
2. 整合台北經銷體系，成立台北分公司加以管理。
3. 供應商建立合約制度。
三、核心價值：
1. 不怕經濟不景氣，只怕不爭氣。
2. 分層授權，建立組織經營系統。
3. 將產品開發定位在顧客需求之方向上。
四、競爭資源：
1. 建立品牌，試圖建立自我品牌行銷體系。
2. 分為經銷商，直銷與貿易商通路。
3. 提升產品品項到八千種及顧客分級管理。
五、有效流程：
1. 商品企劃人員分派法國、日本、德國、美國與澳洲。蒐集商情，作為開發之依循。
2. 進行台灣消費者對容器評價、意見調查以為開發時參考。
3. 與 A 級顧客及供應商建構緊密夥伴關係。
4. 產銷作業流程予以合理化系統化。
5. 建立績效獎金制度，激勵員工提高效率。

♟圖 2-6　Hercules 公司 1990 年創新經營過程

| 1999 年前成功方程式 | 1999 年習慣領域陷阱 | 2000 年起成功方程式 |

一、策略架構：
1. 建構績效目標方針管理體系以提高市場占有率與品牌知名度。
2. 經營規劃以經營者為主軸再逐級而下的集權領導原則。
3. 以品牌與延續性創新開發為吸引顧客之策略。
二、顧客關係：
1. 進行國內市場占 90%的行銷策略。
2. 建構完整的供應鏈管理體系。
3. 產品品項已高居亞洲最多的地位（高達一千二百種品項）。
三、核心價值：
1. 追求品質與交貨速度之提升。
2. 追求員工平均附加價值之提升。
3. 追求全亞洲第一品牌地位。
四、競爭資源：
1. 產品品項在全亞洲首屈一指。
2. 產品開發能每月維持 30 項以上的水準在發展。
3. 員工平均附加價值位居業界龍頭（全亞洲）。
五、有效流程：
1. 商品開發以掌握市場脈動為主。
2. 員工管理仍以經營者意志為依循。
3. 作業程序標準化逐步建立。
4. 廠內空間講究充分利用，機器有近 120 台之多。
5. 作業模式追求快速與彈性。

一、眼罩：
1. 在開發上過度重視延續性創新，以致始終未能跨出既有產業的框架。
2. 領導行為仍以經營者為主要規劃、執行與控制者，以致組織形同虛擬化。
二、桎梏：
1. 績效獎金已不足以和科技公司的分紅入股相比擬。
2. 有能力有創意幹部無法發揮，紛紛求去。
3. 供應商想要模仿中心公司之創業模式，以致紛紛變成競爭同業，分食市場大餅。
三、教條：
1. 一味追求中心公司的標竿地位，以致形成內部利益關係人跳槽創業，對公司殺傷力極大。
2. 一味集權管理，以致幹部成長速度低於公司成長速度。
四、負擔：
1. 產品品項多到業務員無法了解。
2. 庫存過多以致租金吞掉不少營業利潤。
3. 塑膠原料暴漲，壓得喘不過氣。
五、例行作業：
1. 員工重視數字與效率而忽略掉向心力的提升。
2. 作業流程及問題解決因激勵獎賞制度而追求獎金，忽略此方面的改進。
3. 顧客追求低價而成為既有供應商與員工創業之客戶、流失不少顧客清單。

一、策略架構：
1. 進行員工參與管理策略。
2. 進行員工分紅入股與供應商入股經營方案。
3. 進行顧客大盤點、重構顧客關係管理機制。
二、顧客關係：
1. 整合為五大類顧客，分由責任業務組長管理，每月檢討一次。
2. 建構供應鏈關係管理及建立獎勵與入股制度。
3. 推展顧客關係的參與機制。
三、核心價值：
1. 讓員工滿意、供應商滿意，及顧客滿意成為政策。
2. 推展人力資源培訓制度。
3. 制定未來願景並傳遞給員工、供應商與顧客了解。
四、競爭資源：
1. 建立國際性品牌。
2. 完成行銷通路的整合。
3. 推動破壞性創新機會。
五、有效流程：
1. 產品開發嘗試走向破壞性創新之方向，並制定創新作業流程。
2. 整合現有各項管理流程。
3. 進行創新團隊與革新小組的編組與運作。
4. 建立新的管理典範。
5. 實施員工提案改進與創意點子活動。

圖 2-7　Hercules 公司 2000 年創新經營過程

　　也許有些經營管理者想要突破習慣領域創新企業競爭力，但受到產業環境不好、經濟景氣衰退，中央銀行持續降息，傳統產業陸續外移甚至倒閉，科技產業也對未來發展預期不甚樂觀，如此的經濟環境已逼使企業對於未來不抱有期待，因而取消投資計畫與大幅裁減員工，修正調降財務預測與經營目標。當然在經濟景氣良好時，則急於加班趕工以應付顧客交期要求，管理階層忙於安撫顧客催貨要求與員工超時工作反彈聲浪。面對這樣的產業經營管理的現實面，許許多多的企業的高階經營層往往在不景氣時被壓得喘不過氣來，在經濟景氣時更是忙碌異常，以致無法採取積極行動去突破習慣領域的陷阱，更而聽天由命放棄大膽的創新策略，作風更為保守，也就是死抱著以往的經營管理習慣。

　　我們不認為如此的保守策略是對的，因為不景氣的時候，一般而言是創新機會出擊的大好時機，企業不僅能且更應趁此機會創新經營管理並改進企業經營體質。且若您的競爭者受到不景氣侵襲而裹足不前的時候，少數勇敢採取創新變革以順應時勢潮流的方法、途徑策略與策略行動者，反而能用低成本、低風險的方式，獲取市場與顧客青睞，進而勝出。同時經濟景氣時，您若能早人一步跨入新的商品與管理模式領域，為日後轉型做準備，屆時將會先人一步取得致勝的契機與利基，也許會花些成本，但卻是他日贏取利益、目標，與市場顧客支持、信賴與滿意的基礎。

　　所以，我們認為能早他人一步化創意為創新的行動者，將會是現今與未來市場的新贏家，創新行動的方法有相當多種，如：策略創新、生產創新、行銷創新、服務創新、商品創新、組織結構創新、績效結構創新、市場結構創新、科技與技術創新、競爭創新、人力資源創新、目標與衡量創新、利潤指數創新、專利權創新等均是為創新行動的方法。也許有人會對於創新行動因成本太高而不敢進行創新，然而創新所花費的成本並不一定很高，且有些創新並不需要花費成本的（如：廣告行銷方法改變為口碑宣傳活動、公眾報導方式之行銷策略創新等）。當然也有要花費相當高的成本來進行創新（如：開發新產品的創新、專利權收入的創新等），唯其花費成本雖然很高，但若與後來的利益與報酬比較時，則其所花費的成本是相當值得的。

1. 創新行動的方法

　　一般而言，創新行動的方法是相當多的，唯我們在此僅就其類別而言，約有如下幾個分類：

　　⑴策略的創新方法，如：①用成本來創新（如：口碑行銷取代廣告行銷、

用企業內部員工加以訓練爲型錄模特兒而取代外聘專業模特兒、薪資結構調整爲薪資與獎金獎勵並重等策略）；②讓顧客參與產品之生產或裝配作業過程之創新（如：DIY 工具組合，DIY 家具裝配、歐式與日式自助餐打菜等）；③低價創新（如：提供低廉商品等）；④差異化創新；⑤異業或同業聯盟之創新等。

(2)生產或服務過程的創新方法，如：①裝配作業由直線型改爲Ｕ型線；②等候原理導入服務等候管理；③設計開發採取電腦模擬設計；④加工工序的簡化與合理化；⑤混線生產模式等創新。

(3)行銷的創新方法，如：①顧客溝通管道的創新；②通路的創新；③促銷的創新；④顧客關係管理的創新；⑤網路行銷的創新等。

(4)結構的創新方法，如：①市場結構的創新；②組織結構的創新；③工作結構的創新；④創意與創新團隊的創新；⑤利潤中心的創新等。

(5)科技的創新方法，如：①運用通信系統與電腦系統、網路系統的作業方式創新；②顧客關係管理的創新；③顧客滿意管理的創新等。

(6)競爭的創新方法，如：①商品價值超越的創新；②顧客服務滿意的創新；③價值的創新等。

(7)人力資源的創新方法，如：①員工照顧方案的創新；②員工生涯規劃與管理的創新；③員工訓練管理的創新；④員工內部創業的創新；⑤員工建議與提案的創新等。

(8)目標管理的創新方法，如：①經營管理績效指標衡量的創新；②新商品開發的創新；③新市場開發的創新；④各過程經營績效持續改進的創新；⑤目標管理工具運用的創新等。

(9)利潤的創新方法，如：①核心事業之商品的創新；②核心能力與核心技術的創新；③事業部利潤分享制度的創新等。

(10)研發的創新方法，如：①新產品設計與開發方法的創新；②研發績效管理方法的創新；③研發團隊管理方法的創新；④研發流程管制的創新；⑤新產品開發創意的創新等。

(11)智慧資本的創新方法，如：①員工智慧管理創新；②營業祕密管理創新；③生產技術創新；④專利技術管理創新；⑤企業形象提升創新等。

2.創新行動的方向

在二十一世紀的企業須專注於現在與未來的挑戰，特別是在電子商務的方面更是要特予專注。企業可採取創新企業組織的策略方向有：

(1)朝向智慧型商品的方向：予以創新個人化商品以取代大量生產／供給的商品，以利於強化和消費者間的互動，並擄獲他們的忠誠度。

(2)注重維持生態平衡發展的方向：生態環境維持與保護與企業永續發展的整合發展是未來創新的必然方向與創新思維／方案。

(3)因應行動服務環境興起的方向：未來的商務活動與 e 化、m 化、v 化與 u 化是密不可分的發展趨勢，企業經營管理活動須思考如何提高經營管理績效與品質之創新思維／方案。

(4)培養企業組織創新文化的方向：在全球競爭力挑戰的關鍵時刻中，創新能力是市場評定企業價值的關鍵點，所以企業組織須努力培養出其創新的企業文化，方能為其組織帶來利益與發展潛力。

(5)因應商業網路科技發展的方向：二十一世紀無可否認的是須借重於商業網路科技以發展新的商業活動，所以企業要想創新發展，應將商業網路科技的運用予以結合於創新思維／方案中。

(6)體認商品生命週期縮短的方向：在現在與未來的全球市場中，消費者之需求與期望均會要求更新、更快、更好、更便宜、更方便與更有價值，所以在此世代中，須體認到這個變化，以創新商品來維持企業持續發展的時代潮流。

(7)鑑識消費者的真正需求與期望的方向：數位時代消費者的需求與期望變得愈來愈挑剔，所以在創新發展時，就應將消費者的真正需求與期望予以鑑識出來，並納入於創新行動中。

(8)設計開發持續創新組織文化的方向：創新發展思維須納進其組織文化中，使組織的文化轉變為具有創新風氣的文化，並規劃出其企業組織之新的核心流程及新的顧客關係、新的核心價值等模式。

(9)營造出具有創意發展之環境方向：使企業組織具有鼓勵員工能催生構想並發展與轉化為有價值的完整創意與創新流程。

(10)建構創新風險的管理知識與技巧：在創新行動之過程中，是無可避免地會遭遇到困擾或挫敗，所以企業組織致力於創新行動之發展中，須建構新的管理機制以為管理風險。

(11)建立管理創新的團隊：創新思維需要不斷開發與激勵發展創意，然而在創新過程中，其企業組織的策略架構、競爭資源、核心流程、核心價值與顧客關係之成功方程式，更需要創新的組織結構與多功能的創新團隊予以管理、執行與發展。

可愛小熊 MEMO 夾

可愛的小熊，雖是黏土捏塑而成，但應用技巧讓可愛的熊呈現如布一針一線縫成的感覺！配上兩三顆愛心，讓整體的感覺更豐富、可愛！最後還可在大大的愛心上寫上名字或其他你想寫的字！是個可愛又實用的留言夾哦！心動嗎？你也可把心動化為行動哦！快來創意玩黏土捏塑吧！【揚恩工 YOUNG 世界：莊依蓉】

組織溝通營造創新共識

資料來源：摘錄自陳錫鈞，2007.12.09，台北市：經濟日報

溝通的重點乃在於行動，因為行動的目的是為了達到溝通的相互了解，也就是形成共識。為了促進共識所採取的行動，承載著溝通的意義，因而肢體、工具、符號都是行動的一部分。溝通行動從行動出發，藉由溝通行為營造對於創新的共識，再更進一步統一組織內價值體系，透過溝通行動，將上下層間的利益一致化。共識與組織內部價值體系一致時，員工就比較有意願為了組織創新主動進行學習。

一、茶香傳遞知識與情誼

SANKO精機是員工64人的日本小企業，主要產品是鋁合金的拋光。卻能以卓越的品質、良率獲得豐田汽車的信賴，更是佳能影印機核心組件的供應商。SANKO沒有昂貴的知識管理系統，也沒有複雜的表格，品質控制與內部文化是一連串溝通行動的結果。如在工作人員交班時提供茶水點心，安排一小段時間讓他們話家常，也分享在工作上遇到的問題。茶桌旁就是各個工具部件。

二、沒有辦公桌椅的主管

工廠主管更以行動來與員工進行溝通，沒有辦公室、桌子、椅子，一張A3大小的小講台、一台筆記型電腦，就是他工作的地方。為何不在辦公室辦公？該主管認為：「只有在現場，才可隨時解決員工工作上的每個問題。」這讓員工感受到主管與他們站在同一陣線。此外，圖形化的問題傳單、全員參與的週會、問題傳承筆記本、簡單的5S基本功與溝通工具，凝聚起這家企業所有員工的心。

溝通的主體是「行動」，主管為溝通所採取的行動過程，讓員工可感受到，雙方其實就已在進行溝通的行動。簡單、立即與真誠的溝通行動設計，是組織溝通的基礎原則。

Smart Innovation 2-2

新世代創新設計

資料來源：黃中宏，2006.12.17，台北市：經濟日報

美國工業設計社群（ID-SA）的 2006 年企業設計團體研究報告：產品經過適當的設計與創新後，產品成本提高 24%，銷售額提升 47%，產品售價提高 32%。由此可知，「創新設計」之於企業，不單只是趨勢潮流而已，更是命脈續存的關鍵。Dr. Arnold S. Wasserman 對「創新設計」的獨到見解：

一、創新設計兩種型態

創新是在既定目標上應用創造力，也被定義為「發明與洞察力的交會點，並朝著社會與經濟價值的創造前進」。

創新設計可分為持續型與破壞型兩種創新設計型態。前者針對相同的產品，做持續性的功能、外型等創新，以幫助提高產品價值，獲得更多利潤；後者則是捨棄既有的獲利產品，改以嶄新且未曾出現的產品獲取利潤。

二、創新設計應用於產品開發上，應謹守六項核心原則

1. 創新設計以滿足「人」的需求為原則。
2. 訴諸情感的感動，比理論更能得到消費者的認同，並促其進行採購。
3. 經常讓創新設計者離開工作領域，可激勵其新創意的學習與啟發。
4. 注意市場留白處，從中找出產品再改進的關鍵點。
5. 創新設計以觀察「人」作為創意源頭，包括了解人們做了什麼事、關心他們的喜怒哀樂等。
6. 好的設計，都是以人為本的設計，無論它是一項產品、服務、一個故事，或是一部影片皆是。

事實上，對管理階層來說，了解創新設計如何運作，與具備應有的專業知識同等重要。尤其是企業如何透過機制讓創新成為常態，及如何辨識適當的人才引導創新，值得企業深思。

Chapter 3
創新是企業競爭力的來源

傳統產業與新興產業均有資格進行創新活動,只是企業的領導人與策略創新者須先了解本身的資源與能力,同時更要認知到底要創造出什麼商品或事業才能會帶給企業的永續發展機會與價值。所以創新者須了解要具有什麼樣的組織與人力資源政策、管理能力、執行能力、決策能力與創新能力?而後再進行其創意與創新的策略規劃、執行與管理,如此才能將其企業的競爭力持續予以提升,以維持永續經營之潛力。

「未來是移動的」之廣告詞及其所傳遞的概念，已深深嵌入我們的心靈與思維中。在此世代中企業組織的領導人、CEO與策略創新者想要能進行與眾不同和獨特的創造與創新，就需要極力培養出創造力與創新力之特質，及創新者的氣質，且這些特質與氣質有哪些範疇？如何培養與發展？了解之後應如何進行創新？創新之後要如何進行商業化？凡此種種問題均是企業組織與其領導人、策略創新者應予以正視與思考的課題！

◎ 第一節　傳統產業與新興產業的意涵

所謂的傳統產業不在於所屬的是哪一個產業，而要看在哪一個時空情勢之下，來判斷其所提供的商品是否具有附加價值而定，若企業能創造出附加價值，即使所提供的商品仍是相當的傳統，可是卻能為其增添許多的創新概念，因而可創造出附加價值，這樣子就不是傳統產業；又若企業雖然擁有大量資金、優

石雕藝術的意念與感動

石頭在人類的生活與歷史上，扮演著重要的角色與地位，它與我們的生活息息相關；石雕都扮演著人們對於藝術追求、精神寄託最堅定的形象。不一樣文化孕育出不同的石雕藝術，但在內在精神是類似的；石雕自原住民雕刻、宗教雕刻、應用雕刻等發展，已然到了巔峰時，任何的形式、材質都有可能成為雕刻作品的組成要素，技巧、創意已不再是決定作品優劣的關鍵了，如何藉由雕刻，去表現藝術家個人的意念與感動，才是雕刻品真正的迷人之處。【作者拍攝】

秀人才、先進設備與他人提供的卓越技術，但卻滿足於現在的優勢，而未曾投注創意與創新的概念於商業活動中；換言之，這樣子的企業仍是屬於傳統產業。所以為擺脫傳統產業的低價、低競爭力的困境，只有從根本的思維方式、人力素質、企業願景與使命目標、創新方法及績效管理方面加以突破並予以創新發展，徹底地給予自己企業的價值的創造，才能破繭而出，擺脫淪為傳統產業的宿命，躍身為新興產業，持續永恆地成長與發展下去。

第二節　企業競爭力與創新的關聯性

　　二十一世紀的企業須相對的以知識作為主要的生產要素，且將研發品牌、設計、品質、速度、管理制度與自動化資訊系統作為企業經營的主軸。何況現代是知識經濟的時代，我們將會發現，知識經濟強調的知識和傳統土地與人力的最大不同在於土地與人力是既有的，所以誰能擁有它們時，誰也就能成為霸主，也就是說傳統產業基本邏輯就是占有稀有資源（如：土地、人才、設備、技術等）；但知識經濟裡，知識卻無法占有而是要靠努力加以創造出來，所以新興產業能成為新興產業的理由，在於它們能創新與創造（在此所謂的新興產業，大致上可分為新興科技產業、產業知識化與知識產業化等三種類型）。

　　第一、首先，我們要能持續創新知識，且在把知識轉化成具有商業價值的時候，我們就可在新的環境裡找到成功的關鍵。從企業經營的角度來說，在這個知識經濟時代裡，我們有沒有可能發揮創新能力？創新能力並不僅對於新興產業有重大影響而已，即使是大多數的傳統產業的策略、行銷、管理、產品、流程、物流、結構、科技與技術、人力資源、目標管理、研發、利潤、競爭與知識等方面的創新均是當今相當重要的議題及具有相當關鍵的影響力。

　　第二、同時，在面對快速反應的現代，企業所須具有的承受壓力的能力也需要相對地提升，如果具有有效地運用良好的決策方法來為企業組織謀取較高的價值，就能為其企業帶來較高的競爭力。決策方法有時是在不確定性環境下進行決策，而此不確定性環境中大多是資訊不夠完整，但卻要在攸關企業的整體營運良窳的風險下進行決策，所以良好的決策方法對於企業組織是否能維持或提升其核心競爭力是具有相當的影響力的。

　　第三、另外，企業組織為維持其策略的有效執行，須摒棄只想做個Thinkers的思維與想法，須要使其差異化策略能徹底執行，也就是要將其組織建構為有

良好執行力的文化，使其全體員工均能很用心地執行其組織與主管所擬定或交付的策略方案，並將組織內員工培育為具有執行力的人才，方能落實執行的精神於其企業組織程序中。企業組織要維持或提升其競爭力，就須將其企業的能力跨越其競爭對手，而此能力則源自於組織流程，有賴組織中的各個流程將企業的各種資源予以整合轉換為該企業組織的核心競爭力。

第四、再者，在此數位經濟時代當中，良好的知識管理能力當然會對其企業組織是否能維持或提高競爭優勢，具有相當的影響力。而良好的人力資源管理則是管理企業組織之知識的最重要模式，因為人力資源是企業組織能否激發創意與創新的原動力，尤其企業組織對於執行創新與落實策略及管理企業智慧資本而言，良好的人力資源管理是最為重要的一個環節。

第五、最後，為能提升企業組織的創意與創新、決策、執行及管理等能力，須建構良好的人力資源管理與激勵獎賞制度，並和創新、決策、執行與管理等能力相連結，獎賞分明並鼓勵員工認知到唯有真正的努力才能獲得獎賞讚美，從而塑造創新文化的落實推動，並提升或維持其核心競爭力。

生活藝術化藝術生活化

人類生活與文化、藝術息息相關，當代文化所呈現藝術多元化、創意化、美麗化的人類生活方式，則是人類的創意與創新結合電腦、網路、通信科技而取得全球化的資訊；而文化交流應由 e 化開始，人與人的溝通經由視覺藝術、表演藝術、裝置藝術及數位多媒體等的創意而產生人群生活體驗的活動、互動、感動、行動，進而提升全民文化生活品質。
【展智管理顧問公司：陳禮猷】

第三節　企業競爭力持續提升的來源

　　綜合上述的探討，我們可歸納如下的結論：在數位知識經濟時代裡，企業組織要想在競爭激烈的環境中維持或提升其競爭優良績效，就應具體強化良好的創新能力、決策能力、執行能力、管理能力與激勵獎賞等五個方面的品質與績效，而此五方面能力的同步平衡發展與持續改進，將可持續提升優質與卓越的企業競爭力（如圖 3-1 所示）。

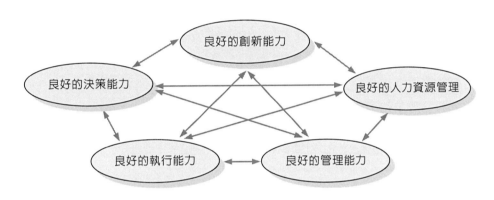

● 圖 3-1　企業競爭力持續提升的來源

一、良好的創新能力

　　我們曾提出了創新行動的方法與創新行動方向的論述，其目的乃在於創新行動乃源自於突破習慣領域的理論，此章節中我們則可從圖 3-1 中得知所謂的企業競爭力來源乃與創新能力具有息息相關的影響。

　　由於創意是突破習慣領域以創造有價值的點子或念頭思維，且創意並不是突發奇想，也不是無中生有，更不是從未聽過的東西，事實上創意是存在於習慣領域中，只因為某些人的電網或許薄弱了些，因而無法激起創意之點子、念頭、思維或事物。一般而言，所謂的創意者，是因為他的習慣大於別人，因而他就可想到許多人沒有想到或產生的創意；所以您若想要有比他人更多的創意，您就須擴大您的習慣領域且激發創意的仲介（Brokering），也就是創新不是過

去的科學家獨自在實驗室或地下室中埋頭苦幹的成果，企業組織要想創新與創意點子，就要媒合不同的專業人士與部門的創意點子與創新想法，絕不是個人英雄主義，而是要去探索跨業種、跨業態與跨業際之精華，以尋求創新與創意點子。

㈠創新點子從何形成

創新與創意點子並不是個人的英雄式作為，而是要從習慣領域中去找，所以創新是須整合不同的產業領域，同時企業組織更應建構創新制度。創新點子如何形成？可分由如下幾個方向來探討：

1. 自我的提示方面

⑴從過去的習慣領域中去尋找，包括企業外部及不同文化或國家中去尋找；⑵用懷疑、不滿與類比式的創意思考模式去尋找創新的媒介；⑶秉持著超越企業組織所熟悉領域外的地方去尋找；⑷企業組織裡各部門各專案小組中應保持距離，以免多數主流意見淹沒少數的創新點子；⑸診斷自我優劣勢，並運用自己優勢藉機吸收新領域、新知識；⑹創新點子宜由團隊合作網路方式來進行開發；⑺企業組織應在組織中營造出創新的氣氛及建立創新制度以激發創新氣氛。

2. 外部的提示

⑴從觀察、感受與類比式的創意思考模式去觸發創新的媒介；⑵從外部的各種業種、業態與業際所發生的重大事件中尋求給予自己的啟發或啟示；⑶從組織外部的團隊或部門中所建立的團隊合作網路尋求奧援。

㈡創新的循環

創新是一種突破與擴展習慣領域的過程，創新能力來自於習慣領域的擴充，在這個瞬息萬變的競爭環境中，不管是個人或企業組織均應追求創新。一般而言，在受到其內部與外部的變革、轉型與競爭壓力之後，如果能利用這些壓力進行驅動個人或組織能力集合之轉化，則所發展出的創新能力將可創新開發出新的商品、管理模式與策略、流程等新的優質競爭力。

當然，此等新的優勢競爭力將可能為其解除或減輕所承受的壓力或痛苦，進而創造出新的價值，而此等價值則可分配予個人、員工、股東及外部利益關係人，這個價值的分配也將會是擴充資源與持續創新的最主要動力。當然，這

個創新的循環之所以能持續發展，最主要的是他們須體驗到沒有夕陽產業的概念，須存在堅強與旺盛的企圖心及秉持 $P_nD_nC_nA_n$ 理念（n 次的 PDCA）持續改進，不斷創新發展是持續經營發展的原動力。

二、良好的決策能力

企業組織的成功決策，事實上也就是進行其策略管理準則上，表現得相當出色，而這些準則包括：策略的選擇是否建立在清晰的顧客價值主張上？是否能偵測到競爭市場的各項變化（包括潛在的可能變化）？核心業務及相關的業務是否能大幅成長？策略選擇與決策的輸入階段、配對階段與決策階段能否顯示出各種可行的相對優勢與提供策略決策的客觀基礎？

高階管理階層應同意，至少在原則上來說，其決策的焦點應是放在核心業務的成長，然而在企業進行成功決策的同時，該組織裡的各個部門大多會要求組織給予支援，因此高階管理階層就應要具備有如何判斷其請求支援的輕重緩急，以防不會把資源放到次要的目標上，而忽視到主要目標的需求，這是追求成功創新的企業組織應注意與體現的事情。

㈠創新策略決策能力的培養

好的創新策略決策能力的培養，可由如下幾個方向加以培植：⑴累積經驗；⑵培育專業知識；⑶利用有效的重新結構的理念、構想與思維，將大腦中的念頭、思維、理念、構想與知識進行重新結構組合，來提升自己的分析能力；⑷需要能蒐集大量有關創新目標決策的資訊；⑸需要養成分析與判斷的能力。

㈡創新策略規劃的決策（以下轉錄自吳松齡，《國際標準品質管理之觀念與實務》，第一版，滄海書局，PP. 405~410）

管理由於層次不同，其要求有異，高階層管理者首先要做一個正確的決策者，做好決策，特別做組織之戰略決策，是高層次管理者之主要職責。組織須時時做盤點與盤查、檢討，甚至將組織解構與重構，以適應競爭劇烈的時代，期能永遠掌握先機，避免被三振出局之淘汰命運。

決策（Decision-Making）是針對問題，為達成一定的目標，就諸項可行的交替方案中，做一最佳判斷及抉擇之合理過程。

　　管理者在決策時，下述三種情況將很難於制定資源、能力與核心能力方面之決策，此三種情況乃不確定性（Uncertainty）、複雜性（Complexity），組織內衝突（Conflict）等。

　　所有的管理功能均離不開決策，不但規劃時需要決策，在執行與控制時更需要決策，因此決策是所有功能中均涵括的活動，而非單獨一項功能，決策可透過價值鏈分析與規劃各活動之有關政策、方案與處理程序，以確立決策。

1. 決策之價值鏈分析

　　價值鏈（Value Chain）之分析使組織易於確認何種營運措施可創造價值，哪些則不能創造價值（所謂的價值是其所創造之價值要高於成本，有報酬才夠格稱得上為價值）。價值鏈分為基本活動與支援性活動（如圖 3-2 所示），價值鏈乃顯示盡其所能增加價值與盡其所能降低成本，以獲取價值。

✿圖 3-2　基本價值鏈

資料來源：M. A. Hitt, R. D. Ireland, & R. E. Hoskisson (1997), *Strategic Management,* International Thomson Publishing Asia, 2: nd.

2. 決策之理性管理程序（如圖 3-3 所示）

(1)明確找出問題點與原因（Indentifying the Problems）

(2)確認策略性意圖與宗旨（Strategic Intent & Mission）

(3)找出可能之策略行動（Strategic Decision）

(4)評估各項可能之策略行動方案（Evaluating the Consequences）

(5)確立擬採行之成功策略行動（Assuring the Stratigic Action）

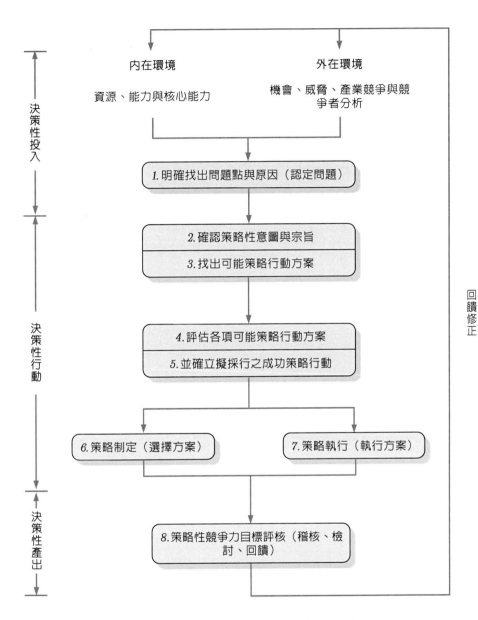

內在環境

資源、能力與核心能力

外在環境

機會、威脅、產業競爭與競爭者分析

1. 明確找出問題點與原因（認定問題）

2. 確認策略性意圖與宗旨

3. 找出可能策略行動方案

4. 評估各項可能策略行動方案

5. 並確立擬採行之成功策略行動

6. 策略制定（選擇方案）

7. 策略執行（執行方案）

8. 策略性競爭力目標評核（稽核、檢討、回饋）

決策性投入

決策性行動

決策性產出

回饋修正

✿圖 3-3　策略領導與決策管理程序 yy

(6) 策略制定（Decision-Making）

(7) 策略執行（Strategic Action）

(8) 回饋（Feed-Back）

㈢創新策略決策的品質管理

決策時大多需要參考不少資料，但決策本身所存在的風險因子，更充滿了不確定性，尤其在重大決策時往往是在風險中產生的決策。所以風險雖是無法預測的，卻是應予以管理的，其管理之目的乃在將決策失敗之成本控制在一定的水準內，正如前面所謂評估各項可能之策略行動方案，就是要查核其潛在風險並擬妥應變策略，以為展開行動之際得以化險為夷。

1. 決策品質績效指標

企業組織一旦做出決策，便立即面臨了決策品質好與不好的問題，所以應建構決策品質績效指標以為評估與管理。廖仁傑（*2001*）提出如下之公式作為衡量決策品質之指標：

決策能力品質＝f（正確、穩當、成本）

2. 創新策略決策陷阱（如表 3-1 所示）

表 3-1　決策十大陷阱

序	失敗之決策情境	發生之流程點
1	貿然投入，未考量問題之癥結或決策之必要性	認定問題
2	心智偏差產生盲點，針對錯誤之問題尋求解決之道	認定問題
3	心智未開闊明朗，只有一種方式認定問題	認定問題
4	過於自信於自己之判斷，怠於蒐集資訊	確認決策意圖與宗旨或找出可能策略行動方案
5	短視抄捷徑，用簡易方法取代科學分析方法	評估各項可能策略行動方案
6	認為相關資訊均在頭腦中，不願依循科學系統程序做評估	評估各項可能策略行動方案
7	認為只要人多自然會有好的決策	整個決策管理程序
8	在回饋上自我操作或找台階下或洋洋自得	策略執行
9	不做追蹤、怠於記錄，欠缺分析決策成果	策略執行、策略競爭力目標評核
10	決策稽核失敗，未有系統了解並改進自己之決策方法	整個決策管理程序

資料來源：劉典嚴（2001），〈該用什麼方法顧及決策品質〉，《品質月刊》第 37 卷第 11 期（2001 年 11 月），P. 24。

3.創新策略管理應行檢視與審驗的準則（如表 3-2 所示）

♪ 表 3-2　檢視與審驗決策的實務準則

1. 創新策略應建立在明確而清晰的內部與外部利益關係人之價值的主張、需求、期望與關注的焦點議題之上。

2. 進行創新新商品之策略時，應由企業組織的外部利益關係人開始，一直到企業組織的內部利益關係人，針對如何滿足外部與內部顧客的需求與期望、主張、關注的焦點議題而進行有關的創新策略之規劃、選擇與決定。

3. 儘可能大量蒐集競爭情勢有關的資訊、情報與資料，以利進行創新策略之決策分析。

4. 在創新策略規劃、選擇與決定的過程中，仍須持續蒐集市場競爭情報與資訊，隨時掌握市場或內外部利益關係人需求之變化情勢，適時調整或修正有關的策略決策。

5. 在進行策略決策的前後時間，仍要和內部與外部利益關係人保持溝通管道的暢通，以利他們能清楚地了解企業組織的發展方向。

6. 創新發展的方向與標的務必能審驗是否與企業組織的核心業務、核心流程、核心知識、核心專長與經驗有所關聯？因為要跨入完全不相關的領域，是需要有大破大立的決心、能力與行動的。

7. 創新策略的決策前後須建立員工的全體共識與支持、認同，方能在往後的策略執行過程中發揮效率與效能。

三、良好的執行能力

　　任何企業組織在醞釀其創新思維與觀念時，企業的高階管理階層與創新主管須要能具有將其創新點子、概念與管理思維，經由設計、製造、組合、包裝與傳播的過程使其商業化，而此商業化的觀念須能與時代或時代精神（Zeitgeist）相接軌。也就是說時代在考驗企業組織，而企業更要能創造時代，只有用符合商業化概念的創新點子、概念與管理思維，方能在產業中脫穎而出，成為標竿企業。然而在前面我們談到了創新策略之決策，大致上仍停留在規劃的階段，若不加以轉化執行時，也只能稱之為空談，對於企業組織的創新、轉型、再造與蛻變是徒勞而無功的。所以我們要能將此規劃付諸執行與行動。而所謂的執行到底是什麼？執行的價值或意義到底是什麼？則是我們須加以關注的議題。

(一)執行的意義

執行當然是把事情、把目標做完以達成企業組織的經理理念、企業願景與經營目標,但要怎樣去執行?則是一般企業人與社會人,甚至學術界均不甚理解的,在此本書引用 *Execution: The Discipline of Getting Things Done* 一書的論點加以論述說明如下(該書中譯本:李明譯,*Larry Bossidy & Ram Charan* 著,《執行力:沒有執行力哪有競爭力》,天下遠見出版公司,2003 年,*PP. 49~64*):

1.執行是一種紀律,是策略不可分割的一環

(1)執行是策略的根本,也是形成策略的依據,而執行的戰術與技巧是執行的一個核心,但不等於擁有戰術與技巧即是執行。

(2)執行是一套系統化的流程,此流程中需要將策略、營運及執行人員予以連結,使這些人員與各項執行紀律同步運作,當然應包括獎賞、報酬、風險管理及彈性應變等機制在內。

(3)執行的重心在於人員流程、策略流程與營運流程等三種流程的緊密連結,且需要高階管理階層的宣示、投入與帶領全體員工及各個部門發揮團隊合作的精神來執行者。

2.執行是企業組織高階管理層的首要工作,且須躬身參與

(1)創新策略的執行須由企業組織的高階管理階層帶頭宣示及引領組織內各個員工與各個部門進行執行的過程,且最要緊的是創新策略的執行須獲得高階管理階層的支持與親自參與。

(2)創新策略執行之責任應在高階管理階層身上,而不可將其授權給其部屬,因此我們須陳述的是「授權而不授責」的概念,也就是執行的監視與改進的責任不可將之下授給部屬。

(3)高階管理階層應在創新設計、生產、組合與包裝行銷的系列過程中建立內部溝通與外部溝通的對話機制,使創新策略之執行能廣集各利益關係人的意見與觀點,以為修正調整創新策略執行方案的重要依據。

3.執行須成為組織文化的核心成分

(1)執行是上自最高領導人並及於全體員工均為執行的一分子,且是全員經營行動的動起來之執行紀律。

(2)執行過程與成果之監視量測須與企業組織的薪資制度與激勵獎賞制度結合，同時更要列爲全員行爲準則，以形成企業組織的執行文化。

(3)執行的全體人員在執行前與執行中，企業組織應施予創新策略及執行有關的教育訓練，甚至執行後也應在檢討分析之後再施予員工訓練，期能在另一創新方案中改進當次的執行缺失。

㈡執行的方法

企業組織的高階管理階層每天幾乎把他們的大部分時間花費在日常的例行事物上，做的是無關緊要的事務性工作，雖然在這些例行性的事務處理或決策過程會因某些事件或壓力、痛苦、懷疑與不滿而萌生某些概念、思維或想法，而在這些概念誕生時，事實上這些高階管理層會發展一個不確定性的情境，其不確定性乃在於是否堅守目前的企業組織發展方向或路徑？抑或是否選擇突破目前的方向或路徑？而若要突破現有的方向或路徑時，是依目前的企業文化願景、業種與業態、市場與顧客、商品與管理模式來進行轉型、再造、延續性創新，抑或是來個根本的改變、變革或破壞性創新？對於企業組織的高階管理階層來說，可說是充滿著期待與不確定性的恐懼。

企業面對現階段與未來消費者的多元需求與期望、關切議題將會是相當需要更多的努力與尋求滿足他們的一切要求，否則企業勢必會爲他們所拋棄，以致淪落爲夕陽企業，所以企業執行創新策略的方法是以滿足消費者的要求爲最重要的一種方法。而其他如：與消費者接觸的第一線員工應具有其高階管理階層的充分授權以滿足消費者之要求，所有的員工應具有傾全力降低成本與提高商品價值之認知、全體同仁互助合作與溝通協調地達成企業組織交付的責任目標之體認與執行力。

企業在執行上須講究一致性的全員經營紀律，及導入全面品質管理（TQM）的持續改進與矯正預防策略與手段等。有如《孫子兵法》所稱：「故善用兵，譬如率然。率然者，常山之蛇也。擊其首，則尾至；擊其尾，則首至；擊其中，則首尾俱至。」（如圖 3-4 所示）企業組織當爲追求永續經營與持續成長，內則須以團隊之力於創新管理與知識管理，外則全體同仁全力以赴團結一致以追求提升企業的市場競爭力與產業吸引力，創造企業組織之利潤與產業價值、員工價值、顧客價值，以迎接任何競爭挑戰。

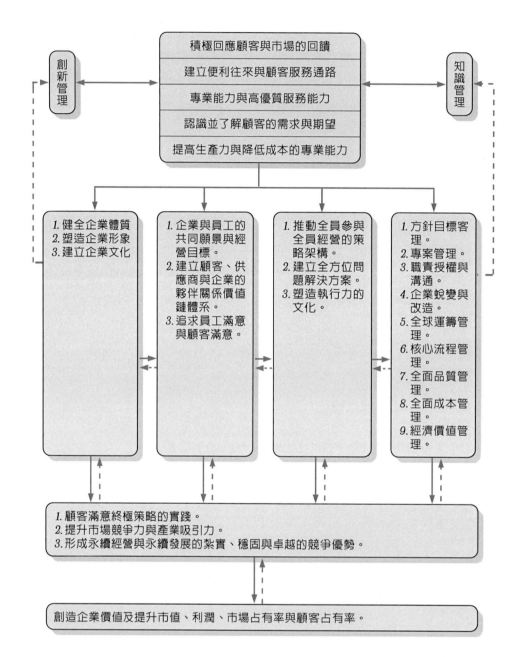

積極回應顧客與市場的回饋

建立便利往來與顧客服務通路

專業能力與高優質服務能力

認識並了解顧客的需求與期望

提高生產力與降低成本的專業能力

創新管理

知識管理

1. 健全企業體質
2. 塑造企業形象
3. 建立企業文化

1. 企業與員工的共同願景與經營目標。
2. 建立顧客、供應商與企業的夥伴關係價值鏈體系。
3. 追求員工滿意與顧客滿意。

1. 推動全員參與全員經營的策略架構。
2. 建立全方位問題解決方案。
3. 塑造執行力的文化。

1. 方針目標客理。
2. 專案管理。
3. 職責授權與溝通。
4. 企業蛻變與改造。
5. 全球運籌管理。
6. 核心流程管理。
7. 全面品質管理。
8. 全面成本管理。
9. 經濟價值管理。

1. 顧客滿意終極策略的實踐。
2. 提升市場競爭力與產業吸引力。
3. 形成永續經營與永續發展的紮實、穩固與卓越的競爭優勢。

創造企業價值及提升市值、利潤、市場占有率與顧客占有率。

☝ 圖 3-4　企業的常山之蛇（競爭力的形成）

四、良好的管理能力

　　任何良好的創意與創新概念、思維與策略在付諸商業化計畫行動時，須使各階層管理人員均能培養出良好的管理能力。尤其在二十一世紀全球化國際化

的時代裡，領導者在組織中須要具有辨識不同時間的不同競爭情勢，同時確認出員工與顧客的需求、期望與關切議題，並建構合乎時勢潮流的組織文化及彈性調整本身的領導風格，以帶領企業組織走向永續經營。

㈠領導統御（Leaderhip）

依據《韋氏大字典》的定義：「領導是獲得他人信任、尊敬、效忠與合作的行動。」以前的傳統組織理論：「領導是組織賦予每個人的權利，以統御其部屬，完成組織所要求的目標；」而現在的組織理論：「領導是領導者與被領導者間的交互行為，影響組織成員以激發其企圖心，進而實現組織的方針目標。」或「領導是有一定的順序與條理，以調整人群並帶領示範的活動」。

1. 領導者與管理者之本質

管理者與領導者基本上有其本質之差異性存在。管理者會把組織的管理方式界定在既定的框框或規範內，要求其組織中的所屬成員須在此一框架中運作，以致一個管理者所帶領的組織將會是守成的，缺乏創新力、創造力與生命的活動力，當然無法在競爭激勵的環境中脫穎而出。領導者則能帶領其組織創新突破，以為因應經營管理之風險，進而帶領其組織提升其競爭優勢，以創意、創新各階段企業、組織經營管理模式與概念，並付諸實施及健全其企業組織的體質與提高企業組織形象，達到永續經營發展及組織願景的實現。所以領導者與管理者在基本上乃有其不同的情境（如表 3-3 所示）。

表 3-3　領導者與管理者之情境

領　導　者	管　理　者
在策略、方向、路線、行為與意見上給予其部屬引導與指揮，以為完成企業組織所賦予的共同任務。	經由他人造成、完成、承擔或負責、處理的努力，以為達成企業組織所賦予的共同任務。

2. 領導者須具備之態度與想法

(1)要將管理目標予以明確化，且儘可能地予以量化。

(2)要認知管理是有意識的管理，而不是含糊不清或盲目的管理。

(3)要應用 PDCA 管理循環的精神來進行管理，也就是經由「規劃→執行→

檢核→改進」等行動模式，一直重複循環以達完美境界方可停止，但若在出現異常時，則仍應展開另一個 PDCA 循環，以確實落實持續改進的精神，使企業組織永續發展。

(4)在進行異常改進的過程中，應將成功的經驗保存下來，作為下次進行工作改進時的參考。

(5)應建構系統化、合理化與標準化的作業流程，使作業過程穩定與標準化，以穩定企業組織的生產作業與服務作業之品質。

(6)作業程序與作業標準要明確，使部屬在行動時能有所依循。

(7)應在規劃、決策、執行、回饋上具有成本意識，以利降低成本。

(8)企業組織的各項經營管理活動須以滿足內部顧客與外部顧客之需求、期望與關切的要求為目標。

(9)應具有為部屬進行職業生涯規劃的體認，使部屬能產生將企業組織當作其事業的認知。

(10)應了解組織與部屬的時間成本，並能體認到在組織中建構「勞動時間銀行」的方法與原則。

(11)應深切認知到如何滿足內部顧客與外部顧客需求的流程管理所需之方法與能力，且要極力去鑑別與管理。

(12)需要對於企業管理學理的原則與原理（詳見稍後介紹的費堯十四管理原則）有所了解、認同與採行。

(13)培植與激發部屬主動參與及自動自發的敬業精神。

㈡成為優秀領導者的努力方向

領導行為是行動式的，而不是靜態式，領導者在進行經營管理行為時，須具備有持續改進與勇於面對挑戰的修為、決心、毅力與勇氣，方能追求永續發展目標的實現。同時領導者須能堅持建構組織團隊、組織願景與執行力的文化，促使企業能在領導者的引領下達到成為高績效的境界，同時也在領導者的領導特質驅動下、領導風格的經營下，使全體員工形塑為高績效的員工。當然，優秀的領導者須要具備有分析部屬的工作能力與工作意願之能力，以規劃其領導模式，藉以提高部屬的工作意願與工作能力，並作為規劃部屬教育訓練、激勵獎賞與工作調整之參酌（如圖 3-5 所示）。至於管理者要如何成為優秀的領導者的努力方向，則有如下幾個方向來思考與進行：

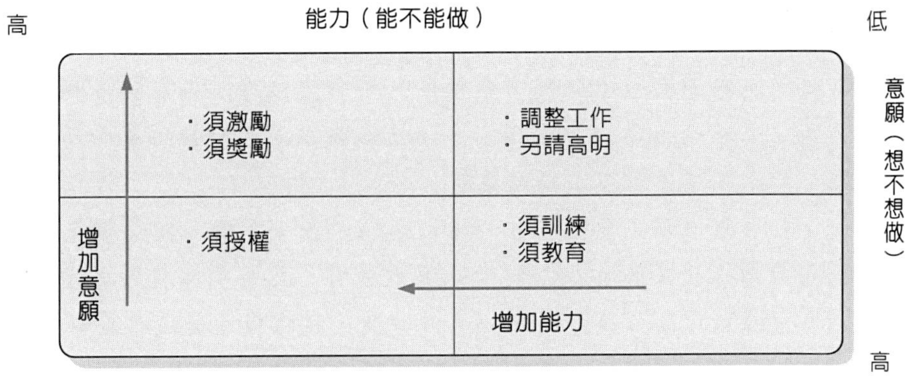

圖 3-5　分析部屬

(1)領導者必備的條件（如：工作知識與技術、管理知識與技術、教導工作之技能與熱誠、改進之技能與企圖心、領導部屬之技能、品質與成本意識等）。

(2)如何有效推行管理工作（如：事前考量工作進行方法的完善計畫、為實施改進計畫而合理地組織人事物、推展組織機能發揮組織力量、依照工作目標做好協調工作及定期追蹤、檢查是否照計畫執行）。

(3)如何擬定計畫（如：確認目的、掌握事實、對事實加以思考、擬定計畫案、決定計畫案）。

(4)如何運用組織（如：命令統一原別、管理幅度原則、工作劃分原則、責任與職權授權／委任原則）。

(5)如何命令（如：完善命令，命令種類可分為命令、請託、商量、暗示、徵募）。

(6)如何接受命令（如：掌握命令意圖與要點、正確判斷命令內容、把握時機付諸實施、確認並檢討實行）。

(7)如何報告（如：什麼時候要報告、報告前準備、報告之方法、報告書製作）。

(8)如何進行工作改進（如：分析作業、對每作業單元自我檢討──以 5W1H 方式針對材料、設備、工具、設計、配置、工作場所、安全方面等）。

(9)如何維持品質（如：設備維護保養、原材料品質、作業程序、作業標準、說明與規範、監視與量測、溝通與領導統御）。

(10)注意工作安全與衛生，預防災害發生。

(11)歡迎並教導新進員工。

⑿輔導所屬做好新人面談工作。

⒀如何參加會議（如：準時、事前閱讀討論議題及資料、預擬發問事宜、會議時之應對應開放心胸發言與傾聽、不獨占話題、不說與主題無關之話語、不感情用事率直地發言、不忘記幽默、不堅持己見、不強人所難、決議事項應由衷支持與接受）。

⒁如何主持會議（如：宣布開會、指示議題、指導討論、做成結論）。

⒂如何稽核部屬之工作（如：決定檢查之項目、要有明確具體之稽核標準、決定稽核方法、決定稽核頻率與時間、稽核後改進成效追蹤）。

⒃做好考核部屬的工作，確保公正、公平、公開之原則。

⒄維持工作現場之工作紀律。

⒅處理工作現場所發生之「人、事、時、地、物」方面各項問題。

⒆提高部屬之工作意願與士氣。

⒇激勵部屬、獎罰分明且立即明快處理。

(21)鼓舞部屬發揮創意與提案改善之建議。

(22)各個部屬的職權責任與工作規範均應建立標準書，且須作傳遞與訓練各個部屬以符合各職務的要求。

(23)建立職務代理人制度。

(24)建立各階層職務之資格條件，訓練經歷與知識經驗之標準，以為建構教育訓練需求之參考。

(25)適當的委派：決定委派之工作、選擇適當的委派人選、協助被委派人員、定期的報告與監視及給予鼓勵。

(三)有效的良好管理精神

良好的管理可將法國開礦工程師費堯（Henri Tayol, 1841～1925）的管理十四原則引申到二十一世紀加以應用，仍不失其意涵，且尚會感受到其為當今的有效管理精神。費堯的管理十四原則以數位時代的情境加以簡單說明如下：

⑴專業分工；⑵權責相符；⑶遵行紀律；⑷統一指揮；⑸目標管理；⑹群我管理；⑺激勵獎賞；⑻分層負責；⑼溝通網路；⑽日常管理；⑾全員參與；⑿持續改進；⒀主動積極；⒁團隊合作。

五、良好的人力資源管理與激勵獎賞

在競爭激烈的二十一世紀中，市場與管理的焦點已由昔日的商品、資金等方面之物化資源的競爭，轉變為人才與知識資源的競爭。乃因在這個動態求新求變的商業活動體系中，人才與知識的表徵已為資訊通訊科技與企業文化的載體，且更是企業組織的競爭力來源。在現今世代中，企業所進行的滿足顧客需求與期望的各個流程、活動，任何一個作業活動均會受到人員的影響，一旦員工的工作或士氣發生異常時，勢必會使其作業流程與活動跟著發生問題，且員工的素質與工作士氣將會左右到其企業的生存與發展的良窳，所以良好的人力資源管理也就是對企業人才發掘、任用、培育、訓練與發展方面的系列管理程序與行為具有相當重大的關鍵影響力。

㈠建構快速反應的組織結構

二十一世紀的企業組織結構須摒棄傳統的官僚體系，若是企業太過於強調官僚體系的組織結構時，將會導致組織的運作效能與效率受到既定的作業程序、作業標準與管理規章的侷限，而發生阻礙進步及降低員工追求進步的熱忱、信心與耐心，使得組織與員工所做的努力與價值，將會因此僵化的官僚體系所吞沒，且會迫使員工變得不耐煩與灰心喪志，因此官僚體系的過度發展，會將整個企業組織引領到衰退的危殆境界。

所以，現代的企業組織須朝以下幾個方向來建構其快速反應的組織結構：

(1)將組織層級加以縮減簡化，以簡化決策之層級流程及加速決策速度。

(2)建立組織分層負責及授權賦權的職權、責任與能力相符合的決策體系。

(3)建立單純、直接與顧客導向的市場區隔來劃分各商品線（含服務、活動）的組織結構，使企業組織能依商品別來進行其產銷與財務管理規劃及行動方案。

(4)集中企業組織的關注焦點於成功的商品與品牌之上，以集中其組織資源到具有競爭優勢的領域中。

(5)積極推動全企業組織的資訊交流合作管理系統，以打破各部門各單位的本位主義，使各部門各單位間能在資源與資訊共享與相互合作的基礎之下，快速反應消費者的需求，提高顧客滿意度。

(6)高階經營管理者應進行行動管理模式，不定時巡查各個作業現場，訪

查第一線員工的工作態度、工作士氣與作業績效，同時能與第一線員工溝通，以掌握其困難點並予以協助排除，並藉由巡查以發掘管理與技術上的新創意與新方法，以作爲尋求創新發展的參酌依據。

(7) 制定組織內各部門各單位的創意與創新點子或構想、概念之鼓勵發揮的激勵或獎勵制度，以鼓勵全體員工盡力發揮創新行動。

(8) 極力塑造第一線員工追求高績效的旺盛企圖心與理念的作業文化，使其樂意與企業共同經營顧客關係與顧客滿意度之意圖，以加快回應顧客需求的速度，藉以提升整個企業組織的員工滿意度與顧客滿意度。

(9) 建構企業內部同仁間互助合作、友誼與忠誠度的高優質作業文化。

(二) 建立人力資源創新的核心價值

企業組織的高階經營管理者爲滿足顧客的需求及創造永續經營發展的競爭力，就須將組織的內部與外部資源、知識資產、人員與人才、領導人……滿足顧客需求的策略建構成顧客價值的流程（如圖 3-6 所示）。在此流程中，最重要的是人力資源的管理，因爲在企業組織中若是缺乏對其企業組織人力資源的策略性規劃與管理，將會使整個顧客價值流程無法順暢進行，所以良好的人力資源管理是提高企業競爭力之重要關鍵因素。

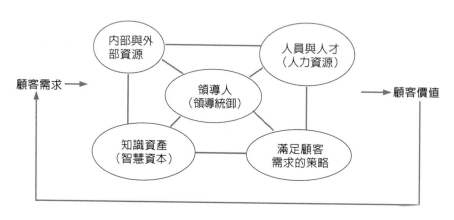

☗圖 3-6 建構滿足顧客需求之顧客價值流程

1. 內部與外部資源

企業的資源涵蓋其商品、管理文化、社會形象、生產或服務設備設施與場地、市場與產業環境、政治措施與法律規定等。這些資源妥善地運用其優勢以

創造出企業的競爭力，是有賴於良好的人力資源之參與、推動及發揮其優勢價值，以創造出滿足顧客期望與需求之顧客價值。

在一個創新的企業組織裡，若想引進破壞性的技術與經營模式，也就需要有新的管理技術來強化其企業組織內的資源，而不僅是引用現有的資源來更新其管理技術及新的商品而已，如此將不易使企業組織能大幅度地變革、蛻變與創新。甚至尚有可能跟企業組織現有的營運模式或商品打對台，以此創新經營的模式是將其創新的焦點放在較能引發震撼效果的創新基礎上，以迫使競爭者敬畏甚而退避三舍。然而不管企業組織所採取的是延續性或破壞性的創新發展策略，其資源的利用與運用是人力資源管理所重視的環節，也就是要有良好的人力資源管理才能善用企業內外部資源的優勢，以克制其劣勢資源所帶來的衝擊。

2.知識資產

企業組織的知識資產也稱之為智慧資本，涵蓋了企業組織之營銷與生產服務之方法、技術、製程、配方、程式、設計或其可用於產銷經營之資訊等營業祕密在內。而此等資產有必要予以商業化，以使企業組織的知識經濟形成一個體系，擴大企業競爭力，進而形成一個企業組織的智慧資本，也就是不是任何的競爭者所可輕易挑戰或取代的。

知識資產能展現出相同的無限、大量與非敵對的特性，而此等特性也成就其企業組織的事業基石，同時知識資產是需要經由交換與分享才能促成蓬勃發展與成長的，假若您不去使用它、運用它，那麼知識資產會因而耗竭，所以企業組織的高階經營層應建構良好的人力資源管理，引導企業組織的全體員工在其重新思考有用的知識與創新發展出來的有用知識於其企業經營管理系統中，並建置具有新的、有用的與有競爭力的配置方式，如此將嶄新的知識與有用的既有知識朝向新形式的知識資產加強管理控制，創造出不同以往的壟斷或競爭優勢。

3.人員與人才

人力是企業組織永續經營的基礎，也是創造利潤的動力與憑藉，同時人力資源更是最重要的資源。在經營管理過程中，最重要的借力作用是人員與人才的管理，藉由企業組織投注大量的人力、物力與財力，以培養出幹練與創新的員工與管理團隊，而這個團隊與全體員工就是促使企業組織達到短期生存所須具有的高效率與長期發展所仰賴的高效能目標。企業為達成良好的人力資源管理能力，就應朝向如下方向加以努力：

(1)規範性智慧之培植與發展：對於目前所位處的內部競爭優劣勢環境加以鑑別，並仔細分析其外部機會與威脅，進而確立合適與具有競爭力的經營管理策略，及具競爭力的組織架構與人力配置，以達到企業組織對外的一致性，是制定規範性智慧的應有目標。

(2)高階管理階層應儘可能地拔擢內部人力：要成為具有競爭力的成功企業，就須要能體會到「其組織若有了能幹且認真努力的員工，才能創造出高績效的企業組織」的真義，如此才能認真培養內部優秀人才，並進而拔擢優秀員工。當然，除了拔擢內部優秀員工外，也應從企業外部延攬人才，因為具有競爭力企業的人才永遠不嫌多，所以一個具有競爭的企業應內部升遷與外部求才並行，如此方能塑造高績效企業與善待員工之人才與人員培育的文化。

(3)應制定並持續推動優質的教育訓練計畫：企業為求充實其內部實力，以組成一個精實、效率與創新團隊做準備，就需要提供員工增長知識、技術與升遷做準備的專長／經驗／智慧，而此則有賴於企業為其員工量身打造的教育訓練。當然，在教育訓練計畫實施之際，應營造與鼓勵員工積極參與，如此方能真正達到拔擢內部員工的承諾。而教育訓練的執行，除了培育員工的知識資產外，尚可拉近與員工的關係程度，同時更可利用員工延續管理（Continuity Management）的技術；將員工的知識資產傳遞予接任者，以延續企業的知識資源與員工的工作領域知識（Know-How），使企業不至於受到人員的離職或遷調而發生競爭力下降的窘境。

(4)創造給員工具有挑戰性或競爭性的工作領域：企業組織提供給員工教育訓練的目的在於提升工作效率與作業效能，及使整個企業組織的競爭力提升，然而只有教育訓練並沒有辦法鼓勵員工就此展開高績效的工作／作業。為進一步促使員工能發揮潛力與全力以赴的意志，就應提供激勵員工及刺激員工，使其能一直維持在最佳狀態，其激勵作法是賦予責任並提供具有競爭性與挑戰性的工作或任務，使他們對工作與任務保持高度的興趣，及其於工作中感受到須接受挑戰的鬥志，才能時時保有優質的競爭力。

(5)建構內部解決問題與適應環境衝突之一致性能力：高階經營層須為其組織的競爭能力時時建構並儲存能力，當然也須對經營管理的各個系統與活動加以審視、監測出衝突或問題所在，以為適應競爭時代的各種壓力與衝擊，唯在過程中須力求避免過於僵化，以充分發揮該企業

的競爭優勢，這就是高階經營管理者所應努力建構的解決問題與適應環境衝突的一致性能力。

4.領導人

高階經營層在建立其人力資源創新的核心價值時，應培養出創意的管理實務能力及強化優質的管理與決策能力：

(1)創意的管理實務能力：依據Peter Drucker（*2001*）的分類可分爲：①給予員工適當的挑戰性以激發其創意與創新潛力；②給予員工足夠的自由創意空間以助孕育創意與創新概念；③給予員工適度的資源以使能發展創意與創新概念；④組成具有競爭力與創意創新的團隊以發展創意與創新概念；⑤設計激勵獎賞制度以鼓舞創意與創新；⑥帶頭支持創意與創新。

(2)優質的管理能力：請參考本章第一節第四款有關說明，唯這些說明大概應涵蓋在選才、用才、留才與晉才的議題上。

(3)優質的決策能力：請參考本章第一節第二款有關說明，唯在此處我們願藉由 IBM 公司所提出的最佳決策五步驟（亞洲國際公開大學現代管理研究中心，2001 年）加以補充：①建立需求與目標；②尋求員工想法與選擇；③比較各種可行方案；④評估負面情境及備妥可行的備胎方案；⑤尋求並確定最佳可行方案。

5.滿足顧客需求的策略

企業爲創造顧客價值，應將其創新發展的基礎定位在能滿足顧客需求的準則上。顧客滿足與滿意的經營管理實務準則應包括如下幾個方面：

(1)企業組織的競爭策略規劃要建立在明確清晰的顧客需求、期望與主張之上，而這些需求、期望與主張並非一致性的與連續性的，是需要高階經營層與創新團隊時時針對消費者與市場的各種變化與可能變化的趨勢加以監視與量測，以確實掌握其變化趨勢，適時地因應調整有關策略規劃方向與核心業務的專注程度。

(2)競爭策略的制定與決定是需要以外部顧客的要求與行爲作爲策略規劃的主要關鍵因素，且尚須佐以內部顧客的建議與行爲作爲策略規劃的輔助關鍵因素，這就是競爭策略須建構在市場與顧客的要求、合作夥伴與投資人的意見、員工的看法與理念等主張之上的理由；換言之，

就是要將顧客優先成為企業文化的中心思想。

(3)滿足顧客要求的策略思考，乃需要時時加以關注有關的變化趨勢，及早將其有關顧客要求與行為的變化與改變因素，加以分析其變化與發生原因之問題點，及藉由了解、分析的過程，擬定出問題解決方案，並考量修正或調整其創新發展策略，以便關心顧客與掌握顧客。

(4)策略思考後的策略選擇與策略決定過程中，應將策略意涵與要旨向內部顧客與外部顧客傳達，以在策略執行時能充分為其內部與外部顧客充分了解及有效地執行其策略，即使在變動與修正策略時，也應維持向其內部與外部顧客說明及取得其了解與支持。

(5)領導人須專注於經營與策略管理活動，由於經營管理活動有賴於良好的人力資源管理，而領導人則是人力資源管理的核心主導力量，所以領導人若能專注於經營管理與策略管理活動，則企業績效與持續發展潛力也將因領導人的專注而產生密切的相關性，當然其創新策略也將能持續的激發與運作，維持其企業競爭優勢。

(6)企業組織須持續擴大其核心業務，以確保其優勢的競爭力，然而領導人與創新團隊須在擴大其企業的核心業務之同時，注意擴大的禁忌（如：不熟悉的業務領域、非企業組織本身資源所能支持的業務領域、超乎本身的知識資產與人力資源所能負荷的業務領域等），因為若是輕忽此等禁忌時，將會吞噬競爭優勢。

(7)創新策略與經營管理活動之進行，應於事後立即進行績效的評估，同時在發生與預期目標發生落後時，立即分析其異常要因，並召集相關部門及員工以電腦會議方式找出差異因素及其改進措施，同時進行探討如何預防再度發生異常要因的重現，如此過程並將其內容、對策、措施或方案建立資料庫以形成知識資產，成為下次再度進行建構執行顧客價值的創新策略參酌。

(三)激勵獎賞以提升創新績效

激勵獎賞是成為高創新績效的企業及高工作績效的員工之一種高績效工作制度，在此高績效工作制度的構面中可分為探討方向予以研究：

1. 企業應在組織結構中進行工作分析，工作分析之目的在於員工工作任務與活動的明確界定、工作本質與人力需求的清晰定義、工作職責及員工責任的明確定義、可彈性調整其工作任務與活動的清楚陳述、賦

予員工參與創意創新設計其作業內容之能力等，並激發員工士氣、向心力與參與管理慾望，進而提升企業組織的創新績效。

2. 積極規劃員工的彈性工作規劃，以透過工作分享、壓縮工作時間與賦予員工彈性的工作時間，及將工作以切割與移轉等方式平衡員工的個人利益與企業組織對工作的要求，如此的彈性工作規劃在二十一世紀更顯得積極性與須性，同時最重要的此一彈性工作規劃將能增強整個企業組織的績效及企業和員工的創新潛能。

3. 由內部員工提拔為中高階主管之作法的推展，將能創造出員工成長與精進的機會與誘因，並可引導員工的職業生涯規劃之創新與發展，更重要的能提升整個企業組織的士氣與績效。

4. 提供員工職業生涯規劃與終身學習機會，藉由教育訓練的推動以提升整個企業的績效，同時由於終身學習機會的提供，能使得員工對企業的向心力與認同感顯現出來。所以高階經營層須認知到提供員工終身學習的潛在成本與其所帶來潛在利益之平衡點。

5. 進行績效評估（即為：系統化的蒐集、分析、評估與傳達和個人工作行為相關的資料與資訊），最重要的是：(1)持續且不斷地評估員工績效；(2)員工與管理者因為績效評估的進行而促進其間的互動關係；(3)組織內部溝通管道的暢通；(4)可協助員工在完成任務時，能發揮其最大的潛力；(5)可供員工制定相關工作的決策時的有用資訊；(6)提供企業組織進用員工決策時的參酌依據；(7)提供制定員工薪資及升遷之參酌依據；(8)作為員工發展職業生涯之參考；(9)可作為員工教育訓練計畫擬定之參考；(10)提供組織問題診斷與改進時的資訊。

6. 績效結合獎酬制度的推廣，依工作績效給予獎賞報酬的制度，乃在於：(1)提出企業組織在顧客、最佳成本與最佳品質的策略性目標；(2)結合組織授權賦權的配套制度，以提升員工工作滿意度、降低員工流動率及提升組織績效的目標；(3)配合鼓勵員工參與創新設計、降低不良率與成本的想法與態度；(4)給予員工分享企業組織績效的利潤、紅利與榮譽；(5)形成自我領導的高績效團隊與組織。

7. 進行整體策略與績效管理，做水平整合與垂直整合（水平整合是個別的人力資源管理，垂直整合則是人力資源管理須與企業的整體策略結合）。當然績效報酬分享的激勵獎賞制度須視企業之競爭情勢與內部資源、企業願景與經營目標之特性、本質而制定不同的激勵獎賞制度，並不是可自標竿企業的經驗就可加以複製移植者。

創新地方產業活絡地方經濟

現存的地方產業，一直在傳統的維持與革新間掙扎、在排斥與融合中應變，約可歸類為「產業再生者」及「傳統文化延續者」，今後均應與觀光產業加強合作。因此，活絡地方產業並非單一產業的問題，而係地方整體事務。所以創意與創新地方產業的產品開發、產製、服務與行銷策略，是當前急需重視的議題。【阿姆染布店：吳美珍】

創造力訓練五大方法

資料來源：徐聯恩、楊琮熙，2007.10.28，台北市：經濟日報

一、思考訓練（Ideational Skills）

主要在指出思考常見的僵固性與盲點，提供學習者便於運用的思考工具，提升對問題的敏覺力，並充實定義問題與提出可行方案的思考角度。如聯想法、類比法、心智圖法、六項思考帽與運用群體思考的腦力激盪法等。

二、創造性思考訓練（Creative Thinking Training）

主要是訓練擴散思考，著眼在增進學員的獨創力、流暢力、變通力與精進力。事實上，創造力同時需要擴散思考與聚斂思考能力，缺一不可。聚斂思考的重點在於評估與判斷擴散思考所提出點子的價值，給予行動建議。

三、問題解決或分析能力訓練（Analytical Training）

較著重在聚斂思考的歷程，包括問題研判、資料蒐集與方案評估。訓練的典型為個案分析或案例研討，其目的為將企業成功或失敗的元素抽取出來加以分析、整合，作為策略思考或組織管理的基礎。

四、創意動機激發訓練（Intrinsic Motivation Training）

著重於創意人的經驗分享與傳承。創造力與創意動機有極大關聯，擁有強烈創意動機的人，較能產生創造行為；有創造力的人亦對關注的事物充滿熱情。相對於外在動機（如獎懲），內在動機對創造力產生更大的效果。

五、創作訓練（Divergent Production）

創作訓練安排學員面對實際的創作情境，要求在創作過程中實際運用創意思考的原則與方法，以提出獨特、新奇的想法，最後將創意呈現在作品上。如「創意設計」、「創意教學」的課程，便是鼓勵學生從創作歷程中學習運用創造力的課程代表。

Smart Innovation 3-2

令人回味的創意：五燈獎製造風潮閃耀33年

資料來源：記者謝柏宏：2007.04.17，台北市：經濟日報

「一、二、三、四、五燈亮，五度五關獎五萬，你來演，我來唱，大家都來看。你健康，我健康，大家都健康。」

「五燈獎」的製作，原是台灣田邊製藥第一任社長木下勇的構想，有一次他看到琉球地區一個電視節目，內容是由非職業表演者報名參加的各項綜藝表演，在當地相當受到歡迎。木下勇把這個節目型態引進到台灣，原是為了藉由民眾參與熱情，帶動社會上對五個燈商標的認定，這項做法，不僅是台灣第一次有藥廠獨家支持的電視節目，對日本田邊製藥母公司來說，也算是特例。

在木下勇的帶領下，「五燈獎」的節目策劃，後來都是由一位台籍行銷企畫何耀宗負責執行。當年決定製作「五燈獎」前身「田邊俱樂部」時，由策劃到開播歷經兩年的時間，但播出前，仍相當不被看好。那時台視剛成立兩年，對田邊製藥獨力贊助這樣的節目相當不以為然，認為電視台要做節目都很難了，更何況田邊是一家藥廠，對製作節目相當外行，怎麼可能把節目做起來？

因為不被看好，「田邊俱樂部」被安排在最冷門的時段，每週末下午一時開播，但誰也沒想到，這個節目卻深深抓住觀眾嘗鮮的心態，讓一般民眾都有參與的機會，轟動一時，節目不但持續播了33年，時段也很快調換到最熱門的晚間7時。

「田邊俱樂部」開播後，多次在台灣締造高收視率，但為在不同時期迎合不同的觀眾口味，節目也歷經多次的更名及型態的變化。其中光是名稱，就由最初的「周末劇場—田邊俱樂部」，一路演進到「歌唱擂台」、「才藝五燈獎」、「新五燈獎」，到「五燈獎」。

歷任五燈獎主持人中，最有名的要算是李睿舟（主持五燈獎總計五年），再來就是邱碧治和阮翎搭檔主持卻成了五燈獎的活招牌，兩人創下台灣電視節目主持界「搭檔最久」的紀錄。

Chapter 4

創新是知識管理的關鍵

在變動時代裡的人們與組織能永不落伍，就應不斷地終身學習，而企業組織為維持優勢的競爭力，更應將組織塑造成為學習型組織。數位科技技術與工具的高度發展，更是促使企業須進行有系統的創造知識，方能使其企業能在此變動時代裡得以贏取最後的勝利。另外，企業組織更應與客戶建立學習的關係，如此對於滿足顧客需求的原則，將可經由知識管理的運作而及於顧客與供應商的內部管理系統中，則企業與客戶的關係將能鞏固與穩定。

　　研究、發展與創新已將世界經濟轉變為知識經濟（Knowledge Economy）或以知識為基礎的經濟（Knowledge-Based Economy）的時代，而知識經濟是直接建立在知識與資訊、通訊、網路科技的生產或服務作業、分配與使用上的經濟。知識經濟與傳統工業經濟在本質上也有所差異，傳統工業經濟是大量生產、大量消費、機械化與標準化，而知識經濟的主要特徵則是分散化、個別化與資訊化。知識經濟與工業經濟之所以有不同特徵，是因為知識經濟時代講究個人化、個性化、新穎化與感受化的強調，同時資訊、通訊與網路科技的發達，所以特別講究快速反應消費者之需求、期望與需求。

第一節　知識管理的探討

　　知識管理，在於藉由知識的成長與累積發展為知識經濟，在這個累積與發展的過程中，將可達到降低不必要的重複試驗的損失與浪費。1996 年經濟合作開發組織（OECD）：「以知識為本位的經濟即將改變全球經濟的發展型態，知識已成為提升生產力與經濟成長的主要驅動力，隨著資訊、通訊及網路科技的快速發展與高度運用，世界各國的產出、就業及投資將明顯轉向知識密集型產業。」台灣並將知識經濟定義為：「知識經濟是直接建立在知識與資訊的激發、擴展和應用之上的經濟，創造知識和應用知識的能力與效率，凌駕於土地、資金等傳統生產要素上，成為支持經濟不斷發展的動力。」

一、知識管理的內涵

　　人們在數位時代中對於技術性知識需求日益增加，但知識的生命週期卻相對地縮短，因此人們對於知識是否能長時間的存有？是否有設法將知識長時間的保存價值？事實上有識之士與具創新能力的人即認為保存現有的知識，在不久的未來肯定會使其失去價值，所以主張將昔日「知識＝力量」的主張與觀念，應轉化為「知識＝能力」的觀念，因此知識需要在其組織中擴散、傳播與分享，才能使其組織中的每一個人均具有能力，每一個人都有能力時，該知識的價值才能倍增。至於資訊、資料與知識的差異特性則分述如後：

1. 資訊是一種訊息，只能陳述事實，在企業經營管理行為中，是提供訊息供領導人或決策者進行經營管理決策時的參考，或是提供訊息需求

者以進行管理行為或規劃時的參考，所以資訊的生命週期相當短暫，逾時即失去價值，我們認為除了做歷史分析、沿革經過或呈現經過等需求外，應沒有必要將其建立資料庫。

2. 資料是未經加工、轉化的資訊儲存在資料庫中，這些文件不論是紙本、電子檔、影音檔或圖檔，若未經加工處理時，只算是資料，因為用途尚未加工及顯現，所以不會是人們所需要的知識。

3. 有能力、有價值的知識，則是資料、資訊、知識與智慧的集合。資料是以文件顯示事實狀況，資訊是將資料做有目的的整理並傳遞給需要的組織，知識是將資料與資訊加工與轉化為能開創價值的知識（含方法、技術、製程、配方、設計、資訊、資料在內），智慧是經由行動與應用知識而創造出知識的價值（如圖 4-1 所示），所以知識的內涵就是讓人們知道是什麼（Know What）？知道為什麼（Know Why）？知道如何處理（Know How）？知道何時要進行（Know When）？知道由誰負責（Know Who）？知道要做多少／做多久／花多少成本（Know How-Many/Much Quantity）？知道要做到什麼程度／品質／價值（Know How-Many/Much Quatity）？等等的特質。

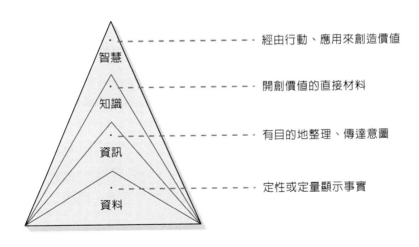

☝圖 4-1　知識的內涵

資料來源：陳永甡（2001），〈知識管理的探討〉，《品質月刊》第 37 卷第 8 期（2001 年 8 月）。台北市，中華民國品質學會，P. 30。

二、知識管理的目的

㈠知識資料庫

各個產業所需的知識領域不盡相同,所以知識資料庫的內容或項目就要看企業組織到底需要的知識是什麼?它的目的與用途有哪些?企業組織的未來共同願景是什麼?而依據上述的思考來描繪出知識資料庫的內容與項目,如此的規劃其知識資料庫內容與項目的作法,才能達成企業組織建立知識資訊網的目的。在增加知識資料庫內容時不可漫無管制,否則會將知識資料庫變成一堆沒有價值的垃圾,徒然浪費人力、物力與財力。所以建立知識資料庫時須定位與認知清楚企業組織的需求、期望、價值與願景在哪裡?

㈡知識管理的目的

知識管理的目的是利用知識資料庫的建立,以提供組織內部人員的充分使用及創造更多有價值的知識或商品,甚至可改進創意、提高品質、降低成本、提升決策速度、改進作業效率及提高顧客滿意度與顧客價值,但也需預防知識外洩(因為資訊網路安全防護尚無法提供完全的防護目的),所以有必要制定與建立安全保密防護知識外洩之機制以為保護。

企業組織之知識可分為有形知識與無形知識兩種,而知識管理最重要的管理重點,乃在於如何將無形知識經由科技工具加以轉化為有形知識,以形成企業的知識資訊網,同時這個資訊網裡的知識須不會失真或有所保留的呈現出其Know-How的價值,所以不論是生產力、成本績效、品質績效、快速回應效率、創意與創新概念、組織學習績效、流程績效,或是顧客價值,應放在Know-How的真諦與精神之上,方是企業進行知識管理的目的。

㈢推動知識管理的成功關鍵因素

企業推展知識管理成功的關鍵,在於須建構良好的組織結構、推動良好的人員互動交流情境、運用適宜的良好資訊工具、傑出良好領導統御及擬定實施良好的知識管理策略。經營管理階層須體現此等關鍵因素應用的重要性,方能將其組織成員催化為願意知識分享與貢獻、交流互動與分享,及具有團隊合作

精神與默契,進而將組織與員工之知識蓄積、凝聚、轉化、傳播擴散與分享,使企業變成一個有機體,快速體驗出其顧客的需求變化,並立即自我調整經營管理體質與策略,以創新發展出永續經營的卓越競爭力。

三、知識資訊網管理

　　知識管理是企業組織利用有系統的規劃,及建構為永續經營目的所需要的知識,且藉助於資訊技術與組織的知識分享文化,使其企業與員工個人的知識資產能建立、蓄積、凝聚、轉化、傳播、擴散與分享於整個企業組織中,同時經由組織內部的知識社群以達成交流互動的學習、應用與更新,進而形成整個企業組織的智慧資本、創新發展能力與優勢的企業競爭力,以創造企業價值、顧客價值、市場價值及永續經營發展的優勢。

　　企業的知識資訊網形成,可書面文件形式和電子化的知識資料庫方式加以管理,或是利用資訊、通訊與網路技術與工具建置知識資訊網方式予以管理,本書則以知識資訊網統稱之。一般而言,知識資訊網(如表 4-1 所示)需要經由:(1)文件管理系統的建立與管理;(2)知識社群經營;(3)企業知識營運與管理流程;及(4)學習型組織等方式來加以推動的。知識文件管理系統在企業推動知識管理過程中,應可運用ISO9001、ISO14001/OHSAH18001 等管理系統的文件與記錄管制的精神,來加以管理企業組織的知識。

♣ 表 4-1　建立知識資訊網的主要內容

項　　目	主　要　內　容
知識的定義與需求	*1.* 在其企業組織內部有哪些是有用的資訊或知識? *2.* 在上述知識中哪些是其企業組織的核心知識? *3.* 上述的知識是由何處產生出來的? *4.* 上述的知識分別存放在何處?或是在何人身上? *5.* 上述的知識分別以何種方式產生、儲存、傳達? *6.* 哪些人會用到上述的知識? *7.* 哪些知識需要界定其保存期限?
盤點現有知識文件	*1.* 知識的類別。 *2.* 知識文件的名稱。 *3.* 知識文件的整理。 *4.* 知識文件存放在何處?

	5.知識文件是由何人保管？ 6.知識文件的數目。 7.知識文件的存放期限。
知識文件價值分析	1.知識文件上面所記載的審核權限。 2.知識文件價值判斷的流程機制。 3.知識文件審核人員的資格要求。 4.知識文件價值分級數目。 5.知識文件價值判斷之衡量指標名稱之判斷標準。 6.知識文件價值判斷衡量之可行性模擬。
知識的審核流程	1.審核流程予以界定清楚，但流程不宜過長。 2.核決權限及代理人的制定，同時核准主管須做判斷。 3.審核也可成立審議專員會來加以執行審議作業。
知識索引	1.單一查詢。 2.全文檢索。 3.進階檢索。
知識文件機密等級的建立	1.知識文件之屬性與機密等級的制定。 2.人員閱讀知識文件權限及其屬性制定。 3.設置專責人員管理知識文件。 4.建立信任、交流、互動與分享知識的文化。 5.核心知識的保留與管制。
知識地圖的繪製	1.企業組織內部知識文件的庫存目錄。 2.企業組織應向尋找知識的員工說明組織所擁有的知識項目及其分布的地點與位置，以方便員工能找到所要尋找的知識文件。 3.為節省員工追蹤知識來源的時間，企業組織應建置其內部知識的指南與嚮導。 4.企業組織繪製知識地圖的目的為發展企業組織的核心能力，而不是為了管理其核心能力。 5.企業組織的知識除了由內部發展而來外，尚可經由購買或加以訓練而得於企業組織的外部而獲得。 6.知識地圖乃告訴其員工有關知識的分布情況如何？（如：每一類知識有多少文件？其品質狀況如何？……） 7.知識地圖的繪製是形成知識資訊網的前置作業，是知識資料庫的規劃與建立，主要目的為達成知識管理的目的。
專家黃頁的製作	1.針對企業組織的知識地圖分類，將其組織內部具有知識的員工與其知識的類別做連結。

2. 尋找知識者可藉此與知識原作者做知識文件疑惑點的交流互動。

3. 專家黃頁可作為內隱知識交流的管道。

4. 可考慮與外部專家（如：學術機構、研究單位、顧客或供應商及策略夥伴）做知識連結。

5. 專家黃頁可包括：個人專長調查、專家分類索引、專家庫管理。

資料來源：楊和炳（2004），〈知識文件管理〉，《品質月刊》第40卷第2期（2004年2月）。台北市，中華民國品質學會，P. 65。

腦力激盪創意思考

腦力激盪（Brainstorming），是利用集體思考的方式，使思考相互激盪，發生連鎖反應，以引導創造性思考的方法。腦力激盪（BS）的基本原則：延遲判斷、量變引起質變、不做任何有關優缺點的評價、歡迎自由聯想但要自我控制不說廢話、點子愈多愈好、鼓勵巧妙地利用並改善他人的構想。【作者拍攝】

第二節　融入顧客目標與需求的知識管理

　　經營管理階層首要任務是培養一種得以賦予員工工作意義的洞察力，次要任務則是經常傳遞風險與危機意識給全體員工，以積極的態度來運用有限的不穩定，藉以激發企業與員工的創新能力。由知識管理被解釋為「延伸訊息的知識能力」之定義來看，知識管理是具有「知識動態的能量而非靜態的資產」的特性，所以知識的移轉雖然本質上是一種服務型態，並不像企業提供服務給顧客時只見到增加顧客價值的結果，而對其所提供服務的過程及任何創新服務的

經驗則無法了解。因為知識的轉移是須經過彼此的互動，然後留給顧客智慧、經驗或結果，這就是知識移轉不同於傳統提供服務的差異點，因此在二十一世紀的產業趨勢，已變為顧客可由知識移轉或服務提供過程中獲取有用的知識、智慧與技術，且有愈來愈明顯的趨勢。

一、培養具有知識基礎的顧客關係

約在 1990 年起，外包與商業網路的興起，產生所謂以提供技術知識與專利權之知識服務產業，其提供的支援製造產業及服務產業之知識、技術與創新服務，不但使商品加速創新，同時更協助接受委外服務的企業組織提高附加價值與產業競爭力，所以在這個全球化與知識經濟時代裡，產業型態也跟著轉型，各個企業組織間的關係已由傳統的單一企業間的彼此競爭模式，轉變為企業聯合體系的競合模式。因而知識經濟時代的知識即時交換與互補需求，已使企業組織與顧客關係從商品的提供、售後服務、技術移轉，到與顧客的互動交流，及塑造企業形象與創造顧客價值等，均和知識管理有著相當緊密的關係。

㈠移轉知識建立顧客關係

基於利用知識管理提升顧客的價值時，也能同步促進企業與員工和顧客的關係，而此一關係強度達到某一程度時，將會促使企業與顧客間雙向知識轉移與交流的催化作用，因而形成在業界具有強勁的競爭優勢。這種由於移轉知識及建立顧客關係的循環圖，如圖 4-2 所示。企業與其員工及顧客間若能建立起緊密的關係，也就是能建立起良好的顧客關係管理，則企業與員工將能經由親密的互動及互信的深度關係，同時企業將能對於顧客的需求、期望與關注焦點加以更貼心與滿足感的關心，因而將可發展出：

1. 與外部顧客間的高度與豐富互動基礎，並可有效地增強其商品及管理概念的知識移轉給其顧客，進而擴增顧客的實際價值之能力，因而可經由知識移轉以達成利潤目標，由於利潤目標的達成，甚至超越目標利潤，因而使企業組織更形發展其與內部顧客與外部顧客的緊密與互信交流關係，而形成良性的循環。

2. 與外部顧客間的高度與豐富的互動基礎，除了上述的知識移轉以創造顧客價值外，其緊密與互信的關係，尚可藉由企業組織及其第一線員工的緊密關係與其外部顧客建立更為信賴的互信關係，形成顧客的忠

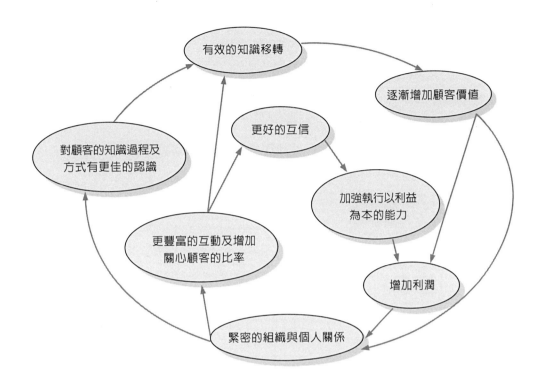

圖 4-2　知識移轉及建立顧客關係良性循環圖

資料來源：周淑麗譯（2002），Ross Dawson 著（出版年不詳），《顧客管理雙贏法則》。台
北市：小知堂文化出版公司，2002 年，P. 41。

誠度，促使企業組織可放心而大膽地執行以利益為導向的能力，不但
可為其企業與員工創造更高利潤，更可為其外部顧客創造更高更多的
顧客價值，以達成企業、員工與顧客更為緊密的良性循環。

3. 與外部顧客間的高度與豐富的互動基礎中，對於外部顧客的需求／關
切議題得以更為深入的鑑別與認知，自然而然地產生許多商機，尤其
符合顧客要求的商品將會被創造出來，以為高度滿足其顧客之要求。
當然在其新商品創新過程中，將可經由顧客關係管理與顧客滿意度的
管理，將其有關的知識予以有效地移轉給其顧客，逐步增加顧客的價
值，而在其顧客價值創造與提升過程中，將可為企業本身創造出更好
的利潤和更多的利益，進而達成企業、員工與顧客更為緊密關係的良
性循環。

(二)顧客關係管理與知識管理的整合應用

在二十一世紀的競爭環境中,企業高階經營層不要擔心將知識移轉給顧客,因為移轉知識並不是將顧客雕塑為專業或專家,而是教導他們如何做好其本身的事。且若企業拒絕將其商品及管理概念的知識移轉於顧客時,並非長久之計,因為顧客已變得相當渴求其知識,況且競爭對手也會傳遞類似的知識給您的顧客以贏取商機。

事實上,二十一世紀的企業想要在激烈的競爭環境中脫穎而出,就須不斷地創造知識,而在其創新發展出新的知識之同時,也就不會懼怕將其知識不斷地移轉給顧客,況且知識移轉是雙向互動交流的模式在進行著,也就是說企業能傳遞知識給其顧客,也就能不斷地向顧客學習,以創造出新的知識,這就是 Peter Druckers 所說的:「知識工作者學習最多的時候,就是當他在教別人的時候」之真義。

1.知識分享平台的建立

企業可運用 CRM(顧客關係管理)系統將其顧客所有可能要求回應與協助的問題予以蒐集、整理、歸納、分類、建立與整合,進行研擬出各個問題的可行最佳解決方案,並建構於 CRM 系統中,以形成知識分享平台或顧客關係管理資訊系統,以便利於行銷服務人員與客戶服務人員能快速回應顧客的要求與問題,且能大幅度地縮減服務時間。對於因受到競爭者的競爭壓力或顧客需求與期望的改變等情境因素的衝擊,所新衍生的問題也應進行有系統的蒐集、整理、歸納、分類、建立與整合於知識分享平台或顧客關係管理資訊系統內。

而為求知識分享平台與 CRM 資訊系統有關作業流程之順暢進行,企業應有系統地針對該流程有關的知識加以盤點、整理、分類、定義、儲存與應用,同時將此等知識建構為「知識地圖」以供需求流程知識者搜尋、選取與應用,其目的除藉由 CRM 流程之知識管理整合外,尚有達成壓縮顧客問題與快速回應顧客的需求與期望之目的。

2.知識學習平台的建立

企業組織應蒐集、整理、歸納、分類、建立與整合其顧客所曾經回饋的問題,並將問題的發生要因、解決方案、矯正預防措施,及執行成效等項目予以結構化以外顯為「問題改進與經驗傳承資料庫」,此一資料庫或以書面方式記錄,或以電子檔案方式建置的方法儲存管理。

此一資料庫正是企業用以對其與顧客接觸的第一線員工實施在職訓練的知識來源，當然在訓練的過程中須模擬許多可能與顧客接觸時的情境及問題，以利在實施情境模擬訓練時能將其可能的情境融進於學習與訓練的課程當中，使其知識學習更具有效率與效用。在企業實施知識、經驗傳承與移轉的過程，也許會因經驗與知識和實際情境而有極大的差異，甚至會遇到相當麻煩，以致發生資料庫的經驗與知識無法足夠引用的窘境，此種不可預期的問題，則可藉由「知識地圖與專家黃頁」的協助，以協助知識需求者得以藉助向相關知識領域專家請益或尋求支援。

3.知識創新機制的建構

由於現代講求變化、感性、滿足、幸福、健康、環保、社會責任與知識學習等訴求與需求，所以須要有創新的認知，而創新的泉源來自於創意，創意點子則來自於學習型組織、卓越的領導統御、高績效的團隊組織、突破習慣領域的組織文化與知識社群的經營等方面的適當發展。在上述各方面的發展機制中，最主要的目的是營造出能符合顧客需求、期望與關注焦點的創新管理作業流程，及經由與顧客的互動交流，將各方的觀點、需求、見解與經驗經由內隱知識的強化與採擷以轉化為外顯知識，使與顧客間的互動交流網路得以暢通，並激發創意點子，以徹底擺脫習慣領域的框架，進而突破習慣領域積極進行創新活動，以滿足顧客的需求與要求，從而提升企業與顧客價值。

4.規劃良好完善的顧客服務與顧客關係管理系統

經由知識分享平台與知識學習平台的建立，及創新機制的建構，企業經營管理階層已能針對其企業應如何和其顧客維持良好的互動交流、提高在顧客心目中的價值等問題，進行知識管理與顧客關係管理的整合運用。在進行整合運用過程中，應深切了解顧客關係管理作業流程所要滿足顧客的需求與要求，所以對此作業流程應予以妥善與適宜地管理，同時應選擇合宜的資訊工具作為運用與輔助，以快速回應顧客的要求，如此才能妥善地整合知識管理與顧客關係管理系統，發揮最高綜效及提升優勢的競爭力。

二、以顧客需求為目標進行知識管理

經營管理階層已深切體認到除了關注傳統的五 M 資產（即：勞力 Man、資金 Money、設施設備 Machine、原材料或投入資源 Material 與管理 Management）

外，尚應關注到無形資產（即：企業的智慧和顧客資本等）的開發與管理。知識經濟時代裡，企業所具有的競爭優勢已由原來的有形企業資產之掌握，位移到無形企業資產之發展與應用上，因為企業每每憑藉所擁有的資訊、通訊與網際網路而發展出來的資本與創新管理能力，進而使其蛻變為標竿企業。

㈠知識經濟的管理在於具有目標導向

企業須要適應日新月異的快速變化節奏，方能在這個分秒必爭的時代中不斷進步，尤其在企業所提供的商品及賴以生存發展的管理概念與模式，更是需要同步甚或超越時代變化的速度加以創新發展。因此唯能擁有符合時代與科技進步潮流所需的知識，方能運用知識以解決所遭遇的問題、降低營運成本、創新商品差異化優勢，達成預期的效益目標、有效運用其有形與無形資產，以維持或提高競爭力等。

㈡將顧客需求融入以活化知識管理

當然，將顧客需求融入於知識管理的具體行動，是建立問題改進與經驗傳承資料庫、知識地圖、專家黃頁、作業手冊、作業程序書、作業標準書、作業工程管制表（如：QC工程表、製程管制表、稽核檢查表等）及其他相關記錄等書面化（或以電子檔）方式，所呈現的資料、資訊與知識，唯此等知識並不是只做記錄、存檔、分析與報告之用途而已，尚應使其活化為可供企業員工舉一反三或觸類旁通地引用在各項作業活動中，方可成為企業創新知識及創新企業價值、顧客價值、商品之有效率與價值的營運工具，否則知識、資料與資訊無異是一堆廢棄物，企業經營管理階層不可不注意！

㈢隨時偵測顧客需求變化及隨時建構與落實知識管理

企業應找尋自己可供突破與發展的經營管理利基，而此利基是須與顧客的需求與目標相結合與深化，所以在建構知識管理系統時，除了發展自我生存與成長的知識利基外，尚應換個立場在顧客的需求、期望與關注焦點變化的角度來看待需求的變化，並將可能變化的方向修正企業本身的知識利基，也就是超越顧客的變化速度，及早建構以顧客需求與目標為導向的知識管理系統，以超越同業／競爭者的步伐搶先取得市場優勢，優先提供滿意的服務給既有的與潛在的顧客，奪取市場競爭優勢。

　　高階經營層與各部門主管須具有建構與落實推行知識管理的熱忱與信心、企圖心，否則只由某些主管與員工在組織中推展知識管理的話，那麼所建構與推動的知識管理將會是有頭無尾，甚至淪為利用資訊、通訊與網際網路工具來處理經驗與歷史資料、資訊、知識等的分類、整理、歸納與儲存而已，這是徒勞而無價值的！企業建構與推展知識管理系統，須將顧客之需求與目標融入、超前顧客需求來建構知識利基，事前蒐集、分類、整理、整合與運用有目標的知識與經驗，事中結合資訊、通訊與網際網路工具加以傳承學習與分享、事後的檢討修正更新與新建，如此方能使其知識利基顯現，將內隱知識轉化為外顯知識，以利組織中的現有員工與新進員工共同運用。

　　企業須塑造出組織與全體員工求取進步的企圖心，全力以赴地投入知識學習與尋求知識經濟的經營管理與組織文化，如果企業具有隨時建構與落實知識管理的企圖心、信心與執行力，企業成員將可隨著企業的發展需要與外在環境的變動需求，時時努力吸收新知識，並加以建構或修正、調整其知識庫，同時在組織內部得以傳送與分享，如此將可永保持續成長與發展的利基。

創意點子互動交流

誰說創意策略只能靠天才？誰說找出創意策略只能靠突發的靈感？創意是有訣竅的，有些思考模式是可激發的！快來聽聽創意者的思考模式、激發創意靈感、培養與訓練創造力，現場帶你創意發想、動腦活動演練！【修平技術學院國企系：陳錦文】

第三節　創造價值的知識管理策略

知識經濟時代中誰能掌握知識，誰就會贏得最後的勝利。事實上，企業高階管理階層對於知識管理所關注的焦點大多放在如何取得與控制知識，幾乎在所有的領域中的知識管理模式，大多依循這種模式：「當資料、資訊與知識的價值愈來愈高時，知識經濟時代的參與者就會積極爭取這些資料、資訊與知識的所有權」。所以，知識資產與智慧資本就變成強大與領導的力量。

現代幾乎沒有人會對知識管理的重要性質疑，只是大多數的高階經營層與部門主管對於如何管理知識以發揮企業的創新技巧、增進企業競爭力與強化符合顧客需求的知識管理策略不甚明瞭，以致在知識管理風潮中，能獲致知識管理效果的並不多。在推動知識管理時，往往忽略了知識管理的觀念是需要與時間的運轉做同步的更新、調整與修正的；卻又一廂情願地認為只要引進一套成功的知識管理的方法模仿應用即能成功，殊不知組織文化、組織結構、資訊工具、內部網路、人力資源與核心流程的不同，會與預期引進目標相去甚遠，甚至對該企業的知識資產的效益發展沒有助益。

一、活用人才資本管理、創造股東最大價值

知識經濟時代，企業有一項重要但在資產負債表上看不見的資產，那就是「知識＋人才＝股東價值」，可發現員工對企業組織的經營績效的影響力日益增強，所以企業高階經營層與各部門主管在人才資本管理方面，應投入相當的注意力，藉由良好的人才資本管理以協助員工發揮最大價值的潛力，以提升企業的經營績效及股東價值、企業價值、員工價值。

二十一世紀的企業追求永續經營乃需要追求快速回應與以績效、顧客滿意度為導向的企業文化，因為只有如此才能使企業、股東、員工與顧客價值相對提升。所以只有讓其企業與經營團隊、管理團隊、員工悉數轉化為高績效的境界，才能達成加速提升其競爭優勢、員工、股東與顧客價值的經營管理目標，而這高績效的組織、團隊與員工則有賴於有系統的人才資本管理方能達成，尤其如下幾個方面的關鍵要素。

㈠建立員工職務目標管理體系

企業應建立明確之職務、權責與績效衡量指標的個人職務基本資料檔，此資料檔包含：職務名稱、工作職責項目、職務專長需求與訓練項目、作業流程與投入產出資料資訊、授權權限、績效衡量指標名稱與目標值，及作業品質查驗方法、查驗頻率等項目，簡單地說就是要讓員工明確了解他的作業 5W2H（Who、What、Which、When、Where、How Quantity、How Quality）。而這個職務目標管理體系的建立須以重複漸進與協同合作的傳遞與學習、溝通方式、促使其員工能充分明白自己到底要如何執行其職務與職責？如何規劃與執行其組織所要求的任務與績效目標？如何將其工作知識、經驗、專長、智慧與解決問題方法，延續給任何一個即將接任其職務與職責的同仁？藉由如此的運作，企業與員工的工作績效將會提升，同時企業的整體績效也建構在組織內各個員工作業成果的績效基礎之上。

㈡建立員工作業績效管理流程

企業依據願景擬定經營管理目標，並依商品別、部門別與員工別分別訂定經營目標與績效目標以供執行，然而在目標制定的同時，也須針對其各目標所需的員工有關知識、經驗、專長、智慧與解決問題能力加以盤點，以確實了解各員工的訓練與學習需求，並安排教育訓練與人才培植活動，使員工能適職勝任及完成組織與員工的績效目標。

當然企業有時得由外部搜尋人才，然而不論內部人才或外部引進人才均應做上述的知識、資源與資產的盤點，及針對其所缺乏的部分實施人才培訓與學習。另外，則可編授員工任務與績效目標，並須在員工進行過程中給予查驗與協助，若有所延遲或發生問題時，指導其如何運用知識資訊庫的知識及如何活用經驗，以趕上組織所要求的績效與目標的圓滿達成。

企業應事先規劃具有激勵價值的薪資報償制度，以激勵員工真心、努力與認真地朝向目標前進。激勵方式包括加薪、獎金、讚賞、表揚與升遷、人才發掘與培訓在內，唯任何激勵獎賞均應確保公平、公正與公開的原則。

㈢建立有效率的人才資本管理機制

現代企業應體現到數位知識經濟時代的員工滿意，已不再侷限於有形的物質激勵獎賞，愈來愈多的員工要求企業要提出工作、休閒與健康的訴求，所以

實施教育訓練的科目已轉變為身心健康與休閒遊憩、健身美容等軟性課程與其職務所需的知識專長課程相提並論之潮流。另外，企業更應為其員工做好職業生涯規劃，以前衛嶄新的觀念來發掘員工興趣與專長，並施予有計畫的培訓，使其員工具有多職種的專長、經驗、知識與智慧，以順應商品生命週期短暫的生存需求。而目前盛行的員工分紅，員工認股權證、員工入股與員工在企業內部創業等制度，就是建立有效率的人才資本管理的具體作法。

二、打造以員工為本的推動知識管理環境

企業推動知識管理，並不只是建立知識資訊網，以供知識需求者能很快地搜尋到所要的資料、資訊與知識就是大功告成。有人說：一個缺乏資訊的企業要想推展知識管理方案反而較為容易，其主要的意涵是告訴我們，企業在推動知識的傳播與分享過程中，往往會促使組織內部的權責體系產生衝擊，同時對於習慣的作業程序與員工作業方式也會帶來質變。所以在推動知識管理的時候，除了建立內部網路、引用資訊工具與建立一般性知識資料庫外，尚應思考如何引領員工積極參與及追求知識的慾望，也就是降低員工對知識傳播、分享、創造與應用的抗拒與阻力。至於企業要如何打造以員工為本的推動知識管理環境？則可由如下幾個策略來實現。

(一)鑑別出組織及員工所需求的知識

因為企業的核心作業流程與作業活動是推動知識管理成功的關鍵要素，而員工在各個不同職位、流程與活動中進行有關的作業與工作，各個不同員工也因為職務有別，作業流程與活動也各有其不同的資料、資訊與知識之需求，所以企業應事先鑑別出各職位、流程與活動的員工所需求的資料、資訊與知識是什麼？如此員工才能滿足其對知識的需求，滿足需求後也才能運用、分享與創造出更多的知識價值。同時知識價值須為知識需求者所決定，而不是由知識供給者所決定，因為知識需求者對於所擷取的知識認為沒有價值時，那麼這個知識也就不具有價值。

(二)激發員工分享知識的意願

在推動知識管理方案時，一般最常見的挑戰，是員工是否願意將所擁有的知識、資訊與資料和同仁分享？就常理而言，員工每每將其所擁有的（尤其具

有獨特性）知識私藏起來，期待在其組織內具有不可替代及握有某領域的權威或能力，因而在此情況下的知識分享就淪為口號而無法付諸行動。

所以企業在進行知識管理策略擬定時，不僅要引進內部知識網路，建立一般性的知識資料庫及納入其他有關知識管理的新系統，同時更要專注到其組織的複雜文化，注意到員工的工作行為與知識管理心智模式。若無法從員工獨占知識的所有權心態，朝向採取多項激勵與管理之配套措施著手改革的話，員工很有可能只會虛應故事一番，不但對整個組織的知識管理進度無所助益，甚而浪費龐大的人力、物力與財力，卻仍留在原地踏步的窘境。

緣此，我們願意對想推動知識管理方案的企業，提出以下的忠告與建議：

1. 推動知識管理時，需要長期關注到各個層面，針對各階段知識發展重點，制定不同的管理制度與因應策略，逐步地將推動障礙克服。

2. 推動知識管理時，應把重心放在成功關鍵因素上，也就是把重點放在員工心智改革，以激發員工願意知識分享給其組織同仁的意願。

3. 推動知識管理時，可建構激勵獎賞制度（如：獎勵制度、提案制度、品管圈活動、VA/VE 活動等），以獎賞知識貢獻者與提供者，以營造出全企業員工的知識分享氣氛與意願。

4. 推動知識管理時，可建構員工面對面溝通與知識共享機制（如：內部刊物、讀書會、教育訓練、工作輪調與組成知識社群等），培養員工互信與願意分享知識的文化。

5. 推動知識管理時，要營造出組織學習氣氛與建立學習型組織，以提升員工追求與分享知識的意欲。基於職業生涯規劃基礎來推動學習型組織，將可促使員工具有更強烈的追求與分享知識之意願。

(三)塑造企業組織的學習與分享文化

企業在推動知識管理方案時，組織文化對於企業推動知識傳承、學習、分享與延續具有相當關鍵的影響力，因此企業在推動知識管理時，應重視企業文化的改變，以免空有良好的知識網路系統，卻將資訊平台內的資料庫閒置，而員工不想上網建立、更新、分享、學習並傳遞有關的知識，則知識管理系統只是增加企業的外顯知識流量與好面子的恭維語詞而已。

組織文化對於員工行為與企業的經營發展方向均具有相當的影響功能，Smirch（1983）研究如下：(1)文化可產生員工的認同感；(2)文化可使員工產生承諾；(3)文化對企業而言，可增加組織的穩定性；(4)文化是員工認為企業活動有意義的參考架構；(5)文化可當作員工的行為與工作準則。

　　企業高階經營層與各部門主管若無法建立一套學習與分享的組織文化時，其組織與員工個人的現有知識，勢必不能經由內部網路與資訊工具，將組織與員工的內隱知識經由資訊平台與員工面對面的互動機制，進行傳播、分享與學習，而使其移轉為外顯知識。內隱知識無法移轉為外顯知識時，即使是相當有價值的知識也會因而閉鎖，對於企業而言，將會因持有該類有價值的知識者的離職而形成知識斷層，嚴重者陷企業競爭力於衰退的漩渦中。

三、從核心流程與活動建構知識管理策略

　　企業在運用知識管理工具時，經營管理階層應要把重點放在成功的關鍵能力上面，就是要把推展知識管理的重點放在核心流程與核心活動上面。

　　企業所位處的環境變化愈來愈為險峻，3C科技工具已與經營、管理模式相互融合，且行動電話等無線設備之普及運用，促使企業經營管理模式愈來愈要求快速。企業要能成功地推動知識管理，就需要專注在企業的核心流程與活動，且和外部利益關係人的核心流程與活動相結合，形成一個知識網路或數位知識網路，以利形成具有競爭優勢的價值鏈（如圖4-3所示）。

圖4-3　具有競爭優勢的價值鏈

㈠知識產業化策略

當企業環境變動時，只有敢於向未知的領域探索新機會的企業，敢於創新價值推動知識產業化策略的企業，才具有向未來挑戰的資格。知識產業化策略之推動是將企業的資訊、資料與知識予以商品化、企業化，以形成知識產業化，知識產業化策略可分由如下幾個層面加以探討：

1. 知識商品化

企業之資料、資訊與知識均可予以形塑為知識商品，包括有：企業的著作（如：文章、書籍、歌曲、VCD、網路等）、技術資本（如：專利、商業祕密、生產等）、企業形象（如：品牌、顧客關係、商品等）、制度（如：管理系統、管理制度、作業程序、作業標準等）、文化（如：組織文化、組織政策／理念等）。將各層面的企業智慧資本予以蒐集、導入、確認、應用、共享與創造出企業的核心職能與組織知識，進而與企業願景相結合，才能形成強勁的企業核心創新能力（如圖4-4所示）。

2. 產業知識化

企業組織可分由如下幾個方向將產業知識化：

(1)創新獎勵：由企業的制度面開始，制定鼓勵全體員工進行創新，如：經驗、研發、管理、行銷、服務的創新等方面均可激勵獎賞的方法，以激發全員創新。

(2)人才培訓：知識管理乃受到人員的知識取得、接觸、分享、傳遞、儲存與運用之意願與渴望的影響，除了將知識管理與企業的核心活動結合外，尚應針對員工加以培訓，以厚植對知識的產生、分享與傳遞、儲存與運用之能力與需求，尤其企業內部使用與分享、傳遞知識的是人，創造與創新知識的也是人，因此推動知識管理，絕對不能疏忽人的觀點、才能、專長與需求。

(3)提升知識管理能力：知識管理流程是蒐集、導入、確認、應用、共享與創造的一個循環系統之流程，在此流程中資訊、通訊與網際網路技術的建置與導入，也具有和人、企業文化鼎足而立的左右知識管理推動成敗的關鍵影響力。因此企業經營管理階層與員工須體現到能創新知識、加值知識、流通知識與創新再利用知識的創新能力之提升，是推動知識管理的重要價值與真諦。

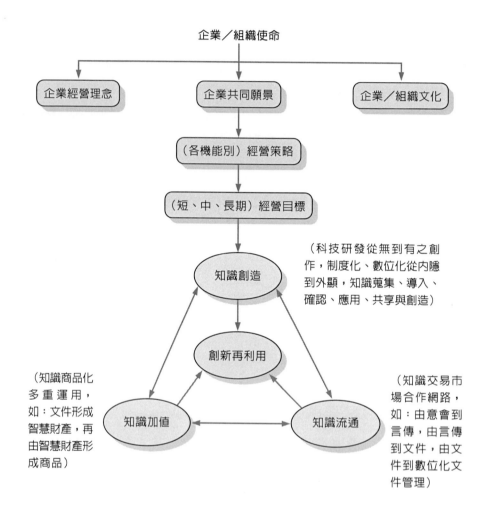

企業／組織使命

企業經營理念　　企業共同願景　　企業／組織文化

（各機能別）經營策略

（短、中、長期）經營目標

知識創造

（科技研發從無到有之創作，制度化、數位化從內隱到外顯，知識蒐集、導入、確認、應用、共享與創造）

創新再利用

（知識商品化多重運用，如：文件形成智慧財產，再由智慧財產形成商品）

知識加值　　知識流通

（知識交易市場合作網路，如：由意會到言傳，由言傳到文件，由文件到數位化文件管理）

🔖 圖 4-4　企業組織知識創新系統

(4) 產業學校化：學習型組織的建構，是冀望將知識當作一個策略性資產，在建構知識管理系統且投入相當龐大的時間、金錢與人力在學習系統時，應將學習所得轉化為顧客價值與新的市場商機，因為忽略外部行銷時，將會促使學習效果遞減。所以在一個推動知識管理的企業，人人須著重學習，以精進員工的能力，進而形成一個維繫企業持續成長的競爭力。因此經營管理階層須著手培養與開發建立在學習組織的核心能力，而此種核心能力的增進，則有賴於將創新知識的學習與運用知識能力的訓練，也就是將產業學校化。

3.知識產業化

企業推動知識管理是建立一個具有競爭力的企業，其競爭力的基礎在於吸收、處理與運用知識之能力與智力資本（Capabilities & Intellectual Capital），且應具有強大的技術能力與活潑的企業文化，以孕育出創新、機敏與優良的企業經營管理意識，進而發展為具有卓越知識管理的學習型組織。

其推動知識產業化的方向分述如下：

(1)知識商品化：知識商品化是將企業的知識融入在企業的各個機能上，使其著作、技術資本、企業形象、制度與文化等方面的知識與企業的商品相結合，將此等知識予以轉化為商品，以滿足顧客需求與期望。

(2)企業化創新知識：企業將商品與管理概念予以企業化的管理，使其能滿足消費者的需求，當然不管是有形的商品，抑或是無形的服務、活動、管理行為，均應將知識由內隱與外顯的有系統演繹而來，以企業化、共同化與系統化的過程發揮出其知識創新與創造價值。企業與員工若能將外顯知識轉化為內隱知識時，則可經由知識的互動與交流，擴大其知識的創新與創造來源。

(3)輔導知識型服務團隊的成立：企業在學習成為取得、應用個人資訊與知識體制之後，其企業的服務循環之有效運作，有賴於知識型服務團隊有效服務，方得以啟動此一良性的服務循環，如此才能獲得內部與外部顧客的忠誠度與其所創造出來的更多利益。

(4)人才與經營國際化：全球化與國際化的多元化社會裡，為因應多元化社會發展需求，須將知識管理系統予以國際化以為因應，而知識管理推動所需的人才與經營管理知識則須跟上資訊、通訊與網際網路的國際化腳步，否則將會侷限於「在地化或本土化」中，致無法跟上數位化與國際化時代的腳步，並削弱其競爭力。

㈡以核心流程與活動為基礎的知識管理架構

我們在此引用李田樹譯（*L. P. Donoghne, J. G. Harres & B. A. Weitzman* 著，《*創造價值的知識管理*》，*EMBA 第 157 期，1999 年 9 月，PP. 90~101*）的研究做如下說明：

1. 依核心流程與活動的各項工作區分以決定工作模式及流程定位

在進行工作模式的定位時，高階經營層應針對其核心流程與活動的各個作業所涉及的工作，先進行評估與工作模式分類，而其評估與分類則由兩個角度

（個人與組織部門間的互助合作與互動交流程度、工作的複雜度與例行性）加以進行分析與確立，經由這兩個角度而將核心流程與活動的各項工作區分為四個工作模式，即：整合、合作、專家與交易等工作模式（如圖4-5所示）。

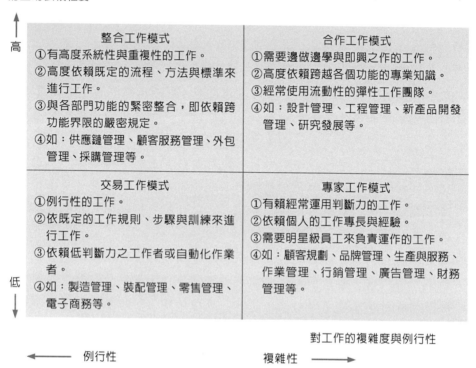

個人與組織／部門間的互助依賴程度

高

整合工作模式
①有高度系統性與重複性的工作。
②高度依賴既定的流程、方法與標準來進行工作。
③與各部門功能的緊密整合，即依賴跨功能界限的嚴密規定。
④如：供應鏈管理、顧客服務管理、外包管理、採購管理等。

合作工作模式
①需要邊做邊學與即興之作的工作。
②高度依賴跨越各個功能的專業知識。
③經常使用流動性的彈性工作團隊。
④如：設計管理、工程管理、新產品開發管理、研究發展等。

交易工作模式
①例行性的工作。
②依既定的工作規則、步驟與訓練來進行工作。
③依賴低判斷力之工作者或自動化作業者。
④如：製造管理、裝配管理、零售管理、電子商務等。

專家工作模式
①有賴經常運用判斷力的工作。
②依賴個人的工作專長與經驗。
③需要明星級員工來負責運作的工作。
④如：顧客規劃、品牌管理、生產與服務、作業管理、行銷管理、廣告管理、財務管理等。

低

對工作的複雜度與例行性

← 例行性   複雜性 →

♦圖4-5　知識管理架構：工作模式與流程定位

資源來源：整理自李田樹譯（1999），L. P. Donoghue, J. G. Harris, & B. A. Weitzman 著（1999），〈創造價值的知識管理策略〉，*EMBA* 第157期（1999年9月），PP. 90～101。

2.了解核心流程與活動的工作模式與流程所面臨的挑戰

核心流程與活動的工作模式與流程之定位，並不太容易將某個核心流程歸類在某個工作模式，也不能將其流程就固定在該工作模式之上，且要能依作業事實需要引用不同的工作模式來進行此流程。如在進行新商品上市活動時，可能會指定某些人負責某一個作業（專家工作模式），也可能會安排某些人進行跨行銷、財務、研發、企劃與售後服務等跨功能的工作團隊和公關公司或銷售

公司密切合作以順利推動新商品上市（整合工作模式）。

(1)因此在了解工作特殊性質後，即應先研究其工作該如何來進行的，方能決定採取哪一個知識管理的策略與方案。

(2)面對工作所面對的複雜問題，企業經營管理階層不但要努力汲取其作業或工作的各個流程所需的各種知識外，更應激發員工勇於接受各種競爭挑戰，以獲取突破性的創新成果。

(3)面對數位時代的挑戰，企業各個員工所要學習的知識，已不再侷限於本職所處工作領域的知識學習，尚應在其企業的核心流程中了解與其有關聯的上個流程與次個流程所須具備的知識與工作任務，如此方能充分掌握其流程的知識與任務。

(4)企業的四個工作模式所面臨的挑戰則為：①整合工作模式須強化跨功能的整合：建立各功能作業與員工追求的目標共識，依據業界最佳實務建立作業標準，及以組織共同利益平衡各功能作業與員工的目標；②合作工作模式須追求突破性的知識創新成果：仍需要邊做邊學，經由複雜的訓練以結合各種不同領域的專業知識，培養各作業員工的高度敏銳洞察力與決策制定能力；③專家工作模式則應以激發明星級員工的工作潛能為目標：吸引及激勵明星級員工，以降低或消除明星級員工的流動率，並力求克服明星級員工的井底之蛙陷阱；④交易工作模式應持續追求低成本的績效：建立各個流程的投入與產出需求標準化，並建立明確的作業程序與作業標準書以供遵行，設法提升員工工作士氣與工作意願。

(5)企業的高階經營層更應體會在其診斷的知識管理挑戰時，並不宜遽下定論，因為每一個挑戰可能需要採取好幾個知識管理策略。且企業應將注意力放在其企業所應建立或強化的能力之上，而不是尋找個別部門的解決方案，所以需要的是整套的知識管理方案及處理相關的所有要素（包括：資訊、通訊與網路科技、人力資源、組織結構、組織文化與組織營運目標結合的知識管理策略、核心流程、核心專長與知識社群經營等層面），此外經營管理階層須明確界定、明智決策與落實的執行力則更是以解決特定事業問題的主要挑戰。

3.建立企業組織創造價值的知識管理策略

(1)四個工作模式的各個模式所可能採取的特定策略，依據L. P. Donoghue

等人的建議為：①整合工作模式有整合流程、整合團隊及建立最佳實務競爭基準；②合作工作模式有建立策略性合作模式、知識結合與邊做邊學；③專家工作模式有高薪挖角、導師學徒制的長期人才培育及能力保護；④交易工作模式有例行化、標準化與生產化等策略，以為協助企業邁向成功實施知識管理及追求永續創新成果之境界。

(2)企業應建立高度的調適能力，以應付產業與市場環境的激烈變化需要，絕不能抱持今日競爭風險一旦克服就可永保百年身的鄉愿作風，尤其在數位時代裡，有可能今天是值得大肆宣傳需要發揚光大的核心能力，到了明天卻變成企業組織持續發展的石頭，所以高階經營層應具有診斷、調整與修正知識管理策略的能力。

(3)面對新市場與新競爭者的強大壓力，須培養出快速建立新的競爭能力，以隨時支援或修正、調整現有的知識管理策略改變的需求。

(三)知識管理推動策略

1. 應建立易於進行知識分享與交流的資訊科技基礎結構

知識管理的實踐，需要科技。科技是管理知識資產，讓分散於組織各處的人共同合作的必要基礎。誠如蓮花（Lotus）公司總裁帕包斯（Papows）所說：「資訊科技不一定保證成功，但沒有資訊科技，而想成功，那就難如登天了」。因此，科技是促成知識管理的要素，它能為知識共享自動化及集中化與激勵創新提供基礎。具體而言，促使知識分享與交流的科技基礎包括：

(1)資料倉儲（Data Warehouse）：存取整個組織資訊的資料庫，包括數個不同來源及不同格式的資料庫，使員工能以簡單的指令擷取資料。

(2)企業內網路（Intranet）：以網際網路應用軟體如網頁、瀏覽器、電子郵件、新聞群組、通訊錄及線上訓練平台、訓練管理軟體等，供組織內的人員使用，以創建和分享資訊，俾利學習與業務的執行。

(3)企業間網路（Extranet）：將企業內網路延伸，利用全球資訊網的科技，提供上下游顧客通訊工具，以強化業務執行的效率和速度。

(4)群組軟體：以電子郵件、協力製作文件、工作排程追蹤等工具，讓使用者可共同就某一專案協力合作。

知識管理不僅在創造知識，更是要讓知識擴散且易於尋找，因此，知識管理要經過創造、編碼、擴散等程序。舉凡內外部顧客資訊的蒐集，各種資料庫

及存取系統的建立、學習與分享及散布資訊平台（含虛擬及實體平台）的建置、維持與使用，在在都需運用資訊科技。

2.應建立願意分享的組織文化與環境

知識管理最大的挑戰在於如何建立知識管理的共識，並鼓勵員工分享知識。因此，組織首應界定知識管理的目標，建立分享知識計畫的目的，允許員工經常有機會討論並辯論所需知識及了解什麼是知識管理。一旦員工了解知識投資不會像實際資本一樣貶值，可增加產量、創意及投資報酬率，促進組織長期發展，則知識管理與組織目標才能結合，也才易於進一步創造一個鼓勵員工分享知識的環境。

基本上，知識分享不是一個可自行發展的過程，而須是一個正式的基礎才可讓這項文化茁壯。能鼓勵員工分享知識環境的建立，關鍵在於互動學習的培養。

組織應透過各種機制與途徑，鼓勵經驗的交流，建立信任與合作，重塑人性關係，以克服黑勞（Halal）所謂科技無力建立真正網路關係的問題。互動學習是培養及釋放人類潛能的關鍵投資，許多無形的知識，如員工技能、經驗、習慣、洞察力、價值觀、構思、判斷等屬於組織成員可帶走的知識，都可透過互動學習，與擁有知識的內外部專家合作及溝通，才能存取。

李平考特（Lippincott）建議藉由人物索引資料庫等電子通訊名冊及電子郵件等科技來引導分享流程。司懷比（Sveiby）則建議創造空間分享知識的方法，透過每日上下午各十分鐘的省思時間，鼓勵員工靜坐放鬆，有時間讓大腦發揮創意；他也鼓勵設計有自然放鬆的辦公場所使創造力萌芽。有些組織則設立喝茶室，供研究人員坐下喝茶鼓勵與同仁討論計畫，在此社會化過程中，知識因而分享了。當然此種空間可是虛擬的，有些組織設立了虛擬的休息室，供同仁公布笑話、張貼拍賣通知、食譜、宣布生日等，並辦理雞尾酒、接待會、早晚餐會報等活動，加強同仁互動接觸，暢所欲言，並促成知識流通與分享的實務社群，建構「組織一體」（One Firm）的文化，讓員工了解以往個人經驗雖是組織價值所在，但今日個人對組織的貢獻則在於是否與他人合作建立新知識並綜合現有資訊與資料，體驗集體創造的價值遠大於每人獨立工作的價值總和的精髓，在此文化下，員工自然會追求組織整體的利益而非個人或部門的利益。

3.推動知識管理時應注意的人性因素

企業推動知識管理方案時，可依據本章節中所提到的方法與策略加以落實推動，但在推動時有幾個人性面的問題須加以注意：

(1)利用激勵獎賞措施，以激發創造互利共享與均衡互惠的知識學習環境，以從人性的利己利人層面來建構知識分享與傳播、學習的環境。

(2)建構由自己能將知識傳播出去，以分享給同仁之心態，同時可由企業經營管理階層與知識管理團隊成員本身示範做起，以促進各個員工能由自己進行知識分享給同仁之風氣，以形成全組織分享學習文化。

(3)塑造知識分享傳播給同仁知識的供給者為企業學習標竿對象，同時企業高階經營層全力支持、獎賞及培植知識供給者更多成長與學習機會，以確保其競爭優勢，進而帶動全體同仁不吝於傳播分享知識，進而可能將其知識文件化與數位化以供更多知識需求者分享。

(4)學習 ISO9001/14001、ISO/TS16949 及 QS-9000 之精神將知識形成文件化與數位化，因為說、寫、做一致，將會是推展知識管理的基本要求，但須將之形成每位員工的知識蓄積、擴散、分享、儲存與修正的習慣，若在此方面能形成為其企業的習慣，則知識管理團隊的負擔將會減輕而易於推動。

(5)營造組織內部互動交流與知識分享學習氣氛，促使企業員工能在互信與互賴的基礎環境下，達成知識交流與分享學習的目標，進而促使知識交流的廣度與深度。

(6)秉持 PnDnCnAn 循環的精神，採取定期的檢討、分析、診斷及改進精神，追求一次比一次更好、更實用的知識管理策略，期以持續發展與創新知識價值為目標的知識管理推動策略能永續進行下去。

非營利組織依賴使命創新經營

非營利組織的管理，不是靠利潤動機的驅使，而是靠使命的凝聚力和引導。經由能反應社會需要的使命界說以獲得各方面擁護群的支持；杜拉克說：「募款的目的，是支持非營利組織可順利實現自己的使命，而不是將使命置於募款之下。」（Peter F. Drucker 著，余佩珊譯，1994）【作者拍攝】

Smart Innovation 4-1

中鋼落實知識管理競爭力大躍進

資料來源：轉錄自李驊芳，〈中鋼落實知識管理競爭力大躍進〉，
台北市，經濟日報，2004.01.31

　　由於產業屬性使然，中國鋼鐵常被歸類為傳統產業，然而，不論是在技術創新或經營管理新知的引進與運作上，中鋼每每有令人驚豔的表現，其勇於突破現狀的先知與決心，對一個身軀龐大的鋼鐵巨人而言，要能隨時保持高度的市場應變力與敏銳度、組織彈性、管理靈活，及對新科技的不斷吸收與運用，都是必要的認知與作為。因此，知識管理的導入，對中鋼而言，其實是另一個「面對問題，尋找解決方案」的管理實踐。

　　中鋼擁有豐富的智慧資產，但這項資產在協助中鋼提升競爭優勢的過程中，潛伏著幾個問題：資深同仁的陸續退休、輪調制度的施行、寶貴的個人知識無法有效轉化為組織知識，進而為中鋼創造更大的價值空間。是故，中鋼導入知識管理的最主要目的，即在將組織知識做有效保存與傳承。

一、專家人才庫傳承組織智慧資產

　　知識管理最常遭遇的瓶頸，即在如何誘發組織成員將知識分享出來，因為唯有跨越分享階段，知識的創新與加值才有期待的可能。為了激發員工將壓箱寶的知識分享出來，煉鐵廠的主管運用許多柔性策略與技巧，最顯著的即是專家黃頁與知識社群兩項工具與手法。強制要求員工分享知識，即使這項知識屬於組織的資產，因為涉及員工個人意願與否，成效總是難掌握，這是人性的議題，當由人性角度思考解套方法。中鋼強化「專家黃頁」方法的引進，一方面透過專家人才庫的建立，協助中鋼做好人力規劃與人才培訓；另一方面則是希望透過這樣的制度，讓那些身懷獨門絕技的資深同仁，在「專家」頭銜的使命感驅使下，負起傳承中鋼永續經營的責任。

　　中鋼從三個面向來定義「專家」：會做、會教、會指導；根據個人對特定專長的經驗與歷練，將「專家」分成四個等級：

　　(1)基本級：上過相關課程者；(2)操作級：具備獨立操作能力者；(3)講師級：能對他人授課者；(4)顧問／專家級：能代表中鋼對外提諮詢與顧問服務者。

　　中鋼的專家人才庫與人資制度的績效考核雖有連結，還是會有少數同仁

無法完全融入的情況產生。有些同仁可能不認為專家人才庫，甚至知識管理這項專案對中鋼整體的價值與重要性，而多以「還有其他更多、更重要的事要辦」做搪塞；也有一種情況是，那些被組織認定為專家的同仁，壓根兒不認為自己是專家，所謂不在其位不司其職，果真閉口不做分享！

拒絕分享的結果，勢將阻礙中鋼欲藉由這項制度的推動，進而實踐知識管理所規劃達成的目標。專家黃頁若真是導入知識管理的必然步驟，那麼知識社群的運作，即是實踐知識管理的關鍵技巧。勇於表現自我是建立分享的第一步。為了誘使煉鐵廠同仁拋開靦腆，勇於在工作夥伴面前表現自己，除了安排讀書會，規定同仁定期發表報告外，更運用部門內部的獎勵基金，採購了六部網路攝影機，讓同仁習慣利用網路平台進行交流，同時也安排如家庭卡拉 OK 比賽等活動，促進社群成員間的感情與互動。

分享文化的建立，需要一套友善的系統平台作為揮灑的舞台。中鋼不僅 e 化得早，對於網路科技也熟稔得很。中鋼在十五年前即自行開發完成一套跨單位、結合各單位業務流程、相容性甚高的網路平台。在工作環境驅使下，中鋼員工早已習慣一個網路化的工作平台，也使得中鋼的知識管理的旅程，走得此其他企業要順暢許多。

二、授權主管績效考核決策空間

高階主管的支持，為分享文化的塑造奠定了成功的基礎，而激勵制度的有效配合，則是鞏固分享文化的延續。由於中鋼在績效考核制度上，授權各階層主管相當的資源與決策空間，讓主管們可藉由績效指標的訂定，有效管理部屬朝組織目標努力。

為了營造學習型組織，煉鐵廠在部門裡設計了讀書會活動，採漸進式的方法，先指派特定同仁發表報告，經過幾次專題發表，所謂的專家就這麼出現了！當多數人都已習慣這種分享活動後，強化性的績效指標即可配套產生。在目標管理的原則下，各階層主管可將員工在知識管理上面的努力，列入績效指標中。這樣的授權空間，羨煞許多負責推動知識管理的企業主管。

分享文化的建立是推動知識管理的成功要件，中鋼從一開始就掌握這項關鍵，因此，在制度面、管理面，均能巨觀地規劃相關配套措施，讓知識管理專案的推動，得以獲致如期的成效，促使中鋼儘管任時間流轉，環境丕變，仍保有創新思維與競爭能力。

企業的故事：水族箱馬桶讓 AquaOne 一砲而紅

資料來源：編輯陳家齊，2007.07.30，台北市：經濟日報

AquaOne 科技公司是美國加州一家製造馬桶省水設備的廠商，為了展示偵測馬桶漏水的感測器，設計出結合馬桶與水族箱的造型馬桶，沒想到無心插柳柳成蔭，這款不會把金魚沖掉的水族箱馬桶在商展上大出風頭，如今反而成為公司的主要商品。

AquaOne 公司成立時，旨在解決馬桶漏水或滿出來的問題。他們研發的第一個產品 FlowManager，是裝在馬桶座上的感應器，如果出現漏水狀況，馬桶便會自動關水。這項產品立刻受到養老院、醫院等機構用戶的歡迎。老人癡呆症患者常會不慎把尿片沖進馬桶，造成堵塞，使馬桶溢出。新港灣醫院執行長帕克赫斯特說：「FlowManager 可減少意外事件的清理費用，成本四個月就回收了。」

但 FlowManager 幾個月就要更換電池，且直接裝在馬桶座下，外型又大又笨。因此 AquaOne 開發出第二代的產品 H2Orb，把感測系統藏在水箱裡，鋰電池七年才須更換。

當公司在討論如何展示 H2Orb 時，這些幾乎都有把金魚屍體沖進馬桶經驗的爸爸級員工忽然問道：「如果把金魚裝在水箱裡，但沖馬桶時不會連魚一起沖掉呢？」AquaOne 營運長帕里許回憶說：「當時所有人都大笑起來，但笑過也就忘了。沒想到執行長居然真的把它做出來。」

這項展示在商展上造成轟動，展示品 H2Orb 感測器反而被冷落一旁，許多人詢問這種水族箱馬桶有沒有賣。於是 AquaOne 開始設計可販售的產品，這項名為 Fish'n Flush 自去年 12 月問世以來已賣出一千座。水族箱實際是圍著真正的水箱，Fish'n Flush 把馬桶沖水箱與水族箱隔開，但為了營造魚在沖水箱游泳的假象，水族箱特別用有色壓克力外殼打造。為了確保馬桶水族箱不會變成金魚墳場，AquaOne 還特地聘請微生物學家參與設計。

在沒有任何廣告宣傳下，卻因在喜歡嘗新的網路部落客推波助瀾下，這款要價 299 美元的馬桶在網上掀起一股熱潮。

（取材自《洛杉磯時報》）

第2部
應　用：如何進行創新

Chapter 5
創新價值與創新事業

　　持續成功的長青企業,是得自於企業組織的創新管理,而主要的原則不外乎:①企業全體員工對於追求全面創新以產生共同價值的認知與執行;②企業組織不斷地推出具有破壞力的創新技術與新事業經營模式;③利用資訊通信與網際網路技術與工具以創新開發新商品與新事業的營運;④秉持創業精神持續創新企業、員工、供應商與顧客價值;⑤時時盤查既有事業與商品,針對不具價值與自相競爭/替代的既有商品則予以剔除,以免自耗競爭力。

創新不只限於科技，而是整體績效的表現，它是可被具體化，成為評量的指標。創新須講求快速，且是沒有停止的一天，因為若是創新成功後，放慢了創新的腳步，或者是沉溺於創新後成果的享受與防衛，則該創新者不再有創新績效，在產業界勢必很快地被擠出企業排行榜。這也就是在數位知識經濟裡，不論是市場、商品或企業的生命週期愈來愈短，且變化速度更是愈為快速，所以在這個時代也就呈現出「不連續」及「斷層」的時代特性，在此時代裡創新的需求也就愈來愈顯得急迫性與需要性，任何企業、個人或國家均須正視其重要性，且要更努力去開發創新、調整視野與創新發展，如此方能適存於此一時代。

第一節　全面追求創新共同產生價值

在這個市場詭譎多變、科技日新月異、競爭與變化極為快速、全球化國際化的局勢裡，企業如果陶醉於昔日成功的歡愉而死守著昨天仍為業界奉為標竿學習的典範，那麼這個企業將無異於坐以待斃。所以企業高層應體現到須靠敏銳的反應與創意思考才能創新發展，也唯有如此才能應付自如、主動出擊。事實上也是如此，因為數位知識經濟時代裡要想真正擁有競爭力，就須認清在這個時代正處於不連續與斷層的變化時代，情勢是多麼地詭變，況且企業對於未來大多患有企業焦慮併發症（business anxiety syndrome; BAS），每天都在擔心「睡覺一醒來，商品或企業就發生危機或被淘汰出局」的惡夢成真，所以只有創新、永續創新及永不停止地自我再造，才能促使企業能在此瞬息萬變的環境中屹立不搖。

一、價值與創新價值

在數位經濟時代裡，企業為因應變動快速與不連續、斷層等特性而呈現出各種不同的組織型態，然而在劇烈變動時代裡，即使是企業的文化、政策、策略、目標、制度、流程、商品也會因競爭環境的變動而變動，唯有企業的核心價值是不變的。

什麼是企業的核心價值？依據學者 Jim Collins 的研究，核心價值是企業在任何產業環境與競爭情勢的變化裡，仍堅持下去而不會因時代風潮而改變，可穩若磐石地堅持為其企業永續生存的基本目的，可不因環境的變動而導致企業

跟隨改變，同時更會因堅持其核心價值而具有更大更多的進步動力。

　　核心價值是各個企業的獨特核心意識型態，不是看到某個卓越標竿企業的核心價值就拿來模仿就能成功的，核心價值最好是要吻合企業的需要，所以最好自己發展與定位，如此才能抓得住自己眞正相信的東西，況且中國有句諺語：「畫虎不成反類犬」可爲明鏡，何況所謂的核心價值並沒有辦法放諸四海而皆準，所以企業要如何確立其核心價值？是要由企業的意識型態中找出能作爲該企業的一切活動、行爲與作業依循的核心價值。

㈠從價值談起

　　價值是一種**趨勢**、一種**感覺**、一種**需求**、是由**顧客**所界定的，也是超越競爭的重點所在。商品在顧客心目中的價值是決定是否消費的依據，現代的商品價值已跨越二十世紀各個年代的價值定義，邁向超越競爭的重點、爲顧客所界定、需求、感覺與**趨勢**的領域（如表5-1所示）。

1. 價值是一種趨勢

　　在二十一世紀的價值可說是一種價值觀的**趨勢**，是隨著環境條件而變，且企業的高階經營層的最重要任務就是要能掌握價值**趨勢**，然後傾全力去驅動或導引創造出企業最有利的創新價值或獨特價值之**趨勢**。

2. 價值是一種感覺

　　在二十一世紀商品在顧客心目中具有價值時，才能完成交易活動，而在顧客心目中具有價值，是表示對他們而言感覺是有價值的，是能滿足其需求的，所以價值是一種感覺，但卻是相當主觀性的。

3. 價值是一種需求

　　在顧客之購買或消費活動的產生，是有根本上的需求與期望，而價值提供者正可提供顧客所需求與期望的商品，此時價值也就奠基於顧客需求與期望的開發與滿足；換句話說，企業須能創造出顧客的需求與期望，如此才能創造出價值。

4. 價值是由顧客所界定的

　　價值不論是否可被量化，但可確定的是價值絕對不是可任由企業所界定的，它是由顧客所界定，也就是說企業應爲顧客創造價值。

5.價值是超越競爭的重點所在

若是企業無法持續地創造價值時，將無法在數位知識經濟時代中生存下去。價值是經由傳統的價值鏈（Value Chain）或是由數個價值鏈彼此交互運作而產生的價值組群（Value Network）所創造出來的。

表 5-1　價值定義的發展與演變

年代	價　值　的　定　義
1950	價值＝商品價格
1960	價值＝商品價格＋商品數量
1970	價值＝商品價格＋商品數量＋商品好處
1980	價值＝商品價格＋商品數量＋商品好處＋顧客便利
1990	價值＝商品價格＋商品數量＋商品好處＋顧客便利＋顧客服務
2000	價值＝商品價值＋商品數量＋商品好處＋顧客便利＋顧客服務＋顧客感覺（含滿意／需求／趨勢及超越競爭）
2010	價值＝商品價值＋商品數量＋商品好處＋顧客便利＋顧客服務＋顧客感覺（含滿意／需求／趨勢及超越競爭）

(二)突破創新與價值

1. 從顧客與消費者觀點看價值分類

基於上述的討論，我們可發現價值需要站在顧客的立場來探討，也就是基於顧客的價值角度來界定價值，在這個立場來看商品的價值可分為如下幾個種類：

(1)成本價值：顧客接受商品所需支付的金額或成本，就是接受者所需支付的成本，當然也是接受者所認為企業應給予他們最低的效益要求。

(2)外觀價值：顧客對於商品的造形、色澤與包裝等觀賞性外觀，服務與活動的流程設計、流程內容與激勵促銷等直接觀感，均易於吸引人們駐足觀賞，因而刺激人們購買之行為，也就產生其價值。

(3)品牌價值：顧客對於某項商品或企業的品牌具有一定的良好口碑與印象，因而能給予顧客相當好的愛好、支持與忠誠度，每當想要消費商品或參與服務時，均會指名該項商品。

(4)使用價值：顧客在消費某種商品或參與某種服務之後，就能得到商品的使用效益。

(5)流行價值：顧客在時代潮流中購買／消費某種流行商品，以滿足其追趕流行風潮的需求與期望。

(6)紀念價值：具有紀念價值或者具有特殊心理價值的商品均會比其他同類商品的價值來得高。

(7)地點價值：同類商品因其推出的地點不同，而有不同的價值，這就是因地點之改變而其價值也跟著改變的地點價值。

(8)時間價值：某些商品會因時間的自然移動而改變其價值，如：古董或紀念幣、紀念郵票等可隨時間移動而增加其價值，房屋則因時間移動而折減其價值，土地則較不會因為時間移動而改變其價值，汽車則與時間移動呈現價值遞減現象。

(9)展現價值：某些商品因受到社會的認知為具有身分、地位與榮譽的價值，因而吸引顧客的購買／參與，並藉以展現出具有與他人不同的身分、地位與榮譽的價值。

(10)殘餘價值：某些商品在其成為廢棄物之前尚有其殘餘價值，其價值有可能是負的（如：已成為廢棄物，要清理時尚須支付清理機構一定的費用），也有可能是正的（如：超齡報廢汽機車換購新的合乎環保要求的汽機車時，可由環保署支付一筆回收獎勵金）。

(11)特殊價值：有些具有特殊意涵的價值仍存在於商品中，如：大樓4F則為台灣人的禁忌，以致4F房屋價值大致比其他樓層來得低，車牌號碼88/888/8888則可競價標售。

2.從價值曲線談創新

(1)價值曲線

一般而言，企業將其商品開發完成前，是不具有價值的狀況（如圖5-1的O點），當開發設計完成並進行試樣生產或試銷時，將會逐漸顯現出其價值（如圖5-1的A點），在其試產／試銷完成時則價值正呈現擴增的趨勢（如圖5-1的B點），等到正式上市行銷時可謂價值已快接近價值最高點（如圖5-1的C點），唯若經顧客購買／消費／參與時，則是價值的最高峰（如圖5-1的D點），然而當顧客使用或體驗過後，則價值轉呈遞減趨勢（如圖5-1的E點），直到顧客拋棄或另行參與其他替代品時則價值將歸零（如圖5-1的F點），這就是所謂的價值曲線（如圖5-1所示）。

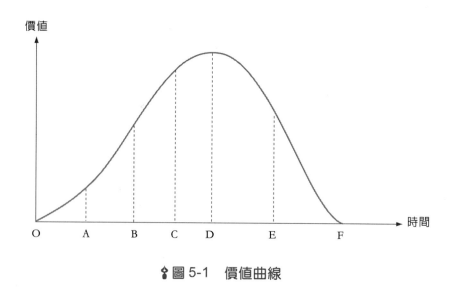

☗ 圖 5-1　價值曲線

　　事實上，商品給予顧客體現與體驗的價值也有高低之分，一般情況下顧客感覺到其迫切需要時、短缺搶購時、流行期、促銷期、剛上市期、心儀或崇拜偶像推銷或代言時等狀況下，是呈現最高價值的時點，並不表示顧客一旦進行購買、消費或參與時即能獲得最高價值的體驗，所以企業應如何將其商品形塑為最高的價值以維持顧客的忠誠度與高的顧客價值，是高階經營層應努力追求的目標。

　⑵創造新價值曲線

　　價值曲線對於創造新的市場空間，是一種極具威力的工具，圖5-2表示某企業提供給其顧客的商品，其競爭成功的關鍵因素加以顯示出該企業與其競爭替代關係，其間的價值即形成既有競爭空間的價值曲線（如圖 5-2 所示的兩種計算工具之價值曲線）。

　　就圖 5-2 所顯示的計算工具以計算機與算盤為例，若此兩種計算工具的競爭成功之關鍵因素為價格、購買與使用的便利性、附加功能、計算速度、保存期限、計算正確性及攜帶方便性等八種，在各因素的價值高低相關性方面，則依圖 5-2 所示，可了解算盤在保存期限上較持久、使用上因不須有電池而較方便與價格低廉，而計算機攜帶方便、計算較快速且正確、計算機功能多元化與購買方便方面較具優勢，在此兩種計算工具所呈現的價值曲線，即將此兩者工具的競爭空間描繪出來。

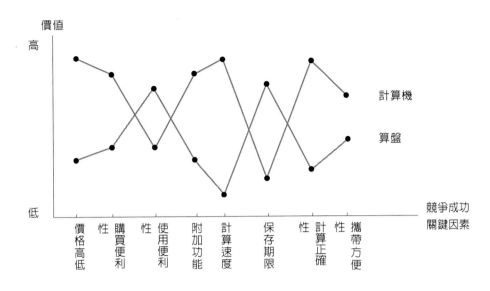

價值

高

計算機

算盤

低

競爭成功
關鍵因素

價格高低　性　購買便利　性　使用便利　附加功能　計算速度　保存期限　性　計算正確　性　攜帶方便

⚑圖 5-2　價值曲線─計算機與算盤

　　在數位時代中，人們爲因應數位化、行動化與 e 化、m 化的商務時代任務需要，須創造出新的計算工具的價值曲線。同時更應思考如下幾個問題並找出解答其問題的新商品，而此商品並非在同類的競爭成功因素上均須比計算機或算盤之價值來得高，而是將附加功能（如：上網、拍照、計算、傳眞、電話）、計算正確性、使用便利性與攜帶方便等因素加以結合以創造出新的價值曲線，即具上網、傳眞、拍照功能的手機（如圖 5-3 所示）。而在創造出新商品的價值曲線之前應思考問題爲：①有哪些因素應儘可能地壓縮在同業或顧客要求的標準之下？②有哪些因素在此時代裡並不必要將其列爲思考的要項？③有哪些因素須加以考量並將之提升其價值在同業或顧客要求標準之上？④應創造出哪些特殊的因素以吸引顧客購買、消費或參與？

　　圖 5-3 顯示出，當具有上網、拍照、傳眞、計算與電話功能的手機問世時，即能將其商品價值擴增，雖然價格比計算機與算盤來得高，但附加功能方面則是突破了計算機與算盤的單純計算功能，因而手機所創造出的價值也就改變了計算機與算盤的市場，使其變成二十一世紀當紅炸子雞商品。

　⑶創新價值

　　企業組織應深入理解如下的創新價值之特性與原則：

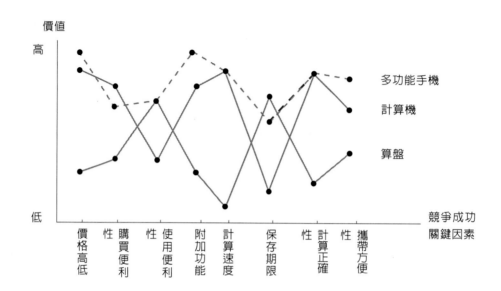

圖5-3 創造新價值曲線—計算機、算盤與多功能手機

①顧客天生具有喜新厭舊的特性（如：計算機淘汰算盤、電腦Excel軟體開發出來即告取代計算機之使用、手機將有線電話淘汰等）。

②創新與價值是如影隨形的（如：創新商品可獨占市場與供不應求的高價值、創新可創造新奇與流行風潮的高價值等）。

③創新價值是藉由不斷的創造新市場、新技術、新方法來達成企業追求的利潤及善盡社會責任，且以滿足顧客需求與期望爲依歸。

④創新價值的理念須及於企業的整個經營與管理系統，而絕不宜只關注在新商品、新服務與新活動的創新，而是應包含到策略的創新、經驗的創新、理念的創新、管理的創新、市場的創新、技術的創新、管理與產銷作業方法的創新等各個層面在內。

⑤創新價值是多元化的，如：商譽的提升、效率的提高、技術的突破、士氣的提升、投資報酬的增加、利潤的提高、市場占有率的增加等價值均是企業經營成功最有力的後盾。

⑥創新價值須企業各個部門、各個階層均須無時無刻地思考追求與進行的，須是全面性與不限時間地追求進行創新。

⑦創新價值是講求企業的共同創新，且是將創新價值傳遞到整個企業的各個過程、部門及員工，以建立合作夥伴的新經營環境。

㈢以價值為導向的創新

價值不只有很多種形式，也有相當多種不同的來源（如：商品之實用性、便利性與效率性，商品／企業的形象與競爭性，管理概念的活性化、彈性化、簡明化、效率化與豐富化），然而愈是無形的價值，企業應愈能了解到價值並不是由企業所界定的，而是由顧客所界定的，同時價值乃隨著顧客的變化、時間的轉動、市場的發展趨勢或政府政策法令規章的改變而有不同的變化。

因為有些人會對購買的便利性及品質可靠性敏感，有些人則對廣告與公眾報導敏感，有些人則對儲藏性或營養成分敏感，但不管什麼關注重點，其實商品或是管理概念的價值，並非為創造它們的企業所界定的，而是由購買／消費／參與它們的顧客所界定的，如此的道理雖然頗為微妙，然而卻是相當清晰可見的道理。

1.由併購管理看價值創造

二十世紀末全球興起了併購風潮，在此風潮中，由於過於強調價值創造，而忽略財務紀律所強調的成長、獲利與風險等要素，以致發生只見到價值創造的願景而忽略其隱藏存在的併購成本是否高估？併購後營運模式的運作是否如預期順利？併購後的企業文化要如何融合？而致使併購的績效不但未如預期呈現正向發展，反而吞噬其原有的企業價值，而有曇花一現的危機。

企業將所有財務的營運決策與關鍵因子連結，以形成價值導向的管理系統，此處所謂非財務的營運決策變數包括：顧客滿意度與忠誠度的提升、生產與作業品質的改進、企業創新能力的提升、對外部環境調適能力與競爭能力的提升等項目，而就企業價值衡量的觀點探討其財務上的價值關鍵因子，則包括：營收成長率的增加、銷售利潤率的增加、投資率的降低、現金稅率的降低、資金成本的降低、賺取超額報酬率年限的拉長等變數。

以價值為導向的管理系統中，企業的高階經營層須將其財務上的各個價值關鍵變數與其非財務上的營運決策變數相連結，才能創造出其企業的價值，否則雖然該企業具有很多的能力（Capacity），卻是沒有辦法將其營運決策轉換為財務所關心的現金流量，以致許多看似不錯的經營策略，卻因其缺乏進行財務績效的檢視，而無助於企業價值的創造。

2.超越競爭的價值創造驅動力

價值是超越競爭（Surpass Competition）的重點所在，而超越競爭的基本精

神是經由創造企業的獨特價值，跳脫出一般的零和競爭遊戲，在其產業中得以甩開其目前既有的與未來潛在競爭對手的一種經營模式。企業若是無法將其商品、管理概念、產銷技術與知識、經營與管理策略等加以持續創新發展出價值時，那麼在此數位競爭潮流下，將會被淘汰出局。

價值的創造，其最重要的核心發展方向乃在於其驅動力，而驅動力是「決定未來市場或者是商品、管理概念、技術與策略手法的關鍵因素」，所以價值創造的驅動力應包括：利潤、市場發展趨勢、技術發展與突破應用、成本降低、投資報酬率提高、現金稅率降低、產製與作業能力及品質的提升等方面。而在此超越競爭的概念下，價值創造的驅動力是什麼？據呂英裕（2003）的研究指出：「在未來的價值經濟（Value Economy）中，會有四個最主要的驅動力，就是便利、生活品質、娛樂、人性需求。」當然，在二十一世紀中要探討價值創造的核心驅動力，除了上述的便利、生活品質、娛樂與人性需求四個驅動力外，請讀者參考表 5-1 所列述的價值定義的演變當可更為了解到價值創造的驅動力。

而價值創造是數位經濟時代最有生命力的原則，同時也是企業經營與管理階層須認知的責任與義務。同時價值創造也說明了人們與企業的心理上的感覺、感受與感動上的轉變歷程，如：人力資源管理論已由資源的管理（In-Put 管理）發展為績效的管理與創造（Out-Put 管理），投資管理理論由注重投資報酬率轉為股東創造價值，顧客管理理論的注重顧客滿意度提升發展為顧客創造價值等。所以企業經營管理階層須將價值創造放在最重要的任務裡，如此才能因應數位經濟時代的來臨與挑戰，才能創造出永續經營與超越競爭的獨特價值。

3.價值創造需要由外部向內部驅動

企業要能持續生存與發展，是要能達到員工、顧客、股東與社會均滿意的境界，如此才能維持獨特的競爭力，所以企業、顧客與員工是達成最大滿意度目標的黃金三角關係。

企業想要達成超越競爭的獨特價值，須了解將會受到顧客、員工、股東與社會的滿意度所驅動，而要達成此願景，要關注到：(1)企業與顧客間的策略與行動；(2)企業與員工間的市場式的管理制度，以維持高績效組織與高績效員工，從而獲取營運與財務績效及創造顧客價值；(3)員工與顧客間則須不斷創新流程、商品與技術以為服務顧客等要素的連結。

然而企業是以獲利生存為目的，其價值創造的驅動力源自於外部顧客與外部利益關係人的要求，經由顧客的要求轉化為從內部顧客與內部利益關係人的

全面創新活動，即內部的管理制度、商品、技術、知識與策略等各要素進行創新與創造。因而企業在其內部進行市場式的全面策略創新行動之下，終能使其員工努力於創新價值的流程、商品與技術應用上符合顧客的要求，因而得以形成員工、顧客、股東與社會皆能獲取最大的滿意度，自然而然地導引企業持續維持超越競爭能力。

二、創造價值脫穎而出

突破創新只是手段並不是目的，而主要目的在於創造顧客心目中的價值，提高社會資源的活用度。企業與其期待能在產業中躍居領先地位，不如乾脆自創新領域將自己塑造成為獨一無二的企業，這樣的思維與作法是真正的企業差異化的目標。然而想要突破創新，不應只停留在有形的商品創新途徑中，尚應將無形的服務、活動、方法、系統、軟體、技術、程序、概念等方面均納入於企業的創新管理系統之領域當中。

在目前的商業環境中，爭取突破創新以留住顧客的最佳方式，已不再是只靠一時的行銷創意就能達成的，而是須經年累月與夜以繼日地努力思考，不斷地用功才能得到閃電般的突破與創新，創造出一種無與倫比的美好經驗，讓顧客能畢生難忘。若能達到這個境界，那麼創造價值脫穎而出的企業，將不會再受到競爭者的價格割喉戰威脅，而獲取真正的競爭優勢。

㈠突破創新的方法

企業要想從一個平凡的企業轉型為獨霸一方的標竿企業，應體現到突破創新的必要性，須經由突破創新的方法，才能將企業轉型為標竿企業。

1. 認清突破與創新的必要性

企業組織的高階經營層須確切認清到如下事實：

⑴沉迷於昔日成功方程式者，將會坐困愁城一籌莫展，甚至退出市場。

⑵墨守成規，不思重新思考、組合、定序、定位、定量、指派與裝配者，將會無法為自己找到新出路、新流程、新方法、新策略、新商品與新策略，那麼將會是落伍的夕陽企業。

⑶改革是創新的主要敵人，要了解改革的真正動能是從改革自己的惰性與利益開始，而不是改革別人。

(4)創新須拋棄被稱讚、愛戴與恭維的陷阱，才能徹底進行組織創新。

(5)突破與創新是企業組織與各階層員工須接受、認同與追求的方向，如此才能永保被消費者認同與接受。

2.讓創新成為一種功能

創新的層次，依據 Stephen M. Shapiro（*24/7 innovation, 2002*）研究指出：「企業組織如果想要創新，就須思考並潛心鑽研功能的每個層面，且創新功能的複雜度愈高，組織所得到的價值就愈大。」（如圖 5-4 所示）

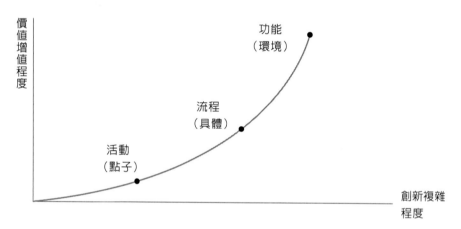

⚡圖 5-4　創新的層次

資料來源：戴至中譯（2002），Stephen M. Shapiro 著（2002）。《24/7 創新》（一版），台北市：美商麥格羅‧希爾國際公司台灣分公司。

(1)創新的層次中，有許多企業將創新與創意混為一談，也就是創新觀念仍留滯在「創新只是一個活動」的層次，如：時下許多的企業鼓勵員工發揮創意，舉辦許多的創意點子比賽或提案活動，其目的是為企業找出創意DNA或創意點子（如：黑人牙膏為突破銷售極限而由其員工提出的加大鋁管孔徑的點子）。但若只停留在活動的層次上，將無法變為事實、商品、服務、活動或技術的。

(2)創新不但一種活動，更要將創意點子做有組織的整理、實際執行與利用多元技能予以轉化實施的具體流程，也就是說將創意點子予以計畫、執行、檢核與修正改進並具體實施。當然在此一創新層次上，創新的行為仍停留在被動的基礎，也就是雖有創意點子、創新計畫與行動方案，但若非受到外在的刺激（如：市場占有率下降、獲利率下降等）

就不會自動付諸實施,則價值將不會跟隨產生的。

(3)所以創新須將其形成爲常態的一種功能層次,如此才能使創新環境形成,以創造出無與倫比的價值。因爲在此一層次的「創新即功能」的領域中,企業將會是無時無刻均在追求創新,而不會是停留到有困難、有瓶頸或有危機時才會進行創新。這就是當創新已成爲一種功能時,對於其商品與管理概念、作業流程、組織與成員及策略等方面均會持續不斷地創新,甚至會毫不保留地突破習慣領域及創新其企業環境的各項有形與無形的資源與績效。

3.突破創新的方法

如果企業想要擺脫平凡企業的困境,唯有信賴創新以提升價值,方能轉型爲業界標竿。至於創新應採取哪一種模式?是應要把其企業徹底重建創新?抑或是採取較爲溫和的漸進方式進行創新?創新時,組織內部各階層員工應當如何分工合作?創新思考的方法如何進行?創新轉型的作法有哪些?

(1)激進創新與漸進創新

一般而言,漸進創新指的是將既有的商品、技術、知識與管理概念轉變爲更好、更適於當時的產業環境,在現今商業環境中的許多商品(如:數位商品、通訊商品、奢華性消費品等)的演進就是採取增加某些功能或修改某些外型的漸進式創新設計與開發的創新手法。

也許有人會說,若採取一步到位的激進式創新不是更易於掌握顧客與市場?但若是採取激進的創新時,須要能以主觀與客觀的思維與看法來檢視整個產業環境與顧客的需求與期望,要能審時度勢否則豈不是「曲高和寡」?理想的作法應是採取組合式的創新手法,也就是對於營運的模式可採取激進式創新,而再輔以小規模的漸進式創新的手法。

企業若想創造成重新改造其產業環境中的競爭優勢與競爭能力,就應隨時隨地投入激進式或漸進式創新活動中。將激進式創新與漸進式創新予以連結起來時,那麼企業原有的營運模式將會被打破、重整、再造與轉化爲較具長期性的優勢競爭力。這就是「企業領導者將以是否能追隨市場的變化而改變其營運或創新策略的能耐而判斷其成敗」、「企業領導人要想將來能成爲敏捷的領導人,就應會因勢利導地調整市場」及「若想成爲未來的真正領導人,就須能創造市場」的道理與涵義所在。

(2)創新須全員分工合作

企業要想將全組織激起創新活動的意念與行動，就須全組織確確實實地動起來，上自高階經營層，並及於基層作業人員均應從根本動起來，將有限的力量結合起來形成無限的能量。當然，各階層員工須能依職權與責任來進行創新的分工合作任務（如圖5-5所示），創新改進與維持等任務分配權重如下：

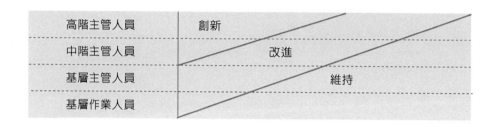

高階主管人員	創新		
中階主管人員		改進	
基層主管人員			維持
基層作業人員			

✿圖5-5　突破創新分工圖

①高階主管人員在突破創新活動中，應將 40%的時間與精力放在創新功能上，50%則放在改進的功能上，另外10%則督促維持功能的順暢進行。

②中階主管人員在突破創新活動中，則應將 10%的精力與時間放在創新功能上，50%放在改進功能上，40%放在維持功能上。

③基層主管人員在突破創新活動中，將時間與精力的 40%放在改進功能上，維持功能占60%的時間與精力。

④基層作業人員則將 90%的時間與精力放在維持功能上，10%在改進功能上。

(3)創新思考的方法

創新思考的方法應引用問題解決模式的多方聯想、逆向思考、腦力激盪、希望列舉、缺點列舉、5W1H、諺語發想、焦點、目錄、屬性列舉、剪輯思考、代倒組似他大小法（代用、倒置、組合、相似、其他用途、加大、縮小、加快、放慢、變粗、變細、變高、變矮、變厚、變薄……）等問題解決模式，而針對擬進行突破創新的標的加以多方思考，以尋求創意點子與創新方向的突破。

但即使在企業中能選擇上述各項問題解決模式來獲得創新與突破的構想，企業領導人須認清創新行動是不能因噎廢食的事實，要能審時度勢，充分認清組織文化到底適合創新到什麼程度，如此的創新行為將會是在了解自己與產業環境、市場與顧客需求與期望的趨勢下進行，將可避免發生過度創新或不創新／

創新不足的現象。

(二)創新應著重於流程的轉型

IBM 公司以創新工具的提供者自居，將全球各地 IBM 分公司的資源與人才整合起來，與顧客建立夥伴關係，共同發掘符合市場需求的解決方案，IBM 公司的創新內涵乃在於商務流程的轉型，是將以往各處的獨立作業流程予以整合轉型為整合性的商務作業流程。

商務流程在二十一世紀已不適宜只界定或關注到個別的流程，因為個別的流程只是企業營運活動的不同要素而已，在流程圖上只不過是某個框而已，而易於使企業的各個管理階層認為既然是整個營運活動中的某項要素而已。那麼即使發生問題時，只要利用電腦或網際網路等工具應是可輕易的解決，所以企業不斷地更換資訊、通訊與網際網路的軟硬體，但該企業的營運活動卻是愈為僵化，完全缺乏協調流程與提出創新構想的能力與行動，以致企業與其各階層管理人與領導人逐漸喪失「商業洞察力」，更沒有能力透過敏銳的商業洞察力來進行整合，因而與市場的脈動愈離愈遠。

1. 創新啟發源自生活

創新並非一股熱潮，創新來自於生活，我們若把 Braess's Paradox 引用到企業的問題改進議題時，我們會發現若改進某項作業系統時，能使整個作業系統跟著改進的機率只有25%；換言之，在商務流程運作中只針對某項流程做改進，所獲致的效益遠不如各個流程間的配合來得重要。

所以創新須緊緊扣住生活，站在使用者的角度來思考，須將整個商務流程做協調及提出創新的觀念與見解，當然若企業內部沒有能力進行商務流程整合時，則可考慮聘請專家來協助進行。

2. 真正創新在於應用

企業經營管理階層大多對於企業流程的再造充滿期待，因此有許多的問題交由流程再造解決方案來處理，然而到後來卻是落得積重難返。雖然在其企業流程上用了相當深入的研究與討論，結果組織中的流程圖雖然建構了一大堆，卻落得複雜難以落實進行的瓶頸。這就是在建立企業各個流程圖時，欠缺協調各個作業流程的重視度與執行，以致流程與流程間需要互相連接與配合的重要性被忽略了，因而沒有辦法真正達到轉型與改進的目的，也就是其流程的創新疏忽了「應用」的真正價值。

在 2003 年 IBM 公司獲得美國專利件數達到 3,415 項，該公司自 1993 年起總創造的專利件數超過二萬五千萬件，已連續十一年榮獲全球最具創意的公司之頭銜，然而 IBM 公司深深了解到專利件數多的企業並不代表就具有成效，所謂的創新乃在於對其企業、產業界、社會、國家或人類的生活能帶來有效能與有效率的改進，創新才會是有價值的，所以由 IBM 公司的創新定義來看，只有當其創新能具體落實推展而有益於提升其創新價值與競爭力時，創新才是有意義的，也才是真正的創新。

若是我們翻開《金氏世界紀錄》來看，在男女集體裸體坐雲霄飛車個案中的創造世界紀錄來說，可謂對人類生活並沒有價值的貢獻；而挑戰人類體能極限的創新紀錄來說，則可塑造出人類的潛能與潛力之發揮榜樣；國外有支四小時成屋的世界紀錄競賽影片中，所獲得優勝隊伍以 2 小時 45 分造屋成功的案例中，雖然設計與施工的創新速度令人欽羨，然而其企業的商務流程中卻忽略了人們所重視的美化與安全等品質要項，均和許許多多的創新活動一樣，欠缺真正的應用價值，因而四小時成屋就沒辦法變成商品。

3.流程變革創新關鍵

企業應由顧客的立場來思考創新活動，把顧客需求管理獨立為一個流程，把經過研發與產品發展為一個流程，把訂單履行視為一個流程，每個流程均有專責及經過授權的人員負責，而其關鍵點是以顧客價值（如：差異化、低成本、優質服務、符合顧客要求之品質、快速回應等）為依歸，致力於流程的再造。把功能式的組織轉型或蛻變為流程式的組織，當然一些支援性的管理系統是需要加以保留的，如資源管理系統（如：財務管理、策略管理、人力資源、文件管理、設備管理等）及控制管理系統（如：稽核管理、矯正預防、不符合管理、紀錄管理等），這就是將企業的核心流程及管理系統加以創新，以符合創新高績效的精神（如圖 5-6 所示）。

㈢人才培育創新關鍵

企業要想創新，人才培育是一個相當關鍵的因素，且創新最重要的條件在於企業是否擁有一流人才，包括有高的 IQ、EQ 與 AQ 人才。一般而言，企業高階經營層的責任在於如何妥善分配與運用高的 IQ、EQ 與 AQ 人才，使組織成為能成為凝聚人才的有機體。

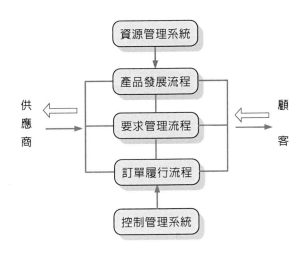

♠ 圖 5-6　創新的企業核心流程及系統

1. 創新的人力資源品質管理

　　人力資源乃企業的一項重要資源，整個企業均應針對其企業體質做一次徹底的體檢，包含往日成功、獲利，或成為業界標竿的關鍵成功因素、企業文化、企業政策等方面在內，均需要首先關注到「人」的問題，且高階經營層更要體現到，若能掌握人的因素，則將使其擁有更高的「未來勝算因素」，若仍是將其人力資源管理策略與方案停留在人事薪資、考核、考勤等傳統式的管理框架中，那麼很可能會流失整個企業的寶貴資源與有價值的管理工具。所以企業高階經營層須謀求人力資源品質管理的創新，以為因應活性化、彈性化、簡單化、效率化、全球化、快速化的創新時代要求：

　　⑴策略性人力資源管理

　　二十一世紀的人力資源管理者應具有制定組織政策的角色、提供服務與代表者的角色、稽核與控制角色及創新的角色，在此競爭激烈時代裡，須自取得人的資源開始，經過策略性規劃與管理，提升人力資源的價值、效益與競爭優勢為最高指導原則。

　　尤其二十一世紀是新經濟時代、新組織時代與新員工時代的多樣性時代，所謂的新經濟時代（the New Economy）是受到全球化、科技變化、工作市場潮流、多樣的企業文化、多變的顧客需求與期望、企業須追求利潤與滿足顧客等因素所導致的舊經濟時代發生質變為新經濟時代。新組織時代（the New Organiztion）則指受到委外服務潮流、人力派遣風氣、臨時契約工作制度、無國界勞

動力與勞動文化、企業推行 TQM/ BSC/ 6 Sigma 管理、組織輕薄短小與快速回應趨勢、彈性工時制度、激勵獎賞與績效管理、責任中心與利潤中心制度、購權與授權的盛行、社會責任與企業道德管理等影響，使得企業變得更有彈性、活力、能力以適應多變化的新經濟時代要求。新員工時代（the New Employe）則因數位時代的變化，使得企業對員工重新定位，使員工能快樂工作、工作與休閒並重、講究員工品德管理的新員工時代。

在多樣化的時代中，員工與管理者間的關係發生重要的質變，因而人力資源管理需要講究策略性與創新性，使企業的人力資源管理跟隨著創新議題走向策略性人力資源管理，使成為高績效與具有創新能力的員工。

⑵品質化人力資源管理

人力資源管理需要品質管理，尤其自 2004 年興起的全面倫理管理（Total Ethical Management; TEM）更強調企業在運用人員的考量上應從員工的品質著手，把員工的學習心態、上進意志、忠誠度、同理心、高的 EQ 與 AQ 能力及知識分享傳播與儲存的管理能力，列為人力資源的品質管理重要質化指標。

倫理與道德、品德、形象、責任有所關聯，而企業倫理則廣泛地呈現在與商品有關的對象（如：顧客、消費者、供應商、採購者、同業或異業競爭者、資金提供者等）、與企業內部利益關係人有關的對象（如：員工、股東、董事、員工家屬等）、與企業營運有關的對象（如：民意代表、政府機構、利益團體、媒體、鄰居等）等範圍中。企業為求創造出企業的競爭優勢，就須積極地強化量化與質化的員工考量管理，積極推動企業倫理規範，促使企業倫理形成企業文化。

企業組織為建構品質化的人力資源管理，可從 TQM、ISO9001、ISO14001、OHSHS18001、SA8000 及 TEM 方面來著手，使企業能將其企業文化做質化的蛻變，以重建其企業價值與企業責任、企業倫理。

⑶審慎篩選新進人員

企業在招募新進人員時，應對於求職者儘可能將工作詳情詳細告知，面談時尚應將企業文化與有關工作規範、薪資報償與福利制度予以明確的告知，以增進新進員工進入企業之後的穩定度，同時也可增進新舊員工的磨合與互相學習、互相協助的成效，及降低企業的員工辭職率與缺勤率。

⑷善用工作輪調以鼓勵創新觀念的發展

企業善用工作輪調制度，可使員工培養出多職能或多職種的專長，與每到一個新的工作崗位即可為該單位注入新觀念、刺激出新的做法與創造出新的工

作態度，所以有些卓越的企業會建立工作輪調制度，以激發出創新的組織氣氛，唯在進行工作輪調制度時應著重人員的心理建設與教育訓練，方能使此一制度順利進行。

(5)教育訓練是創新的開始

教育訓練的實施，乃基於：①教育訓練方案的實施應與工作評價、績效考核、人力盤點結合實施；②教育訓練的實施，也為員工奠定多元化學習與心理穩定性的一項好方法；③教育訓練實施時正是企業再度強化員工對組織願景、使命、政策與目標認同感的好時機，同時也是形塑企業文化提升員工向心力與品德操守的機會；④教育訓練是企業永續發展與活化企業競爭力的方法；⑤教育訓練是植基於員工多職能、專長、知識與經驗的培育基礎上。

2.確認員工關鍵表現是掌握人才競爭力的重點

人才競爭力是經由人才創造股東價值，且確認核心人才的關鍵表現（Critical Output）。卓越企業應是很關心如何制度化建立人力資產，因為人才資產在數位時代已為相當重要的企業資源，在許多的國際級大企業，如 IMB、HP、NOKIA、TOYOTA 等均將人力資產對企業整體所占的重要性比重拉升到90%以上。而對於企業價值的評估，也以人力資產的比重採取逐年增加，而硬體資產的比重則逐年降低的原則。

(1)高績效的人力資源足以創造股東價值

美商惠悅顧問公司（Watson Wyatt Wordwide）的研究指出（《遠見》雜誌 807 期，2003 年 5 月 12 日，P. 68）：「高績效的人力資源功能可創造 31.5%的股東價值。」而高績效的人力資源功能，包括了企業是否有建立人力資源能力的投資，人力資源部門是否具備能力協助營運單位達成業務目標；企業的人力資源政策有沒有跟核心價值連結，及是否有規劃長期的人力需求等等。

企業的人力資源投資除了工作環境、激勵獎賞與權責區分等管理項目外，尚須在選取人才、任用人才、留用人才、暢通的內部溝通，及公平、公正、公開的資訊傳遞等。且企業在選人、用人、留人方面，應著重在短期、中期與長期措施的運用，千萬不要只有運用短期措施，或只在員工分紅入股方面著手實施，而忽略人才資產是要眼光看遠、看寬、看廣進行的重要性。

(2)用人唯才並以激勵制度留住好的人才

有些企業的高階經營層喜歡用高薪挖角，但其制度的設計卻未具有激勵與讓員工有「付出有績效，就有高薪資」的認同感，則員工對於企業的歸屬感、

信任感與忠誠度均會有所不足，如此的企業所培植好的人才往往是爲其他業者
（甚或競爭同業）代爲培植高績效員工的來源而已。所以，企業須在薪資報償
制度上納入公開透明資訊，以設計出具有激勵獎賞因子的薪酬制度，而妥適的
具有提升員工潛能與企圖心的福利制度（如退休、休閒、醫療保險及員工家屬
關懷等計畫方面）則是不可輕忽的留住核心人才因素；另外，訓練計畫應與工
作輪調、激勵性薪酬與晉升職務計畫應相結合。

(3)給予員工明確的關鍵表現目標與評量標準

高階經營層給予員工的關鍵表現目標要相當明確且不要多於三項，因爲若
未爲員工明確的界定其努力目標與方向時，會導致員工對於企業或主管給予的
方向與目標無所適從，因爲員工需要明確鑑別出其工作努力的目標與方向到底
是什麼？否則將會分散員工的注意力，以致無法達成目標。而企業與高階經營
層給予員工的工作目標若超過三項以上時，也會讓員工無法集中注意力，以致
魚與熊掌不可兼得的事件將會再度發生。

另外，給予員工的關鍵表現目標時應將其評量標準一併界定清晰，否則員
工在工作中對其績效或成果會有模糊不清或是質疑其組織／主管刻意壓低獎賞
機會，因而挫敗員工的意志、努力與關注焦點，所以應在確認員工的關鍵表現
目標時，即應將評估績效的方法、工具或公式併予明確傳達給員工。

(4)促進企業內人才智能的交流，以提升企業智慧資本與競爭力

數位知識經濟時代的企業人才除了具有國際觀外，企業更應注重其員工的
獨特性，如 IBM 公司分散全世界，其員工來自各個國家，以致有其各自獨特的
專長與文化背景，IBM 公司在各國家／地區的分公司就須尊重當地員工的獨特
性與差異性，如此方可使員工盡情地發揮專長。

在多國籍企業裡，更應善用資訊工具，使各地分公司員工均能即時分享有
關的資訊，這就是促進人才智能的交流與互享。使得企業組織員工思考事情的
思維與創意點子、創新概念更爲寬廣，因而形成整個企業組織的智慧資本，而
這個智慧資本將是該企業擁有比競爭者更爲有價值的資產，也是創新發展的有
用資料庫。

(5)因應產業發展人才需求開放拔擢或招聘人才

企業的創新發展需要「產、銷、人、發、財」各方面的支持，更重要的是
要建立積極開放的企業文化。如：企業發展到某個階段有可能需要具有國際或
區域發展的人才加入，才能進行國際化多國籍企業組織的發展，而在這個時候
有可能現有的人才已不符要求。此時企業的高階經營層須跳脫傳統的思維，也

就是要勇於創新接納風險，須具有前瞻的創新概念與思維，才能激發出更多的創意點子與創新思維。當然企業創辦人大多希望擁有所有權與經營權，且保持住原始創辦的精神與價值，但當其了解到為求永續經營發展企業的活力與競爭力，其子女並不適宜當作接班人時，創辦人應建立內部風險控管的免疫系統，委請專業經理人來接班，如此的經營者接班問題是需要創辦人或現有經營者在思維上做大幅度的改變，及在經營管理制度上做破壞性的創新才可能實現的。

創意四部曲

第一部曲：蒐集相關資料；第二部曲：研究資料間的關係；
第三部曲：思考和等待；第四部曲：評估和跟進。【李士和】

第二節　創新價值與創新事業精神

二十一世紀一開始，創新已成為各業種、各業態的時髦名詞。在數位知識經濟時代的瞬息萬變商務活動中，為追求創新，無論是企業、法人團體、政府機構或是個人，無不在經營管理、行銷管理、生產與作業管理、商品開發管理等方面都會巧用心思，期企吸引更多的創意點子與創新概念，創造更具競爭優勢的競爭力，以打造永續經營的事業利基。

從許多方面來看，創新是創造競爭優勢的最重要基石，也是企業組織的一項關鍵性功能。Peter Drucker曾指出：「創新是企業家精神的特定功能，企業家藉由創新來創造其企業組織的財富與資源，同時強化現存的資源，增進其創造

財富的潛力。」L. C. Thurow（2003）也指出：「勇敢改變，可能會輸，但若不改變，注定會失敗。」熊彼得（Joseph A. Schumpeter, 1883～1950）更主張：「企業的演化與進步，主要的動力來自創新。」及「企業的創新會創造出競爭優勢，但這種優勢會因競爭激烈與模仿而消失，因此持續不斷的創新行動才是創造利潤的根基。」由這些論點，我們可明白地確認創新概念、創新行動或創新精神，是新創事業剛開始時追求生存與站穩發展、既有事業獲取卓越競爭力與競爭優勢的不二法門。

法國經濟學家賽伊（J. B. Say）在兩百年前首先提出創業家（Entrepreneur），在其構想中，創業家是搞亂及擾亂的人。而在二十世紀的熊彼得則是唯一認真看待企業精神的經濟學家，並率先創造「企業家精神、創造性破壞、創新」這三個關鍵詞。彼得・杜拉克（Peter Drucker）的說法：「創業家應思考什麼已過時與該開創未來，不論大企業或是小企業均要具有創業精神，才能實現策略性競爭力與賺取平均以上的報酬。」因此無論是大企業、中型企業或是小企業均想在此競爭激烈的全球化市場上致勝，唯有不斷的創新才能確保競爭力。

創新並不需要憑藉天才，也未須全部依賴技術，有時是經由徹底的修改，有時則是細部的修改；有時是將企業組織進行重整，有時則是將其簡化，事實上有效的創新是做有系統的利用改變，而不是企圖造就改變。創新是：(1)使競爭者很難於模仿；(2)能提供顧客有意義的價值；(3)能掌握即時性的創業或上市機會；(4)能予以商業化；(5)能使企業實現策略性競爭力與賺取平均以上的報酬等，可使其企業組織發展出競爭優勢的活動。

一、創新的類型、形式、來源、原則與價值

創新是一種將潛在的機會利用創意點子將其轉變成具有市場或商業價值的過程，創新在今天的商務競爭活動中扮演著相當關鍵的角色，但只有將創新構想與創意點子轉化為創新行動，並把創新行動內化為企業文化，如此才能創造出創新的價值。

(一)創新的類型

一般而言，依照創新的程度來說，創新的類型大致上可分為三個層次：其一為連續性的創新（Continuous Innovation），此一層次的創新程度並不高，大多僅針對現有的事物或物品進行局部的修正或改良而已。在市場上常見的商品，

如：以各種不同口味的冰淇淋／麵包，或不同功能的同一類型機器設備因改良而有第一代第二代等分類者。其二為動態性的創新（Dynamic Innovation），此一層次的創新程度屬中等，通常會將其使用功能或消費者應用方式做改變。如：原本手動式的機器設備被半自動式或全自動式設備所取代，熟食料理取代消費者買菜洗菜與配菜炊煮的方式，即溶咖啡取代煮咖啡的消費行為，及生前契約代辦喪禮活動取代以往由喪家準備與辦理喪禮的繁瑣活動等。其三則為不連續性的創新（Discontinous Innvoation），此層次的創新程度最高，其改變原有的使用與消費方式或型態。如：汽機車取代走路，民主選舉取代官派行政主官，及網際網路的創造改變了市場交易或遊戲規則等。

(二)創新的形式

熊彼得即指出，企業可從事三種形式的創新：其一為發明（Invention），即創造或發展新產品或新程序概念的行為。其二為創新，則是將發明予以商業化之程序。其三為模仿（Imitation），是仿效企業在創新方面的作法，企業與企業間的模仿可能形成商品或管理程序的標準。本書則將創新的形式共分為五類：發明、創新、模仿、延伸及合成（如表 5-2 所示），這些創新形式涵蓋商品、管理概念及其他有關在內的技術與智慧。

表 5-2　創新的形式與實例

形　式	主　要　說　明	個　案　實　例
發明	創造或發展出一個新產品／服務／活動與管理概念的行為。	1. PC 電腦的發明。 2. 熊彼得的創造性破壞理論的提出。 3. 飛機、汽車、電燈與電話的發明。
創新	把發明出來的新產品／服務／活動與管理概念予以進行商業活動／計畫，使之為消費者／員工接受與認同。	1. 民主政治形成二十一世紀全球化主義必要的政治治理模式。 2. 公司治理模式的興起。 3. PDA 及手提電腦的興起。
模仿	針對標竿企業之管理概念及領導性商品予以仿效或模仿，但應有所強化或改良，以確保競爭力與降低違反智財權風險。	1. 購物中心（Shopping Mall）的興起。 2. 多功能手機的興起。 3. 便利商店的大量發展。

延伸	針對創新或模仿之商品與管理概念加以整合、重組或改造，以順應時代移動的要求。	1. 開發各種口味的冰品、冰淇淋和冰棒。 2. 即溶咖啡取代研磨咖啡。 3. 民宿取代商務或觀光旅館。
合成	將既有的商品與管理概念，再發掘市場上未有的創意點子或標竿企業與領導風行趨勢的概念加以綜合而成為新的商品之定位與管理新概念。	1. 電子商務的發展。 2. 委外管理理論與人力派遣業務的興起。 3. 策略聯盟與併購管理策略。

(三)創新的來源

Peter Drucher 在《創新及企業家精神》（*Innovation and Enterpreurship*）一書中曾提出有七種尋找創新機會的跡象與來源：(1)改變的徵兆（如：意外的成功或失敗）；(2)矛盾（突然及應然間的矛盾）；(3)基於過程需要的創新；(4)不知不覺產生的產業或市場結構改變；(5)產業或企業外的改變（即人口結構的改變）；(6)嗜好、理解及意義的改變；(7)科學或非科學方面的知識。

(四)創新的原則

創新是創造競爭優勢的最重要因素，創新或許需要「天外飛來一筆的創意或靈感」之機運，但機運是可遇不可求的，即使真有靈感跑出來，然而若要將它轉換為創新行動，則不是容易的。但創新也並不是那麼地困難！凡是有潛力的企業家，須要了解到創新是有原則可循的，凡是能依循如下各項原則及經由學習訓練的過程，均將能進行創新活動與行為的。

1. 創新須源自於需求
2. 創新的目標要明確且系統化
3. 創新須走進市場了解市場需求
4. 創新須以行動導向為依循標準
5. 創新標的須簡單且目標特定
6. 有效的創新須要由小處著手
7. 創新者須追求顧客價值的利基
8. 創新是朝向標竿企業或領導者的地位而努力
9. 創新需要有計畫作為依循
10. 創新須配合創新標的應有氣質
11. 創新需要與激勵獎賞結合

12. 創新是需要全力以赴的
13. 創新要成為習慣

(五)創新的價值

　　企業本身的創新能力須持續地進行，且也絕不會因為二十一世紀全球化加速前進的情形而有所停滯，各個企業均需要延伸與加強其長久獨特的創新力與競爭力，並發掘出其企業的核心價值，及運用這些核心價值來創造更多的價值，如此才能在激烈競爭的產業環境中脫穎而出。至於這些創新的價值，依據林富元（〈創造價值脫穎而出〉，《台北經濟日報》，*2004 年 4 月 14 日*）所提出的十八項價值檢核表（如表 5-3 所示）應可供參考。

表 5-3　創新價值檢核表

序	內　容
1	有無良好完整的成熟經營團隊？
2	有無與眾不同而居於領先的知識能力？
3	對市場是否有踏實而足夠的認識？所嚮往的市場是否處在初生期或成長期？
4	是否一窩蜂追逐時尚、隨波逐流？
5	有無知識產權或產品的智慧財產權？
6	企劃中的產品或服務是否擁有很高的進入門檻？
7	對隱藏的競爭者有無充分的了解？
8	是否根據自己的長處，找出合適的區隔定位？
9	有無完整的三至五年計畫書及財務分析報表？
10	是否能籌募完整足夠的創業資金？
11	投資股東有附加價值嗎？
12	經營團隊與投資股東有良好互補關係嗎？這將影響股東的未來與企業跟進投資的支撐力？
13	主要領導者是否具有靈活、堅忍的人格特質？能力雄厚的執行長（CEO）對企業的成敗影響至大。
14	企業組織的整體文化為何？撇開八股教條與文宣，是否具有共體時艱的內在文化？

15	能吸引到足夠的夥伴與聯盟？
16	創新團隊是否有市場開發能力？
17	企業的願景是永續經營（build to last）或曇花一現（Build to Flop）？
18	是否具有最終、最偉大的價值、取得內外大眾的信任？

資料來源：林富元（2004），「創造價值脫穎而出」。台北市：《經濟日報》，2004 年 4 月 14 日，企管經營版。

二、創新與創業的創業精神

二十一世紀受到資訊、通訊，與網際網路科技及全球化市場的競爭而使得創新更為重要。

3M 公司一向是創新發明企業的代名詞，其企業組織每天平均產生 1.4 個商品，每年營業收入有四分之一以上是來自年齡不到五歲的商品，事實上 3M 公司已將創新內化為其企業文化的一部分。3M 公司能不斷地創新得力於該公司的兩條不成文規則——「15%法則」和「私釀酒」（Bootlegging）。就是 3M 公司允許技術人員可利用 85%的上班時間進行企業組織與高階經營層所指示從事的商品研發工作，另外 15%的上班時間進行技術員本身自己想要研究開發的議題做研發工作。3M 技術人員不斷地在進行非其企業組織與主管交付的工作任務之研究開發，但其主管卻在其未有成果之前全然無法掌握，而在其私釀酒之有成果時，即由 3M 公司進行合法化與商業化，當然私釀酒的過程中也有失敗的情形，唯在某種程度內的失敗，是被 3M 公司接受的，且也是 3M 的預算計畫內的預算科目。

㈠創業與創業精神的定義

將創新的成果轉換為一項可長可久的事業就是創業，所以創業是創新的實踐過程，創業也是一種策略調整的過程，在其過程裡需要大量的資源給予支援，資源包含有形資源（如：人才、設備、技術與資金等）與無形資源（如：專業技術、技術與商品創新、管理與策略創新、商品化能力與組織文化等），當然企業擁有更多的資源時，其創新的可能性也就愈高。

創業者在創業過程中，須能妥善利用其既有的各項資源以找尋出一個全新且獨特的營運範疇，開發新創事業／商品或管理概念所需要的核心資源與關鍵

成功要素,當然創業者在創業過程中,須承擔風險,積極掌握先機與創新,洞察市場的異常現象與未曾在既有市場出現過的機會。

　　創業精神是高績效企業須具備的一項特質,也是企業家或創業家所展現的冒險進取與勇於嘗試之膽識與勇氣,同時也須能整合既有的內部資源與汲取外部的有用資源的能力,企業不論是進行內部創業或是外部創業,均須憑藉創業精神,以整合事業運作過程中所需要的資源,及善用既有機會與開創新機會,如此才能創業成功與建構新事業。

　　二十一世紀的創業家需要具備豐富的產業技術知識、宏觀開闊前瞻的視野,同時也應具有創新的新思維及靈活的策略邏輯,且要能藉由良好溝通協調與公眾關係能力,將其創新的商品與管理程序／概念予以進行組織內部溝通,同時在商業化時則更應對組織外部所有的利益關係人進行外部溝通,凡此種種的專業知識、技術、智慧與能力均是現代的企業家所須具備者,所以有人稱現代的創業家為知識創業家。

㈡內部的公司創業模式

　　內部公司創業(Internal Corporate Venturing)是企業用於創造發明與創新的一項革命性制度,其目的是鼓勵員工在企業內部求發展,使員工均能願意創造自己、肯定自己與獲得滿足,及讓員工在競爭環境業中得到創業的成就感與滿足感,但企業也應讓員工分享企業的創業成果與利益。

　　一般而言,內部的公司創業活動可分為兩個程序來加以說明(如圖 5-7 所示),其一為包含由下而上的商品與程序的自主性策略行為(Autonomous Strategic Behaviour),另一則為藉由現行策略與組織結構助長商品與程序由上而下的誘發性策略行為(Induced Strategic Behaviour)。

1. 自主性策略行為的內部創業

　　自主性策略行為的內部創業活動,乃以其企業組織的知識、智慧、技術、經驗與各項有關企業資源作為基礎,為其企業進行創新與創業有關活動。內部創業(Intrapreneurship)事實上是一種留住企業組織的人才之方式,也是一種使企業擁有創新活動的一種制度。一般而言,自主性創新的內部創業者,須將其發展的商品與程序,依循組織系統程序,向其所屬主管與高階經營層溝通協調與說服,以取得商業化計畫的認可與核准,並一直延續到獲得商品化或正式認可為企業之管理程序,方告完成其任務與工作。

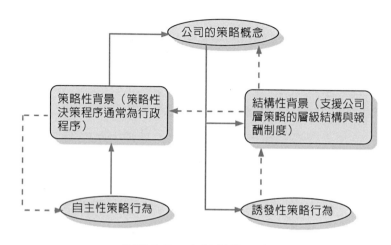

💡圖 5-7　內部創業程序

資料來源：吳淑華譯（1999），M. A. Hitt, R. D. Ireland, & R. E. Hoskisson 著（1997），《策略管理》（二版）。台中市：滄海書局，P. 426。

2.誘發性策略行為的內部創業

一般而言，誘發性創新的內部創業者，須透過企業的組織結構來進行篩選、管理與控制有關的創業策略，對於不合適的創業構想則予以剔除，合適的創業構想則予以商業化，直到獲得商品化或正式頒布實施之管理程序，則其創業任務與工作才告完成。

公司的內部創業成功個案大多偏重在大型企業（如：3M、IBM、 Volvo、Sony、HP、General Motors、Microsoft 等公司），這些大型企業的內部創業制度是為激勵研究發展人員進行創新活動而設計的。由於內部創業的成效不易獲得，所以大企業尚可轉而尋求以策略聯盟與外部併購策略等方式來創新，至於小企業則受到本身資源、能力與核心技能缺乏的限制而成效不彰，然而剛創立的小企業則在沒有包袱的情況，反而易於創新或變革。

㈢經由策略聯盟進行合作創新模式

由於企業進行內部創業的績效不易獲得，因而轉而以策略聯盟（Strategic Alliances）的方式，來進行企業間的資源、知識、能力、專業技能的結合，其目的則在於追求共贏的目標與利益，同時藉由策略聯盟提升其競爭能力。

　　策略聯盟是最基本的合作策略，策略聯盟是企業間的合夥關係，以聯盟方式（如：契約、協商）、結合各個企業的資源、能力、知識與專業技能，以追求在研究開發、生產製造、行銷配銷有關的商品方面的共同利益。一般而言，策略聯盟有三種類型：(1)合資事業（Joint Venture）是由至少二個企業所共同新創的獨立企業；(2)權益策略聯盟（Equity Strategic Alliance）是合夥人的股權並不相同情形之下的合夥專業；(3)非權益策略聯盟（Nonequity Strategic Alliance）是合作企業間並未共同投資，而只依賴供給生產或配銷商品的授權契約來維持各個企業間的合作關係。

　　一般而言，策略聯盟的方式常應用在企業的某個事業層間的合作，其事業層合作策略分為：(1)垂直性的結合供應商與配銷商（如：外包策略）；(2)水平性的行銷協議與聯合產品開發，屬於競爭者與其他互補性企業的結合（如：國內航空公司與國際航空公司，國內物流公司與國際物流公司等）；(3)特許加盟也是公司層策略聯盟之一種，是多角化的一種替代方案，其優點是不必增加新的商品卻能分散單一事業的風險（如：麥當勞）。

　　當然合作策略也是因應全球化時代的一種策略聯盟，企業可利用國際策略聯盟，使其企業本身更具彈性、更能擴充與更有效的發揮其核心能力與專長於新的地理區域。當企業的策略聯盟愈形擴大規模後，則會形成網狀組織，而此組織的網路策略（Network Strategy）則為一群有交流互動與互信互賴互惠關係組織共同為聯盟成員的利益而努力，當然此種關係可是正式的或非正式的聯盟或合作關係。

　　策略聯盟是由兩個或兩個以上的企業，利用契約或協商的方式共同發展新的事業機會，同時藉由策略聯盟使其成本、風險與利益得以共同分攤，更由於聯盟的各方在利害關係上又是均衡互惠的關係或依據合約關係執行某些聯合或專案的活動以使聯盟的各方互利，所以企業是希望能創造價值並達成規模經濟利潤。當然，藉由策略聯盟方式與其他企業一起開發與行銷該創新的競爭策略的合理使用時機是：(1)創新者缺乏互補性資產；(2)模仿障礙高；(3)有些能力的競爭者，若在上述情況下，創新者與一家具有互補性資產的企業進行策略聯盟，是相當具有意義的。如此的聯盟，各方是互利互惠的，且聯盟者均可享受到由其單獨自行進行仍無法獲致的高利潤。

　　不可否認的，經由策略聯盟來進行創新發展也有其風險性，其風險來自合夥人間分享彼此的資源、知識、能力、專長與技術，有可能在未來三年、五年之後演化為強大的競爭者，則企業的市場競爭地位與產業吸引力將大為降低，

因此創新者若想藉由策略聯盟，創造利益與價值時，須先考量策略聯盟後是否真能實現其策略性競爭力與平均以上的報酬。

所以企業經由策略聯盟來創新研發、生產、配銷價值時，應以知識為策略擬定的關注焦點，以為確認合作的各個企業或專業層間的核心能力、知識、專長與資源的優勢劣勢所在，同時須投資於優秀的核心人才培養與知識管理的建構，切勿短視於合作初期財務利益，而忽視潛在的風險因素。

(四)經由購買策略進行委外創新模式

購買其他企業的生產與管理創新手法，利用外部創業家的創新發展能力以取代內部的創新投資，可說是委外創新的一種模式。企業的經營規模不夠大、研發新商品的人才不足或企業的研發經費不夠時，往往可經由委外創新的方式而購入其他企業的創新能力，以降低其創新發展的成本及失敗風險。一般而言，進行購買策略以進行委外創新發展的企業，其研發經費將會在購買策略執行後呈現降低的趨勢，而新商品上市的數量也呈現下降的趨勢。企業組織只關心到財務性的控制，而輕忽了策略性控制，在未來很可能會導致企業的創新能力的下降，是不得不加以注意者。

(五)經由創業投資資金進行創業或創新模式

創業投資資金（Venture Capital）是另一種購買創新的方法，其運用方式：

1. 可由企業內部自行成立創業投資事業部，來進行評估其他有創新成果或創新能力的企業，及決定要採取哪個標的或策略作為協助企業本身發展持續的競爭優勢，以另行成立股權獨立的新公司或設立分公司來進行商業化計畫。

2. 可由外部的創業投資公司所提供的創業投資資金來進行創業或創新事業，因為企業將創業投資資金視為可協助其企業營運發展及提供一個新的構面，且可為其企業帶來可觀的利潤與不錯評價。

3. 可藉由投資好幾個創業投資資金做開始，以設立有限合夥方式的創業投資基金，進行新事業的直接投資，而此策略由企業的創業投資事業部來進行推動。

至於小型的創新企業則可藉由初次公開發行（Initial Public Offerings; IPOs）方式來籌措創業投資資金，且一些大型企業的老一代企業家對此等新一代的創

新者的創意點子與突破性創新活動，具有相當的支援與協助意願，因而資金與創意點子／活動可加速地結合，況且新商品易於為IPOs 資本市場增添許多的的獲利來源，這就是擁有許多可供應用於開發創新機會的資金與組織能力的大企業，與具有創意點子與彈性創新能力的小型企業能創新合作之最大利基所在，這就是 IPOs 到現在仍呈現蓬勃發展的理由。

三、新時代「SOHO」族的創業精神

資料來源：轉錄自吳松齡、陳俊碩、楊金源合著（2004），
《中小企業管理與診斷實務》（一版），台北市：揚智文化事業公司，PP. 85～87。

「Small Office Home Office」，自己家中或小型辦公室裡從事商業行為，這就是一般「SOHO」的定義。美國人一生熱愛自由，在自己的事業上更希望享受自由，所以許多美國人從高中時代就開始思考如何創業，加上為了增加與家人相聚時間，所以社會上自然產生在家工作的「SOHO」族群。

「SOHO」族的自由工作環境當然讓人羨慕，同時義務與責任也絕對是自己承擔。義務指的當然就是認真工作，但實務經營上不免有意外與困難的產生，沒有上司的監督與指導，難免會在不知不覺中漸漸怠慢鬆懈，個人與工作的金錢容易混淆，效率變差，營業績效變壞，承接一些無法完成的工作，更糟糕的是最後將身體搞垮了。

「SOHO」族就是管理自己與要求自己，盡力完成工作，若工作無法完成就不能稱為「SOHO」族了，以下介紹「SOHO」族邁向成功的守則：

(1)開業之前準備的時間要充裕；(2)認請「想做」與「能做」的工作；(3)計算出創業需要花費多少錢；(4)確保工作正常穩定；(5)利用「口碑效應」的道理；(6)善用公司外的人才節省人事的浪費；(7)衡量自己的資金能省則省；(8)日益精進自己；(9)確實做好會計及稅務的工作；(10)自我管理，公私分明；(11)建立知識管理及學習模式。

創意律動營活動

創意社群營隊活動是透過課業外的互動、交流、溝通,讓同學們激盪出創意火花;經由精心安排的肢體創意、極限運動、團體競賽,及創意講座等活動,引領同學創意思考,更讓他們體會到創意生活化的巧思。【朝陽科技大學休閒系:丁志成】

事業成功三視野

資料來源：瑪莎‧史都華，2007.01.03，台北市：經濟日報

　　許多剛起步的創業家忙於處理新事業的特定事務，往往忽略了其他方面重要的事情，因而導致前功盡棄，功虧一簣。創業家不能陶醉在華而不實的願景中，輕忽了品質；也不可過度拘泥於繁複的細節，無視於競爭者的虎視眈眈，以致犯下大錯。在創業過程中，你需要借助如下三種工具：

　　一、首先，你需要一個望遠鏡，隨時提醒自己記住目標和未來。

　　用長期計畫清楚勾勒出未來的目標，及如何達到這個目標。把未來目標分成可控制的幾個部分，再詳細規劃每一部分的細節。

　　二、其次，你需要一個廣角鏡，觀測事業周遭的景觀，包括競爭者、大環境的社經趨勢，及你無法控制但又須應付的供應商與製造商問題。

　　三、最後，你還需要一個顯微鏡，因為你得不時地鑽進最精微的細節，強迫自己深入了解事業運作的技巧及其微妙之處。

　　我絕對要建議任何人，若是沒有事業計畫，就不宜盲目勇往直前。撰寫周全的事業計畫，可迫使你實際思考自己到底跨進什麼領域，也可釐清你需要何種協助。當你逐步邁向成功時，務必遵守下面這個忠告，這個忠告兼具廣角鏡的大視野願景，及顯微鏡對細節的專注。不論握有多龐大的資源，都須有預算的概念，且指派專人負責控管。

　　培養將鏡頭焦距拉近拉遠的能力，並不是說你得事必躬親，隨時監控每個細節。成功的企業家都有敏銳的眼光、清楚的目標，且一以貫之堅守自己的信念。他們能隨時調整大方向的重心，擴大視野。他們時刻都在檢視、檢討、思索、再思索。

　　我熱愛我的事業，不論是挑選塗料顏色，還是檢討財務報表，我覺得這些層面都非常引人入勝。事業要成功，所有事情須協調配合得有如油漆色表上的顏色一般調和。

　　（本文摘自天下雜誌出版《瑪莎創業法則——10招打造超級人氣》）

Smart Innovation 5-2

創業講座：當老闆要搶時機

資料來源：黃博弘，2006.10.31，台北市：經濟日報

創業真的難嗎？我知道很多人想創業、當老闆，卻又擔心做不到，我認為，創業除了60%的努力外，其實有40%要靠運氣。創業要準備多久才夠？其實許多成功的創業家都是一聞到味道就跳進去，比其他人更快搶到位子，搶到時機，其實才是創業成功最大的機會。

我退伍後先進東立漫畫擔任美術編輯，一年後就決定創業，開設廣告公司，隔年（1993年）創設華義國際，主要銷售電腦、幫客戶寫軟體程式，當時公司電腦多，幾個同事玩遊戲玩出興趣，後來看到日本遊戲雜誌，心想就像國人風靡日本漫畫一樣，日本遊戲應也會被國人接受，因此開始公司轉型，嘗試代理日本遊戲。

單機版遊戲盛行後，我開始注意到網路市場，自己架設網站，並透過網路行銷。在這兩年間，網路逐漸普及，我嘗試代理日本網路遊戲「石器時代」，並自創收費系統，兩個月內就賣三十萬套，月營收達兩千萬元，93年3月上櫃，公司開始擴大投資，包括在中國大陸與新加坡設置分公司，但擴張太快，侵蝕獲利。

華義擴大投資後，營業成本擴大，營收卻不見成長，反而因為新舊遊戲銜接延誤，導致虧損，前年賠六百五十萬元，去年賠近二億元。華義隨後進行組織調整，兩次裁員，並將大陸營運交給大陸公司「金山軟件」，重新聚焦台灣市場，推免費遊戲「熱血江湖」，公司才轉虧為盈。

談到創業的祕訣，須膽大心細，因為「機會是留給付諸行動的人」，再好的計畫也趕不上市場變化，因此關鍵不在於是否做好準備，而在於是否有能力應變。要創業首先要問自己個性是否適合，腦袋是不是轉得比別人快？是不是將工作當作最大樂趣？是否具有領導魅力？是否有冒險精神？如果答案都是肯定的，歡迎加入創業的行列。

（作者是華義國際集團董事長）

Chapter 6
建立創新事業的概念

　　企業組織領導人、CEO 與策略創新者須要有相當睿智地透析其事業的市場機會與趨勢、顧客需求與趨勢、競爭者優劣勢,選擇到底是進行破壞性創新或延續性創新。新進者與既有非標竿企業,宜避免與強大的競爭對手進行正面的延續性創新。事實上,破壞性創新的機會相當多,只是有賴企業組織的領導人、CEO 與策略創新者,以嶄新、開闊與大視野的眼光與意志,積極尋找進行破壞性創新的機會。

創意與創新的意見、概念、藍圖、事實與樣板在二十一世紀初的知識經濟體系中變成最熱門的創業成功的典範，人們也開始構思如何來創新事業／商品，以爲掌握事業發展與永續經營的敲門磚，誠如有位學者所說的：「創業新點子的考量包括：(1)市場趨勢、時機優勢；(2)投機創業、盲目危機；(3)先機創業、產業時空；(4)消費導向、需求差異。在這個架構上，從自己、同行、產業、消費者、市場五個角度思考是否都是新的創意，以免自以爲是、閉門造車。

第一節　兩大領域的創新事業概念

現在有許多的企業組織之於創新事業與商品時，大多考量到企業組織的核心技術與能力、現有設備、既有市場與顧客等資源，此種創新策略是延續性的創新（Sustaining Innovation）領域。雖然延續性的創新事業可增長其企業的競爭優勢，但常常會在不久的未來又同樣面臨不得不轉型或轉業的危機。當然，許多的企業也曾想過要在破壞性創新（Disruptive Innovation）領域的新事業與新商品領域上發展，只是此種破壞性創新概念大多少有眞正地付諸行動，其原因是對於破壞性創新概念及本身對跨業種、業態或業際的能力有所懷疑。

後 SARS 的新經濟時代，我們無疑地將會看到空前大量的創意與創新案例出現，不管是否成功地形成新事業或是新商品，但無可否認的這些剛誕生的新事業或者是新商品，將會和現有的事業與商品間，甚至這些新事業與新商品間，均會產生替代、對立與競爭，因而我們只有進行創意與創新的發展模式之研究，找出在此一新知識經濟時代所面臨的產業發展轉折點上，進行的創新事業與新商品所需的思維與模式。

一、延續性與破壞性創新

延續性領域的創新在定義上應是指現有的技術延伸，如：Intel 的 Pentium Pro 微處理器即是一種延續性的創新，因爲其係根據 X86 系列微處理器結構而開發出來的商品，所以延續性創新其實就是一種漸進式創新。所謂延續性創新，是指生產或提供性能更好的商品，以更高的價格銷售給既有的顧客，其在競爭市場中乃屬於市場的領導者。

破壞性領域的創新，則是將現有的技術做一番根本的改變，也就是引入一

項可說是世界上全新的技術。如：全世界的網路技術之發展應可看作是通訊技術的一項破壞性創新；全錄（Xerox）的第一部影印機；AMPEX 的第一部卡式錄影機；Baush 和 Lomb 的第一個隱形眼鏡，均是屬於破壞性創新領域的嶄新商品。

　　破壞性創新的新商品，在未來發展的不確定性與不易掌握性的風險將會遠高於延續性創新出來的商品，因為延續性的創新商品是使用於替代現有的商品，其市場與顧客需求已為企業組織所了解，自然在其上市之後的失敗風險性遠低於破壞性創新出來的商品。破壞性創新是企業組織企圖生產出更簡單、更方便的商品，且能以較低廉的價格銷售給新顧客，雖然如此的創新商品的價值或毛利較低，卻是市場挑戰者攻占市場，甚至打敗既有的市場領導者的一項不可忽視的創新方法。

　　破壞性創新是跳脫既有的企業管理典範，而從完全不同的創新領域切入，進行新商品與新管理概念的創新發展，在其創新過程中須擺脫傳統的策略思維之框架，所以破壞性創新可說是躍進式的創新（Quantum Innovation）。基本上，破壞性創新因為沒有既存的管理典範可供參酌與轉移，同時也須跳脫既有的創新管理模式，所以其產生失敗的機率將會遠比採取延續性創新策略來得高，但在數位知識經濟時代若不想被市場與消費者所厭倦與拋棄，仍應思考加入破壞性創新的行列。

二、創新的問題

　　創新者在進行創新時，往往會面臨許多的創新問題，如：那些創新的傑出者到底怎麼辦到的；那些創意點子是怎麼被發掘出來的；那些創新的商品應怎樣取得顧客的接受，進而改變其行為；如何才能成功地進行破壞性創新且可超越市場的領導者；如何才能使企業的發展超越其原本的核心業務；如何才能使創新的商品快速上市，且為顧客接受；如何在企業內部發展創新文化；如何因應創新後任何可能的風險與危機管理；如何發掘創意點子與篩選出創意點子之優先順序；如何將創意點子轉化為創新行動；如何利用資訊與網際網路科技強化創新能力；如何槓桿操作創新業務等系列的問題。

三、破壞性創新的層次

(一)創新的層次

據 Richard Foster 和 Sarah Kaplan（Creative Destruction; 2001）的研究提出有三個層次（如圖 6-1 所示）：(1)變形式創新（指：事情進行過程中無法改變或反轉的歷史性變化）；(2)實質式創新（指：伴隨在變形式創新後而來的，如同大地震後的系列大小餘震跟著而來）；(3)延續式創新（指：大多數企業每天從事改變的必要動力）。上述各個創新層次均應經由企業內部各個階層以不同的管理程序與流程來進行管理；一般而言，延續式創新可由第一線人員來負責執行；變形式創新則應針對企業的策略與管理系統加以挑戰與改變，所以由高階經營層來管理；而實質式創新與高階經營層有所關聯，只不過其角色並非執行者，是處於輔導、指引與協助的顧問角色。

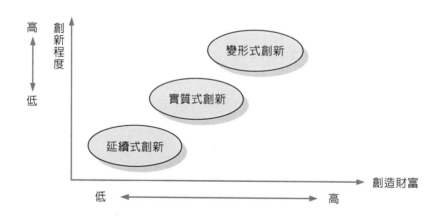

☀圖 6-1　創新的層次：Richter Scale

資料來源：唐錦超譯（2003），Richard Foster 和 Sarah Kaplan 著（2001），《創造性破壞》（一版）。台北市：遠流出版事業公司，P. 161。

1. 延續式創新

延續式創新在於改變某些還不夠美好、完善的地方，所以在 ISO9001/4001 系統中的矯正預防措施可說就是此種層次的創新，因而並不具有太高的新奇度與改進價值，但為了企業永續經營所需的競爭力，企業不得不持續進行此層次

的創新。基本上，延續式創新所創造的價值是內部顧客與外部顧客的滿意度，因為其基礎設備與場地、資源與核心技術大致上是沒有改變的，提供予顧客的商品在創新前後大致是相同的，所以說此層次的創新是將既有的商品加以改進提高品質與顧客對其的滿意度之後予以推出上市，沒有進行大幅度的改良與更新。這方面的例子有許多，如：(1)飛機由滑翔機→民航客機→噴射客機→超音速客機；(2)輪船由木筏→帆船→蒸汽船→燃料船；(3)商品由有主要缺點→次要缺點→輕微缺點→沒缺點；(4)顧客滿意度由E級→D級→C級→B級→A級等。

2.變形式創新

變形式創新可創造新的市場、管理程序，改變市場競爭情勢，製造出更多業種的新領導者，基本上此層次的創新是改變現狀、製造新的機會、破壞既有市場秩序或管理模型，及從中謀求更多的效益與利潤。一般而言，市場新進入者應採取此層次的創新策略，不論在商品本身，或是生產與服務作業、人力資源、市場行銷與市場通路、財務、研發等系統與其他管理程序，均應不同於既有市場領導者的經營管理策略，最好是全新的。如：嬰兒紙尿褲、衛生棉、百貨商場、DOS作業系統、快遞服務、核子彈、戰鬥機等均是曠世的創新代表作。

3.實質式創新

實質式創新是變形式創新的第二代，也就是在其後面進行的，如：核子動力潛艇乃柴油引擎潛艇的實質性創新、視窗作業系統取代DOS作業系統、3D自動設計繪圖軟體對2D軟體、購物中心對百貨商場、衛生棉條對衛生棉、好奇寶寶對幫寶適、聯邦快遞公司的當日服務對標準的隔夜服務、台灣鐵路局的宅配服務對貨運服務等，均是實質式創新的成果。

㈡破壞的層次

破壞之後就是創造，企業的破壞可能是整個組織或其一部分予以破壞，破壞也許是一項撤退計畫或是結束，但在這個時代每個人或企業均應是擁有相當多的創新機會，就像您結束某個工作時，又會發覺得到另一個工作機會正等待您去敲門及投入，這就是機會總是在破壞後的道理。

依據Richard Foster和Sarch Kaplan的說法，破壞與創新一樣可分為延續式的破壞、實質式的破壞與變形式的破壞等三種層次。

1. 延續式破壞

延續式的破壞是企業因為某個作業流程改變、某種商品退出市場、某個部門／據點／事業部／分公司關閉等方面的改變而發生的；這類型的破壞對於整個企業的基本營運模式、企業文化與心智模式並不會構成跟改變的壓力或挑戰，然而卻會對企業的例行性經營與管理作業的改進產生重要的效益與影響，這層次的責任者仍如延續式創新一樣要由第一線人員加以負責執行，此層次的破壞事實上幾乎每天均在發生，因為只有要求不斷地破壞也才會有不斷地改進。

2. 實質式破壞

實質式的破壞則因其某項系統出現老化，須要以較為先進的系統加以取代。由於此層次的破壞往往會將其組織的基本營運模式、企業文化與心智模式做實質的改變，所以這個層次的啟動應由高階的經營管理階層做深層的介入方能順利進行。雖然他們不太願意進行這種層次的思考、規劃與執行，然而企業為求長期擁有競爭力，而不得不做深層介入以協助、督導第一線人員進行此層次的破壞。如：為壓縮人事成本而採取的解僱部分員工或降薪措施、為縮減損失而關閉某項研發專案計畫或改為委外研發的政策，為減低某項衝擊而自某投資標的採取 100%撤資或部分撤資的決策等均為此層次的破壞。

3. 變形式破壞

變形式破壞則是採取無法再回頭的決策，而導致無法再走回頭路的一項決策過程，如同傳統的主力商品因已過時無法滿足市場潮流而採取終結該項商品的措施（如：汽車電瓶容器原來是硬質橡膠材質的商品，退出市場而為塑膠材質的容器所取代；Intel 將動態隨機存取記憶體業務停掉；保麗龍包裝材料在德國被完全禁止使用，致外銷產品慣用保麗龍做保護之包裝材料就告終止等），或者將其企業引到另一個競爭市場裡（如：傳統食品級薄膜包材業者為擴大市場規模，而跨入 TFT-LCD 產業與生技醫療產業之薄膜包材市場、塑膠加工業者為因應其 OEM 廠外移大陸之危機而跨入自我產品產銷領域等），或是宣告破產、將其企業出售等均是此層次的破壞。

(三)破壞與創新的平衡

企業要想從困厄、瓶頸與衰敗的環境中轉型或突破，就應在破壞與創新中取得平衡，也就是採取創新與破壞併同進行的方式。因為若只採取創新方式（不

論哪個層次的創新），對於整個企業的體質並沒有辦法使之改變，因而若要使其企業能振作復興或突破轉型，就應要重新啓動事業與清算資產，即同步進行實質式的創新與破壞，或同步進行變形式創新與破壞。

1. 同步進行實質式的創新與破壞

企業採取本方式的同步創新與破壞時，即破壞現有的事業且投入新的事業領域，雖然短時間內可能沒有能將其所拓展新收入來源反應到其股價上，然而其高階經營層對其開創的新事業應深具信心，且堅信可度過其難關。如：美國的烹調器具與玻璃製品專業公司康寧（Corning）轉進到光纖領域，就是採取這種同步創新與破壞的成功案例。

康寧公司執行長詹姆士·哈格頓（James Houghton）感受到其在消費性產品領域中將會無法持續成長，於是轉向科技產品的光纖領域市場，在 1993 年研發出第一個光學導波管——以鎔矽石（Fused Silica，即純石英）製成纖維玻璃之後，奠定將光纖使用於遠距電信的商業用途之利基，因而成爲美國電話電報公司的海底電信系統之光纖零件供應商，而聲名大噪。同時在接任的艾克曼（Roger Ackerman）執行長，更將消費性產品部門出售給科克羅公司，正式宣告康寧與其他傳統企業有了相當明顯的區隔，並展現出採取與市場同步行動的高度意願與企圖心。

康寧的創新與破壞乃建構在不連續性的假設基礎之上，而不是死守著連續性的假設基礎，所以康寧公司能歷經一百二十多年仍不敢放慢創新事業的腳步，在 2000 年又以併購方式跨足寬頻市場，成爲寬頻市場的領導廠商，而艾克曼又有了新願景，那就是要超越光纖領域而投入操縱光纖資訊領域的研發。

2. 同步進行變形式創新與破壞

民生化學品工廠孟山都公司（Monsanto）自 1980 年代中期起著手進行一連串的變形創新與破壞，即自民生化學品事業中撤資並收購製藥事業及投資生物技術的研發工作，1996 年孟山都公司在科技上的成功案例是將基因轉移大豆種子，成功地種植在美國的 50%以上大豆耕地之上，此舉使孟山都公司從一個傳統的化學與製藥的巨人，搖身變成生物技術企業。另外，孟山都公司採取了一連串的刪減成本計畫（如：全球三萬名員工裁減近四千名、拍賣最有利可圖的人造糖品阿斯巴甜代糖等），及爲因應消費者尤其是歐洲人排斥基因改造食品的危機，採取與 Pharmacia 和 Vpjohn 公司合併爲 Pharmacia 公司的策略。雖然合併初期兩家股東均感到恐慌與沮喪，致使兩家公司合併後市值高達 540 億元美

元的股票應聲下跌，但一直到合併交易完成後，市場才對其合併綜效予以肯定，使得合併後的市值增加到 600 億美元。合併後的公司以成為主要藥廠的方向為未來願景，而不是孟山都的生物技術領域的發展願景。孟山都是變形式創新與破壞方式的一項挫敗個案，主要原因是孟山都想進入事業領域是一個相當不確定的市場（如：基因改造食品為歐洲極力反彈致無獲利空間）。

3.創新與破壞的平衡

最理想的策略是採取創新與破壞的平衡，但這卻是相當不容易實現的，即使是頂尖的執行長與標竿企業仍會面臨無法採取創新與破壞的平衡策略。理由很簡單，因為市場或顧客的多變性、不確定性與不易掌握性主導了各個創新者的創新與破壞方向，且市場或顧客永遠都是贏家，所以您若想要符合市場的規模、需求與速度來進行創新，就須以相同的規模、需求與速度來進行破壞，然而在實際的創新與破壞運作實務中要兩者平衡，幾乎是不可能的事，其原因主要來自心理、自尊和既得利益等層面方面的障礙。

地方特色產業轉型與創新經營課題

地方特色產業所擁有蘊涵的獨特地方文化及藝術色彩，極具國際市場發展潛力，對於活絡地方經濟與增加就業率，有顯著正面效應。然而協助地方特色產業轉型與創新經營，藉由電子商務之運用擴展其國際市場，則是目前新經濟活動的重要課題。【展智管理顧問公司：陳禮猷】

第二節　企業的典範轉移與策略創新

知識經濟時代的企業若想追求永續經營，就須以創新與知識為核心，將企業的經濟與價值活動往創新活動傾斜，就是將企業管理的典範轉移及從勞力資本轉化為知識資本的策略創新，強化企業的創新能力，使企業由模仿與代工走向創新發展。

一、因應新時代的典範轉移

以往企業的關鍵成功要素（如：品質、成本、速度、服務等）已在二十一世紀轉變為關鍵存活因素（Key Survival Factor），現代的企業已不能再依賴以往經營管理模式來經營數位時代的企業，須將昔日所謂的成本導向轉化為價值導向，且將經營重心跳脫只重視降低成本與提高效率的經營管理思維，轉化為如何提高商品與管理概念的價值，進行研發創新、行銷創新、管理創新、策略創新、生產與服務創新、財務創新、人資管理創新、國際化、資源管理、運籌管理、策略聯盟等方面的管理思維與創新手法，這就是將管理典範轉移（Paradigm Shift）為企業組織轉型的成功要件。

企業管理典範是指某企業在當時的最佳管理實務，也是其他企業作為學習標竿，從而成為其他企業競相模仿的對象。而企業在進行營運活動的過程中，須為因應產業競爭環境的變化與需求，而不得不將其致勝的關鍵成功要素隨著競爭環境的變化做修正、調整與創新，以為因應當時與未來的激烈競爭，而這個以前認為是為業界標竿的管理典範就須轉型為新的管理典範，如此的轉移管理典範的作法是創新的策略實現。

㈠開發快速與彈性的知識

創新策略的擬定與執行往往受到產業環境與競爭對手等重要假設的改變，尤其是策略思維可發生多種型態的質變，如：產業環境、資訊通訊與網際網路等科技、管理概念等改變均會產生相當高的風險，尤其不確定性與不易掌握性更是左右到企業管理與科技典範轉移的速度，使得企業的創新發展發生措手不及的情形。

二十一世紀數位知識經濟時代，網際網路與資訊通訊科技的急速發展乃受到知識的開放與虛擬的產業環境的影響，更促使消費方式、企業經營與管理方式均與以往的模式發生重大的變革。企業若仍沿用傳統的策略思維來架構創新策略，將會對於產業環境、競爭者、商品、顧客消費者、管理概念等重要關鍵成功因素與關鍵生存因素無法實質的了解，當然也就沒有辦法克服不確定性與不易掌握性，如此的創新失敗率將會較高。

創新與典範轉移在此時代要講究快速與彈性的決策原則，而企業要能快速彈性地進行，則有賴運用資訊通訊與網際網路等科技工具進行產業環境、顧客的需求與期望及管理概念發展趨勢等方面的資料與資訊，進行蒐集、觀察、分析、溝通與傳遞分享，如此才能掌握假設改變的現象，及早擬定典範移轉與創新策略；就是要能事先了解改變的趨勢並採取事先應變。

㈡建立基礎及應用研究的技能

企業為求創新發展，應塑造出孕育創造力的工作環境，同時建構堅強的經營團隊、創新團隊與知識管理系統，再佐以激勵獎賞的管理制度。使其商品的研發團隊能在具有創造力的工作環境中開發出新商品；企業管理典範的創新團隊也能在具有創意點子與創新概念的組織中發展出新的管理典範或新的管理概念。

創新團隊成員須是具有創意概念／點子與創新概念的人才所組成，其成員有科學家、工程師、管理師、顧客、經營管理階層與各部門主管等方面人才組成，這些人力是企業最寶貴的資產，企業須投注相當的教育訓練以培育其各方面的知識基礎與應用研究的技能，以形成堅強的創新團隊。3M 公司就有一條「允許研究人員花 15%時間去研究任何他們想研究的主題，只要是對公司有潛在好處」的政策，而目前市面上到處可見的黃色自黏便條紙（Post-it Noto）就是3M公司的一位研究人員為了想找出一個方法使其書紙不會隨便地掉下來而利用此 15%的時間私下研發的物品，自黏便條紙卻成為 3M 公司一項年營收超過三億美元的主要消費品專業。

㈢創造能與創新行動緊密結合的願景

Intel 公司利用三個了解摩爾定律（乃指：每隔 1.5 年到 2.0 年間，在單一整合電路上的電晶體數量就會加倍）的創業家加以運用其對未來產業發展與該公司強而有潛力的簡單願景，成就了Intel的標竿地位。Nescape公司的願景則是其創辦人 Jim Clark 與 Marc Anderessen 因為相信網路組織將會大大地改變人們工

作、遊戲與互動模式，因而建立一個以網路世界爲發展中心的企業體。

所以現代的企業應依據不同的發展機會，調整經營重心，這也就意味著不斷地投資新產品、新技術或新公司。企業的發展願景若是超越了該企業或是其產業／市場的發展步調時，往往會發生專注於創新計畫而忽略了其組織自身資源的價值、缺乏適應新時代商品／技術環境的快速變動的技能，則有可能仍以舊有的管理模式來進行創新管理，將會導致該企業的決策遲緩與缺乏彈性。甚至太過於投注在追求不確定性高且遙遠的新商品或管理概念，以致將周邊唾手可得的資源浪費掉。如：Nescape公司就曾在1995年決策運用Sun科技所將發展出來的跨平台程式語言Java，然而Nescape投入數十億美元之後才發現Java尚不成熟且不符合Nescape的需求，因而Anderessen在1998年5月坦誠決策錯誤。

顯然沒有任何人或任何企業能完全正確地透澈洞察市場或消費趨勢到底應往哪個方向發展，以致錯誤決策會不斷地出現。但企業的經營管理階層卻須能認清錯誤的事實，從而當機立斷將錯誤快速地調整過來，甚至須拋棄已確認是個錯誤的發展方向。當然任何錯誤均應及早被觀察得到，以減少錯誤與損失，唯這又應培養出組織與員工的敏銳與觀察能力。

㈣重塑企業管理新典範

在1990年代初期，美國AT&T公司不但販售通訊服務，更跨足金融服務，率先發行免年費信用卡，在 1990 年代末期又跨入有線電視寬頻傳輸的熱門領域。這是 AT&T 爲調整體質，迎接網際網路的 e 化與 m 化時代的挑戰，而期望能在全世界的電信自由化之前挑戰舊典範，轉移爲新典範的用心。

AT&T 是美國電信業的超級大哥大，本業是長途電話業務。在其屹立大哥大地位的過程中在1984年曾受到美國聯邦政府反托拉斯法案的衝擊，進行分家而分出七個區域性的貝爾寶寶（Baby Bells），並自分割後彼此獨立競爭，從而點燃了電信市場的熊熊烽火。在分家時 AT&T 認爲本業長途電話業務是金雞母而保有此業務，然而在1993年起無線通訊市場竟然大發利市起來，而在1993年市場高達5,500萬用戶，逼使AT&T不得不又耗費巨資，投入250億美元買回無線通訊的經營權。乃因 AT&T 經營階層在分家時輕視了此一市場的發展性，因而平白浪費了大把的資源。

AT&T的救亡圖存計畫也在1997年上任的CEO阿姆斯壯（C. M. Armstrong）的強烈企圖心與想像力之下，展開系列的重塑網路新典範的措施：

1. 重視多重的經營模式，爲面對 MCI Worldcom 及 Sprint 的夜間與週末減價進攻推出多種選擇方案，在 1999 年推出月費 5.95 美元，全時段每分鐘收費 7 分的實足 30% 降價促銷方案；在 1996 年推出的家庭專案，只需家庭成員持有 1 支 AT&T 門號的手機，可無限制以手機與家用電話互打；同時 AT&T 並以發展能提供市內電話及有線電視傳輸的套裝整合服務爲其事業願景。

2. 1999 年 5 月與微軟進行策略聯盟，由微軟投資 AT&T 五十萬美元，AT&T 則將在寬頻數位的有線電視、網際網路與電話服務中採取微軟產品，即將微軟軟體加速應用在數位機上盒（Set-Top Box）提供互動電視與高速網路服務，微軟與 AT&T 在 2000 年合力開發互動電視、網路購物的數位傳輸服務，唯 AT&T 爲防止微軟壟斷機上盒的製造而控制有線電視市場，因而並未獨家授權，同時 AT&T 並研發 Cable Labs 訂立機上盒的規格標準，以防止微軟控制通信產業的關鍵軟體技術。

3. 與遊戲產業巨人 Sega 合作跨足遊戲產業，1999 年 9 月 Sega 的 Dreamcast 視訊遊戲系統與 AT&T 的 WorldNet 結合，使消費者經由 WorldNet 的 ISP 服務立即與全美各地的遊戲迷連線，此一市場相當龐大，極具成長空間。

4. 與 ISP 產業夥伴 Excite 合作爲 Excite@Homt 兩相支援以加乘實力效果。

5. 與電話服務業者 Net2phone 簽下五年合約提供網路服務，協助其擴展國際市場。

6. 1999 年 3 月以 550 億美元併購有限電視 TCI（Tele-Communication Inc），以利用 TCI 的高速寬頻網路系統領導品牌 @ Home 整合高速網際網路通路、有線電視與電話服務三合一。

7. 1999 年 4 月以 540 億美元併購美國第三大有線電視業者 MediaOne 之後，AT&T 已成爲全美通訊市場的超級大哥大。

8. 跨足南美洲、日本、英國、愛爾蘭、加拿大等市場，形成全球性的漸進式布局。

9. 與美國線上（AOL）帶領的昇陽系統、網景，Baby Bells 組成之競爭對手正如火如荼地展開纜線數據機（Cable Modem）傳輸的大競爭。

AT&T 的對全球市場野心勃勃，也不可避免地招致反托拉斯法案對有線電視版圖擴充的檢視，當然 AT&T 也面臨許多競爭者的分食與搶奪。所以企業仍要無時無刻地針對其經營體質做調整，以迎接下一波的挑戰，而在下一波挑戰未出現之前即應將其企業管理典範做轉移，以重塑其新典範。就像 AT&T 在 1984

年分家以後的系列典範轉移的創新經營策略，如今也同樣須再思考其典範轉移的策略，否則也會遭到另一波的激烈競爭。

㈤與外界建立良好關係，互為運用彼此所長以補己短

任何企業為適應激烈競爭時代的多元化、快速化要求，即使自身擁有相當遠大宏觀的願景、優良經營管理團隊及企業管理典範，但仍不得不引用外部資源與關係。因為這些外部資源與關係將可在您的創新發展過程中，針對您的弱點或不足，予以適時地支援與彌補，如此您的創新願景才能在這些外部資源與關係所創造出的虛擬勞動力之協助下達成目標。

網景公司（Netscape）一向不擅於大型宣傳活動，結果克拉克（Clarh）引進公關專家 Rosanne Siino 為公司全職公關業務的第十九位員工，創造了虛擬的行銷組織，使網景公司及「領航員（Navigator）」成為網路瀏覽器市場的明日之星。此外，公關還使得網景在 IPO 市場成功募資一億股，使網景品牌價值超越其競爭對手。

上述網景的行銷成功乃得力於創立了虛擬的行銷組織，然而網景更創造了虛擬的研發組織，也就是利用全球資訊網（www）徵求試用者的缺失反應。這些提出試用版使用者針對產品缺失提出建議，無疑地使他們變成了網景公司的虛擬品質保證小組成員。經過一個月的測試，「領航員」已累積到 150 萬個使用者的試驗，所有的缺失因而得到修正。此種藉由試用版下載機會蒐集試用者意見的作法，遠比網景公司內部員工的研究、分析、統計與評價來得更為透澈，因而網景與領航者才能真正成為明日之星。

所以利用外部資源與關係，不但可建立虛擬的行銷、生產、研究、財務與人力資源等機能組織，甚至可藉由顧客及合作夥伴以建立企業的事業創新平台，經由此平台可將合作夥伴與企業續密結合，並將合作夥伴的關鍵成功要素與關鍵生存要素引入企業內部，使其整合與發揮，從而創造企業之價值。

二、開創新時代的策略創新

創新是所有企業成功的關鍵，尤其在數位知識經濟時代，創新更是企業的生存法則。在 7-11、戴爾（Dell）、聯邦快遞或 Swatch 等企業的創新優勢均很容易為跟進者所模仿，所以有人提出「一個創新策略只有五年的優勢」的論點，其意涵是在創新過程中應要無時無刻地觀察產業環境與顧客需求之變化，隨時

掌握其變化趨勢，及時提出新的創新策略，以確保該組織的首動優勢（First Move Advantages），如此才能達到永續經營與發展的目標。

(一)創造新的市場空間

有研究指出，在所有的上市新商品中，約有 33%到 60%的新商品無法創造出足夠的經濟價值，如：蘋果電腦的 Newton 及 Sony 的 Betamax。更有研究指出，在新產品開發深度中約有 60%的研發專案能達到創新技術上的要求，但只有 30%可加以商品化，只是真正能為其企業帶來經濟價值的卻僅有 12%。

在創新的過程中，不論是採取破壞性創新或延續性創新，其失敗機會是很高的。據 Hill 和 Jone （1999）研究指出，產品創新失敗五大原因：不確定性、拙劣的商品化、拙劣的定位策略、技術短視症與開發程序上的速度不夠快。

但不可否認，創新是現代企業的生存法則，二十一世紀不論是在策略、生產與服務作業管理、採購、財物、行銷還是人力資源上均需要不斷創新，才能使企業永續發展，企業的高階經營層須拋棄「創新是 One Shot Game」的思維與認知。

1. 進行企業內部策略群組的檢討

企業可藉由檢討各項商品的替代可能性與可行性，以發掘出可能的新市場空間，更可經由上述的檢討過程，一併啟動檢討所有的策略群組（Strategic Groups）。因為在這兩大層面的檢討過程中，將可發現其本身的商品與策略群組是否被競爭者削弱其競爭優勢？若發現競爭力被削弱時，應即採取調整其策略群組與商品以改進其競爭態勢。當然在進行策略群組調整時，最重要的是要確實了解到顧客的需求與期望，方能跨越現有的各個策略群組之行動，從某一群組改換到另一群組。

2. 進行同行策略群組的檢討

企業除了對自己內部策略群組做檢討，尚應對同行的策略群組做全盤檢討。因為在進行對同行策略群組檢討時，可發掘出來新的市場空間。如：美國航空採取電腦訂位系統，在市場上建立一股強大的競爭優勢時，聯合航空公司也發覺到美國航空的策略群組優勢，因而發展出另外一套阿波羅電腦訂位系統，進而扭轉其劣勢，使美國航空的電腦訂位系統不再有獨占優勢。

7-11 創出的 24 小時便利商店、聯邦快遞的次日送達服務、必勝客披薩的摩托車快遞式服務等均是策略創新成功的案例，然而卻為其同行所進行的策略群

組檢討而迅速採取模仿與跟進。當其他企業也進入市場時，競爭態勢也隨之增加其激烈程度，原創企業的首動優勢也就遭到跟進者的侵蝕與攻擊，以致其超額的價值與利潤便會消失。

3.進行顧客群傳統看法的檢討

企業應針對其商品的顧客群定義與其傳統看法加以了解，因為顧客群乃包括了該項商品的購買者、使用者與影響者等三個群組，而這三個顧客群所關注的議題、價值與看法通常會有所差異，所以企業在針對某個顧客群的傳統看法進行深入檢討時，往往會發掘出新的市場空間及新的啟示，進而創新價值曲線以吸引以前所忽略的顧客群。

如：《天下》雜誌在1986年7月為滿足關心科技、人文與管理的顧客群，而另行創立《遠見》雜誌，在1990年之後又陸續創立了《康健》雜誌、《e 天下》雜誌、《30》雜誌、《小天下》雜誌等各種不同需求與關注焦點議題的雜誌，這就是《天下》雜誌把其關注的顧客群的傳統看法做檢討，進而鎖定各種不同的使用者、購買者與影響者，藉此創造出與競爭者的不同價值曲線。

4.進行輔助商品潛在價值的檢討

一般而言，很少有完全處於封閉環境裡的商品。多數情況下會有輔助性或關聯性的商品對其價值產生影響。如：到某個主題遊樂休閒與遊憩時，就會考量到交通是否便利安全、住宿與膳食是否便利與充足、若是交通不方便或是停車空間不足、住宿與膳食的設施與服務不夠時，當然會影響休閒者與意願，雖然交通道路、停車場、飯店、旅館等輔助性的商品是超越了主題遊樂園的傳統定義，然而主題遊樂園若未能在此方面進行規劃或採取策略聯盟的經營與服務其顧客，將會削弱其顧客來園休閒消費的意願。

任何一項商品均會有許多的輔助性的且具有相當影響力的價值，而此等價值乃存在於顧客在消費的前置期、進行期與結束期的一連串過程與程序中。對於某個企業而言，開發這些價值雖然有些會分散本身的價值，但卻是不得不加以創造出新的市場空間以利於提升本身的競爭優勢。如：若是某個美術館能將咖啡、具文化意義的餐點、兒童休閒遊憩區、展演區等一併納入規劃設計在美術館的經營業務內，參觀者就不會為參觀某檔期的展覽而要費盡心思去安排孩子，同時在參觀時也不會為「五臟廟」發愁，也不會漏失掉與友人相聚文藝情趣俱佳的咖啡屋中品嚐藝文、咖啡香與友情的機會。如此的安排將美術館重新定義其服務範圍，使前來觀賞藝術展演者可從觀賞價值，蛻變為「觀賞、閱讀、

探索、餐飲、親子關係與友誼昇華」的綜合價值，這就是當前美術館、博物館、展覽館經營管理應以思考的發展方向。

　　5.進行商品定位與訴求的檢討

　　一般而言，經過一段時間後，企業組織與其所推動的商品往往為市場或顧客群定位在某個範圍內，這是市場競爭情勢所造成的。企業若滿足該定位，則顧客的真正需求與期待該企業能供給他們超出此定位範圍的訴求便不易為該企業發現，反而變成是該企業極力教育他們應要什麼或期待什麼。企業的高階經營層忽略了在此定位範圍外的顧客訴求，因而大多努力於品質提升、交期快速、價格低廉與服務滿意等方面去服務與供給其顧客群。

　　事實上，若能將這樣的策略予以重新思考、建構及定位其商品時，將會發現許多被忽略的新市場空間，也就是將商品進行功能定位與理性感性訴求定位時，您會將某些不被顧客群期待的業務模式予以轉換或重整，創造出另一種更符合顧客群期待的業務模式，如此不但可能刺激出新的需求，更可能開創出不同的市場，並可把既有商品賦予多元化的生命與展開另一波段的商品生命週期。

　　如王品台塑牛排就是不把牛排館當作是吃飯功能的商品，而是把牛排與服務、感覺結合為一，也就是不只販賣牛排而已，尚且販售其服務、情調、輕鬆、休閒、樂趣與身分地位等價值。王品台塑牛排的經營創意與策略創新經驗，變成顧客的感性經驗，把顧客變成牛排的鑑賞專家，以致他們可高出同行價格數倍以上的牛排，而顧客群均認為物超所值，使王品台塑牛排企業形象大為提升，更創造出傲人的經營利潤與業績。

　　日月潭涵碧樓的經營策略是將觀光遊樂景點的渡假大飯店的定位與訴求重新做省思與建構，該飯店以「只求質不做量」為定位，思索如何填補週一至週四的空檔及如何提高客單價的策略，所以將每個房間規劃成看出去均是一幅「活的風景畫」以建構出顧客的 Just for You 專屬美景，另外並營造出「專屬於我」的服務策略，當顧客需要其服務時即能在不需開口的狀況下享受到專屬於您的滿意服務。因而在 2002 年住房率達 74%、住房數達 25,000 房次的傲人業績，2003 年更創下全年營收四億元、獲利一億一千萬的傲人經營績效。

　　美體小鋪（Body Shop）則採取與上述兩個個案不同的定位，而依據商品功能特性來開發新的市場空間。美體小鋪將商品定位在比較重視化妝品的天然成分與健康生活表現，而較不重視價格、包裝與宣傳、高科技與迷人形象等方面，所以有人說美體小鋪的作風根本不像化妝品公司。美體小鋪將其商品往功能方

向定位而不走向感性面向，實際上是依照常識型態的業務模式來爭取顧客的認同，從而在化妝品產業裡闖出一片天。

6.進行未來發展趨勢的檢討

外在環境均會或多或少的受到資訊通訊與網際網路科技、政府法令規章、國際關注的企業責任、經濟景氣循環及顧客群特殊需求與嗜好改變之影響，企業高階經營層務必針對這些因素加以探討其產業與商品可能呈現之趨勢走向，進而調整、修正與採取對策以為因應。當然在進行此等因素的檢討時，須要能深入洞察出其未來的發展趨勢，及未來可能提供的價值，如此企業當可開拓與掌握新的市場空間。

戴爾（Dell）電腦起初將其顧客群定位在具備電腦知識的消費者及企業為對象，並建立BTO（Build to Order）模式，由顧客選擇自己喜歡的產品，戴爾再提供高品質保證、直銷方式及完整的線上服務，促使戴爾電腦成為電腦業的標竿廠家。然而在二十世紀末期戴爾電腦當年創業時的創新策略，已明顯地遭受到嚴酷的挑戰，如筆記電腦雖然其市場占有率逐漸提高，但在精密組裝作業條件限制下，對於推行BTO產生了相當的困擾，且在客製化的過程中也受到精密組裝的限制以致無法大量進行，導致戴爾電腦的競爭優勢一度受挫。同時更為困擾的是在網路化浪潮之下，若是發生故障時，單靠戴爾電腦的服務部門是無法完成的，需要與網路系統及辦公室設備有關廠家做互相支援與合作，所以戴爾電腦為因應這個經營環境的變化，就須調整與改變。

7.將創造市場當作企業經營目標

企業為了永續經營，應將創造新的市場空間當作其最近五年或十年、十五年、二十年的經營目標，若能將開發新市場空間的目標融入到創新策略裡面，將會促使企業無時無刻地朝向創造另一個新的市場空間而努力，也因為具有如此的認知，將可促使企業逐步成長與壯大，進而得以永續發展其事業。

企業若是能將再度創造另一個新的市場空間當作策略重點，則在其事業經營發展過程中會將市場與顧客的真正關注焦點融入其核心的業務流程及組織系統中，進而得以改變其業務的營運模式。如日本巧連智台北分公司當初剛到台灣時，並未將日本巧連智的營運模式整個移植到台灣，而是先進行市場了解及傾聽顧客意見，再根據蒐集所得之意見，改進其整個業務流程，並將這個流程融進組織系統中。因而台北巧連智的行銷策略是先經由活動或廣告發送贈品方式蒐集潛在顧客名單，再經由二百八十位的電話行銷部隊進行巧連智商品的行

銷活動，終於使台北巧連智在短短六個年頭的 2004 年營業目標設定為十億元，可見企業須將創造新市場空間的策略放置在其經營目標中，是使小企業茁壯為中型企業，甚至大型企業的願景實現的動力來源。

(二)維持新的策略創新

2008 年台灣已進入全新的階段，台灣已悄悄地從「製造台灣」走向「創新台灣」，所謂科技代工之島或台灣經濟奇蹟正在醞釀轉型。可由企業到個人、從產業到社會，似乎具有一股全方位創新與創意的力量正在萌芽、成長與開花結果，無論是傳統製造業、科技製造業、商業、文化創意產業、休閒產業或公共部門組織，正朝向創意設計、自創品牌、知識服務、策略創新與永續產業等新願景與新市場邁進，巨大的創意點子與創新能量正蓄勢待發。

以往電影戲劇製作人給人的印象是企劃與製作節目，而後提供給電子媒體或電影院線播放，然而在此網際網路高度發展的環境裡，許多觀眾已自電視或戲院中消失，走向網路電視上來收看節目。所以有些媒體大亨（如：邱復生等）就改變以往的經營模式，利用衛星下載其企劃與製作之節目內容到區域網路，一路串連成寬頻環境，再連結到電腦，以提供「隨選視訊」（Video on Demand），任由觀眾依其需求選取內容進行觀賞。這種創新經營模式可提供觀眾互動與個人化之節目觀賞，可吸引上班族及居家者自由選擇的滿足感，同時有可能再往PDA、MP3、MP4、手機或其他形式的手持電子工具與固網或無線網路連結之方向發展，屆時媒體提供者與通訊、網際網路、資訊與家電業者間將會發展為緊密的事業夥伴關係。

網路經濟專家凱利（Kevin Kelly）就強調，創新的動力來源之一是對於現狀的不滿足，而將現有的成果予以割捨，並專心追求新的事物。從網路電視PDA、MP3、手機與其他電子手持工具可作為戲劇、體育、新聞、股匯市、政治等節目的觀賞介面來看，可肯定地說現在真的已進入網路新經濟時代。

1. 未來是移動的，創新也是移動的

網路新經濟時代中有相當多且功能複雜但相當具有創新價值的科技商品，使人類在實體世界中的束縛與限制得予解脫，使得地域、時間、空間等不再阻隔人類與組織間的交流。就拿e-Commerce電子商務的發展來說，其在尚未解決某些不利因素（如：網路交易安全、法令規章等）時，m-Commerce行動商務即緊跟著催促人類更進一步在往「零時空障礙」發展，也由於 e 化與 m 化的快速

發展而導致二十一世紀初的數位變革，使得商業活動須跟著移動。同時創新活動更是不可一刻歇息的，因為 e 化、m 化的速度正呈現倍數的移動，稍有遲緩將會導致被網路新經濟時代所淘汰。

　　宏碁集團董事長施振榮在 1992 年為再造宏碁而提出宏碁的微笑曲線（如圖 6-2 所示），在 1992 年宏碁推動在台灣生產組件與海外事業單位組裝銷售的「速食店模式」，唯台灣的宏碁員工不願意放棄原已熟悉的組裝業務，以致阻礙宏碁的再造。施振榮因而為員工分析產業的附加價值，並說明電腦產業在生產變革之後，原本附加價值最多的系統組裝作業，已變成最不具價值的作業。施振榮藉此說明來提醒與說服台灣的員工，若要維持優質的競爭力，就須將精力與注意力轉移到高附加價值的領域，而放棄低附加價值的的組裝作業，這就是「微笑曲線」。

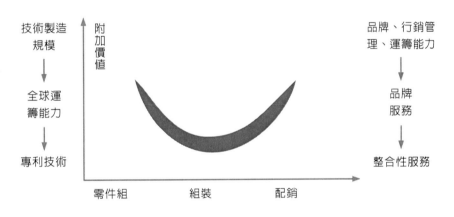

🖊圖 6-2　宏碁的微笑曲線

資料來源：李翠卿（2004），〈用一流觀念做一流公司〉，《遠見》雜誌 212 期（2004 年 2 月）。台北市：天下遠見出版公司，P. 90。

　　簡單地說，微笑曲線是將附加價值的高低作為判定競爭力高低之依據，企業須要審時度勢，而將企業發展的方向推向附加價值高的區塊移動並加以定位。依圖 6-2 而言，施振榮將最前端的研究開發與末端的配銷、品牌、服務列為維持宏碁的高附加價值之作業，至於組裝則為低附加價值的作業。

　　創新是沒有終點站的，創新是要跟著時代變動的腳步移動的，雖然在實行創新行動的背後，存在著極為強大的不確定力量，但為了應付紛至沓來的變化，企業仍須積極尋求積極的創新。高階經營層最重要的工作，就是要不斷質疑發展的方向，及隨時將創新往積極創新與勇於承受風險的未來移動，否則其企業

未來的衰敗將是可預期的。

　　2.中小型企業與新進企業的策略創新

　　在進行策略創新時，須積極地挖空心思擠出新的策略構想，無論商品管理、研究開發、人力資源、物流運籌資訊管理、生產與服務作業、採購與委外服務、市場行銷等方面的創新能力與策略思考均需要積極地秉持「生於憂患，死於安樂」的概念，不斷地質疑有關的發展方向，勇於創新改變，對於未來企業的危機與風險意識須深植於企業中，如此創新才能持續。

　　凌陽科技（SUNPLUS）是台灣的最大消費性IC設計公司，凌陽公司在1997年以電子雞及1998年的歐元匯率計算機，1999年的星際大戰（Star War）周邊玩具成為當時台灣的風雲產品。其策略創新有幾個重點：⑴將產品線擴充有如雜貨鋪或地攤貨：1997年電子雞上市四個月就有7.8億元的業績，為凌陽科技帶進了30%的營業額，然而在1998年銷售即告零營業額。前後不到一年的大起大落並未為凌陽帶來災難，其原因是電子雞只是凌陽的三百條產品線中的一項而已：⑵勇於拒絕過高的利潤：凌陽是消費性IC設計公司，所以須便宜，只求35～45%的利潤，留給顧客一定的獲利空間，其目的為防止因某項產品領先而哄抬價格，穩定價格以取得顧客的信賴，這也是防止競爭者投入競爭行列進而破壞市場生態的策略；⑶以核心技術來進行製程創新：凌陽約有80%的業務來自於顧客委託設計IC，所以凌陽利用核心技術來進行顧客委託產品設計的策略為「修改少部分，而不是全部重新設計」。但為導引顧客的想像空間或創意，進一步刺激顧客對產品的想法，使「顧客知道凌陽可做，凌陽也知道顧客會採用，一個正向的循環即告發展出來，顧客的滾動力會大於離心力」，使得顧客愈來愈依賴凌陽，另外凌陽也採取一個IC只賣給一個顧客，藉此取得顧客的信賴感與忠誠度；⑷與顧客維持創新關係：此策略是建立在顧客要求交期迅速與品質保證，凌陽也要求對顧客的產品成功機率做評估以分攤研發成本的雙方生命共同體關係。所以凌陽為顧客開發IC產品時，要求顧客先付部分的開發費；並約定只要顧客銷售達雙方約定的一定數量（通常此一數量是可攤平凌陽研發成本的數量），凌陽便退還原先預收的開發費，因而使得凌陽三百多條產品線的成功率達到70%以上。當然凌陽只要感受到顧客在產品開發上與市場行銷上的確努力的誠意時，凌陽也可不向該顧客收取保證金（即部分開發費），因為凌陽希望將顧客與凌陽的利害關係綁在一起，形成生命共同體，最重要的是產品開發與上市成功。

　　所以中小型企業與新進入產業者須無時無刻地檢視各個管理系統，且經營管理團隊須給予創新團隊全力奧援，及給予員工一個美好的願景做鼓勵，從而

塑造與培養出企業的創新文化與勇於背水一戰的精神。

3.大型企業的策略創新

大型企業的策略創新不易達成，在企業經營管理領域裡也證實出只有少數的大型企業能成為策略創新者。一般而言，能成為策略創新者，大多是產業的局外人，具市場領導地位的企業能成為策略創新者是鳳毛麟角。另外，統一超商在台灣已是「通路為王」的流通產業霸主，其門市已超過四千家，市場占有率達到 50%以上，旗下更轉投資成立台灣星巴克咖啡、大智通物流與宅急便等企業。若統一超商發現台積電或 Yahoo、鴻海精密、台塑等公司創造出一個或多個新市場時，統一超商是否應放棄現有的流通市場而去搭上此等新市場的機會，或者跨足成為多市場的領導廠家，這就是已確立市場地位的企業應思考如何進行策略創新的方向。

大型企業應朝著如下幾方向來進行策略創新：(1)重新思考現有企業所經營的事業的定位與意義是什麼？並由此重新思考與重新定位的過程中創造出與現有事業不同的經營與管理策略；(2)關注在重新定位事業概念時所產生的危機，並將事業定位在此危機中而後創造新的市場。當然在進行新的策略定位時，不可避免會有相當多的障礙有待克服，如：為什麼要改變目前仍有利潤的事業？要如何改變與轉型？未來的市場是否真的沒有風險？即使跨足新的市場但要如何和現有的夥伴共同努力？跨足之後應放棄現有市場或兩者並存發展？如上述的障礙則有待創新團隊與經營管理團隊加以克服與突破的；(3)在成功時就應質疑既有的經營模式，並思考其他的選擇方案。企業應在成功時即應思考目前的經營管理與營運模式的方向，絕不是到危機時才開始因應規劃；(4)擇定策略創新方案時應在組織中創造出全體員工的危機意識，使員工了解企業所面臨的嚴峻挑戰。而後企業要將願景予以創造並勾勒出來，在組織裡進行傳遞與推廣，使全體員工了解企業的發展方向與創新程序；(5)在創新程序進行當中，不要受到已規劃公布實施運作的規範、程序與標準所限制，也就是應容許員工質疑與犯錯。且不管是否已成功創新，但為了持續創新仍應塑造每隔一段時間就來質疑現有的文化、誘因、結構、程序、商品與人員，藉此使組織永保活化與創新活動。

陶藝融入生活的體驗

將美學推廣進入生活，一直是新時代致力的方向，生活美學因此產生。陶藝利用厚實簡潔的線條製成各種家飾，展現出俐落的風格，使古樸陶藝能輕鬆地融入日常家居生活中。厚實的陶質藝術品，可以是極盡精微，也可以是華麗、淡雅、質樸，更可晶瑩璀璨。因而，它將在現代藝術的創造中顯現出強大的生命力。
【作者拍攝】

第三節　破壞性創新事業概念的應用

　　許多企業對於其新商品的創新能力與創新之成功經驗相當引以為傲，自認為足以滿足現有市場或顧客之需求。但其創新能力卻是仍停留在產品創意（Creative）或者是延續性的創新（Sustaining Innovation）等領域，何況在新知識經濟時代所要求的已非過去的創新發展模式，而是要求快速回應、創意而滿足、價值高而價錢便宜、通路方便與及時供應、體驗且具有效益、新穎而有行動力等特性，絕非昔日的市場行銷理念所能讓顧客滿足的。因而企業須嘗試經由破壞性創新的商品的模式，以創造真正全新的市場與商業模式，在此新知識經濟時代中將其事業經營的廣度與深度予以強化，以實現其事業體的轉型成功與可觀的經營績效。

　　這也就是我們要探討的一個議題：「為什麼二十一世紀的企業需要研究如何進行破壞性創新事業與商品？」理論上破壞性創新是為了使企業能擺脫現階段的激烈競爭與微利經營之困境，同時也是為了及早跨入具有利潤與競爭優勢

的市場中，以提升其企業的產業吸引力與市場地位，藉以維持其優勢生存發展與永續經營的能量。

現今的產業經營環境，已讓企業主、股東、策略規劃與管理者、經理人與利益關係人開始擔憂，認為現行的延續性創新概念已嚴重的誤入歧途，已無法適應二十一世紀的企業需要，但卻發現大多數的企業仍維持現狀。這可由國內外的工商服務業之發展歷程中，可發現幾乎每個企業主、股東、策略規劃與管理者、經理人與利益關係人都知道：「事業要能永續發展唯有持續創新市場與新競爭模式才有機會。」但檢視各個企業卻少見到經理人或投資者曾有過此方面的投資或行動，此乃俗話說的「知易行難」的文化背景因素，此刻有足夠訂單不擔心沒訂單，乃迷戀於往日的創新的成功策略，因而將創新市場與新競爭模式之理念拋之腦後。結果，若經濟景氣進入衰退萎縮階段或其既有之市場遭遇對手侵襲時，企業即使緊急投入創新市場與新競爭模式，卻是為時已晚無力可回天。

人們與企業的創意與創新概念來自於市場、資訊、知識、技術與能力，所以上述能量是創意與創新概念的財富也是其經脈，更是破壞性創新概念的支柱，在企業要推展破壞性創新概念時，是絕對不能疏忽的，因為這些能量最可能影響破壞性創新概念的成敗。

一、破壞性創新的意義

1993 年 Clayton Christensen 提出將「創新」分為延續性創新與破壞性創新兩種概念之後，破壞性創新理論已發展為：「企業要想創造成長性的新事業，就應尋求破壞性創新的機會」，雖然破壞性創新的技術變化可能會造成動機不對稱（Asymmetries of Motivation）情形，也就是說當某企業跨入另一個市場，以爭取該市場為其企業帶來利潤時，該市場內的原先存在之企業也將會因而受到該企業的侵襲，進而轉向另一個市場爭取能為其創造利潤之顧客。這個破壞性創新概念的形成將會導致該企業的市場產生質的變化，也可能會導致其目標顧客產生變化。

㈠以破壞性創新概念來創造新市場

企業要想創造成長性的新事業，應進行如下幾個面向的探討：

1. 新事業的目標顧客在哪裡？
2. 目標顧客在過去的購買品項或市場定位於何種品項？
3. 目標顧客在過去的購買商品之價格定位如何？
4. 目標顧客在過去購買的技術水準或使用難易度如何？
5. 可協助目標顧客取代目前購買或消費的商品？

此方面的案例有相當多，如：

1. 個人電腦的開發成功取代了迷你級及大型電腦，使得個人電腦深入每個家庭與企業，因而造就了電腦資訊革命，與數位時代的到來。
2. 網路股票交易制度的興起，為迎合年輕的上班族或短線的投資人，因而有逐漸興起的態勢。
3. 無線上網服務之興起，是年輕上班族受到數位時代之緊張生活壓力紓解與休閒遊戲之影響。
4. Note Book 的興起與流行是行動化與不受辦公室空間限制之需求下，而受到上班族與商務旅遊時的愛用。
5. 數位相機的流行則以具有創意者／對低價格有敏感性者／網際網路使用者而大有流行之趨勢。

(二)破壞低階市場的目前盛行商業模式

企業組織想要創新商品，可針對某些要求較低的顧客所願意購買或參與的面向來探討，如：(1)某些功能或其體驗價值還不錯的商品，而其價格比現有的商品更低者；(2)而這些商品也須透過破壞性的商業模式來設計開發／生產製造／上市行銷／售後服務；(3)這些經由創新的商業模式所創造出來的商品仍是具有其利潤的價值。

若目前的流行商品所提供的功能或體驗價值高於顧客的需求與期望，則此種「過度服務」的商業模式可進行破壞性創新，以符合顧客之需求與期望的商業模式，如：

1. 購物中心之經營模式可為超大型、大型、鄰里型、迷你型等模式，其為依據商圈人潮與購買行為而決定之經營模式。
2. 折扣商店，如：Wal-Mart、K-Mart等，是全方位經營低階商品與服務。
3. SARS 期間的購物中心與醫學中心推出宅配送貨服務。
4. 主題遊樂園之推出「包套服務」的一票玩到底的經營模式。
5. 大型百貨公司降價推出與折扣商店價格相仿的商品與服務，以和折扣

商店競爭的商業模式是差勁的商業模式，應是開發某種與折扣商店價格相仿的新商品與服務，才是破壞性創新的商業模式。

㈢破壞領導廠家的商業模式

企業想要創新，可針對該產業內領導廠家的市場與商品當作目標，若是領導廠家的商品之功能或體驗價值尚未能完全滿足顧客的需求與期望，則功能或體驗價值更差的破壞性創新就沒有能力取得市場。而目前領導廠家的市場與商品之功能或體驗價值若有發生「過度服務」的現象時，則擬進入者就有機會進行破壞性創新。

此方面的案例有相當多，如：

1. 誠品書店 2003 年邁入 14 歲「青春期」，已茁壯成長為 48 個門市的連鎖書店，年營收 42 億元。誠品不單只是書店，還包括賣場、食品零售、餐旅事業、文化物流部門，是一家生活百貨公司。

2. 日本五星級速食店摩斯（MOS）在 2004 年初首創把漢堡和咖啡店複合在一起並將原來的紅色店鋪逐漸換裝為綠色MOS店鋪，徹底顛覆了傳統的日本速食店。綠色MOS不僅把商標、招牌與辨識系統由紅轉綠，同時更將服務、商品與用餐空間等進行大變革。綠色MOS在 2004 年 1 月推出「沒有麵包漢堡」並鎖定追求健康的年輕女性，以沒有使用農藥與化學肥料的有機萵苣取代麵包的「匠味」的商品，一上市就深受女性消費族群的青睞。

3. 英特爾公司於 2004 年 6 月下旬開發出可大幅提升影音、動畫與資料儲存效率的新微處理器Grantsdale，其目的為在無需增添其他電路板與配備下，把環場音效、高解析度影像與無線網路等功能齊聚在桌上型電腦的功能內，為個人電腦創立新標竿。該公司希望配備此款新晶片的個人電腦能跨進客廳，結合其他影音設備以供家庭娛樂，這套創新功能的媒體伺服器需求尚難預測，唯從其發表以來，已獲取其競爭對手，如：超微公司（AMD）正打算採用 Grantsdale 之部分業界標準來看，此 Grantsale 晶片顯然是成功的創新技術，無怪乎 Pacific Crest 證券公司說：「我們已有十年沒有見過這種通訊技術躍進」。

二、運用破壞性創新事業概念的價值

在 Clayton Christensen 提出之破壞性創新概念模型中，是跨足另一個與目前之目標市場不同的市場，以爭取該市場能為其企業帶來市場擴大與壯碩其企業經營優勢的契機。在此概念模型中，數位化的新知識經濟體系裡的企業應跳脫既定的思維，且以創新有利潤的另一個或多個市場為其能維持競爭優勢的基磐。如：《三國演義》可能在本土化的台灣已無價值，但經由資訊軟體業者結合軟體工程師的智慧而創造出遊戲軟體時，經過遊戲產業的行銷不但使得「三國志」遊戲軟體大賣，更而使得《三國演義》這一本章回小說鹹魚翻身也跟這銷售本數呈直線增加。

理論上，所有的經由破壞性的創新的新市場與新商品均應增加其企業的價值，但有相當多的學者專家對此有截然不同的看法。因為企業若想要進行破壞性創新，就須要盡一切力量累積「知識力」，以厚植開發價值鏈、「企劃力」以為進行創意與創新的策略規劃、「執行力」以落實創意與創新意見與方案、「稽核力」以查驗各個重點之執行成效與採行矯正預防措施。所以企業一旦具備有了創新知識、創新企劃、創新執行與創新稽核的 PDCA 能力與技術時，將會像是電腦病毒般源源不斷地進行創新以「重複收割創新價值與利潤」，且對於該企業的創新價值將會變得無可限量。

事實上，創新概念之選擇應只有一條路可走，那就是直接面對新經濟時代企業要能生存所須之令人困擾的創新議題，才能針對這些議題建立起一套包含價值鏈與關鍵鏈的創新管理系統，此系統並不會自我產生，而是需要企業的領導人、策略管理者與經營管理者勇敢面對競爭與挑戰，如此其創新事業概念方能浮現與衍生。

破壞性的創新概念所引發的爭論已在世界各國掀起波濤，台灣的《遠見》雜誌，2002 年 8 月號登出張玉文譯，Clayton M. Christensen, Mark W. Johnson 和 Darre11 K. Rigby 著的《如何辨別並建立破壞式創新的新事業》，即開啓探討破壞性的創新概念應用的先河：(1)日本全錄公司以破壞性的創新策略開發噴墨式印表機來攻擊美國惠普公司的破壞性的創新；(2) 1970 年代的個人 PC 電腦處理文書與資訊事務之取代大型電腦之專家型主機處理事務；(3)二十一世紀的數位相機有逐漸取代攝影用軟片之趨勢。

三、破壞性創新事業概念的創新思考方法

　　史蒂芬‧柯維團隊嘗試建立企業的成功思維（Business Think），是企業界人士從一般進階到真正卓越的關鍵，而成功思維之所以能稱之為成功，是企業在進行創新時，應為其創新模式及創新成功上市之商業化計畫與模式建立一套標準化、最適化方法的前提。而此前提是為其新事業與新商品達成上市行銷之目的，然而此套標準化、最適化的方法並不是建置一套作業程序書或作業標準書就能順利推動與運作的，而是除了作業程序書或作業標準書外，尚需要做充分的溝通並能傳達於各個層級的員工了解，如此才能協助大家從工作中創造出龐大的價值，而不是光把工作做完而已。

　　至於標準化、最適化的思考方法有以下幾項能力須加以訓練：

㈠培養善於溝通之能力

　　企業的領導人、策略管理者與經營管理者，應敞開心胸消除自以為是的傲慢偏見、自我設立防衛底線無法接受他人建議，及強烈要求獲得他人之認同與支持心態，若是無法做到上述心理建設時，將會使其創意與創新思維與議題腰斬，因為缺乏溝通與傳達機會的任何議題將會無法取得內部與外部利益關係人的認同，當然其結果是失敗的。

㈡要有自我診斷之能力

　　企業的領導人、策略管理者與經營管理者應具有自我診斷能力，對於創新事業與新商品是否能與其企業願景、經營政策、經營理念與經營目標相符合？執行過程是否與作業程序書或作業標準書之規範相符合？執行途中所發生異常的矯正預防措施是否有效？凡此種種均需要具有自我診斷的能力，方能將其創意與創新落實以達成順利進占新市場的目的。

㈢激勵開發創意之能力

　　創意是企業思維的重要動力，企業的領導人、策略管理者與經營管理者須有新奇、新鮮的想法，才能想出突破性的解決方案，而破壞性創新概念則需要所有員工的腦力激盪以發展出創意與創新之點子。而員工之創意點子需要在組

織的激勵與獎賞之下方能發揮出來，所以組織應時時激勵員工之創意點子的開發，策略性開發員工的潛能。

㈣確認開發創意之主題

企業擬定的創意與創新議題，可運用腦力激盪的集團創意思考模式來進行開發，再透過說明會與評比找出最合宜之創意與創新點子，並經過企業的領導人、策略管理者與經營管理者審核通過後即為該企業的開發主題，再深入分析其可行性，並予以確認為該企業的新事業與新商品主題。

㈤尋求開發行動之方案

讓由創意與創新議題之確認後，即可由商品開發、市場企劃、市場行銷、設計研發、財務會計、經營管理等部門進行設計與開發作業事宜，同時並分析所蒐集之資訊予以整合擬定為可行之行動方案計畫。此一行動方案需要針對新事業與新商品之開發時程、開發前應準備事項、開發中之緊急應變措施、開發完成後之評價與上市企劃等方面予以建立至少一套的行動方案以作為新事業與新商品的創新執行依據。

㈥擺脫行動方案的誘惑

行動方案的真正價值在於其結果，並不是所有行動方案的結果都會令人滿意，因而我們應清楚界定行動方案的正面與反面的各項可能問題，並擬定緊急應變之行動方案，找出真正可行的理想解決方案，才能觸及創新的核心，作為鋪陳開發上市成功之有利基石。

㈦找對商業模式的資訊

創新的目的在於順利上市，並於市場中占有一席之地期能達成商業化，而其商業化所需要的情報與數據則需要進行蒐集、分析與整合，企業即可據此發展其新事業與新商品的商業化模式。

㈧評估商業化影響力

新事業與新商品可商業化，並不表示企業就應立即商業化，因為有的時候商業化的代價可能很高，且商業化所帶來的利潤反而比該市場原有業者的反撲，

或因努力於開發新市場而疏忽於原有市場之經營，反為競爭者侵噬所造成的損失還大。所以在進行商業化計畫之前，務必要及早確定這套方案能不能為公司帶來穩固的收益再做決策，唯有透過這樣實際金額的估計，才可清楚地了解是否應付諸實施。

㈨分析後續效應之層次

企業若是能跳脫金字塔組織結構的藩籬，如：專案組織、工作團隊、星團式組織與變形蟲組織等組織形式，徹底了解創新後之商業化對該企業可能造成的影響，而了解的影響層面不只侷限於財務績效而已，尚應了解該企業的內部利益關係人與外部利益關係人有否受到影響？而其所受到的影響層面有哪些？對於該企業之全面性的了解是有必要的。

㈩設置稽核查驗煞車器

創新之商業化方案需要設定查核點與查驗計畫，以供定時性與非定時性的查驗依循，同時制定監視與量測之績效指標，這些指標即為商業化方案執行之煞車器，若查驗結果低於績效指標時，即應立即分析原因、了解，並採取因應對策與採取矯正預防措施，及時改進與修正商業化方案。

㈠建構持續改進資料庫

遇到執行途中之異常情形時，要應用要因分析手法，深入探索問題的癥結，以徹底了解異常情形的發生原因，並將解決方案與改進成果納入資料庫。此一資料庫是企業知識管理之重要一項，可供作實施員工相關訓練之技術資訊與情報之來源，當然將此種資訊與資料建構成持續改進之資料庫，為企業永續創新之泉源。

標準化、最適化的思考方法可應用在許多不同的組織、職位、創意和創新的情境上。如：從創意與創新概念衍生、概念審核、設計開發、生產與服務作業、行銷企劃與市場行銷、專案執行與監視量測、商業化行動方案的進行等。無論在何種過程、何種事業或商品、何種組織與職務及在何種時間裡執行，都可應用這套標準化、最適化的思考方法。

上述十一大原則的應用，將能使其創意與創新概念發芽、成長、茁壯、開花與收成，同時在其新事業與新商品的商業化模式中，將能達到順利發展，此

一商業化模式的知識與經驗，將可培育出該企業的創意與創新的商業智慧。由此培養出的創意與創新思考、溝通、商業化方案的方式，也就是企業保有綿綿不絕的創意與創新智慧的最大源頭。

任何企業每天均會面臨不斷的競爭壓力，且絕對沒有任何拖延或逃避的理由與權力，企業之領導人、策略管理者與經營管理者應勇於做出正確的決策，並妥適提列創新的專案經費、策定正確妥善的策略、選用正確的人選等決策力與執行力。在數位知識經濟時代，企業之領導人、策略管理者與經營管理者要能為企業裡某些過於僵化的事物注入一些彈性，且為所有商業化過程建立合理化與系統化之運作機制，如此的商業化模式將可為企業之創意與創新建立一個成功的思維與思考溝通典範。

百年文化生活見證──群英樓

民俗文化園區，是利用唐山過台灣外景改建的老街，好像走進了先民開台初期的情境。整條外景街道及茶館、古剎、酒樓等外景場地，經由精心規劃，成為依附有民俗文化的技藝展示區；品茗、精瓷粗陶、紙硯筆墨、刺繡、香燭，倚著雕欄花窗，端詳廣場的捏麵人、手拉坏現場製作表演的雜技民藝，真叫人有時光錯落的感覺。【作者拍攝】

創意思考：做專案要精不要多

資料來源：賽斯·高汀（Seth Godin），2007.02.02，台北市：經濟日報

　　幾年前我首度創業，當時我相信兩件事：「存活就是成功」、「一定要投入專案，但要投入手邊最好的專案」。我認為，只要一直都很忙，避免被淘汰，遲早會成功。

　　組織不分大小，隨著員工增加，你會希望大家都不要閒著。當然，公司一忙，就需要招募愈多人手，如此一直循環下去。如果你的目標是讓公司變大，當然就應投入一切合理的事物。為大量生產定價、建造最大的工廠，及儘速運作等，都是讓事業壯大的最好方法。

　　在決定做什麼與為誰而做時，你需要再挑剔一點。鄧恩是我最近認識的不動產開發商，他每年只投資一項新案，他們那一行的一年做十幾件或上百件案子也不稀奇。但我對鄧恩的話卻頗感共鳴，他說：「我們每年看到上千筆交易，其中一百件很好，但只有一件很棒。」

　　我們也可想想一年只設計幾棟主要建築的設計師，顯然他須費心做出高水準的作品，才能獲得這些案件的委託，但他也因為不浪費時間投入無聊的低價專案，反而增加未來獲得好案子的機會。

　　看看手邊的客戶名單，如果捨棄其中一半會發生什麼情況？如果擺脫那些拖款、難搞、叫你做低利潤專案又很少給正面建議的客戶，生意會改善嗎？即使現在經濟不穩定，顯然答案是肯定的。賣愈多商品給愈多的人，不見得是最佳致勝之道，當經常性開銷下降時，害怕接錯專案、找錯員工的壓力也就消失了。你可自由挑選自己喜歡的案子。

　　以往餐廳打著吃到飽（All You Can Eat）招牌，如今已換成吃你愛吃的（All You Care to Eat），這兩者有很大的差別。我們每天只吃一次晚餐，多數人不會因為免費就大吃特吃，所以選菜時需要自問：「我是要吃這個？還是那個？」不能每樣都拿。

（本文摘自天下雜誌出版《誰說加油站不能賣鞭炮》）

Smart Innovation 6-2

逆向思考：自由的框框

資料來源：官如玉，2008.01.03，台北市：經濟日報

　　老是有人對我們耳提面命：跳出框框思考，不過，史丹佛心理學博士希斯（Chip Heath）主張，跳入框框或許更有助於激發創造力。著有《創意黏力學》的希斯在《快速企業》雜誌撰文，說明這個觀點。

　　希斯首先要讀者假設自己是銀行經營者，行銷主管建議重新設計銀行服務區，他表示：「我們希望讓銀行變得比較輕鬆，更時髦、更容易親近。」在你想像中，這個空間會有什麼新貌？燈光如何設計？牆壁是什麼顏色？你的腦子可能一片空白，這就是跳出框框思考法所用的「空白石板」手法。

　　如果行銷主管此時能指引一個方向：「希望這個空間更有星巴克的味道，而比較不像郵局」，達成大廳改裝目標便頓時變得容易些。

　　不過，要讓營業大廳像星巴克，就須放棄一些選項，播放艾莉西亞凱斯的音樂行得通，遊戲間就無法過關。這雖然限制了自由發揮的空間，但也大幅提高達成目標的機率。

　　精品飯店經營者康萊（Chip Conley）便是運用「跳入框框」法的高手。他告訴經營團隊：「讓我們把雜誌帶進生活。」他們在舊金山的 Hotel Vitale，就是跳入《真正簡單》（*Real Simple*）、《居住》（*Dwell*）這兩本雜誌的框框，而激盪出的佳作。

　　建築師把瑜伽室設在頂樓，而不是在健身房的一角，擺幾張瑜伽墊充數。管家不只打掃房間，還布置房間。

　　希斯表示，完善建構的框框有助於激發新點子。Vitale 飯店的設計團隊為了尋找靈感，只要翻閱兩本雜誌。研究顯示，有所聚焦，腦子激盪才會更有生產力，正如爵士音樂家杏爾士明格斯所說的：「你沒辦法沒有目標的即興創作，一定要針對某個東西才能即興創作。」希斯最後強調，千萬別踩出框框，且不斷的採購框框，不斷的嘗試，直到找到可催生點子的框框為止。好的框框就像高速公路上的標示，一種讓你自由的限制。

Chapter **7**
數位時代的創新與創業管理

面對自 1990 年迄至 2000 年的十年間，只有 7% 美國的上市公司收益維持連續 8 年有
兩位數成長佳績，在未來的十年是否還有如此的成績？除非企業組織能重新創造出
具備有創新與創業精神以打造成長的新事業與新文化，否則只有眼睜睜地看著企業
危機的顯現。同時對於想要創新與創業的人們與企業組織，則須思考如何架構一套
具有創新與創業精神，以在此快速變化與激烈競爭的時代，能建立一個具有競爭力
的新事業，而能快速地成為有雄厚持續成長潛力的事業體。

　　二十一世紀的企業已將經營重心由降低成本與增加利潤轉移到追求創新所帶來的成長。傳統的成功模式與工作典範將形成慣性制約，反而變成企業邁向卓越的最大障礙。因此我們應重新思考：(1)好好的一家企業為什麼會變壞？(2)為什麼在組織內具有創業精神與創新理念的員工會離開？當創新已成為產業的重要核心價值時，企業應如何培養並珍惜員工的創新與創業精神？(3)現有的商品是否符合企業願景？(4)企業是否已染上積極慣性而尚未發展積極創新的習慣？(5)企業是否將追求內部成長作為企業的主要成長策略？

第一節　數位時代的創新管理

　　企業經營環境的變動、人類生活品質的提升、科技技術的進步、市場與顧客需求的多元化、數位知識的進展及全球化國際化的發展，促使二十一世紀的創新與創業精神已發揮到每一個人、每個企業、每個組織與每個領域裡面。

一、數位時代的環境變化與創新策略的必要性

　　在變動的數位經濟時代裡，企業除了要能維持現有企業外，更應要能創新發展、主動出擊與創造並提供給顧客高優質的價值，才能在此激烈競爭的市場上占有一席之地。

　　以往的觀念以為創新是藉由科技工具的應用而達到創新的目標，所以就認為創新是大企業與科技產業的專利。事實上應不是這樣的，因為創新並不代表只限於有形商品的開發及資訊資料網路與通訊的運用而已，尚有相當多的有關於資源、概念、程序與典範方面的創新行為，同時創新的精神也不侷限在經濟性的結構，任何領域均需要利用創新來創造資源與突破現狀謀求發展的利基。

　　麥當勞成功的例子，應可告訴我們創新對企業的價值：嚴格說來，其所販售的物品並不是由麥當勞的發明，但麥當勞卻憑藉著創新的管理概念與行銷創新手法，使其販售的商品與服務作業標準化，且設計生產製造、銷售服務與顧客價值的標準流程，加上人員的養成與專業訓練，使其市場與顧客價值得以創新，因而成就其為速食產業領導標竿地位。

(一)掌握行銷新趨勢迎接創新的時代

全球化、情報化、虛擬化、分眾化、客製化、差異化與高速化等潮流使得企業經營環境產生變化莫測，以往的行銷哲學已為時代所淘汰，演變到追求利基（Niche）市場效益極大化的行銷哲學，然而此兩個階段的行銷思維與主張仍是站在企業的角度來看待顧客、市場與企業價值。二十世紀末迄今的行銷哲學則強調國家、社會、企業及所有利益關係人的長期整體價值，在此階段，企業應站到其顧客或外部利益關係人的角度來看待顧客、市場與企業價值。

企業經營的行銷哲學在二十世紀迄今的百多年中，依其思維觀點、核心理念、策略焦點與各項行銷訴求等方向大約可區分為五個導向：(1)生產與製造導向；(2)銷售與推展導向；(3)利基與區隔導向；(4)顧客與價值導向；及(5)社會與互動導向（本書限於篇幅，有興趣的讀者可參閱有關行銷書籍）。

顯然行銷哲學與主張的演變，使得企業經營管理階層與行銷者須具有敏銳的思考能力與豐富的創新能力，才能應付二十一世紀複雜環境的挑戰。所謂敏銳的思考（Critical Thinking）是對資訊、知識、智慧、經驗、技能、專長等的真實性、正確性及價值進行審慎評估、鑑別與選用的過程。企業領導人與策略者須具有敏銳的思考力，對蒐集得到的資訊加以分析，在其未進行客觀與科學性分析研究時不宜輕率立下判斷。

至於敏銳思考與創意、創新之對於企業領導人、策略者與創新者是相同重要的，因為創意與創新才是有價值的解決方案。一個具有創意點子與創新構想的人往往受到周遭的日常事物之啟發而能創新出新的商品與管理概念。如：瑞士工程師 George de Mestral 因其毛襪沾了一些帶刺的小樹果而發明了即黏的緞帶；普通的薯條與炸雞塊經由麥當勞的 I'm Lovin It 廣告促銷卻變成了全美國最暢銷的食品。

(二)企業與顧客共生策略迎接共同創造價值的時代

價值創造之思維也如同行銷史上五個導向之思維轉變，而在這一百多年中有不同時期的價值創造思維。只是不管在哪個演進過程中，企業的領導人、策略團隊、創新團隊或行銷團隊中均存在著「內部成本效率是價值創造來源」想法。

e 化電子商務與 m 化行動商務的興起，更培養出顧客的高度自主能力，從而向企業價值創造的思維挑戰。而這挑戰正是要求企業及其經營管理團隊重視消費者自己所界定與認知的價值，進而逼使企業改變以往只關注自己內部的成

本與效率的價值創造觀點，轉換爲要求企業與顧客站在相同的角度來思考雙方的共同價值應朝哪個方向來進行創造。

企業與顧客對於價值創造的看法往往南轅北轍，因其各自站在自身的觀點來思考雙方的價值交換點，因而企業須學習和顧客一起來建立夥伴的關係，如此的企業將能找出適切於雙方價值創造目標的平衡，即經由其價值交換點來進行共同創造（Co-Creation）價值。

基於企業與顧客間的價值創造觀念的差異，以往企業一向將顧客當作其實驗場，只要企業生產或提供什麼商品，顧客大概只能逆來順受，然而時至今日，市場已質變了，顧客可要求企業要了解她們的心聲，甚至要求和他們進行辯論。在這樣的環境裡，顧客的影響力已擴大到直接影響到企業的價值鍵中各個環節與其連結點，如此下來企業與顧客間的任何「Trouble」均可經由雙方共同價值創造的努力而獲得圓滿解決。

即是企業與其經營管理團隊須嘗試著學習如何和顧客共同創造價值，在價值創造的過程中須與顧客建置夥伴關係，針對其價值的觀點，學習與顧客共同創造出雙方均能滿足的共生策略。無論如何，企業須接受顧客可變成其夥伴。只有將以企業爲中心的價值創造觀點完全放棄，才能進行專業系統的改革，而在市場行銷、生產製造與服務作業、後勤補給、研究開發、售後服務等方面，均應重新檢討各種管理課題與課題間的關係，進而將創新與彈性取代效率成爲價值創造之主角。

㈢全面創新的必要性

二十一世紀由於全球化、自由化、石油價格高漲危機、貨幣升值壓力、數位快速反應、商品生命週期縮短、資訊情報快速傳播、滯銷商品結束期間縮短、商品品項須不斷增加、生產技術革新、利潤降低等因素的發展，企業經營環境與創新經營環境的急遽變化。企業爲達成永續發展目標所需的自我成長與學習及滿足市場與經營環境之變革要求，不得不自我要求創新，以期能符合環境變革的需要，進而達成企業全面創新之目標。

企業的自我創新乃基於：(1)徹底捨棄過去的成功典範，進而因應經營環境變化的需要而創新工作典範；(2)基於追求永續經營與永續發展的成長目標不得不因應時代與環境的變化而創新；(3)站在未來五年、十年、二十年甚至三十年的觀點來看待其企業管理典範與商品，而進行的自我創新需求；(4)爲擺脫競爭者的糾纏與攻擊，而不得不創新行動以爲跳脫出纏鬥的框架；(5)朝向發展爲業

界標竿與典範的目標，無時無刻追求創新。

一般而言，全面創新的策略應朝向三個領域的創新以為真正達成創新的目標：(1)新商品的創新；(2)新工作典範與管理概念的創新；及(3)新價值流程的創新。

企業須在推動上述三大領域創新時，應具有的創新概念大致可分為：(1)內部與外部的創新概念；(2)企業全體員工應具有自我思考與自我整合的能力；(3)尊重顧客與市場所關注的議題焦點與發展趨勢；(4)自我診斷與改進的認知與能力；(5)向外部專家或標竿企業學習或購買的勇氣；(6)能連結顧客的力量；(7)建立創新程序的技術與經驗。

二、創新管理的過程

創新者在進行創新活動時，若能尋找出創意點子與創新機會，應將其所有可能的機會與點子進行蒐集、分析、整合、評估與選擇。如果適當的話，就應其創意建構一個初步的模型，這個模型往往就是創新者進行不同類型的創新管理系統模式。但在這個創意點子與創新機會而言，並不代表均有足夠的論述或證據來證明其可行性，創新者乃需要撰寫企劃書以進行其可行性的研究。

就新產品開發而言，大概需要進行可靠性研究、產品設計、最初的專利或工業祕密保護、行銷可行性、初步模型的發展、可行性測試、研發的進行、專利與驗證、安全性測試、行銷與獲利研究、製程技術發展、試產、特定消費族群測試與推廣產品等十四項步驟，且把整個步驟的進行時間進度、材料成本、勞工成本、技術支援與所需的特別設備等均予以估算及編制成企劃書。

大致上，創新管理的過程可分為：創新機會的萌生、創新方案的評估與選擇、創新方案模擬與問題解決、創新方案商業化與實施、創新方案的驗證與持續改進等五個階段。創新過程之各階段與創新系統模式相互結合，將會受到內部與外部環境之阻礙或支持創新力量的影響，因而創新者須採取排除阻礙創新之力量，並採激勵措施以激發組織的支持力量（如圖7-1所示）。

㈠創新管理各階段的支持與阻礙力量

在創新管理過程中均會受到其內部與外部環境的支持創新與阻礙創新力量的影響，所以創新策略者須思考如何引導支持力量與化解阻礙力量，如此方能順利地將創新管理的各個階段順利地轉換到次個階段，而達成創新的目的與成果。此等支持與阻礙創新力量依創新過程彙整如表7-1所示：

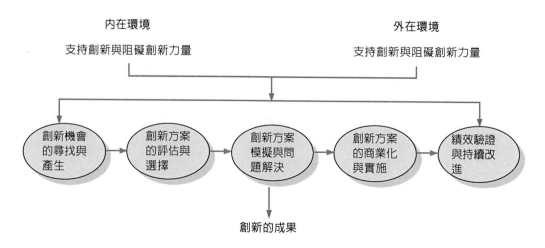

內在環境　　　　　　　　　　　　　外在環境

支持創新與阻礙創新力量　　　　　支持創新與阻礙創新力量

創新的成果

♦ 圖 7-1　創新的系統模式

♦ 表 7-1　創新過程各階段的支持與阻礙力量

階段／區分	創新機會的尋找與產生	創新方案的評估與選擇	創新方案模擬與問題解決	創新方案的商業化與實施	績效驗證與持續改進
阻礙創新的力量	1. 資訊蒐集管道閉鎖或沒有建立資訊庫的機制。 2. 潛意識的排斥接受創意。 3. 資訊需求者採取過濾措施。	1. 只重視目前的利潤與市場，而忽略未來的發展。 2. 沉迷於過去的成功典範忽略環境變化。 3. 企業內的政治問題。	1. 重視現狀之進行，不願提供時間、設備與人員進行。 2. 主要核心人員採取排斥態度。 3. 給予創新者知難而退的情境壓力。	1. 對商業化措施不夠重視，且不作資源的支持。 2. 主要核心人員抱著事不關已與多此一舉心態。 3. 對改變現狀不予支持且不抱樂觀。	1. 對創新方案抱持多一事不如少一事的心態。 2. 改進為少數創新者的責任且存有看熱鬧的心態。 3. 創新責任在創新團隊而不在每個員工身上。
支持創新的力量	1. 激勵獎賞有創意與能進行創新的員工。 2. 對於創新活動相當支持，同時肯定創新的價值所在。 3. 體驗與體現不創新將會被淘汰的重要性，並付諸於行動。 4. 過去創新成果與經驗，可引領全面創新。 5. 高階經營層帶頭創新，並鼓舞全員參與。				

(二)組織內部環境對創新過程各階段的影響因素

組織內部環境對創新過程各階段的影響因素，乃取決於其內部環境因素在創新過程中的輸入內容，而這些輸入內容與創新過程各個階段結合將會提供創新過程各階段之順利進行，及依計畫時程、人力與成本進行並轉換到次一個階段。這些輸入內容如表 7-2 所示：

♣ 表 7-2　內部環境輸入內容與創新過程各階段的結合

階段 ＼ 因素	創新機會的尋找與產生	創新方案的評估與選擇	創新方案模擬與問題解決	創新方案的商業化與實施	績效驗證與持續改進
企業願景與組織文化	提供創意與創新的氣氛與環境。	提供企業短中長期創新目標。	支持創新團隊的運作及問題解決需要資源原則。	支持商業化與實施運作所需資源的準則。	要求績效目標如計畫達成及持續改進之原則。
創新策略與創新制度	提供創意與創新機會產生的準則。	企業對創意與創新的審查標準與評估標準。	企業提供協助及指引模擬方向與問題解決方法。	指引商業化之計畫方向及實施原則。	建立稽核驗證與持續改進之作業準則。
CEO 的價值觀與支持度	激勵與激發創意點子與創新機會的產生。	企業對創意與創新的篩選與風險評估準則。	企業支持與協助模擬進行及問題協助解決。	持續支持所有問題解決以達商業化目標。	持續進行及循環再創新以達永續發展。
組織結構	以專案型態建立能共同激發創新的組織，且授權及充分支持其創新活動的彈性化組織。		導入正式的組織系統內運作。		
資訊庫建立與資訊蒐集	充分支援企業內外部資訊之蒐集、分析、整合與建立資訊庫。	在企業內部進行水平與垂直方式的資訊分析與評估。	將方案傳遞到有關單位，並做功能性整合以資運用。	進行創新利益商品化或導入實施，並做持續改進，以達創新目標與成果。	

人力資源管理與發展	創意與創新人力的培育，及建立專長與創意思考能力。	各相關審查與決策人員的能力培育與運用。	創新團隊與組織各單位間的溝通協調與合作能力的培育與實施。	執行力之實施及單位間公眾關係的建立。
創新團隊領導者之角色	團隊建構者、資訊守門員、策略規劃者。	創業精神的維持與支持。	創新方案的管理者與督導者，對方案之執行予以管理、控制、協調與改進。	
創新主管具備能力	領導能力、溝通能力、機會發掘能力。	領導能力、溝通能力與專案管理能力。	領導能力、溝通能力、積極執行能力、問題解決能力及整合能力。	
管理典範與程序	激勵創意與創新制度及公開宣傳以激發創新。	創業精神及持續改進的管理典範，績效評估與監視量測制度的建立。		

㈢創新團隊領導者應具備的能力

G. H. Gaynov（2002）將創新團隊主管的能力，將其所須具備之能力分為四大面向：技術（Skills）、特質（Characteristics）、態度（Attitudes）與知識（Knowledge），各面向也均有其獨特的內容或項目（如表7-3所示）。

表 7-3　創新團隊領導者應具備的能力

技　　術	特　　質	態　　度	知　　識
1.領導力（Leadership）	1.機會搜尋者（Opportunity Finders）	1.機動力（Flexibility）	1.利益相關主要領域（Major Field of Interest）
2.溝通能力（Communications）	2.問題解決者（Problem Solvers）	2.靈敏性（Agility）	2.相關技術領域（Related Technical Fields）
3.專案管理（Project Management）	3.觀察能力（Powers of Observation）	3.可靠性（Reliability）	3.製造生產性（Manufacturing）
	4.概念化能力（Ability to Conceptualize）	4.正直性（Integrity）	4.市場行銷（Marketing）
	5.分析者（Analyzers）	5.尊重力（Respect）	5.評估與驗收（Evaluation）
			6.爭取支持（Gaining Support）

6. 綜合者（Synthesizers）

7. 發明才能（Inventive）

8. 自我激勵（Self-Motivated）

9. 策略思考者（Strategic Thinkers）

10. 策略家（Tacticians）

11. 事業導向（Business Orientation）

12. 強烈的工作倫理（Strong Work Ethic）

13. 整合的知識與執行力（Integrating Kno-wledge and Practice）

14. 積極有禮（Polite Aggressive）

6. 預測力（Anticipation）

7. 環境敏銳度（Environomental Cues）

8. 準確度（Accuracy）

9. 相處能耐（Toward Colleague）

10. 反向思考能力（Divergent Thinking）

11. 文化差異適應力（Other Cultures）

12. 持續思考能力（Continuous Thinking）

13. 主動性（Pro-Active）

14. 守信度（Commitment）

7. 贊助者（Sponsor）

8. 同事與朋友（Peers and Colleagues）

9. 決策程序（Decision Processes）

10. 企業營運實務（Business-Practice）

11. 簡化能力（Make the Complex Simple）

12. 時間管理（Managing Time）

13. 進度安排（Setting Priorities）

14. 專案管理（Project Management）

15. 商業化程序（Concept of Commercialization Process）

16. 產品發展程序（Producd Development Process）

17. 系統化思考（System Thinking）

資料來源：G. H. Gaynor (2002), *Innovation by design: What it takes to keep your company on the cutting edge*, New York, AMA COM, P. 193.

㈣創新機會的來源與掌握

企業追求創新，首當其衝的工作就是要找出任何具有創意的點子與創新的機會，且創新機會的來源則是創新過程最重要的關鍵點。因為創新團隊只有能掌握創新機會，才有機會創新發展。

1. 創新機會的來源

創新機會的來源依據 Peter Drucker 的研究，約有八種創新機會的來源，而此八種創新機會來源乃需要配合有計畫、有系統的發展，方能找出創新的機會，何況創新絕非偶然，也非靈光乍現的天才。Peter Drucker的八個創新機會之來源為：⑴意外的成功：企業在面對時不應將之看作應會是這樣而忽視或排斥其所帶進的任何機會；⑵意外的失敗：企業在面對失敗時不可逃避，更向內深入分析，及向外思索並聽取外部的利益關係人的意見與看法；⑶不一致的情況：也

就是指不一致的經濟環境（如：產品的需求與產業發展呈現不一致方向發展之情形）、計畫與實際的不一致、供應者與需求者的價值觀與期望未能同步、產品在某個程序上發展出不一致的結果；(4)創新過程中的需要。就是進行過程中會受到程序上、消費者需求、供應商供應能力、市場結構、技術支援、產業成長情形、新知識等方面發生變化而改變；(5)人口統計資料的變動（如：統計結構及重心的改變）；(6)企業組織或顧客族顧客的認知發生改變時；(7)企業的產業環境或生產與服務作業及社會與群體的新知識產生；(8)企業的產業結構發生變化的指標（如：快速成長或萎縮、科技工具的整合、交易與服務方式的變化）。

2.掌握創新的時機──S 曲線的應用

S 曲線又稱之為出擊者曲線（Attracker's Curve）（如圖 7-2 所示），乃因為 S 曲線提出者 Richard Foster 針對企業在掌握創新機會以發展創新的議題上，提出 S 曲線作為一項預測的工具，其可作為掌握創新發展的最佳時機，以利其企業採取主動攻擊的優勢，進而獲取一定的市場占有率。

S 曲線乃顯示出企業在進行創新發展的資源（如：資金、人力、物力等）In-Put 及其投資效益產出或回收間的關係。在草創或剛商業化時，其發展速度相當緩慢，但一旦發展到 A 點，其關鍵成功因素已告掌握並實現突破，其發展速度相當驚人；直到 B 點時，因該商品或事業已發展到成熟期時，所需的資源也累積到相當高的境界，此時發展速度緩慢下降，同時邊際收益出現遲滯甚至低落的情形，此時即到達 C 點，也就是其商品或事業發展的頂點。

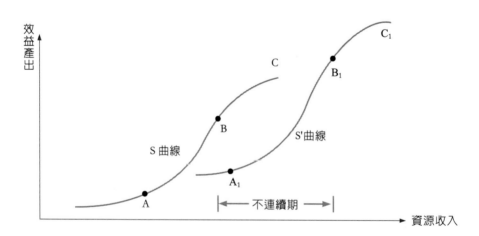

✿圖 7-2　創新發展過程中 S 曲線到 S'曲線的不連續性

　　S 曲線在達到 B 點之際,該企業即應另闢新知識或新商品的創意點子與創新機會,再度展開另一代的 S'曲線。如此的循環發展下來,有可能使同一的企業已歷第五代、第六代……甚至第n代,企業若能如此的一再不斷地創新發展,是其永續經營與永續發展的關鍵所在。在各代 S 曲線銜接轉換時,約在 B~B_1 點間即為此兩代S曲線的不連續期,也是新知識／新典範／新商品的變革時期。在此時期中,企業須明確地找尋出其替代的創新方案,並了解新一代的 S 曲線所需要的各項資源及其C點(極限),以利持續不斷地規劃與實施創新發展方案。

　　⑴偵測不連續期(不同代S曲線間的連結區域)來臨的幾個問題:

　　①是否了解每項商品的顧客願意購買或消費的關鍵因素?

　　②了解這些因素是否能與設計研發的 Input 與 Out-Put 相融合?

　　③是否鑑別出本身的核心技術與核心能力尚有哪些仍未被開發出來?

　　④是否真正鑑別出來既有競爭對象與潛在的可能競爭對象?

　　⑤已鑑別出所有可能的競爭對象時,就請看看是否能掌握競爭對象的技術／知識／典範的水準?

　　⑥既然掌握競爭對象的核心技術與能力,是否能判定其技術與能力的極限?

　　⑦是否會關注本身企業的生產力、效率或價值是呈現上升趨勢?或遲緩趨勢?或下降趨勢?

　　⑧是否有進行分析與了解到企業本身的 S 曲線發展已到第幾代?

　　⑨是否充分了解到競爭對象的 S 曲線轉進新一代的產業環境變化趨勢?

　　⑩對於本身的商品與事業,是否知道哪一部分最容易受到新技術、新知識與新典範的打擊及其程度如何?

　　⑪本身的組織溝通能力是否良好與能否開放進行?

　　⑫對於企業本身競爭策略與戰術有無備妥備戰的計畫?

　　⑬企業本身的策略者、創新者與領導者是否充分合作?

　　如上幾個問題若能自我偵測、自我診斷,若發現有超過四或五個以上的結果是持否定時,那麼你就應再努力去學習與培養你的觀察能力,應認知到你的核心技術與能力已發展到不連續期,需要再創新發展另一代的 S 曲線。

　　⑵評估核心技術與能力是否具有威脅之危機?

　　①鑑別出可取代目前的核心新技術與新能力有哪些?而這些新技術與新能力是否能在短時間內予以創新發展出來?

　　②鑑別出本身的創新發展效益與產出的變數有哪些?哪些是顧客目前所要求的與未來可能的要求?經由資訊庫找出過去與目前的消費者的要求與

期望，有助於研判顧客未來所可能會要求的品質水準，再針對此品質水準予以加強開發出符合其要求的商品。

③蒐集分析及評估出企業本身及技術或商品的發展可能極限（C 點）並預估可能極限的量化數字，並針對各項技術，或商品的限制加以比較分析，以了解其可能的成本、風險與利益狀況，據以找出最佳的創新方案以供執行。

④繪製 S 曲線。

⑤依據S曲線以了解極限所在及預測未來可能創新方案的目標市場與定位。

3.出擊的時間評估

(1)了解到新知識或新商品／新製程的創新方案時，即可進行創新與出擊，也就是篩選出理想的商品／製程的可能發展方向，當然這個篩選作業需要針對所有看得見的經濟成本加以分析。

(2)當篩選確定新的商品／製程時，即應繪製出其 S 曲線，以了解其投資回收情形。

(3)經由商品／製程的擇定，確認其經濟性成本、投資回收狀況及 S 曲線，據以估計其出擊與結束的時間點（如圖 7-3 所示）。

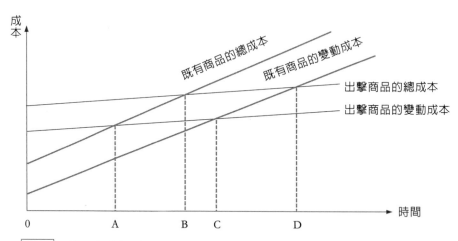

備註　A 點：出擊商品對現有商品的可能影響與挑戰點。
　　　　B 點：出擊商品可正式推動攻擊點。
　　　　C 點：出擊商品將接近沒有經濟利益的結束點。
　　　　D 點：出擊商品正式結束攻擊點。

🔺 圖 7-3　創新過程的出擊行動時間過程的經濟性比較

㈤創新機會的評估

創新機會一旦產生，緊接著就是編制企劃書或創新方案，唯在眾多的創新方案中應予以評估，期能在企業與產業環境的諸多限制條件、資源限制、需求與目標等要素的考量下評估篩選出最佳的創新方案。當然在評估過程中應行考量的因素有很多，唯企業可依據：(1)企業的願景、策略、目標與價值觀；(2)市場行銷準則與典範；(3)研究發展準則與典範；(4)財務管理準則與典範；(5)生產與服務作業準則與典範；(6)組織人力資源管理準則與典範；(7)環境生態準則與典範；(8)工安衛生準則與典範；(9)勞資關係準則與典範等九大方向加以釐清列出各方向所應關注的議題，以作為評估的重要準則。

㈥價值分析是有系統的評估方法

經由上述的評估研究之後，企業當可依據評估、改進的情形，消除其創新方案中存在或可能會發生的浪費，以增加其對企業的價值。企業常引用價值分析（Value Analysis; VA）來做評估。價值分析是希望以最低的成本獲致必要的機能，以為提升其價值的評估工具。VA不僅限於新商品、既有商品、外製與購買商品方面的應用而已，其尚可運用在每一個創新對象的評估與改進方法上。

創新方案利用價值分析之目的乃在強調以價值為導向，從而達成創新方案的必要功能，並將某些不必要的程序予以剔除因為多餘的程序並不能提升價值，反而浪費資源與增加成本。所以利用價值分析於創新方案的評估是值得加以運用的一項程序或工具，唯在導入價值分析時應考量其前提條件與準備事項、實施程序與評價檢討項目，方能順利應用VA於創新方案評估作業中。

　　1.實施價值分析的前提條件，如：(1)取得高階經營層的承諾與支持；(2)成立 VA 專案小組，並打破科層式組織的藩籬，及建立跨部門的協調合作體制；(3)宣導成本觀念，使全體員工均具有成本的概念與認知；(4)建置以價值為導向的運作準則，要求低成本、高價值、適當品質的目標認知；(5)推動創意思考模式於專案小組中，使成員均可充分運用各種不同的角度來探討改進方案的能力。

　　2.實施價值分析的準備作業，如：(1)選定引用 VA 的方案對象；(2)設定達成目標之幅度或程度；(3)成果的呈現方式與方法；(4)對目標的評價方法；(5)評價方法的建立。

　　3.價值分析的程序，一般而言約可分為：(1)選定階段；(2)分析階段；(3)具體建立改進方案階段；(4)改進實施方案的選擇及確認階段；(5)整理經確認的改

進方案並提出具體可行的建議與報告階段；(6)建立責任編配及人員訓練的準備
導入階段；(7)實施、稽核、評價檢討及持續改進階段。

(七)創新問題解決方法

創新為跳脫昔日框架與既定模式而加以發展出來的新專業／商品與管理概
念，因為在創新過程中無可避免地遭遇到許多的瓶頸與問題，顯然創新機會與
創意的發掘就是創新所須面對的第一個問題。當然，在創新過程中發現了問題
時，若由某個人埋頭苦思對策，也許耗費很長的時間也沒有辦法找到較佳的解
決問題對策，所以若能集合多人的智慧，運用多種的解決問題思考方式，從不
同於既有的思維方向與角度切入問題，可能會有意想不到的結果以供問題解決
者或創新團隊參考。

1. 創造思考的過程

企業在進行思考創造的過程，大致上會經過五個階段（問題摸索學習階段、
問題了解分析階段、問題摸索解決階段、找出解決對策階段、釐清審查解決可
行性分析階段）。在此五個階段中，創新團隊須循序漸進地針對所遭遇的問題
經由創意思考的流程（如圖 7-4 所示）予以推進以尋求較佳的解決方案。

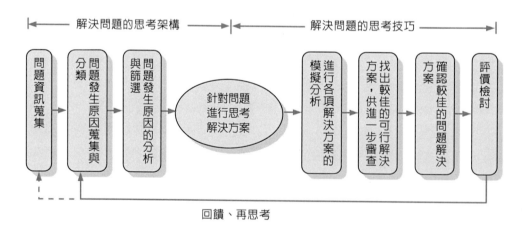

☀圖 7-4　創意思考流程

一般而言，個人與企業可供運用的新創意也是循此等潛意識方式加以運用：
關聯式、類比式、結構轉移、變化、組合、反向、分割、延伸、擴展、汰換、
歸納、累積、焦點、簡化、迂迴、錯開等方式。

2.創造思考的模式

一般而言,創造思考的模式約可分為分析性與非分析性(即創造性)的思考。分析性技術是以邏輯分析以找出唯一或較少的解決方案之思考技術;而非分析性技術則是以想像的方式,以發掘出多種可能的解決方案之思考技術。

(1)分析性技術

是在有系統的資訊結構下,經由邏輯思考過程以尋求問題之解決方案。分析性技術為:①屬性分析,將商品或技術/典範的屬性,配合其可能適合之各項實際或潛在價值加以分析,唯須考量如下可能價值,如:擴大或降低?取代或重整?回復或結合?維持或修改?等問題;②型態學分析,將問題的主要變數、功能與價值,配合各種可能達成的方法加以分析,並在各種可能的組合中找出最佳的解決對策方案;③需求研究,從使用者需求進行分析,預測未來的可能需求狀況,再利用建立模式的方法將各種需求與各因素子系統的表現相連結,以找出最佳的解決對策。

(2)創造性的技術

非分析性技術有:①腦力激盪法;②希望列舉法;③缺點列舉法;④ 5W1H法;⑤代倒組似他大小法(代:有無替代方案;倒:把它顛倒;組:兩種不同的因素予以組合;似:有沒有類似者可供引用;他:有沒有其他可旁推左右敲;

社區文化創意產業展現創意

地方紛紛發展出自我創意產業,透過如此方式,幫助許多老人家、年輕人與孩子了解傳統,找回失落記憶,讓孩子與這塊土地間產生聯繫與情感。唯多處於初始階段,想要升級的話,得導入更強的設計、藝術專業人才。【作者拍攝】

大：把它擴充如何；小：把它縮小又如何）；⑥諺語發想法；⑦逆向思考法；⑧焦點法；⑨目錄／摘要法；⑩屬性列舉法等技術。經由上述十項問題解決方法之探討，創新團隊將此十項方法（方法並不需全部引用）找出的解決對策方案，經由團隊成員以投票法或用強制排行榜方式，選擇前面的三名作為選擇標的。當然也可經由配分方式加以評量，而選取多少分數以上者方列為選用之標的；還可照重要、次要與不重要的評量方式，則可選擇重要的優先引用，若尚有餘暇或力量時再選擇次要的解決對策方案，然後將確認的方案進行評價。

◎ 第二節　數位時代的創業管理

台灣的經濟發展活力主要來自於中小企業的活絡，而這也是顯現台灣人們充沛的創業與創新精神。依據過去的資料可看出台灣的中小企業每年大約均有十萬家成立，雖然中小企業創業一年以上的存活率約為 20%，中途（一年內）夭折約有 80%，可謂創業風險性極大，然而台灣人們對於創業的興趣卻是前仆後繼，創業精神沒有因創業失敗率高達 80%以上而有減少的趨向。

一、創業程序模式

本書擬針對創業程序模式分類為新創事業決策模式、新創事業創立模式與新創事業成長模式等三大類別。

(一)新創事業決策模式

1. Martin（1984）的新創事業決策模式
認為創業者產生創業行為乃受到了不公平的社會疏離、創業者父母親友師長的示範效果，本身具有高成就心理傾向等的影響，形成其自由選擇的空間，且有促進創業事件與家庭的支持（如圖 7-5 所示）。

2. Greenberger 與 Sexton（1998）新創事業決策模式
認為創業決策是由一些因素交合作用而成，這些因素包括有：人格特質、情境變數、自我知覺能力、社會支持、關鍵事件（如圖 7-6 所示）。

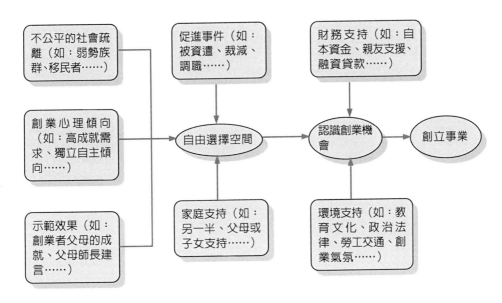

🔔 圖 7-5 Martin 新創事業決策模式

資料來源：M. J. C. Martin (1984), *Managing Technological Innovation and Enter Preneurship*, V. A.: Reston Publishing.

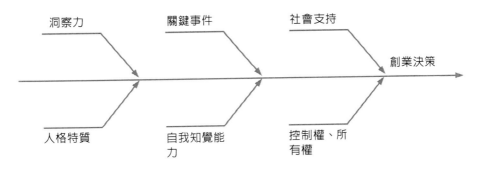

🔔 圖 7-6 Greenberger 與 Sexton 新創事業決策模式

資料來源：Greenberger & Sexton (1998), An Interactive Model of New Venture Initiation, *Journal of Small Business Management, Vol. 26*, No. 3, July, PP. 1-7.

㈡新創事業創立模式（如圖 **7-7** 所示）

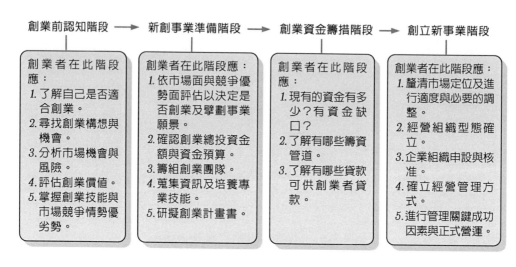

創業前認知階段 → 新創事業準備階段 → 創業資金籌措階段 → 創立新事業階段

創業者在此階段應：
1. 了解自己是否適合創業。
2. 尋找創業構想與機會。
3. 分析市場機會與風險。
4. 評估創業價值。
5. 掌握創業技能與市場競爭情勢優劣勢。

創業者在此階段應：
1. 依市場面與競爭優勢面評估以決定是否創業及擘劃事業願景。
2. 確認創業總投資金額與資金預算。
3. 籌組創業團隊。
4. 蒐集資訊及培養專業技能。
5. 研擬創業計畫書。

創業者在此階段應：
1. 現有的資金有多少？有資金缺口？
2. 了解有哪些籌資管道。
3. 了解有哪些貸款可供創業者貸款。

創業者在此階段應：
1. 釐清市場定位及進行適度與必要的調整。
2. 經營組織型態確立。
3. 企業組織申設與核准。
4. 確立經營管理方式。
5. 進行管理關鍵成功因素與正式營運。

✿圖 7-7　新創事業創立模式

㈢新創事業成長模式（如圖 **7-8** 所示）

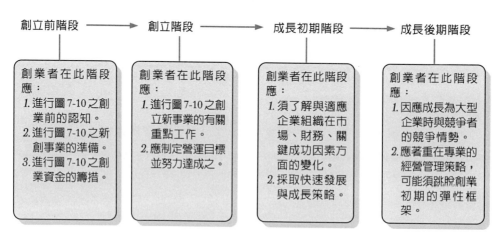

創立前階段 → 創立階段 → 成長初期階段 → 成長後期階段

創業者在此階段應：
1. 進行圖 7-10 之創業前的認知。
2. 進行圖 7-10 之新創事業的準備。
3. 進行圖 7-10 之創業資金的籌措。

創業者在此階段應：
1. 進行圖 7-10 之創立新事業的有關重點工作。
2. 應制定營運目標並努力達成之。

創業者在此階段應：
1. 須了解與適應企業組織在市場、財務、關鍵成功因素方面的變化。
2. 採取快速發展與成長策略。

創業者在此階段應：
1. 因應成長為大型企業時與競爭者的競爭情勢。
2. 應著重在專業的經營管理策略，可能須跳脫創業初期的彈性框架。

✿圖 7-8　新創事業成長模式

二、創立前應有的認知

　　相信有許多人在其人生旅程的某個階段都會產生創業的念頭，然而大多數人均未能真正實現這個夢想，其最大顧忌是不敢冒險及面對不確定的未來。一般人若能克服這些障礙，則其創業的動機將會落實為創業行動。一般而言，創業者的創業動機約有：(1)為滿足個人追求目標（如：權力地位、名望形象、財務收入、成就滿足、安全榮譽、實現夢想等）的實現；(2)追求自我成長與獨立自足、不受老闆或主管的管理或干涉；(3)創造創業致富的機會；(4)繼承家族事業；(5)延續家族創業傳統；(6)為其創新商品謀求市場與尋求占有市場；(7)達成企業組織或家族／個人的願景與目標（如：服務、利潤、社會、成長、股東與員工目標等）。

㈠了解是否具有創業意識

　　創業管理是企業管理領域中相當重要的課題，創業管理的議題包括有：(1)教導如何撰寫創業計畫書或營運計畫書；(2)教導如何研擬市場行銷計畫；(3)教導如何籌措與取得營運資金；(4)教導如何創新開發新商品；(5)教導如何進行財務規劃與資金預算；(6)教導如何進行策略規劃與管理；(7)教導如何進行組織管理與領導統御、激勵獎賞；(8)教導如何進行生產與服務作業管理；(9)教導如何進行經營計畫與利益計畫等議題。

　　但一個創業者受完上述的創業管理課程訓練之後，只能說具備了創業管理的專業知識而已，尚難就此確定其已具備有創業條件，如：創業者的人格特質、價值觀、行為動力因素與創業認知等特質、意識與條件，這也就是創業管理的教師、專家與顧問少有自己投入創業實際行動的理由。

1.創業家應具備的特質與心理因素

(1)具有個人自信能獨立追求自己想法實現的行動家精神。

(2)具有充沛活力與堅強不屈不撓的積極進取精神。

(3)著眼於個人願景的實現。

(4)個性喜好負責任與追求適度的風險挑戰的人格特質。

(5)具有高度創意敏感度與直覺或非理性的創新能力。

(6)具有良好人際關係與公眾關係能力。

(7)具備有領導、組織、計畫、控制與溝通協調能力。

(8)有獨特面對壓力的能力，不怕錯誤或失敗，但要能管理與解決問題。

(9)擁有強健的身體與旺盛的企圖心、魄力。

(10)獲得個人、師長、親友與家庭的支持與鼓勵。

(11)具有整合各種企業資源（如：人員、材料、設備、設施與場地、管理文化、資金等）的能力。

(12)具有創意思考解決問題、分析問題之反應能力。

(13)擁有敏銳而雄偉的眼光與思維。

2. 創業家應具備有的條件

(1)須具備有創業的精神；創業家須有認知不成功便失敗、不努力就失敗、不具備專注與確實執行力就等待失敗等方面的準備，且在創業過程中須勇敢面對障礙與失敗衝擊之勇氣。

(2)須針對資源方面予以妥善規劃與準備；如：人力資源、技術資源、專利權、著作權、資訊系統、公眾關係、市場情報、商品情報、領導統御能力、組織管理能力、創新與開發能力、設備設施與場地、市場行銷能力等方面是否已準備妥當，且有證據顯示已能高人一等？

(3)須準備好萬一失敗時如何轉進或撤退的心理建設；因為據統計台灣的新創事業在創業的第一年失敗機率約 80%，三年內失敗機率約 90%，所以身為一個創業家就須有此方面接受或承認失敗的心理建設。

3. 創業家應具備有的創業意識

創業家除非具備創業的行動力與信心，否則將難以實踐其創業決策。

(1)影響創業的決策因素

創業失敗的經驗，及社會文化、政治環境與產業經濟、創業家個人因素等因素均可能對於擬進行創業者之創業行動與決策有所影響（如圖 7-9 所示）。

(2)把握創業的機會

創業者既然想要將自己的命運掌握在自己手上，不想過著上班族的朝八晚五與受到上司左右的工作型態，那麼就要觀察產業環境變化，掌握任何可供創業的機會。坐而言不如起而行，要想當個企業家，就要有無時無刻都在找機會，且更要能把握住機會，進行冒險一試創業的行動，可別輕易陷入「創業很不容易」的迷障中。至於創業不容易的迷障常見的說詞有：

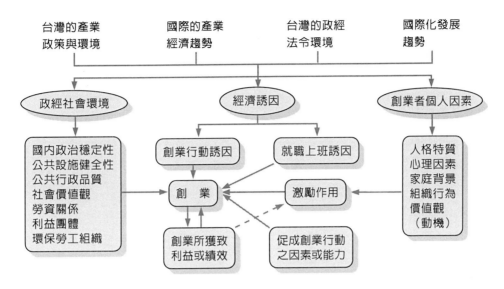

圖 7-9 創業行為動力與決策因素

① 沒有資金就沒有創業機會：如果自己有，或能獲得親友師長支援資金時，當然會有比較多創業機會與空間。但若懂得從小資本、小事業開始，創業後再逐漸擴大事業規模，或者利用政府的創業促進措施，或者從事 SOHO 創業均可克服資金不足的困境。

② 沒有好的創業構想是沒辦法創業成功：在創業之前的確是需要有好的創業構想，只是創業構想有時可藉由業務外包方式或購買他人創業構想等方式以取得創業與創意構想。另外，若已擁有良好的構想並不代表你可成功地進行創業，因為在創業途中尚有許多的異常、風險與障礙會衝擊創業進程，所以除了有了創業構想外，尚應具有矯正異常、管理風險與排除障礙的能力與技術，方能使創業構想付諸實現，當然在此過程中也需要調整或修正既有的構想以迎合潮流需要。

③ 沒有具備所創事業的專業知識技能是不易創業的：創業時程中的確需要相當多的事業經營管理知識，但創業家在創業中能持續學習有關知識、技術、經驗與智慧，則是創業是否能成功的關鍵，這就是「做中學」的精神。

④ 沒有比他人更聰穎的智慧是不易脫穎而出的：創業家大多是比他人聰明，但創業家所須具備的智慧，並不侷限於 IQ，而在 EQ、AQ、MQ（道德智商）及靈敏觀察力與判斷力等方面。

⑤沒有雄厚的企圖心是不易創業的：創業家是比一般人擁有更多更大的企圖心，但只有雄厚的企圖心卻不知審時度勢與慎謀能斷，無法掌握何時該衝或何時該做調節修正，將會導致其所創事業陷於困境，甚至被淘汰出局。

(3)應具備的創業觀念

①已能勾勒出創業成功的願景，並要能有決心放手一搏。
②具有經營事業的核心專長與輔助專長。
③已能確認自己的確已具有創業的意識與認知。
④已具所創事業所需的人際關係網路（如：供應鏈、顧客鏈等）。
⑤已建構好或擬妥創業計畫書，先請教創業顧問或創投專家。
⑥創業資金來源已有所準備，不管是自籌資金或外來支援資金，應有一筆經由預算所得之創業資金及另外一筆週轉資金。
⑦確認具備有承擔創業可能失敗風險的勇氣，及可全力以赴投入事業的籌備與經營運作的責任認知。

㈡了解自己是否適宜創業

一般而言，想要創業者不妨藉由創業適性測驗，以分析自己的人格特質、創業信念與管理能力是否適合創業呢？有意創業者可借助如下方面的測驗或檢核表以為進行自我評估的參考。

1. 對於自己的特質、信念與管理能力的自我檢查
2. 對於自己的創業潛力之簡單自我測試
3. 對於自己的創業自信心做檢視
4. 對於自己是否適合創業做自我檢查
5. 創業適性自我測試

三、新創事業準備工作

新事業在創立的準備階段，創業者需要透過商業活動細心地觀察，以具有創造力的思考方式使其新創事業之構想逐漸成形，並擘劃其事業願景與資金預算。當然機敏的創業者應探詢即將經營的事業所具有的潛力到底有多大？此一探詢過程不僅相當有價值，且可對競爭者與整個產業都有所了解。

新創事業準備階段有關活動的內容與範圍可能是非常廣泛的,但其中有幾項是各個產業大致均會有的創業活動,各說明如下。

㈠創立前所須進行的創業觀念再審核

1. 如何選擇適合自己的新創事業

(1)選擇與創業者人格特質、專長與興趣較為符合或相關的產業。

(2)選擇前景較為投資者或創投業者看好的產業,如:流行產業、趨勢產業、至少為投顧或創投業者看好兩年以上的產業等。

(3)選擇獲利較高、回收期較短與風險性較低的產業。

(4)選擇與政府政策性創業資金輔導與融通能相配合的產業。

(5)選擇符合創投、投顧或金控機構創業資金能相配合的產業。

(6)若是年輕人初創事業,宜選擇投資金額和風險性較低之消費性產業。

(7)若是現在企業家另創事業則考量前瞻性佳、與現有產業可形成策略價值鏈,或占有市場地位與產業標竿的方向做選擇。

2. 如何與他人合夥共創新事業

(1)選擇事業合夥對象應注意共同創業者之人格特質,須能均衡互惠、相互依賴,與相互忍讓、互信合作。此等人格特質有:①個性、專長與知識的互補性;②行為態度的積極性與具有高度企圖心;③品德操守良好能互信、互助與互諒;④價值觀能互為認同與接受;⑤經營事業的理念須具有一致性,即使有差距也不會形成拉扯的反向力量;⑥對經營事業的概念一致,切勿各懷鬼胎;⑦專業素養與學習態度須具有正面發展的企圖心;⑧合夥的另一半或至親家人應持支持與鼓勵的態度;⑨最重要的是需要有創業意識,而不是只要當老闆而已。

(2)合夥新創事業時,最好合夥人間訂定合夥契約書以為各方的行為做規範。合夥契約書的主要內容為:①合夥人各自承諾的投資金額與投資比例;②合夥人的權利與義務;③新創事業有關重大事件的處理原則(如:費用支出或轉投資前審議事項、背書保證前審議、金融貸款前審議等);④會計制度的規範(如:傳票與票據開立之審核等);⑤獲利分配與損失分攤方式(含保留盈餘、研發公積金在內);⑥經營管理與財務揭露事項;⑦退股或拆夥機制的處理原則;⑧爭議事項之訴訟或仲裁原則;

⑨合夥人或其利益關係人在新創事業的職務分配與工作責任擔當之界定（含輪調、稽核與管理規範在內）。

3.如何強化自己的創業技能

創業者依據所擬創立之事業屬性，針對其所需的專業技能與經營管理智能加以審驗，不足者可進入公立或民間職業訓練機構接受專長與智能的訓練，以強化經營創立事業之所需專業技能及經營管理智能。

創業者在創業之前，也可先到擬進入產業的相關企業中任職，先由學徒做起，以學習該產業特殊的專業技能與有關事業經營管理知識。另外，也可經由財務購買方式取得經營權或經銷權或成為加盟店等方式進入。但這樣子仍需要有經營管理專業知識與經驗，同時事業經營技能需要經由學習加以強化的，對創業者來說並不易讓他人代勞的。

㈡創立新事業前準備的步驟與評估重點

1.第一步驟是決定企業概念

創業者須在創業過程中形成創新觀念，此觀念可能發生於創業構想或新商品之創造時的自由擴張，也可能發生於創業者企圖擴大事業領域的計畫發展過程，當然最重要的是創業者到底想把其事業發展到什麼方向？想要完成什麼樣的事業願景？創業構想可行？顧客在哪裡？本身是創業計畫或營運計畫的執行者或推銷者？為什麼要進行此事業的創立？

2.第二步驟是新商品市場研究

創業者若僅憑直覺，未做市場研究時，有可能其商品一上市就遭到挫折或被迫撤退。市場研究的範圍為：(1)市場在哪裡？顧客在哪裡？(2)顧客認同的價位在哪裡？(3)有無專利權方面的問題？若有時該如何取得授權？(4)研究開發成本多大？(5)市場可能需求量多少？(6)生產製造或作業服務可行性？(7)競爭者在哪裡？其競爭優勢如何？而自己的競爭優勢又如何？有能力建立市場的穩固地位？(8)生產製造或作業服務的成本有多少？預估利益或價值有多少？(9)行銷策略及配銷與促銷方面的合理構想應如何？

3.第三步驟是決定創立新事業

創業者經由新商品之市場研究後，對於新商品的市場競爭力與產業吸引力

之評估已有所掌握，進而促成了創業者創立新事業之決心。此時，創業者須運用所具有的資源進行此一新創事業的部分規劃，並廣泛蒐集有關該事業的資源，以準備進入財務規劃階段。

4.第四步驟是進行新事業財務規劃

創立前的財務規劃並不需做得太複雜，一般而言，在創立前的財務與資金計畫的主要內容為：(1)目標營業額；(2)在目標營業額下的財務規劃（如：成本、售價、營銷費用、利潤與現金流動等），籌備與設立階段的 Seed Capital（乃指：商品開發、市場研究及初期開銷的資金等）。另外應做好效益面的評估，即針對產業環境狀況來進行自我評估，評估項目為：(1)合理的稅後淨利；(2)達到損益平衡點所需要的營業額、營銷數量與時間；(3)投資報酬率；(4)資本需求；(5)毛利率；(6)策略性價值；(7)市場進攻、成長或退出之機制與策略。

5.第五步驟是籌組創業團隊及培養團隊專業技能

籌組創業團隊時，應考量如何選擇優秀的創業經營團隊成員，團隊成員應：①具有共同的價值觀（如：認同企業概念、創業宗旨、對新創事業願景的相同期待，為企業目標共同努力，具有相似或相容的企業經營與管理理念等）；②在經驗與專業背景與所創事業相關；③去除不能高瞻遠矚的短視症狀與內舉不避親的狹心症狀。且在建立創業團隊時，應考量所組織的團隊是正式營運後的組織結構，團隊領導人可能就是正式營運後的領導人，其專長與職務的分工及職能的訓練發展策略應予以規劃好，在採取創業行動之前即已做好一切必要的事情。

6.第六步驟是蒐集產業資訊與研擬創業計畫書

經由創業構想與新事業財務規劃（籌備期），及完成創業團隊之籌組與團隊成員專長培育等工作之後，即應將上述創業構想與規劃報告、創業經營概念彙整成為創業計畫書，以作為日後檢視實際經營成效是否達成預期目標，及改進、修正與調整的參考。

(1)創業計畫書的主要目的：創業計畫書的功能除了讓創業者清楚明白創業內容與目標外，尚可作為：①向政府機構、金融機構與其他資本市場進行資金融貸與募集資金時的書面資料；②創業者藉由撰寫過程，重新審驗各個環節是否完備與調整改進事項。

(2)創業計畫書的主要內容：

①創業種類：包括創立事業的名稱、創業動機、組織型態、經營的業務項目（如：商品名稱、服務或活動的內容等）。

②資金規劃：包括創業資金的來源（如：個人、他人出資金額與比例、金融機構貸款金額與償還計畫等），創業計畫中各個階段所需資金金額與比例，及申請融資貸款的具體用途之說明。

③創業後的階段發展目標：創業後的短、中、長期經營目標，使創業者、貸款者或投資者能明瞭所創事業的各項經營目標與發展計畫。

④市場分析與行銷策略：商品的市場與顧客定位、行銷與銷售方式（含價值、包裝、通路、促銷在內）、競爭者情勢、各階段銷售目標與市場占有率等。

⑤生產與服務作業管理：如生產製造與服務作業流程、設備設施與場地、原材料供應與供應商管理、品質管理與品質標準等。

⑥財務資金預算：宜規劃三至五年的財務收支預算、損益預算、損益平衡營銷量與金額預估、投資報酬率預估、投資回收期間預估等。

⑦風險評估與分析：景氣變動預估與分析如下風險：營運風險（如：商品之開發、原材料供應、標準化與系統化等）、財務風險（如：匯率波動、資產移動等）、信用風險（如：短期投資、應收帳款等）、競爭對手分析、顧客流失等。

⑧其他方面，如：原材料來源、人力資源管理、預估人力結構與人數、經營管理團隊、管理制度、企業組織架構與未來展望等。

7.第七步驟是進行規劃新事業的軟硬體建設

(1)硬體建設之規劃方面有：生產廠房或營業場所、辦公處場所與裝潢、設備設施與場地選購或租賃、資訊通訊與網際網路科技運用與購買／租賃、流通通路與設備工具、展售點或經銷點建置等。

(2)軟體建設之規劃方面有：企業識別與形象、經營管理制度規章、安全衛生管理制度、環境維護管理制度、公眾關係與公關管理等。

四、創業資金的籌措

(一)創業資金的籌資管道（如表 7-4 所示）

⬇ 表 7-4　創業資金的籌資管道

序	籌資管道	簡　要　說　明
1	自有資金	創業者自有的現金、活期存款、定期存款、股票債券基金、標會等方面集資，此管道由創業者自行宏觀調控。
2	向家人或親友借貸	經由父母兄弟姊妹、親朋好友的支援，此方面在應急方面最快速，利息也最低。
3	說服家人或親友參與投資	創業者也須擬妥創業計畫書以說服家人或親朋好友參與投資，並一起經營此一事業。
4	開立標會當會頭	由創業者為會頭起會募資，唯成本不易控制及會腳倒會風險也存在。
5	申請創業貸款	5.1 管道：青年創業貸款，微型企業創業貸款，中小企業小額簡便貸款，勞工創業貸款利息補貼，身心障礙者自力更生創業補助，特定對象創業貸款利息補貼，特殊境遇婦女創業貸款補助、身心障礙者創業貸款利息貼補，中小企業購置資本性支出之優惠貸款，中小企業扎根專案貸款，傳統產業專業貸款，振興傳統產業優惠貸款，中小企業創業育成信託投資專戶、微型創業貸款等。 5.2 想知道詳細有關申請資格與方式者，可上有關主辦機關或金融機構網站查詢。
6	申請信用貸款	小額度貸款時間約在 3～10 天完成，唯創業前的信用狀況、金融機構往來業績、所得憑證等是需要符合要求的。
7	抵押貸款	以動產（如：機器設備、汽機車與有價證券等）與不動產（如：房屋、廠房、土地）做質押以取得資金。
8	保險公司保單貸款	利率數高於一般創業貸款與抵押貸款，唯低於信用貸款，期限須看保單的期限為定。
9	金融卡、現金卡預借現金	利率相當高，唯方便性高。

10	地下錢莊借款	利率高達 20％～40％，更有更高的，最好不要利用此管道借款。
11	其他方式	如：房地產或設備做二胎、三胎……之抵押貸款，廟宇或基金會的小額借款，應收帳款的抵押貸款，存貨抵押借款，支票或 L/C 貼現，倉庫或提單貸款，訂單或合約貸款等。

㈡新創事業募資的對象（如表 7-5 所示）

表 7-5　新創事業募資的對象

序	出資對象	簡　要　說　明
1	自有資金	以自有資金作為創業基金，此方式最常見。
2	中小企業創投公司	乃自投資人或金融機構吸收資金，並管理與統籌貸款給創業者，不但提供資金，還提供經營管理專業知識供對象公司參考，即輔導並介入資金使其達到上市上櫃或與興櫃的標準。
3	創投資本家	對新創事業有信心且介入企業資助的個人，是資助企業創業的早期權益資本來源，不包括非獲利為導向的資助者，在美國稱之為「創業天使」。
4	獨資金主	純粹支持資金，不介入經營輔導，甚至對產業也不了解。
5	員工	以員工入股方式以取得資金。
6	公司的客戶	利用供給客戶所需的原場地、零組件、半成品或成品以換取客戶的支持資金，同時客戶也確保其供貨來源。
7	公司的供應商	說服供應商支持資金，以形成代贏機制。
8	一般社會大眾	向社會大眾募資，大多用股票方式來進行。
9	票據交換所	票據交換所之票據交換作業與經濟活動相配合，是當前中小企業取得資金的新途徑。

五、新創事業的創立與經營

創立一個屬於自己的事業是相當具有挑戰性與風險性的，唯若在創立過程中有做正確的創辦程序及考量，成功可能性將會是很高的。

㈠決定是否創辦新企業、買現成的企業或買經銷權

在做成這個決定時，除了自己的創業具體思維外，宜向外界尋求幫助與支持，如：律師、會計師、保險業者、經營管理顧問師、創投業者與金融機構等專業人士。具體的創業思維乃指：(1)擬創事業的產業特性；(2)擬創事業的組織型態；(3)擬創事業的組織結構型態；(4)擬創事業經營計畫；(5)擬創事業財務規劃與資金籌措管道與來源；(6)創業團隊的市場行銷、生產與服務作業、人力資源管理、創新與開發技術、資訊運用能力等經營管理技巧；(7)創業者本身人格特質、專長、經驗與知識；(8)創業計畫書的時間進度與目標；(9)創業者的時間控制能力、公眾關係能力與談判說服技巧。

1.創辦新企業

創辦一項新事業所花費的成本在初期而言，比購買一家現成企業的費用來得少，而這個新創事業正可如您所想，發展出符合創業思維與創意的商品，同時也可依據創業者的理想與期望給予新創企業定位，並發展出創業者風格、策略與特色，藉以跳脫以購買現成企業時受到既有框架限制之風險，況且又可避免現成企業所遺留的缺點與問題。

2.購買現成企業

購買現成企業的優點：(1)能選擇地點或交通設施、人潮聚集的好地點；(2)地理風水的好地點；(3)創立新事業時可節省掉相當的時間、勞力與金錢；(4)可利用該企業原經營團隊及其金融、保險、相關政府機關組織的關係網路，省去相當大的投資成本；(5)可篩選留用該企業的經營管理與一般從業人員，節省人資經費。採取此方式來創立企業時對其資產負債、企業價值與員工／顧客價值，應加以評估，最好藉助於資產鑑價師、管理顧問師、會計師與律師的協助。

3.購買經銷權

創業者受限於自有資金的短黜，最省成本的創業方法是參與加盟事業或投資於經銷事業，唯採取此方法創業時，其商品及經營管理制度大多已標準化，創業者通常不必依隨自己的創意構想做出改變。創業時的供應鏈、人力資源體系、商品的設計、開發與上市行銷，大多可得到授權者或連鎖事業總部的支持與協助，甚至資金融通上支援創業者。

㈡檢視修正已編纂的創業計畫書

完整的創業計畫書應具有如下特點：⑴競爭優勢與投資利基；⑵經營管理能力；⑶顧客價值與市場價值導向；⑷企業生存的基本競爭條件，如：質優（Quality）、價廉（Price/cost）、樣新（Model/Product）、格好（Styling）與時效（Timing/Speed）等；⑸計畫與假設有思考邏輯的一致性；⑹須講究客觀與實際，切勿憑主觀意識來估計有關計畫的結果；⑺要能明確地鑑別出企業的機會威脅與優勢劣勢，並須擬妥改進與發展的對策；⑻須完整涵蓋企業經營的各機能要項及揭露出投資者或貸款者所需的各項資訊；⑼須能呈現出創業者能成功創業的資格與能力。

新創事業準備階段的創業計畫書在正式進入創立階段時，宜針對該創業計畫書的內容重點加以審視，以契合所創辦新事業的特殊需求與經營管理策略的環境變化，同時該份創業計畫書的理念、策略與推進方法也須爲全體員工所理解與落實運作，所以在創立新事業時最好再做審視檢討，並針對不符合上述完整的創業計畫書原則之處加以調整修正，以爲全體員工與投資人所認同支持，進而得以充分運作於新事業的經營管理活動中。

正式運作時因受到產業環境、政治法規的改變、國際經濟發展趨勢等的影響，進而爲因應變局而進行修正與彈性調整，此爲追求創立後企業生存的競爭條件之維持，以達成「基業長青」與「永續發展」目標之實現。

㈢建構企業經營管理系統與制度

新創事業經營管理系統的建構及各項作業程序、作業標準的制定，是促使新事業得以妥適的運作並發揮經營績效的基本要素。企業的經營管理系統包括：人力資源管理、生產製造與服務作業管理、市場行銷與營業管理、設計開發與創新管理、財務規劃與資金管理、資訊管理、時間管理、專案管理、知識管理與策略管理等系統在內。

㈣達成各階段的營運目標

創業者須制定事業發展各階段的營運目標，更要努力達成目標。當然新創事業有可能產生比預期的營運目標好，也許會不如預期的目標。唯不管超出或低於預期目標，對於該新創事業總是風險，因爲超過預期目標時創業者會爲財

務成長或庫存補充而苦惱,遠低於預期目標則會面臨資金短缺的風險。

所以創業者要認知到「大部分事業的營運需要時間與資金來建立庫存」,若創立初期銷售超過預期目標,有可能會發生商品缺貨或經營場地無法容納超乎預期的需求、無法及時提供服務等窘境,若因而將庫存增加、緊急採購、場地擴大或服務人員與設施增加,只是往後的營運實績未如預估時,會增加更多的營運成本而吞掉預期的利潤,進而產生資金缺口的危機。

另外,創業初期的創業者須認知到要維持一定利潤之商品組合是相當重要的。如:汽車服務廠的新車銷售業績占有 65%,零配件銷售業績占有 25%,修理服務收入則為 10%,然而若規劃時將新車銷售收入預估 55%,零配件銷售收入 35%,修理服務收入 10%,則該服務廠將會產生零配件庫存過多而積壓資金的流量,及新車交貨無法準時而導致顧客流失的困境。

㈤將新創事業明確定位與持續經營發展

企業的創業者須將其事業予以明確定位及持續經營發展下去,在創立初期及準備階段是創業者的痛苦測試與調整期,許多的新創事業縱使有相當完善的創業計畫書,但創業者須了解市場是無情的。也許商品無法如計畫順利上市,也許上市時段不正確(或是太早上市而顧客尚未認識以致不接受,或是上市太晚了該商品已進入成熟期或衰退期),也許被創業者定位在錯誤的市場,也許創業者根本不是一個好的事業經營者,以致新創事業成本超過預估目標,售價過高不具吸引力,營運目標無法達成。

創業者須快速地審視新創事業的各個時期的經營狀況,將其創業經營計畫對應到實際狀況中,掌握新創事業生存的基本競爭條件(即:質優、價廉、樣新、格好、時效)而採取如下幾個對策:(1)企業及商品定位;(2)國際化;(3)科技化;(4)知識化;(5)服務化;(6)高倍速化;(7)高調適力的組織文化等策略。

努力追求「基業長青與永續發展」是創業者須努力的目標,創業者在創立事業階段及往後的成長初期與後期階段,需要掌握事業生存的基本競爭條件,方能達成所創事業的永續經營發展之目標。而最重要的是企業的定位或再定位,因為企業營運過程中受到企業的內在與外在環境變化的影響,縱使有完善的經營計畫,再好的計畫也會跟隨著發生不斷的變化,這樣的創業者就須重新審視企業競爭情況再加以定位,以確立企業經營與管理的發展方向。

創新營建技術觀念工法技術

二十一世紀的快速競爭情境，經濟產業不斷求新求變以尋找永續
經營的新契機，建築技術永續發展領域中傳統與創新科技的融
合，營建技術之新科技、新工法、新觀念、新技術的訊息，經由
互動、交流與學習，使創新之營建技術、觀念、工法和技術在各
項建築工程中得以更踏實地被應用，成就未來更美好的建築環
境。【修平技術學院國企系：楊三賢】

創業講堂：把花車當正櫃經營

資料來源：林婉翎，2007.10.11，台北市：經濟日報

百貨業競爭白熱化，在百貨公司設櫃是一場快速淘汰賽，業績不佳馬上就會被判出局，開業兩年多的異色引誘戀豆坊是比利時 Cafe-Tasse 巧克力的代理商，創業初期從網路商店出發。網路行銷只是一種通路，客源相對有限，要想永續經營，經營模式就要跟著調整。

先從產品屬性開始思考，到底哪些人比較認識外國的巧克力品牌？有哪些人較能接受高價位的巧克力？或許常出國的科技人會是一個機會！於是，帶著巧克力到科技公司毛遂自薦，開始每天中午到企業擺攤兩小時的日子。不同於網路行銷和顧客隔著電腦螢幕，企業擺攤直接與顧客面對面，顧客有任何疑問要馬上回應，但顧客的當面指教卻是可更快速了解需要改進的地方。

因獲得肯定而對自己的商品有信心，便決定嘗試將商品引進百貨公司。但首次投入強勢通路，不求一腳就跨到百貨正櫃，而是從臨時櫃做起，逐步地擴大商品知名度與客源。唯因未接觸百貨業，所以決定先分析每家百貨公司的行銷定位，找出和巧克力定位相符的幾家，再剖析這幾家百貨一年內有哪幾個月是熱銷檔期，進而決定最適合商品販售的檔期。

鎖定對象後，再針對每家百貨製作客製化的企畫書，每份都使用不同的封面、不同特色的PPT，詳細介紹產品故事，並向各家百貨公司的「樓管」拜碼頭，積極展現入櫃誠意。

雖然臨時櫃的參展時間短、櫃位不固定，但曾偉祺抱持著把花車當作正櫃經營的態度，按動線規劃布置花車，加入海報設計、桌面擺飾，並針對不同的百貨節慶，推出不同的商品包裝與設計。努力耕耘每次展出臨時櫃的機會，使成為打通下一個通路的敲門磚！終於打開了通路大門，幾個強勢的百貨通路，如微風廣場、新光三越、長榮桂冠酒店、大億麗緻等飯店，每到特殊節慶，必為他們留一個櫃位將他們的商品引入甜點櫃販售。

創業家的選擇

資料來源：葉匡時，2007.10.03，台北市：經濟日報

博客來網路書店創辦人兼總經理張天立被無預警撤換，是新創事業成長過程中常有的現象。當新創事業成長到創業家能力所不及時，為了長遠發展及股東權益，創業家被撤換是一個正常的發展軌跡。

以博客來為例，當初張天立與其家族親友創業後，經營得非常辛苦，於是，他找到統一超商投資入股，並利用統一超商的通路，站穩了市場地位。張天立或統一超商都會很自然地認為，博客來的成功，自己的貢獻比較大。統一超商的股權超過50%，除非當初統一超商入資時，彼此有股東協議來保障張天立的經營權，否則，統一超商當然有權解聘張天立。

大部分創業家有能力「生」企業，卻未必有能力「養」企業；有能力「養」企業，卻未必有能力「養大養好」企業。在適當時機交棒，考驗創業家的智慧。從股東權益的發展看，創業家常常因為過於執著自己所創的事業，可能一味地想擴充事業，而輕忽對其他股東的責任。

當企業成長到創業家未必有能耐繼續經營這個事業時，解除創業家的經營責任，可能是個不得不然的措施。若創業家被解任後，公司經營得更好，創業家因有相當股權，就有可能發一筆創業財，又何須戀棧呢？

博客來事件應可給創業家帶來幾個重要的啟發：

1. 新創事業引進的投資者，公司股權、董事會結構與席次及未來經營權的分配，一定要事先清楚明訂，不宜有絲毫模糊的空間。

2. 公司應制定發展路徑圖，當公司發展到什麼規模時，需要什麼條件的領導班子，應理性討論，絕對不能因為個人身分地位而感情用事，創辦人容易成為發展的絆腳石，應要理性面對自己的角色地位。

3. 創辦人應認清，公司的健康發展與個人持續擁有經營權，常有衝突。創辦人在適當時機放下經營權，成為公司的董事或顧問，對公司、投資者、員工乃至於個人，可能是最好的選擇。

Chapter 8
新商品的創新與開發策略

企業在進行破壞性與延續性創新策略時，應針對其所擬發展的到底是什麼樣的事業或商品？應將其定位在哪個市場區隔與顧客？同時對於創新事業與商品之企劃著眼在能滿足顧客所關注的要求標準之上，期能使新事業、新商品誕生時即能符合顧客與市場的期待，且能為其所接受，如此方能順利地予以商業化與創造出企業的持久價值。

企業要談創新，就要將企業塑造成一個充滿創新氣氛的企業環境，如此才能推動整個企業投入創新發展。在這種創新環境裡，企業經營管理階層須肩負起整個企業願景的勾勒與建構責任，因為新商品的創新與開發是依其願景而被栽培、灌溉與成長的。

企業願景應以五年以上的長時間為對象，明白確立企業之目的與應有的態勢，及為達成此目標而投入的經營資源、政策與方針，另外尚包括企業內部共有的思考與行動規範。企業建立願景的目的大致上如下幾個方面的目的：(1)經營資源分配上的架構；(2)企業經營管理階層決策的基準；(3)企業活絡的泉源（如：指引員工的努力方向、提供企業與員工更多的挑戰空間、防止經營資源分散，且可提升組織與員工的工作士氣、加強高階層主管的領導力等）；(4)作為取得外部新情報的指引；(5)作為企業創新發展的方向等方面。

企業願景既然是指引企業在往後的十年、二十年，甚至五十年的經營管理、創新與開發新商品的策略方針，企業就應了解如何依據企業願景來進行其新商品的企劃與執行、可行性分析、創造力與配合方向、推行與組織氣氛等方面的創新與開發。

第一節　新商品創新開發與企業願景

創新開發的任務受到企業內部經營環境與外部產業環境之影響，而企業願景是五年以上的長期間企業的策略規劃與經營管理發展的依據準則，是企業進行新商品創新與開發的指導綱要。企業的策略領域則是為達成創新成長與企業獨立生存之領域，所以高階經營層就應為其企業建構另一個創新策略領域，將其既有的商品與事業單位的市場與商品之有效組合，並將未來的商品與事業單位的市場與商品的有效組合予以整合歸納，合併成為未來的事業單位（Future Business Unit; FBU）。

一、何謂事業單位策略決策單位與未來事業單位？

事業單位（Business Unit; BU）是企業中的一個商品與事業單位的市場與商品的有效組合。一般而言，若某項商品尚未形成事業單位，則稱之為商品單位（Product Unit; PU）；而將商品單位與事業單位予以整合歸納與合併成幾個策略

決策單位，則稱之為策略事業單位（Strategic Business Unit; SBU）。SBU 是將目前的商品單位與事業單位予以整合歸納合併，以作為企業目前與中期的事業策略規劃與執行中心，其範圍涵蓋：SBU 內的技術、生產與服務、市場行銷、商品等範疇，以追求該 SBU 的利潤與經營管理成果之最大為目標。SBU 的短期與中期策略之制定須包括各個 BU 單位的策略及其 SBU 策略在內，這是企業在進行 SBU 的策略領域規劃與管理策略時須加以注意的必要行動與思維。

FBU 是將目前的 SBU 及目前的 BU 與 PU（簡稱 PBU、PPU），加以思索將來的 BU 與 PU（簡稱 NBU、NPU）之技術、生產與服務、市場行銷、商品等範疇，並投注有關資源加以培育、創新與開發為未來的事業單位。一般而言，FBU是由目前的 BU 之將來發展情形與將來的新 BU（簡稱 NBU）等兩個 BU 所構成（如圖 8-1 所示）。FBU 之所以要加以探討，乃在於 SBU 是完全以目前的事業為中心，在短期的事業經營策略規劃與管理上具有相當有效的概念，但若思考未來的事業發展方向時，SBU 有嫌眼光不夠長遠且有礙事業的創新開發，易導致創新與開發策略方向不明確，因而造成競爭力不足。

二、FBU 及其創新開發主題

一般而言，企業應將企業願景及未來的 FBU 加以整合，以形成其未來事業與商品創新與開發的指導綱要，而這個十年以上企業的各項願景，也就是引導企業的新商品的創新與開發之指導綱要。至於企業願景及 FBU 的發展過程中之創新開發主題的構成，以圖 8-2 表示之。

三、將來事業願景的建構方法

企業願景須隨環境變化而修正，一般而言，企業對於未來事業單位（FBU）的願景是比較常見的企業願景，其建構乃經由如下的方向進行反覆的檢討與分析、溝通、整合，得到企業之共識後加以確定。

㈠企業的經營理念與組織文化

企業的經營指導原則及對追求創新發展的企圖心，足以影響企業創新新商品（NBP）的走向，而此方面則須尋求高階經營層與員工的意見。

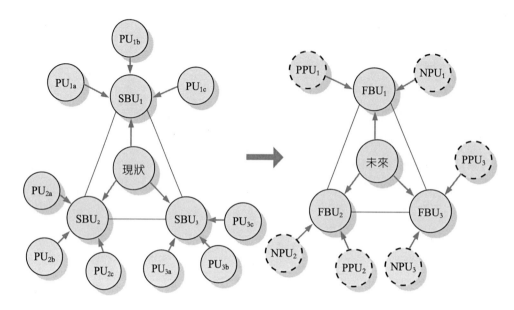

¶圖 8-1　FBU 及其構成

㈡產業環境及市場需求的發展方向

反覆檢討分析，市場、顧客與產業發展方向，乃在於掌握產業與市場變化的方向，進而發展出新商品的方向。唯此研究須經由環境變化、顧客需求及產業變化指標的分析，方能了解與掌握其未來發展方向。

㈢到目前為止的企業願景

此方面的思考乃在探究該企業願景之達成與實施狀況，同時了解其對創新商品的看法，經由研究與探討，將可使其逐漸建構未來的企業願景。

㈣競爭對手的企業願景

藉由對競爭對手的發展方向與願景的了解，將有助於本身企業願景的擬定，與建構出可超越競爭對手的競爭策略。

㈤企業的未來事業發展潛力與方向

為支持企業發展與創新方向，藉由針對企業發展的關鍵成功因素的檢討與分析，以確立新商品的發展方向。

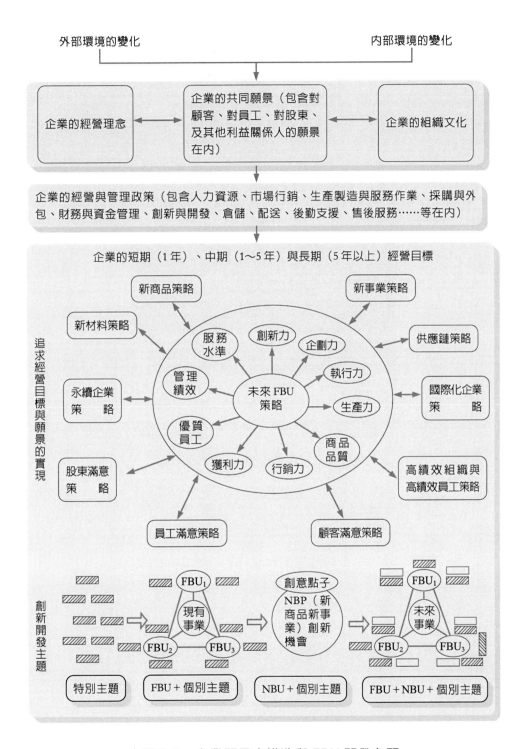

㈥企業的內部與外部利益關係人關注的議題

藉由此方面的分析、了解,將有助於企業確認其應行發展的NBP方向,以達到顧客、員工與股東滿意的NBP開發成功之目標。

㈦新商品的項目

經此將可了解企業應往哪個新商品的發展方向,而在了解其應發展的方向之後,就能發掘出其開發與創新NBP的創意點子與創新機會。

創新民俗文化活動提升活動的價值

一直是具有地方性與社區主義的鄉土中心,而廟宇的每一座神像、匾額、石柱、壁飾、飛簷、石獅,所有一切的典故和歷史,都可自成一格為獨特的故事。而廟宇文化祭祀活動,也是台灣典型傳統民俗文化活動,在引入創意與活動化之後,更可提升活動的價值與象徵,且充滿了歡愉與神聖。【作者拍攝】

第二節　創新與開發新商品的企劃方法

一般而言,所謂新商品的創新與開發大致上可分為兩個領域,其一為既有事業的新商品(指既有事業領域的商品經由創新與開發而延伸為新商品、改良為新商品或僅作形式改變的 Model Change 等);其二為新事業的新商品(指在既有事業領域外,以所創新開發完成的新商品為基礎之事業,且在未來有可能

單獨成立一個事業）。當然，上述兩個領域的新商品均是本章所論述的範疇，同時須附帶一提的，是新商品即使涵蓋既有事業領域的範疇，也完全不是目前商品概念延伸的新商品，而是跳脫出既有事業領域的商品概念，所以，本書將此種新商品歸類為新商品。

一、新商品創新與開發的企劃者應具備的能力

企劃是依據企業願景與創新開發方針目標，結合創新開發所需要的各項資源（如：人力、資金、原材料、技術、設備與設施場地等），依照既定的目標水準而編撰出具有邏輯性與創造性的創新方案。所以，創新與開發企劃乃指企劃者運用有限的資源，針對某項議題，將其目的清晰地勾勒出來，並將該議題的解決方案制定出來，歸納整理為企劃書的過程。

企劃者是新商品創新與開發企劃書的編撰者，由於企劃的最主要目標，是要將其新創新開發完成的商品轉變為暢銷商品，甚至在適合時機能將之轉換為以該商品為基礎的新事業，所以企劃者本身能力相當重要。本書認為企劃者應具備如下九種企劃能力：(1)洞察能力；(2)思考能力；(3)掌握能力；(4)創新能力；(5)分析能力；(6)整合能力；(7)溝通能力；(8)說服能力；(9)組織能力。

二、新商品創新與開發企劃之進行程序

NBP開發企劃書的編撰是企劃者依據NBP開發過程的四個階段十二個步驟的程序進行的，疏漏掉某個步驟將會影響到一份企劃書的完整性。

㈠第一階段：創新開發企劃宗旨與目的明確化

在本階段有五個步驟可供參考：(1)找尋企劃議題；(2)企劃議題的主要課題之選定；(3)企劃主要課題需要明確且最好可量化；(4)掌握企劃的課題、可用資源及需要符合高階主管的方針目標；(5)研擬整體計畫。

㈡第二階段：達到企劃目標所需的概念架構

企劃者於第一階段研擬出整體計畫輪廓後，即應進行有關資訊的蒐集、分析、整合、儲存與運用，作為產生與選擇解決課題之創意構想之參考，以達成創新議題之整體與細部構想計畫。在本階段約可分為兩個步驟：(1)資訊的蒐集、

分析、整合、儲存與運用；(2)創意與創新概念與構想的研擬與描繪。

(三)第三階段：詳細檢討創新與開發方案與編撰創新企劃書

在此階段銜接了第二階段的整理，並經由創新企劃書的草擬、檢討、修正與確認等程序之後，正式編成創新企劃書。在此階段約可分爲三個步驟：(1)檢討創新與開發構想的細部計畫，如：構想、營運、組織、財務資金成本及日程進度計畫等；(2)製作企劃書草案；(3)企劃書草案經提案審核與確認後正式編撰企劃書。

(四)第四階段：創新企劃書之實施

創新企劃書經審核通過後，應據以落實執行，同時在實施過程中需要審時度勢，結合環境變化情形檢討實施成果，找出差異原因並予修正。另須將修正與改進的對策回饋予企劃者，以爲下次企劃時參考。此階段約可分爲兩個步驟：(1)企劃書的推動與實施；(2)檢討修正與回饋再循環創新。

三、新商品創新與開發的推動步驟

(一)新商品創新與開發推行組織

NBP 的創新與開發企劃書正式實施時，應編組 NBP 的推行組織，並結合現行組織與 NBP 之創新與開發有關聯部分予以落實運用。而 NBP 推行組織我們在此以一個實例來加以說明（如圖 8-3 所示），根據此圖將可了解到創新開發團隊是由與 NBP 相關的組織所組成，也是 NBP 推行組織的決策與運作中心。在此運作中心的各機能中，我們可了解到創新開發時應朝向兩個方面進行資訊蒐集與運用，其一爲市場資訊部分，另一則爲技術資訊部分，而此兩部分資訊之蒐集是在探索 NBP 機會時發生問題之前，因此應先做好資訊之蒐集，以爲確定運用之業務流程。

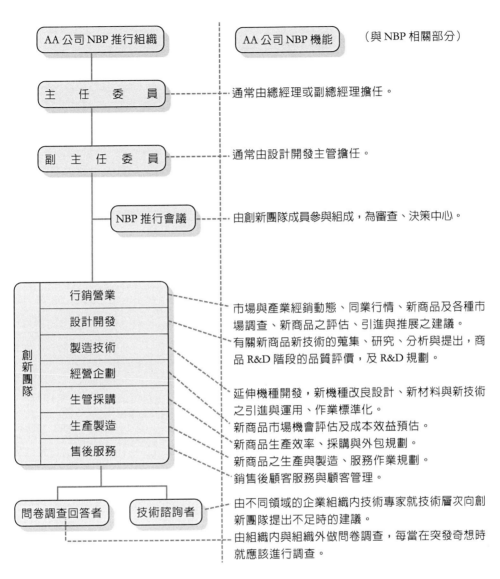

♦圖 8-3　NBP 推行組織與機能示意圖（AA 個案公司）

㈡新商品創新與開發推行步驟（如圖 8-4 所示）

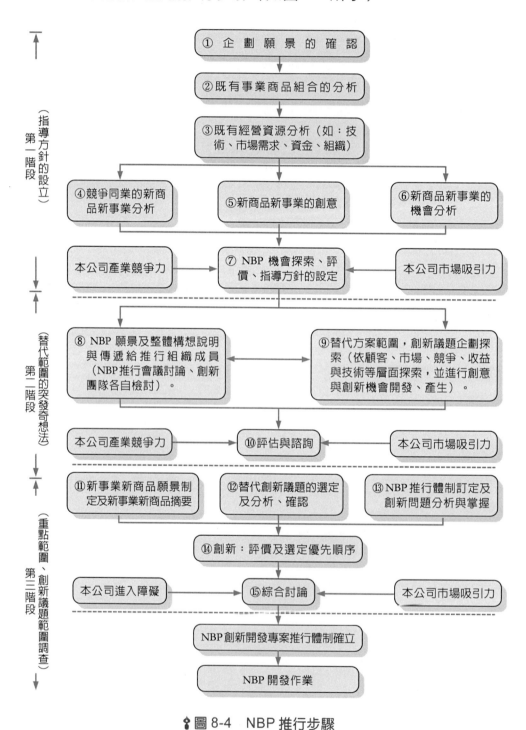

（第一階段（指導方針的設立））

（第二階段（替代範圍的突發奇想法））

（第三階段（重點範圍、創新議題範圍調查））

① 企劃願景的確認

② 既有事業商品組合的分析

③ 既有經營資源分析（如：技術、市場需求、資金、組織）

④ 競爭同業的新商品新事業分析

⑤ 新商品新事業的創意

⑥ 新商品新事業的機會分析

本公司產業競爭力

⑦ NBP 機會探索、評價、指導方針的設定

本公司市場吸引力

⑧ NBP 願景及整體構想說明與傳遞給推行組織成員（NBP推行會議討論、創新團隊各自檢討）。

⑨ 替代方案範圍，創新議題企劃探索（依顧客、市場、競爭、收益與技術等層面探索，並進行創意與創新機會開發、產生）。

本公司產業競爭力

⑩ 評估與諮詢

本公司市場吸引力

⑪ 新事業新商品願景制定及新事業新商品摘要

⑫ 替代創新議題的選定及分析、確認

⑬ NBP 推行體制訂定及創新問題分析與掌握

⑭ 創新：評價及選定優先順序

本公司進入障礙

⑮ 綜合討論

本公司市場吸引力

NBP創新開發專案推行體制確立

NBP 開發作業

✿圖 8-4　NBP 推行步驟

在自由競爭的市場中，顧客的多樣化選擇行為，企業進行新商品的創新與開發須秉持以顧客為導向的原則，也就是 From Market 的理念（如圖 8-5 所示），方能使企業所創新開發的產品可轉變為商品，否則只能停留在產品的範疇，那麼企業也只是為解決顧客問題而創新開發出來的一種工具（即產品）而已。唯有將此工具轉換為有助於解決顧客問題並獲得顧客滿意度的商品，才是基於 From Market 的理念使顧客獲取企業提供商品之價值（Valul; $V = P/C$，P 為顧客獲取之方便與效用，C 為顧客耗費之成本取得該商品，V 為顧客獲取之價值與滿足）。

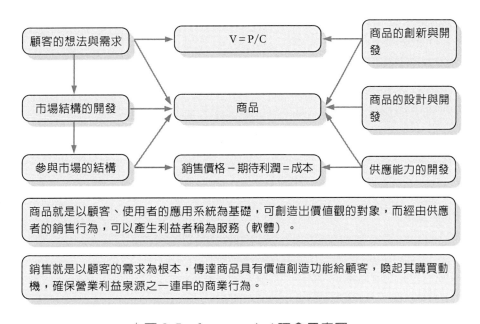

♦ 圖 8-5　from market 理念示意圖

資料來源：陳雨生（1994），〈新產品新事業的機會探索〉，《科技研發管理新知交流通訊》
　　　　　第九期（1994 年 6 月 20 日）。台北市：中國生產力中心，P. 71。

(一)新商品機會探索的資訊

在探索 NBP 的商業機會（business chance）時，應朝向如下幾個方面加以資訊蒐集、分析、整合及探索出創新開發新商品的機會：(1)人口結構的變化；(2)新知識新技術的產生與擁有；(3)經營管理過程中需求的發現；(4)市場的不調和

及競爭者間的共存問題；(5)新商品的出現；(6)市場與產業環境結構發生變化；(7)企業與顧客對價值認知發生變化等方面。

(二)新商品機會探索的方向

探索 NBP 商業機會的方向有：(1)朝向上述機會展開；(2)朝向連續發生上述機會；(3)往本身事業水準擴大；(4)往顧客空間體系擴大；(5)往事業／商品領域與概念擴大；(6)依據產業環境變化潮流；(7)往認識本身事業水準與開發目標組合的方向等。

(三)新商品機會探索的方法

探索方法可朝如下各方法中選擇應用：(1)問卷調查法；(2)藉由專家的諮詢與答覆；(3)由創新團隊成員互相討論；(4)創意點子與創新概念資訊庫的搜尋與擷取；(5)往既定的商品領域加以深入研究；(6)向國外的機會供應者購買、授權與轉移；(7)針對顧客需求與期望深入探索；(8)調查參考他家企業的探索報告；(9)向政府輔導機構、財團法人與學術機關尋求支援等方法。

新商品企劃探索主題技術與市場（如表 8-1 所示）。

表 8-1　NBP 探索主題技術與市場之對映策略

技術 市場　策略	現有技術	相關／類似技術	新技術
現有市場	深耕現有事業 1. 在成長時不宜輕率採取成長策略，應採穩紮穩打策略。 2. 商品、技術與市場品項要齊全。 3. 儘量採取垂直整合策略。 4. 往多角化的人力資源、技術與行銷方面做準備。	現有市場相關技術多角化 1. 在現有市場成長時就需要發展自有的技術。 2. 力求掌握主力顧客。 3. 率先取得顧客的需求趨勢。 4. 積極提議新商品之開發。 5. 強調技術人員主導創新開發策略。	現有市場新技術多角化 1. 掌握現有市場中成長最多之領域。 2. 與主力顧客建立命運共同體或夥伴關係。 3. 活用強勢的管道。 4. 爭取並獲取外面的新技術。 5. 注意關注技術風險的評估與管理。 6. 要建立與技術領先的企業創新願景。

			7. 注意現有市場成長後期的發展情勢。
相關／類似市場	現有技術相關市場多角化 1. 將現有的主力商品推進相關市場中上市。 2. 充實強勁的新管道與銷售效率。 3. 由營業人員主導。 4. 屬成熟期的發展策略。	相關市場技術多角化 1. 在相關市場及技術領域中要掌握成長最大的市場。 2. 活用獨特的技術、銷售與資源。 3. 重新進行企業組織內部的資源分配。 4. 與領先者願景相結合。	相關市場新技術多角化 1. 活用在相關市場中管道的長處。 2. 外部技術資源及管道的形成乃須加以注意。 3. 技術領先與最高經營管理者主導。 4. 克服技術上的加入障礙。
新市場	現有技術新市場多角化 1. 活用商品技術、生產／服務技術、原材料技術的長處。 2. 關鍵技術。 3. 新技術與需求結合。 4. 極力克服銷售力的弱點。 5. 銷售合作。 6. 與業績領先者的願景結合。	相關技術新市場多角化 1. 挑選相關技術。 2. 探尋轉換相關領域。 3. 在市場上導入外部資源。 4. 克服加入障礙。	不同領域多角化 1. 以成長最大的市場為目標。 2. 克服弱點為重要工作。 3. 儘可能活用外部資源。 4. 與企業組織與最高經營管理階層之願景相結合。 5. 注意風險的管控。 6. 企劃探索要慎重。 7. 借助外部顧問專家。

資料來源：戶張眞（Tobari Makoto）著（1992），《新產品新事業企劃探索及進行方法》，新產品新事業開發策略研討會。台北市：中國生產力中心與豐群基金會，P. 40。

五、新商品機會探索之評價（如表8-2所示）

表8-2　新商品機會探索評價原則與要領

項　目	評　價　原　則	評　價　要　領
市場機會	新商品須是能符合某項新產生的或目前現有的需求、期望與關注的焦點。	1. 顧客購買的決策要素及消費行為之特色。 2. 市場規模的大小如何？ 3. 市場呈現成長或衰退之特性。 4. 新商品的預期市場占有率。 5. 新商品的生命週期預估有多久？

競爭地位	針對現有的競爭同業與替代商品的價格、營業策略、行銷策略與促銷手法等均應——加以評估。	1. 新商品投入市場對目前類似市場的影響力？ 2. 競爭對手目前或未來可能投入的新商品對於此新商品的市場吸引力與占有率有多少影響？ 3. 在現在或不久的未來，有沒有改良或創新的商品加入市場參與競爭？
市場行銷	新商品投入市場應不會將目前的行銷策略與戰術帶來衝突改變，且最好可和既有經驗與特殊專長相容相互依賴。	1. 新商品進入市場可否利用現有行銷服務人員？ 2. 新商品進入市場的通路、宣傳、促銷策略與戰術可否利用既有的資源、策略與戰術？ 3. 新商品進入市場須轉換與訓練現有行銷服務人員的時間長短？
財務資金	新商品的導入市場其財務資金需求應合乎企業組織的財務結構。	1. 新商品的單位材料成本／製造費用／銷管費用／廣告促銷費用／毛利是多少？ 2. 新商品導入市場預需多少資本？ 3. 新商品導入市場預需多少庫存？ 4. 新商品預估的損益平衡點的銷售數量與銷售價格是多少？ 5. 新商品預估市場、經濟規模及長期利益大小？
生產服務	新商品的上市與現有設備、設施、場地、人力資源的相容情形。	1. 可否適合於目前設備、設施與場地的生產與服務作業能力？ 2. 若須擴增目前設備、設施與場地時是否符合投資報酬？ 3. 所擴增設備、設施與場地其容量或能力是否可充分運用？
技術能力	新商品所需之技術應儘可能應用現有技術或其延伸技術。	1. 技術的自我發展達成率。 2. 技術的研究發展難易程度。 3. 技術的研究發展期限多久。 4. 技術的研究發展與應用人力資源發展情形。 5. 技術的波及效果。
法令規章	新商品之技術來源、生產服務作業及行銷推銷均應合乎法律規定。	1. 外來技術與智慧財產須取得合法授權。 2. 新商品須克服法律限制條件。 3. 專利、商標、著作權、安全規範等。
品牌形象	新商品須與企業品牌與形象相符合。	1. 不得違背企業組織的企業品牌與企業形象意涵。 2. 須符合企業的文化與經營理念。 3. 企業若實施 CIS 時應可納入 CIS 體系。

創新會展產業經營效益

會展產業「MICE」指的是一般會議（Meetings）、
獎勵旅遊、大型會議與展覽；會展產業具有高成長潛
力、高附加價值、高創新效益的特色，加上產值大、
創造就業機會大、產業關聯大，及人力相對優勢、技
術相對優勢、資產運用效率優勢等，會展活動提供業
者交流與交易平台，更可帶動如旅館、航空公司、餐
飲、公關廣告、交通、旅遊業等相關產業的發展，有助
經濟成長。【中小企業經營輔導專家協會：陳政成】

第三節　新商品的企劃與可行性分析

　　企業發展新商品時，應擬定一份「加入新商品的計畫書」，而該份計畫書
的重點項目有：⑴企業的新商品目標的明確化；⑵策略性開發商品的市場分析；
⑶既有事業與新事業體質；⑷新商品導入市場的成功關鍵因素；⑸既有事業與
新事業的明確化、事業化概念；⑹利用企業現有優勢且避開劣勢的加入新商品
方法；⑺風險管理與緊急應變計畫等項重點項目與內容。

一、既有事業加入新商品的課題

　　在確認 NBP 的加入時，企業應先進行 NBP 的自我操作性檢核。並深切了解
NBP 對本身產業的重要性如何？加入 NBP 的目的為何？加入 NBP 的主要議題為
何？加入的 NBP 如何定義？新商品的概念差異化形象如何開發？

㈠有關 **NBP** 的自我操作性檢核（如表 **8-3** 所示）

♣表 8-3　新商品實務性檢核

一、現有事業所處產業概況

項目	序	主　題　內　容	程　度 7 分～1 分	說　　明
供給面	1	原材料取得容易程度	難↔易	
	2	勞資關係程度	低↔高	
	3	商品價值程度	低↔高	
	4	平均單位售價程度	低↔高	
	5	政府輔導支持程度	低↔高	
要求面	1	價格彈性	小↔大	
	2	替代彈性	小↔大	
	3	成長狀況	低↔高	
	4	季節性、淡旺季	小↔大	
	5	市場規模程度	小↔大	

二、現有事業所處產業結構

序	主　題　內　容	說　　明
1	產業規模（金額、家數……）	
2	本身的市場占有率	
3	產業的市場集中程度	
4	產業的商品差異化情形	
5	進入市場的障礙情形	
6	垂直整合情形	
7	其他（　　　　　　　）	

三、現有事業的創新與開發資料

序	主　題　內　容	計算公式或方式	說　　明
1	專責創新研發部門	①有　②無　③正成立中	

2	創新研發團隊	（支援R&D人數／直接參與R&D人數）
3	創新研發經費	（研發經費／營業額）
4	新商品平均開發量	（開發件數／年）
5	新商品成功比率	（成功件數／年）
6	專案提案比率	（提案件數／R&D人數）
7	申請專利比率	（申請專利件數／R&D人數）
8	研發專利之效率	（申請專利件數／R&D經費）
9	權利金效率	（權利金收入／R&D經費）
10	研發設計效率	（專案實際工時／專案預估工時）
11	商品化率	（商品化件數／產品開發件數）

※除第一項外，其餘請列出最近三年的資料。

四、NBP 相關性綜合資料

項　目	主 題 內 容	說　　　　明
(一)高階經營層的期望	*1.* 事業願景	
	2. 事業方針目標	
	3. 加入 NBP 的項目與理由	
	4. 加入 NBP 的課題	（如：技術、文化、典範、競爭力……）
(二) NBP 的方向性（依經營者與企業的角度說明）	*1.* 事業擴大範圍	

市　場	技術策略	現有商品領域（技術）	相關商品領域（技術）	新商品領域（技術）
現有市場（通路）				
相關市場（通路）				
新市場（通路）				

※請說明領域方面哪些商品進入或不進入的商品構想，市場方面則說明哪些進入或不進入的市場構想。

	2. 現有的創新與開發活動中，高階經營層認為不足者有哪些？	
	3. 企業的組織與品牌形象	(1)企業發展之策略目標為何？想發展為什麼樣的企業？ (2)企業價值、顧客價值、市場價值與員工價值為何？ (3)營業目標利益計畫為何？
(三)現有商品概況與課題（須提出弱勢與威脅點）	1. 現有商品體系與市場體系	請明確列出：①商品領域；②商品名稱；③商品組合；④目標顧客。
	2. 現有各類主力商品之概況	請依其營業額、利潤之方向予以做趨勢分析，以了解是成長或衰退商品。
	3. 現有各類商品所遭遇的主要課題	請列出其課題名稱及其理由。
(四)目前營業狀況及課題	1. 目前市場通路狀況	請說明其現況、競爭者狀況。
	2. 目前市場通路之營業傾向情形	請說明其銷售額比例、發展傾向、競爭者市場占有率。
	3. 目前市場行銷與通路所遭遇課題	
(五)創新與開發現況與課題	1. 開發能力：	
	(1)開發組織與體制	請就創新與開發團隊組織成、機能分工及組織型態予以了解。
	(2)開發結構實況	請了解創新與開發作業手冊、作業程序與作業標準的實際情形。
	(3)創新開發課題	

2.技術能力：

(1)自我開發比率

(2)保有技術領域　　請依循材料／加工／組裝／設計／測試／實驗方面加以了解。

(3)技術的 S/W 分析

3.生產／服務能力　　請就自製／委外比例

4.商品能力：

(1)商品銷售優勢項目及狀況　　請就價格／成本／性能／機能／增加附屬商品與否／品質等方面加以了解。

(2)商品收益狀況　　請就成本結構與投資回收期間，損益平衡點數量與金額加以了解。

5.資訊能力：

(1)蒐集範圍及使用方法　　請就市場、商品、銷售、服務與技術方面加以了解。

(2)分析評估的方法與結果　　請就市場、商品、銷售、服務與技術方面加以了解。

技術評估　　請就技術之新穎性與專利、投資、技術波及方面加以評估。

市場評估　　請就市場規模、成長情形、價格、收益率、銷售通路及生命週期加以評估。

其他（課題）　　請就資訊蒐集管道、分析評估等方面之課題加以說明。

資料來源：整理自楊仁奇著（1994），「國內產業之新產品新事業面臨課題及解決之道」，《科技研發管理新知交流通訊》第 9 期（1994 年 6 月 20 日）。台北市：中國生產力中心，PP. 14～26。

㈡有關加入新商品之目的

　　企業為因應時代變革及產業環境變化的需求與壓力，而進行創新與開發新商品，以加入其事業版圖內的最主要目的及目標議題，不外乎突破現狀及追求卓越的企業經營與管理典範，進而成為業界標竿。

1. 加入新商品之目的

(1)實現企業與員工股東的共同事業願景。

(2)突破企業現存的經營與管理瓶頸與危機。

(3)企圖將其企業的經營管理危機排除，並轉型為具有成長能力的新事業。

(4)企圖提升其企業的市場占有率與產業吸引力。

(5)擴大其企業及品牌的產業形象與地位。

(6)將企業的經營管理體質予以活性化，提升競爭力與企圖心。

(7)提高企業與商品的營銷獲利能力與價值。

(8)藉由 NBP 的加入，使員工的價值得以激發與活絡。

(9)藉由 NBP 的加入，將企業的經營與管理風險程度降低。

(10)藉由 NBP 的加入，使企業的經營事業與商品品項得以平衡，而使事業發展得能均衡化與分散風險。

(11)提升企業的經營績效，並使既存事業與新事業互為競爭與合作，以拉升企業的綜合績效。

2. 加入新商品的目標議題

(1)藉由 NBP 的加入，以發展更卓越商品與事業範疇。

(2)藉由 NBP 的加入，以降低企業的成本並提升企業的獲利能力。

(3)藉由 NBP 的加入，可使新商品先占市場取得主導地位。

(4)藉由 NBP 的加入，可改進商品及低廉價位來擴大其市場占有率。

(5)藉由 NBP 的加入，可重新進行市場定位與區隔，以引導其進入市場。

(6)藉由 NBP 的加入，以創新行銷、經營管理之策略與方法。

(7)藉由 NBP 的加入，得以進入新市場新通路與擴大流通與行銷網路。

(8)藉由 NBP 的加入，形成新事業體的協同管理系統之策略與思維。

(9)藉由 NBP 的加入，使企業達成永續發展之目標。

(三)新商品的創新開發乃來自於顧客的差異化需求

新商品的開發與創新是受到市場環境的變化與顧客的需求之影響，其企業的創新與開發NBP的決策考量因素就應依據顧客的需求條件與市場的可能消費行為趨勢，進行NBP之功能、外觀、品質或商品組合部分之式樣的創新設計與研究開發，並將能實現的技術性課題予以抽出，此是製造與提供差異性商品之目的。

至於新商品來自於顧客差異要求的創新開發應予評量的重點有：

(1)依顧客的需求項目別，所須創新開發的商品，及該商品之零組件組成
　 部分所面臨之技術課題有哪些？

(2)在進行技術課題審查時，應考量到其技術有待突破的課題及其有關課
　 題的技術發展趨勢或預測其方向。

(3)在各課題的採取因應對策方面應予以深入了解並尋求課題的解決對策。

四掌握企業組織的 KFS

　　企業的 KFS 就是成功關鍵因素。一般而言，任何一個企業均有其各自的經
營績效，如：市場占有率、銷售成長率、銷售利益率、生產力、商品貢獻度等。
而此等績效是取決於其有形與無形的生產財、消費財及服務是否能順利且適價、
適量、適質、適時與適地銷售予其既有與潛在顧客，以換取利潤及創造利潤。
當然，此等績效更是有賴於掌握其 KFS，而善加管理與運用其 KFS 時，是其商
品與事業經營成功的捷徑。

1. 掌握事業 KFS 的方法

　　企業進行策略思考時，應針對如下幾個方向加以鑑別與確認其 KFS 的重點
因素：(1)既有事業所位屬的業種特殊環境；(2)顧客與目標市場的需求與要求；
(3)既有商品的生命週期；(4)既有事業的創新開發水平狀況；(5)既有事業所位屬
之地區或國家經濟環境；(6)既有事業的財務情況等。企業對於其 KFS 的認知，
及如何追求 KFS 超越競爭對手之了解，就能避免全面性的投資，以免浪費人
力、物力與財力，而能有效地提升本身的市場競爭優勢。

2. 由事業的創新開發水平看 KFS

(1)原材料供應與來源方面，如：取得低廉與品質穩定原材料的來源、採
　 購技巧、掌握原材料供應網路等。

(2)零組件委外加工方面，如：掌握技術有創新突破與品質穩定的加工廠
　 商、能取得委外加工技術與品質差異化的加工廠商支持、供應及時化
　 與彈性速度化等。

(3)顧客方面，如：取得顧客滿意度與忠誠度的市場行銷系統能力、具有
　 市場行銷企劃與創新能力、優質服務人員的培養與管理能力等。

(4)商品管理方面，如：商品企劃能力、商品創新設計與開發能力、商品

組合與評估技術能力、商品行銷企劃與營銷能力等。

(5)經營管理方面,如:管理系統設計與執行能力、專案管理能力、商務談判能力、生產加工與服務技術能力等。

3.由事業 KFS 中得到 NBP 加入方法之構想

(1)確認進入的 NBP 事業領域的 KFS 有哪些?

(2)針對企業本身的事業潛力與加入 NBP 領域的 KFS 到底有哪些差距（Gap）?此等 Gap 是有待與目前本身既有事業追求的 KFS。

(3)了解到本身企業加入 NBP 時所需要的 KFS 是什麼課題是相當重要的,對於擬加入 NBP 者均不可忽視的。

4.加入 NBP 事業領域的課題

加入新商品領域時,經由 KFS 課題的研究與分析,將可掌握其要進入 NBP 的領域。事業水平差異與業種差異所構成的加入障礙,是企業所應努力追求降低其加入障礙之主要課題。

(1)NBP 事業水平差異的加入障礙方面,如:①主要的技術差異;②經營管理水準差異;③新商品領域的進入與評量技術;④NBP 領域的顧客需求與期望的因應能力;⑤市場行銷與銷售技術;⑥行銷與流通管道的掌握與管理;⑦新技術的創新與開發速度等方面。

(2)NBP 業種差異的加入障礙有:①設施場地與設備的投資需求;②生產加工組立與試俥所需的技術;③所需的各種技術與管理人員;④內部與外部溝通管道的建置與實施能力;⑤市場行銷流通網路的建置與管理能力;⑥企業與品牌形象的形塑能力;⑦商品品質形象的建立與推展能力;⑧進入新業種的策略方法;⑨對新事業領域的陌生感與危機感;⑩對新事業領域文化的陌生感與不適感等方面。

(3)降低加入障礙的因應對策有:①學習與吸收新領域的知識、文化與經驗;②借助外部專家顧問的協助;③採取和有力的使用者的合作策略;④採取與既有企業或使用者之合併事業化策略;⑤採取併購事業化策略;⑥先由行銷面導入,俟能掌握 KFS 時再擴及產銷一體化;⑦培植具有 KFS 能力的核心人才;⑧採取企業內部創業方式;⑨先進行海外事業化等方面。

5.加入 NBP 事業領域的方法與構想

　　企業要想能成功地加入 NBP，應要體認到「不要輕易進入到陌生領域」的重要性，因為企業能認清本身的核心競爭力與 KFS 在哪裡？並了解新加入領域的 KFS 是什麼，如此方能由本身最強的地方加入。因此，企業將其創新與開發出來如圖 8-6 所示的第Ⅳ象限的新商品，導入新事業領域的方法，就應由從第Ⅱ象限經由第Ⅲ象限到第Ⅳ象限，或者由第Ⅱ象限經由第Ⅰ象限到第Ⅳ象限的模式加入，才是較有成功的機會。

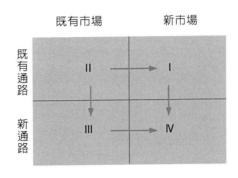

　圖 8-6　新商品導入新市場新通路的模式

　　另外，企業在加入 NBP 領域之前，應充分了解與掌握產業領域中的領先企業的經營與行銷策略狀況，而以明確的態度制定出與其有所區隔的差異化策略，及在此策略思維下的加入方法（如表 8-4 所示）。

　表 8-4　加入模式的加入策略構想

加入 NBP 的策略	內容說明
先進行的商品包圍策略	以全企業人員的力量先進行商品包圍的戰術，以吞併 NBP 市場領域的加入策略。
先進行的高級品加入策略	以高級品形象進入，再擴展到普遍水平階層的加入策略。
先進行的低級品加入策略	以低價位大量普銷策略進入，以將市場控制的加入策略。
先進行的大眾市場加入策略	將商品定位在目標市場的中間階層，以掌握中間的大眾市場的加入策略。
先進行的新市場加入策略	以附屬創意商品方式發展非屬於競爭市場的加入策略。

㈤新商品的事業化計畫與構想

新商品的最後也是最重要的步驟，就是將其事業化或商業化，並擬妥商業化計畫（Business Plan）。一般來說，商業化計畫應不僅限於一個，乃因其事業化過程中的研究發展水準與所需關注的議題各有不同，因此在各個階段裡各有不同的事業化計畫以供執行商業化或事業化的參酌。

為加強對事業化步驟及商業化計畫的了解，就引用某精機公司的 NBP 之事業化步驟（共五個階段）與三個商業化計畫，分別繪製圖 8-7 及說明如下：

1. 創新與開發 NBP 的主題蒐集階段

此階段是經由市場調查與研究、客戶申訴抱怨、生產製造與服務作業過程資訊、技術資訊及企業本身具有的潛力或 KFS 等主題加以蒐集，經由資訊的蒐集、分析、歸納、整合與擴展蓄積，以產生 NBP 的創意與創新機會。

2. 創新與開發 NBP 企劃與探索階段

所產生的創意與創新機會經由創新團隊的預備審查，經初審通過的創意與創新機會將由創新團隊正式著手進行市場預備調查與技術可行性調查，並送往創新團隊進行創新與開發審查與評估會議，經審查評估通過後者將由創新團隊領導人決定其 NBP 主題，同時責派專案負責人進行商業化計畫 I 的編撰作業，該份計畫須經由創新團隊領導人審核通過，作為進行創新與開發的依據。

3. 創新與開發 NBP 試樣、量試與半商業化階段

在此階段進行市場調查與市場銷售計畫的編訂，同時進行新商品同步開發、設計與試樣等作業，然後進行開發評估。經由第二次的創新與開發審查與評鑑會議之審查通過後之後，即進行商業化計畫 II 及再檢討創新與開發主題的審核。當經由創新團隊領導人核審通過後即進行市場銷售計畫與生產能量檢討及確立商品化品項，同時並進行量試及品質、機能與經濟利益之評估與試算後，轉由最高經營管理階層主持的商品化評估會議進行評核，經審查通過後即進行商業化計畫 III 及決定商品化計畫。

4. 創新與開發 NBP 的商品化與商業化移轉階段

在此階段首先應考量技術來源是由自力發展或外部引進，生產製造是內製或委外方式，銷售服務方式是自力銷售服務還是委外銷售服務等 NBP 加工方

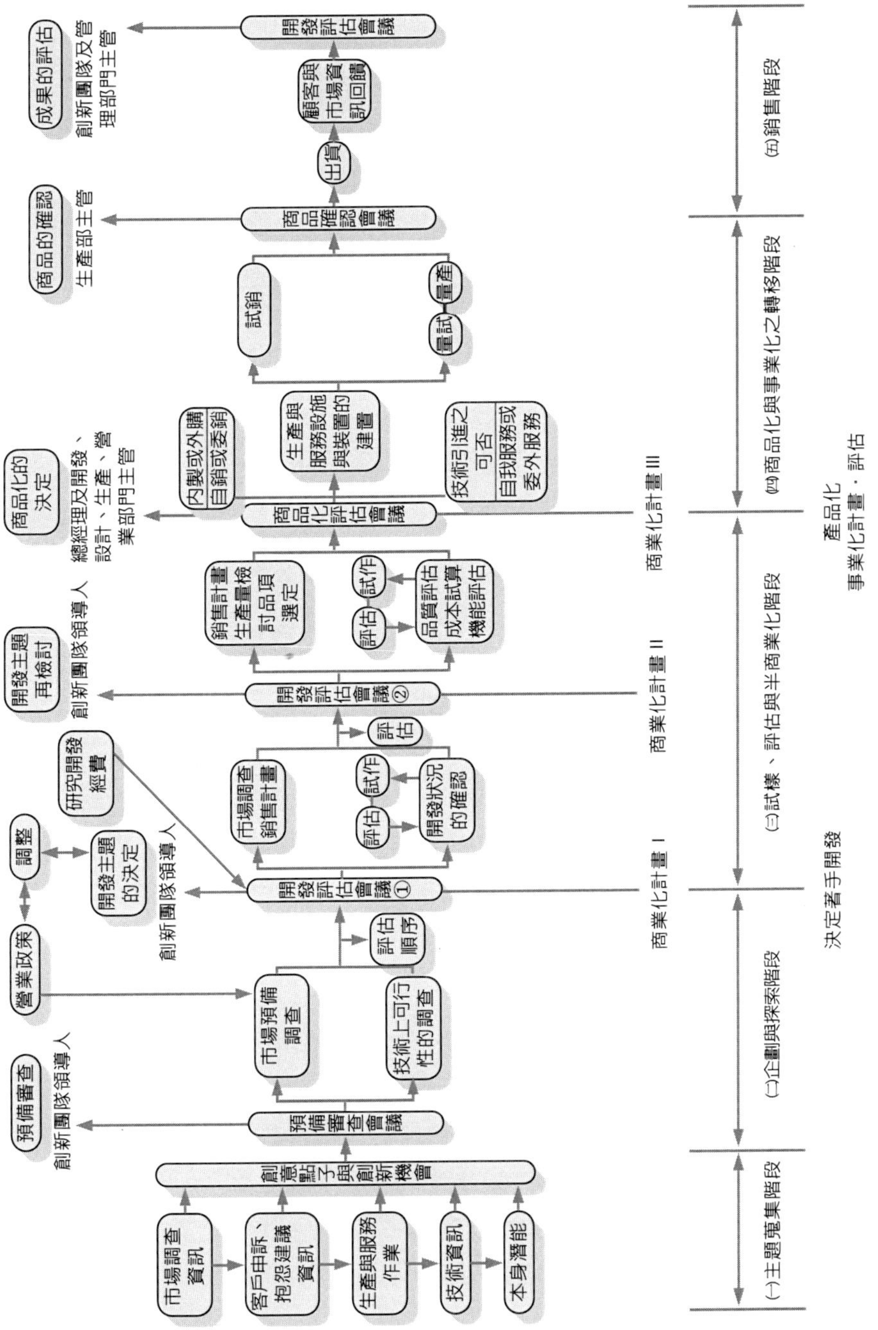

◆圖 8-7 NBP 的事業化步驟與商業化計畫（某精機公司）

式。同時進行量產與試銷活動，在試銷之後應將量產與試銷成果提報給創新團隊領導人主持的商品確認會議審核。俟審核通過及確認商品可正式銷售之後，即進入正式銷售與上市商業化階段。

5.創新與開發 NBP 的商品化與商業化銷售階段

在此階段即為正常的商業活動，包括銷售、出貨、服務與顧客資訊回饋等活動在內，唯在此階段應定期進行 NBP 商品開發成果的評估會議，以確實掌握 NBP 績效，並作為再度創新與開發新的 NBP 時的參考依循。

另外針對三個商業化計畫的主要內容匯總如下：

(1)商業化計畫 I

著手進行開發時的主要內容如：①商業化之目的與宗旨；②商品定位與市場定位；③市場趨勢；④技術發展趨勢；⑤競爭情勢狀況；⑥目標市場與其環境情形；⑦加入新事業領域的課題；⑧加入新事業領域的方法與策略；⑨企業既有事業與未來新事業的事業目標概要；⑩商業化預計日程計畫；⑪事業發展的未來性；⑫預估可能發生的風險及可能發生的課題；⑬附件（如：研究開發企劃書、市場調查研究報告書等）。

(2)商業化計畫 II

試樣評估與半商業化時的主要內容，如：①商業化之目的與宗旨；②商品的概要介紹；③市場的需求量變化與價格波動之供需變化情況；④技術的來源可能性及競爭同業的技術概況與發展趨勢；⑤競爭者的商品創新與開發動向與趨勢；⑥商業化計畫概要（如：事業目標、市場與顧客開發計畫、商業化預計日程計畫、資金需求與供給分析、利益與成本分析等）；⑦可能遭遇到的問題與有待改進的課題；⑧附件（如：研究開發結果報告書、試樣計畫書等）。

(3)商業化計畫 III

商品化與商業化之轉移時的主要內容，如：①商業化之目的與宗旨；②商品的概要介紹；③市場行銷方面的重點（如：需求量變化與價格波動的供需變化情況、競爭者商品策略與促銷策略變化趨勢、通路及市場銷售促進之情況、市場行銷上所遭遇的問題等）；④核心技術方面的重點（如：本身現有的技術狀況及發展趨勢，其他企業的技術狀況、專利技術來源狀況、技術授權可行性及有關課題與問題等）；⑤商業化計畫方面的重點（如：事業目標、設施裝置計畫、生產與服務作業計畫、市場行銷與開發計畫、新商品的創新開發計畫等）；⑥生產與服務作業方面的重點（如：生產製造流程、服務作業流程、設施設備裝置概況、原材料供需概況、成本分析、有關生產製造或服務作業上之

問題與課題等）；⑦附件（如：試樣與量試結果報告書、設施設備裝置投資計畫書、投資利益分析與報告書等）。

　　當然企業及其高階經營層所關注的重點，大多不會將三份商業化計畫從頭到尾仔細的審閱，因為他們關注的是：(1)加入NBP的事業目的與宗旨；(2)市場規模與成長率；(3)加入的綜合績效及與現有事業的關聯性綜效；(4)風險及因應對策；及(5)事業是否能持續發展及是否成為標竿企業等。所以創新團隊在進行加入NBP時應在三份商業化計畫中加以思考及編訂以供高階經營層審核，方能取得其真誠參與投入及帶領全體員工邁向NBP事業的創新、開發與加入事業領域而全力以赴。

創意生活產業是未來趨勢產業

創意生活產業中的創意表現可藉由產品、場所、服務、空間方面去思考去發想。這些林林總總創意的素材都存在我們的生活中，了解他們、挖掘他們去進行組合排列，往往新的創意就由此而出。但所有的創意都要隨著在地而進行改變，順應當地的情勢、人民素質，否則再大、再好的創意也無法產生出商機的火花。【作者拍攝】

◎第四節　新商品之經營管理與推展

　　二十一世紀的企業面對區域性、全球性的合作與競爭範圍的擴大，知識經濟的產業經營模式將隨著資訊、通訊與網際網路的快速發展，而呈現出激烈的變化，企業想要能永續經營發展，就須激發出企業的活力。所謂有活力的企業，

是企業的高階經營層帶領全體員工，使企業上上下下均能體會到企業整體的價值與意義，眞誠合作與互信互助地執行企業的經營決策。所以簡單地說，有活力的企業應是具有如下的條件：

1. 具有明確與前瞻性的經營策略及創新開發 NBP 策略。
2. 具有創新開發新商品的強勁創造力及推展行動力。
3. 具有蒐集資訊能力、創意激發能力及公司內部企業家精神。
4. 具有策略性組織結構、分層負責與授權賦權的卓越組織團隊運作模式。
5. 具有創新與創造力的組織氣候、經營環境與管理行爲。
6. 具有迅速化決策與行動能力。
7. 具有 NBP 創新開發團隊與專案組織運作的創新管理機能。

綜上所敘，有活力的企業需要經過由上而下及由下而上的融合，不斷地擴大與更新所具有的資訊，不斷地創造與激發企業的創新能力，促使企業具有危機意識與改進意識，從而採取外部導向與競爭導向的經營策略，進而積極地推展創新與開發新商品。同時在創新 NBP 之際，更應進行組織管理革新，激發全體員工保持旺盛企圖心與高昂的工作士氣，以適應環境的變化，其結果當然是在市場上能發揮強勁的競爭力量及維持永續發展的能量。

一、創新事業專案管理的成功方程式

企業的運作是依據企業的策略方針與經營目標，而高階經營層就是依據策略、方針與目標，經由其創造力、感受力與意志力，將其創新與開發的 NBP 貫穿到企業整體，且謀求人員與組織的活性化、效率化，以實現其經營目標與願景。然而高階經營層卻是一刻不得稍歇的，須要不斷地努力與循環地推動，不論是既有的事業或是新加入的 NBP，均要將各個專案的方針展開爲行動方案而後據以全力以赴地執行推展下去，以達成企業的事業目的與宗旨。二十一世紀愈來愈多的企業運用專案團隊的形式來進行新商品的創新與開發活動、新行銷活動、既有事業加入 NBP 活動或者是導入某項管理系統等活動，以爲因應現代的快速環境變動、組織扁平化趨勢、時間短促及經費預算有限等限制。現在專案管理已變成一個顯學，有些企業甚至將其企業體制內的大多數活動均以專案爲導向，以便彈性調度人力，靈活應付產業經營環境的變化與日益嚴苛的顧客需求。

㈠創新 **NBP** 專案的規劃與控制

依據美國專案管理協會（Project Management Institute）的定義，專案是指：「有特定目標，在特定時間、資源限制下完成的工作。」由此來看，每個專案均有確切的開始與結束。和一般企業運作不同的地方是專案是暫時性與獨特性的，而一般的企業運作則是持續進行與重複發生的；但兩者也有相同的地方，如：⑴均是由人來執行；⑵同樣有資源上的限制；⑶同樣均要進行具 PDCA 精神的規劃、執行與控制管理（如圖 8-8 所示）。

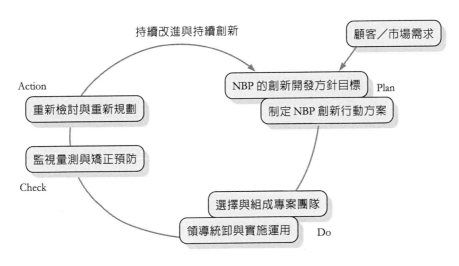

♠圖 8-8　創新 NBP 專案的規劃與控制

1. 設定創新 NBP 目標

NBP 的創新與開發乃依據企業的事業願景與方針目標，推動新商品與新事業的創新與開發活動，所以說企業的方針目標是企業的基本方針，而創新 NBP 的方針目標則是依據企業的基本方針以形成者。創新 NBP 專案應在專案規劃時，將其明確地定義。依據哈佛商學院編纂的《專案管理手冊》指出，要清楚定義一個專案，應要涵蓋：⑴專案規模大小；⑵專案結束時間；⑶有哪些資源可供投入；⑷有沒有清楚地且以 25 個英文字（中文約 40～50 個字）以內的專案目標宣言（Project Objective Statement）；⑸專案的主要產出是什麼；⑹專案產出是否定義；⑺主要產出項目是否有完成日期。

創新 NBP 方針目標乃依據基本方針而制定，通常高階經營管理者均會針對

企業基本方針，以具體的方式跟創新團隊與領導人提示重點目標，創新團隊將據此探求「其目標為何」的方式，進一步加以釐清與訂定創新 NBP 專案目標。至於目標宣言呈現的重點有：(1)要能在英文 25 個字（中文 40～50 個字）以內表達，因為這樣才能精確；(2)儘量使用簡單的語言，避免使用術語；(3)目標的指標要簡單明確且可衡量；(4)目標要具有挑戰性，要很實際，切勿浮誇。

2.制定 NBP 創新行動方案

為能在創新目標計畫所制定的時限內產出既定的績效，創新團隊領導人須在進行專案規劃時，將各個既定工作儘可能分解為更小的作業，而將分割出來的作業分派予創新團隊成員負責，並將其定義清楚、完成作業任務應採取的創新行動方案及預計完成的時間，經由創新團隊領導人審核通過後執行。

工作分解的方式，是將創新目標拆解為幾個分類目標，再將某個分類細拆為幾個分項目標，而後針對各分項目標所能達成目標的對策進行創意思考，可經由創新團隊成員以腦力激盪方式找出達成分項目標的對策與措施，並經由團隊成員的充分討論，或經由民主程序篩選出主要的對策與措施，作為達成創新NBP 目標的一項行動方案。

創新行動方案的做成，最好能將各行動方案的推進順序及時間（甚至可將成本因素予以納入）的關聯性以 PERT/CPM（普特圖／要經圖）方式呈現。而其主要目的在於將各項行動方案以一定順序連結，如此可使得各行動方案以易懂清楚的時程形式及可衡量目標（如：金額、數量、時間等）呈現給各行動方案的責任人與創新團隊領導人、專案團隊領導人作為執行工作的依據。

PERT/CRM 的應用範疇相當廣泛，如：新產品開發、新工程施工、廣告企劃、新公司設置等方面。為加強對於 PERT 的了解與運用，本書將以品質改進層面的問題解決及改進新流程模式作為說明（如圖 8-9 所示）。

3.選擇與組成專案團隊

創新NBP 行動方案經由選定之後，即進入執行有關創新NBP 的階段，在這個階段一開始即將NBP 的各個行動方案分派給適當的成員，且將各成員組合成為一個專案團隊，當然該專案團隊成員須對其分派負責之行動方案有所了解，而對其他行動方案並不一定需要了解，因為專案團隊有若交響樂團一樣，各成員需要發揮團隊合作精神，最重要的是樂隊指揮須了解其成員的專長而分派工作，並激勵各成員的發揮潛力與專長，則該樂團綜效將可發揮出來。同樣的，創新NBP 專案團隊也是如此，團隊領導人不必要對各種機能與行動方案了解，

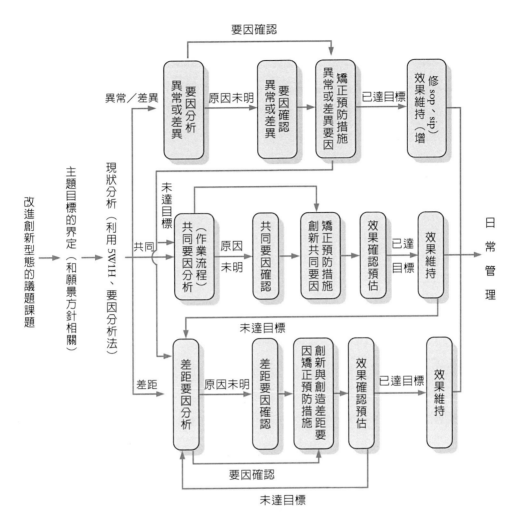

⬆圖 8-9 創新議題解決與改進新流程

但卻是需要時間組織團隊,以實現領導統御及溝通協調。

組織專案團隊,需要對該創新團隊及企業員工加以了解及選擇適當的成員,而後進行並編組給予各成員任務與明確目標、職權、責任,並建立團隊及制定有關的作業程序與流程,再召集團隊成員進行訓練及進行激勵鼓舞,而後即可展開 NBP 創新行動方案的實施。專案團隊領導人是專案的靈魂,在組成專案團隊前要先確立領導人再組織團隊,所以團隊領導人對於創新 NBP 目標須相當清楚。而領導人較合理的精力與時間使用分配比例:50%比重在擬定策略與了解環境;40%比重在管理事務上;10%比重則在技術應用上。

4.領導統御與實施運用

專案團隊編組完成之後即應展開如下工作：(1)團隊成員的訓練與士氣提升、合作溝通氣氛的培養；(2)各行動方案之各項工作需要的時間與各項工作均應有清楚的開始與完成日期時程（Schedule）；(3)建置里程碑（Milestone）作為各項工作進行成果的檢核時點，以確保專案進行之方向、目標與時間依進度達成；(4)有限資源的分配及掌握專案進展過程的風險狀況，而進行資源再分配之機制建立；(5)建構激勵獎賞制度；(6)按專案預定目標進度執行；(7)專案團隊領導人掌握各成員與各項行動方案的實際成果與進度，並依里程碑做檢核。

5.監視量測與矯正預防

專案進行中須注意到，如何讓專案能依照預定目標來進行，因為在進行專案進度追蹤及執行成果掌控時，須查驗：(1)現在是否依照進度執行；(2)如果不是，則要追查是什麼因素所導致的；(3)現在已進行的部分工作（包括前面已完成的工作在內），是否符合預計之目標（如：成本、時程、效率等）；如果不是，要召集專案團隊成員做分析以找出差異與差距之原因在哪裡？

同時，針對上述三大項目之異常進行要因分析，以找出異常與共同要因，及經由專案團隊成員的問題解決技巧以確認可供採取的矯正與預防措施，而後進行專案進度管理的改進，必要時可經由專案團隊領導人核審認可之後調整往後各項流程工作的計畫進度。事實上，就專案管理來說，比專案規模更大的挑戰，是要如何讓專案能按照預定目標進行，領導人要能發展出如何進行監視量測與矯正預防的簡單模式，將其企業裡的所有專案均依此模式標準來規劃與掌控。

6.重新檢討與重新規劃

基本上，專案的結案活動是專案管理的一個相當重要的工作，因為任何一個專案進行中，應可學習到許多重要的知識與經驗，如：(1)本項專案有哪些執行成功的關鍵因素？(2)本專案有哪些是需要加強的？如何加強？(3)本項專案的有關文件與資料是否蒐集完整？有否建立資訊庫？(4)本項專案的規劃有哪些需要加以改進的地方？如何改進？(5)本專案結束時應要如何獎賞、表揚或慶祝？(6)本專案的進行過程管理行為有哪些是成功的？有哪些是須加強的？有哪些是失敗的？(7)本專案的管理原則是否掌握？要如何注意防範與預防再發？

7.持續改進與持續創新

大多數的專案之成功或失敗關鍵，乃在於管理是否恰當而不是執行的技術

性問題。企業的高階經營層應忘掉專案管理的技術層面與枝微末節,應把握專案管理的管理原則,所以專案管理具有 PDCA 與持續再循環迴路的原則與行為層面之重要觀念。

　　某一項專案進行之後的結束動作是下一個專案進行時最應引為參考的資訊,而在這個專案中所學習的經驗與知識,可幫助企業在未來順利推動專案,這就是知識管理的一個重要環節。企業在進行完成某項專案之際,應將該專案的規劃、執行、檢討與改進等方面的文件建檔儲存,作為次一個專案的規劃與控制過程的參酌,以提升次一個專案的績效。

㈡創新 NBP 專案領導人應具有認知與能力

　　專案的進行重點在於專案中與「人」有關的部分,因為專案目標達成的關鍵因素並不是程序與技術性問題,而在於人的管理專案行為與掌握專案管理原則方面,而程序與技術只不過是協助人工作之一項工具而已。因而專案領導人在專案管理進行活動中也就顯得相當重要,因為他負責專案工作之方法、預算、時程等方面,均需要能獲得企業高階經營層或其顧客的滿意,且他須能在專案團隊中具有計畫、組織、控制的責任與認知,及領導統御、溝通協調能力、發展團隊成員能力、人際關係技巧、處理壓力的能力、解決問題的技巧及時間管理的技巧,同時要能運用上述能力與技巧以鼓舞專案團隊,以贏得其組織與高階經營層或顧客的信任。

1.計畫

　　專案領導人需要明確定義其專案之目標(品質、時間與成本),同時須與其顧客對專案目標取得一致性的觀點與看法,且專案領導人須建構明確的專案願景,使團隊成員充分了解專案目標,並統合專案團隊與其企業的內部資源與限制,對外在環境之限制與影響施予適當的修正與調整,以遂行其專案目標。計畫對於整個專案管理的系統整合,須考量內在的資源與限制後再擬定專案計畫。在擬定計畫時,專案領導人須要能確保整體發展計畫較個人的單一計畫來得周全縝密,此外須能充分授權給專案團隊來達成該項計畫。專案領導人須審閱計畫,並取得高階經營管理者或顧客的承諾,並設定專案管理資訊系統,比較其專案的實際進行與計畫間的差異,及時採取補救措施,以達成既定目標。

2.組織

　　專案領導人編組其專案團隊的組織結構以執行整個專案的實體。組織結構

編組完成時，應進行團隊成員的專長與專業訓練，及建立激勵管理、領導統御、授權賦權與分工合作的運作體系。另外，對於專案工作任務之執行須由專案團隊獨立完成，有哪些部分要委外發包？或者哪些方面需要向外部諮詢？則有待專案領導人明確與審慎地定義清楚、界定任務或工作範圍、充分授權委任者（含承包商在內），且有須委外執行時則須與承包商確切地充分溝通與確立委外合約內容。當然，專案領導人應需要努力營造與塑造一個具有動力的執行專案任務之工作環境，以激勵被委任者依計畫達成專案目標。

3.控制

專案領導人應建構一套監控資訊系統，來管理與追蹤專案執行之實際進度，分析其品質、成本與時程之差異點，立即採取改進與矯正預防措施，修正調整原來計畫。經由控制可及早發現問題（含潛在失敗或失效問題），並即予解決，也就是專案領導人運用控制的管理活動，以負責計畫的執行與完成，並隨時了解內部環境與執行現況及外部環境的影響而做適時的修正，以達成計畫目標。

4.預算

專案目標由品質、成本與時程所組成的。一般而言，企業追求最低的成本、最短的時間與最好的品質為目標，然而卻不易將三個目標同時達成。專案管理的精神就是要巧妙地調節品質、時程與成本，以擬定科學化的計畫來進行管理控制，利用 $P_nD_nC_nA_n$ 管理循環的原則，將該專案任務與目標能在滿足品質、成本與時程條件下，找出合乎安全性、經濟性與價值性的計畫，以達成目標。

5.持續改進

當一個專案的任務結束，不論是否達成計畫目標，專案領導人須審思該專案的成功因素有哪些？要改進加強的因素有哪些？要加強改進者之方向與方法為何？相關資訊、資料與文件有否系統建檔儲存？專案結束時的檢討、慶祝與表揚又如何？這些系統的分析可作為下一個專案進行時的有用知識資訊庫。

(三)專案管理的重要原則

1.專案成功與否，受到時間、品質與預算三大面向的影響。
2.專案管理最重要的是做好專案計畫，且是要持續不間斷地進行。
3.專案領導人應將其對專案的迫切認知傳遞給團隊成員。
4.專案管理是要能運用知識管理的方法，將經過時間考驗的專案建立的

標準與最佳實務作爲次個專案的參考模式。

5. 專案結束時其所有的產出與活動應儘可能地予以具體化呈現。

6. 專案成果產出是需要一步一步地循序漸進地推展而形成的。

7. 專案須獲得顧客與企業高階經營管理者的承諾與支持認同。

8. 專案領導人應具有最先製造事情的先行者，而不是任由事情的發生或驚訝其發生事情的人。

9. 專案領導人要全力以赴及帶頭引領團隊成員把事情做對。

10. 專案領導人須是一個良好的溝通者與傳播者，將其專案推銷給所有的利益關係人，以確保專案的進行中不受干擾或承諾改變。

11. 專案領導人須是能發展組織與成員，以確保團隊績效。

12. 專案領導人要具有使團隊成員明確責任工作範圍的授權能力，但並不等於告訴成員如何去做，如此才能讓成員有能力進行創意與創新。

13. 專案領導人要能掌握重點管理的優先順序，懂得 80/20 管理原則。

14. 專案領導人需要對於某項工作或事情感到特別有興趣，而放手給團隊成員來做，及信賴其成員有能力做得更好更快。

15. 專案領導人要能承認錯誤，不要害怕團隊成員犯錯，且要有信心改進錯誤累進，不會重蹈覆轍錯誤的經驗與知識。

16. 專案須有明確的企業組織與顧客需求。

17. 專案領導人要能留意專案的變更需求，而適時地管理與控制變更，使負面的衝擊減到最低。

二、創新 NBP 的問題與改進

大多數的創新 NBP 專案總是免不了不確定性的存在，而導致創新 NBP 的進度、成本高出預算目標、品質不符合顧客或企業高階經營管理者的需求與期望，甚至發生整個創新 NBP 專案被迫叫停的窘境。

㈠創新 **NBP** 管理專案的不確定性

專案的推動過程中會面臨著不確定的狀況。據 A. D. Meger, C. H. Loch 與 M. T. Dich 的研究（*2002 年*），大致上將其分爲四類：

1. 變量

許多輕微的小影響可能會累積爲變量，而使得專案進度減慢，以致雖然專

案的內容很明確，然而其實際進度、成本預算、品質績效與其原來預定的數值存在明顯的差異。

(1)專案領導人應扮演進度安排者、問題解決者與權宜行事者，須事先做好計畫與擬妥緩衝方案，依據專案團隊的管理典範來執行專案。

(2)專案計畫的管理重點大致可分為：①不確定情況的模擬；②在各工作執行要徑的策略關鍵點安排緩衝方案；③設立並確認預期目標以為控制上限與適時採取矯正改進的行動方案。

(3)專案執行的管理重點：①監視與量測執行過程中出現的異常；②和主要利益關係人達成彈性共識，以避免大幅度改變原始計畫。

2.可預見不確定性

事前即已知道的不確定性，但專案團隊卻是無法確定其不確定性在未來是否真的會發生。

(1)專案領導人應扮演專案成果的統合者之角色，應能積極擬定幾個替代／權變的行動方案，以為回應變動之異常情況。

(2)專案計畫的管理重點可分為：①引用決策樹分析技術，預測可達成專案目標之替代方案；②運用風險管理技術，列出風險清單、替代／權變方案與決策分析；③風險應取得利益關係人的了解。

(3)專案執行的管理重點則為：①鑑別出風險因子並及早採取替代／權變方案以為因應；②若須作調整計畫時，應取得利益關係人的支持與承諾。

3.不可預見的不確定性

事前並沒有辦法確認會有什麼異常情況發生，但此情況未必就是突發的重大情況，也有可能是許多可預見之輕微事情而累積變成為重大異常事情。

(1)專案領導人應扮演彈性很大的樂團團長、網路聯絡人及外交大使之角色，擬出解決問題與調整專案計畫目標的執行方法。

(2)專案計畫的管理重點可分為：①決策樹內事先包含可接納新方案的能力；②不斷地重複進行專案計畫的過程；③動員新專案團隊成員以支援團隊應付新的異常情況。

(3)專案執行的管理重點則為：①鑑視與量測出可能的不可預見因素發生之徵兆；②保持良好的與利益關係人際關係之溝通管道；③與利益關係人建立共贏的互相依賴關係。

4.混沌

專案的基本結構是不確定的，對未來創新或創業的方向也是模糊的，也許專案的成果與原先專案團隊的原始意圖是背道而馳的。

(1)專案領導人應扮演創業家、知識管理者的角色，時常進行重新界定專案的目標，但不把比較實際成果與預期目標之差異為管理重點。

(2)專案計畫的管理重點可分為：①不斷地重新進行專案計畫，即使錯誤也沒關係，因為錯誤的結果將有助於提供一個最佳的方法；②與共同利益關係人建立長期的夥伴關係；③專案計畫的進行可採取同步發展數個專案計畫模式來進行。

(3)專案執行的管理重點則為：①重新界定專案，快速學習與嘗試；②邊做邊學，不斷修改目標，對下一階段任務進行詳細的計畫；③快速產出新商品模式；④果斷進行是持續進行或放棄之決策；⑤與市場領導者維持良好的交流互動關係；⑥持續進行市場與技術提供者之需求與期望的資訊蒐集與分析；⑦與顧客建立共同分享專案的長期關係。

㈡創新 NBP 常見的問題

事實上，創新 NBP 問題與其發生原因相當多，而各個問題點在創新新商品與新事業活動中是屢見不鮮的，至於產生問題點的原因也是頗為複雜的，另外問題點與發生原因則具有互為因果的關係，所以到底是問題或是發生原因？有時候是不易釐清其分際，且各個企業組織所遇到的情況也各有差異，所以說隨著企業組織或創新 NBP 的不同而各有其不同的原因與問題，本書擬藉由創新 NBP 惡魔循環（圖 8-10 所示）加以呈現。

㈢創新 NBP 問題改進活動

創新 NBP 問題在圖 8-10 的創新 NBP 惡魔循環圖中，我們將可發現許多的問題大多源自於企業的高階經營管理者與創新團隊領導人。他們各自從不同的各個角度探討問題，有人會認為問題乃出自於對部屬缺乏激勵，有人則認為創新團隊缺乏創意與創新，有人認為需要借助領導統御技巧，亦有人則認為是團隊內部缺乏溝通等各種不同的角度，但不管怎麼樣來看問題，大多需要針對推動 NBP 改進活動之有關問題解決方式加以管理。

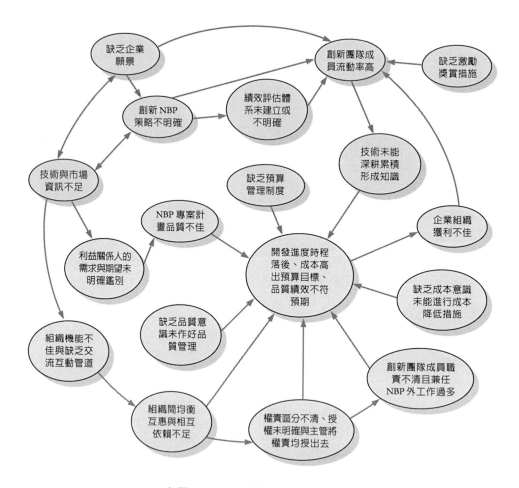

⚲圖 8-10　創新 NBP 惡魔循環

資料來源：修改自廖志德（1994），〈NBP 創新時代的贏家〉，《科技研發管理新知交流通訊》第 9 期（1994 年 6 月 20 日），PP. 64～65。

1. 管理問題的解決方式

　　管理問題的解決（Management Problem Solving; MPS）方式是一種有系統的應用方法，以找出有效解決問題的管理行為因素與機會。其 MPS 方式的主要行為：⑴問題的事實與想法資料之蒐集，並和利益關係人的相互交換各自立場之事實與想法，而進行問題的診斷；⑵經由討論以確認問題目的所在及將原因明確化，以助於了解理想與現實間的差距，進而在企業與專案團隊中產生問題意識；⑶確認問題掌握權是完全在自己或完全在他人，還是部分在己方部分在他方，進而決定解決問題時是否先由自己能解決的範圍著手，再擴及他人權責範

圍之認知；(4)提出解決問題的方法，並針對多種方法加以評估；(5)設定階段性目標，由點的改進再擴及線與面的問題解決與改進；(6)提出問題解決方法的策略；(7)切入關鍵點（如：創新NBP團隊成員流動率高、公司利潤不佳、技術無法深耕、開發時程太長等）；(8)解決問題與管理行動；(9)推動任何改進活動須有耐心、恆心與執行力。

　　2.問題、解決方法與行動

　　問題的診斷（Problem Diagnosis）、解決方法的制定（Solution Development）及行動的執行（Action Implementation）乃形成 PSA 循環（如圖 8-11 所示）。

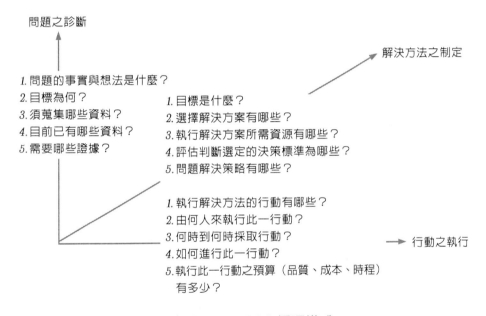

　　♀圖 8-11　PSA 循環模式

資料來源：修改自尉騰蛟譯（1985），C. J. Margorison著（不詳），《管理問題的解決方法》。
　　　　　台北市：中華企業管理發展中心，P. 76。

學校創意社群

是鼓勵任何勇於嘗試、思考、腦力激盪、開放討論與分享的
同學,加入創意生活社群的行列。希望能塑造出一個創意點
子的集合討論平台,不僅提供分享與觀摩討論,更基於保護
創作的精神,完整記錄保留所有構思軌跡,所有原創作人與
討論分享的歷程都有跡可循,創意生活社群小組同仁將扮演
點子推手的角色,為具體可行的點子找到合宜的資源灌溉,
俾使好的創意能在學校裡生根、茁壯,產出甜美的研發果
實。【修平技術學院國企系:陳錦文】

專案管理：追求效率先把人搞定

資料來源：林育新，2007.04.03，台北市：經濟日報

在大環境快速變遷下，商業模式急遽改變，企業要解決內外部複雜的問題，還要面對種種不確定性的挑戰。為了在有限的人力資源下，有效處理短暫、非例行性的獨特任務，專案應運而生。

專案管理對提升績效和競爭力的重要性日益增加，專案就是要執行策略，專案失敗的原因在於計畫不周詳、需求不完整、資源不恰當、不切實際的期望、缺乏管理層支持等，整體而言，專案應依循組織策略而走。

多數企業連公司策略都沒有，就一股腦兒投入專案，策略講究與眾不同，要創造出一個獨特而有價值的位置，也就是說，要刻意選擇一套不同的活動，來提供一套獨特的價值。因此，企業要有眼光、膽識，口袋也要深。

長久以來，一般人認為，只要具備相關的工作經驗與擁有基本的管理知識，需要訓練且要有足夠的知識加上實作經驗，才能擔任專案經理。

人為因素往往是專案管理極待解決的問題。如同工作砌磚，有人詢問三名工人做什麼工作？

第一名工人答：「我每天做足八小時，準時上、下班。」

第二名工人說：「我在砌一道牆。」

第三名工人則說：「我在蓋一棟傳承百年的教堂，以後可告訴我孫子，那是我蓋的。」

三個人都在砌牆，但每個人的眼光、目的不同。

若加入專案團隊，卻不知道自己要做什麼，為何而做，甚至認為自己只是從別的部門暫時被借調來支援，則專案品質堪慮，也影響專案成敗。

專案是一門易學難精的學問，要建立組織及個人的專案分工共識，建立一致性的語言，讓團隊合作發揮極致，人是最大的變數，也是最關鍵的。

因此，上至企業最高階主管，下至基層人員，每個人都須體認到專案不是公司的邊緣地帶，而是提升企業績效的利器。

Smart Innovation 8-2

團隊運作：專案組織的績效管理

資料來源：林雅琴，2007.04.01，台北市：經濟日報

營建業者為執行工程計畫或解決工程規劃、設計、施工等複雜的問題，經常會以工程專案團隊的型態，籌組內外部人力共同完成工作任務。工程專案團隊無論是以問題解決或是以工程施工、興建為目的，都有具體的任務目標，因此團隊運作通常屬於臨時性組織。

為因應工程專案團隊的業務動態發展，營建業在工作設計、員工訓練、績效管理、獎金設計等人力資源管理議題上，也應有相對彈性的管理模式，以符合專案組織的實際需求。

評量團隊績效時，建議從專案及從屬組織二個層次思考。首先，考量專案的部分。由於每個工程專案所著重的工作產出重點不同，因此專案的績效評做不只要考量對營業額或營利等財務數字是否有貢獻，亦須透過對專案的目標項目及執行內容的分析，找出其他評估標準，如：目標導向、顧客導向的施工品質、時間進度、成本預算、團隊管理等指標，才能使績效評量客觀且平衡。

其次，是團隊成員績效評量，則須將專案執行成員的從屬組織一併納入考慮，才不會讓工程專案團隊與企業脫軌。以工務部門同時執行三項工程專案的相關人員績效評量來說，如果團隊成員沒有交叉支援其他專案，三個工程專家團隊成員的績效，主要依其負責執行專案的成效來決定，工務部門主管的績效則因其統籌負責所有工程專案的成敗，須配合其工作職責與三項工程專案對企業的貢獻、價值等因素，設計評量權重，綜合評估其績效。

此外，工程專案團隊成員除了工務部門直接人員外，尚有間接部門，如採購人員協助執行三項工程專案的採購業務，則間接部門人員的績效仍須與三項專案績效連結，才能符合實際工作與責任歸屬，使績效評量與日常業務執行密切結合。

（作者是中國生產力中心顧問師）

第3部
發 展：建構創新藍圖

Chapter 9

鎖定競爭優勢　落實策略創新

在不連續性的時代裡，企業領導人、CEO與策略創新者想要能經由對於政治、經濟、社會、技術、文化及產業競爭環境的考量，展開具有積極創新性的策略規劃，就應針對事業的定義、定位與再定義予以融合所擬進行破壞性創新的成長策略有關介面，以追求創新與破壞的平衡，並創造與改變經營模式，及追求競爭優勢的維持與增強。

策略創新乃指企業在價值鏈上創新，並建立新的事業營運模式，提升其競爭力並改變產業的競爭法則，從而得以創造出因應新競爭情勢的管理典範，並將典範轉移到新市場與新事業的營運模式中，進而維持其競爭優勢、獲取高額利潤，及促使其事業能永續經營與發展為業界標竿。

第一節　從事業再定位到策略創新的競爭法則

事業設計是事業概念的綜合體，包括目標顧客定位、商品與市場定位、自製和委外服務、資源調度、顧客價值創造、事業利益創造、提高市場占有率與顧客占有率等方面，所以說事業設計是企業的各種活動與關係所形成的綜合系統。也只有將各種事業設計儘可能地符合顧客本身的需求，才能做成價值移轉。因而，一個企業的事業經營及其商品的發展走向，其實是受到顧客價值移轉方向的影響。

一、事業概念的再定位

二十一世紀數位知識經濟時代，創業者與高階事業經營管理階層不應只著重在某個商品或技術的創新，而要轉移到事業概念的創新領域。事業概念的創新，是創新者應要想出如何能徹底調整現有事業模式的方法。事業概念與事業模式的基礎是相同的，事業模式本來就是事業概念的應用。

㈠事業概念的價值移轉週期

一般而言，能衡量企業的事業設計到底具有多少力量，是可藉由價值移轉來了解的。價值移轉可分為三個階段：價值流入、價值穩定與價值流出（*Adrian Slywotzky, 1996*），任何一種的事業設計只可能是此三個階段中的一個階段，在各個階段中事業的經營管理階層應檢視其事業設計創造價值力量的大小，從而調整其行動方案，爭取比競爭者更能滿足顧客的需求與要求，如此方能在價值移轉的過程中成為贏家及獲取利潤。

以大霹靂多媒體公司的布袋戲偶娛樂產業的價值移轉過程來說明，霹靂布袋戲就是由第一代的黃馬所創立、歷經三代的事業再設計與創新變革（如圖9-1所示），而這三次的變革印證了價值移轉三階段與事業概念策略創新理論。

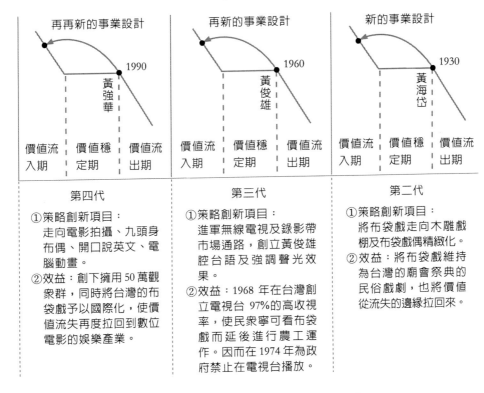

🔔 圖 9-1　霹靂布袋戲的事業再設計

　　霹靂布袋戲自第一代黃馬以降，歷經三代的策略創新，如第二代的黃海岱將布袋戲拉向野外的木雕戲棚，同時將布偶予以精緻化，因而將布袋戲走向野台，進而成為廟會、地方士紳喜慶，或地方盛事喜慶活動的重要娛樂。到了第三代黃俊雄，則將其父親引以為傲的南北管配樂予以汰換為流行音樂，並配上聲光特效，同時在無線電視中播放布袋戲，曾在 1968 年創下 97%的高收視率，而引起當時新聞局以「妨害農工正常運作」為由，被政府禁止在無線電視台播放，導致台灣布袋戲走入衰退期，黃俊雄也在此時嘗試創新通路，將通路轉為錄影帶市場而不在電視台中作為其通路，因而得以免去被淘汰的命運。

　　到了第四代黃強華則更大膽進行策略創新，不論是產品、組織、作業流程均做了重大的變革：(1)改變傳統布袋戲先有「口白」之後才有劇本的作業型態，變更為先編劇且設定進度再做口白配音的量產作業型態；(2)突破公司名稱由以往以黃海岱、黃俊雄為名稱的模式，改為大霹靂公司，以跳脫人名即公司名的深怕失敗與不敢突破創新之宿命；(3)主角素還真取代史豔文的光環，使黃俊雄布袋戲走入霹靂布袋戲時代；(4)走向電影拍攝經營模式，保持每星期兩集的產

能，編劇組每週五開會檢討，攝影特效組每天分兩班，從早上九點到晚上十一點進行量產作業；(5)主角予以整形並為上鏡頭好看，而由五頭身（頭與身體比例為1：5）發展為九頭身（比例1：9）；(6)跨入國際化，布袋戲開口說英文；(7)與異業結合，如：與中國信託、統一集團等知名企業。因而霹靂布袋戲2003年創下影迷超過九千人，一年的錄影帶合約金額達新台幣二億五千萬元，2003年收視觀眾達五十萬與營收金額達新台幣四億之同時，在2000年由素還真擔任主角的「聖石傳說」甚至為第一賣座的國片。

　　產業在步入成熟期之後，市場的規模與市場占有率發生變化，不再能保障企業的獲利能力與價值。因為這個時候，新進入市場的企業會以既有領導廠家的規模及優勢無法滿足其顧客的需求與期望企圖說服其顧客。領導廠家若仍企圖在「商品創新」與「流程創新」中力求突破，將會栽跟頭，因為創新效益將會愈來愈有限，如鋼鐵產業、食品加工產業、電腦產業、旅遊服務業、零售業等。在規模小很多的新企業推出創新事業設計之競爭下，領導廠家的市值成長大幅衰退，以致獲利率逐漸下降，甚至呈現負利潤現象。

　　在這個成熟期中，領導廠家衰退的原因很多，如：(1)顧客已變得精挑細選，不會偏執於品牌忠誠度，而較關注在價廉品質高、服務好、交貨快與較有感覺的議題；(2)全球化、國際化與自由化潮流導致產業的競爭圈擴大了，尤其新進入者以較為彈性、快速與新穎的事業設計概念，更能滿足顧客需求；(3)技術交流與科技進步，促使跨業競爭已蔚為潮流，且二十世紀末的產業多角化、多元化經營風潮更助長了跨業競爭的盛行；(4)委外服務概念的興起，在二十一世紀形成主流趨勢，更降低了競爭者加入的風險性與障礙性；(5)領導廠家的毛利率下降，使投入新商品的研發經費大幅下降（大多在銷售收入的1%以內），更而造成新進入者的競爭力逐漸下滑；(6)顧客充分利用開放資訊，以致顧客轉換供應商的困難度與成本也愈來愈低；(7)新加入者挾著新事業設計概念與輕薄短小的組織，擴大市值成長率；(8)二十一世紀初期的金融市場自由化及低利率，使得新進入者能以較低成本與方便地取得資金；(9)勞動、環保與員工健康管理等法令規章的落實，使得領導廠家的成本大幅提高，相對於新加入者自然不利於競爭。

　　在這個產業或事業設計成熟期中，應打破舊有的事業概念而創造出全新的事業經營模式，也就是須經由設計、服務、組織改變或市場再定位的策略創新以為重新定義市場與吸引消費者。

㈡價值移轉與事業設計

價值移轉在競爭的商業環境中，企業的利潤與員工價值、股東價值、顧客價值發生流動，也就是價值由既有的事業設計模式轉移另一新的事業設計模式，而新的事業設計將可提供給顧客更合適、更有效的價值，同時也會為其事業創造更多更好的價值。

在二十一世紀，這些商品創新開發速度與卓越製造能力正在減緩，新進入者與既有同業的模仿速度與能力也大幅提升，使得任何創新創造價值的生命週期相對縮短。尤其在企業國際化與政治經濟全球化、自由化的浪潮下，知識、資訊、通信與資本的國際性流通已沒有藩籬限制，任何商品與科技技術大多無法長久維持獨特優勢，且因顧客的需求與期望產生激烈的變化，及模仿者、追隨者的快速加入，加速事業設計的生命週期的縮短，事業設計的利潤也隨之產生價值移轉（如圖 9-2 所示）。

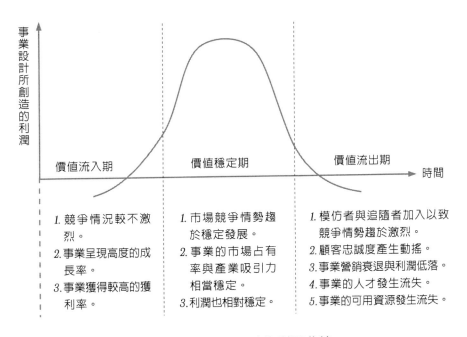

☝圖 9-2　事業設計的利潤曲線

瑞士鐘錶產業在二十世紀八〇年代面對日本石英錶的激烈競爭，由於瑞士鐘錶產業的事業設計生命週期正面臨價值的流出期，此時的成本無法與日本石英錶競爭，以致逐漸喪失顧客、利潤與資源，市場占有率急遽由 70% 下降到

10%。此時，SMH 公司也深陷在如此的危機中，因而推動了重新定義市場及重新進行事業設計，由鐘錶技師、塑膠技師與設計專家重新進行事業的定位工作，將其商品重新定位在「精確、價廉、可拋棄式」之範疇，並制定了事業設計創造性的價值成長目標，因而造就了 Swatch 手錶的正式上市。

　　Swatch 手錶的商品定位在低價錶市場，使傳統的計時器變為流行配件，雖然在上市初期遭受到瑞士傳統鐘錶業者的嚴厲批評（如：Swatch 玩具手錶不配為瑞士鐘錶等），但 Swatch 的董事長海耶克（Nicolas Hayek）卻獨具慧眼，認為 Swath 手錶的市場潛力無窮，於是他根據 Swatch 的商品、設計、銷售與製造，建立其重新事業設計後的組織結構，進行生產技術改革（如：壓縮手錶零組件數量由 150 個降低到 51 個、自動化生產、採取塑膠等），以嶄新的行銷創意（如：人們的第二支手錶、可拋棄的廉價手錶等），將 Swatch 手錶重新定義市場與重新事業設計的策略創新，使得 Swatch 得以度過日本石英錶競爭危機，進而於 2002 年起即告成為僅次於 Citizen 的世界第二大鐘錶集團。

　　從 Swatch 案例中，可深切體會到，事業設計的經濟爆發力（如：市值成長、市場占有率成長、營銷業績與利潤成長等）已跳脫出以往的傳統來源（如：商品、科技與製造能力以創造事業設計的價值成長），而轉變為關注到如何迎合顧客最重要需求的新來源，以創造出事業設計的價值成長。如：⑴手機的面世即告席捲所有的通信工具市場，因為手機帶來的方便與無國界限制，所以在二十世紀末每當手機商推出手機，不論價位如何，顧客多會自動上門；然而到二十一世紀，若是手機不具有上網、拍照、傳真等特殊功能，就須默默地退出市場；⑵快遞服務公司若只進行定點的快遞服務，而缺乏優越的後勤作業執行能力，及多方物流運送服務功能力，將會為市場淘汰；⑶購物中心（Shopping Mall 或 Shopping Center）可同時段、同地點提供消費購物、休閒、學習、飲食、運動、遊憩的綜合性服務，可滿足顧客的多元化需求與期望。

二、重構事業設計的策略創新

　　事業設計概念創新源自於 1980 年代，是受到默克（Merck）、聯邦快遞（Federal Express）、微軟（Microsoft）等知名企業相繼重構事業設計成功，獲取巨額價值與成就的影響而興起。在二十一世紀新經濟時代中，一般創新學者已跳脫創新概念，只重視商品與科技的創新框架，而發展到重視事業設計概念的創新領域。事業設計概念的創新是一種能力，可想像或建構出與既有的事業設計概

念完全不同的事業設計概念，也可從全新的角度來思考既有的事業設計概念，而藉此可創造出更大的價值與利益。

　　新經濟時代中，一個優秀的創新者應可跳脫以往只在不同的商品或企業間的競爭思維，轉移到更寬廣的價值創造範圍中尋求創新發展，如：理財服務、行動商務、文化創意、教育學習、環境保護、其他領域。此等新事業模式的出現，使得事業設計概念的創新改變了在特定產業感範疇內競爭之根本，而形成了超越創新（Meta Innovation）的概念。所以，事業設計概念新並非呈現直線式的進行，而是漸進式的，也就是朝向破壞性／跳躍式的創新概念發展。

㈠事業設計概念的診斷與評估

　　要對事業設計概念創造價值力量進行評估，須從事業設計是否可滿足顧客的最重要需求與期望著手，徹底了解是否足以達到完全滿足的境界。而評估事業設計是否具有為企業及其利益關係人創造價值與利益的能力，也是一項重要的工作任務。因而，不能仍沿有傳統的評估方法，而要以創新的評估方法為之（如表 9-1 所示）。

㈡事業設計生命週期中的決策

　　一般而言，可經由圖 9-2 所呈現的事業設計利潤曲線的變化情況，判斷其生命週期到底在價值移轉的哪一個階段，Adrian Slywotzky（*1996*）的研究指出：「有一個評估事業設計位處價值移轉三階段的哪一個階段的有用指標，就是市值（未來預期的獲利動力）與營收（目前的規模）的比值，當其比值高於 2.0 時，表示價值移轉乃位處價值流入期；若比值介於 0.8～2.0 時，乃表示其位處價值穩定期；而比值小於 0.8 以內者，處於價值流出期。」當然，價值移轉所處階段之研究可由整體產業來研究，以評估個別事業設計的架構，協助進行事業設計與預測未來會出現的變化；也可依據整體產業之價值移轉狀況，以為檢討與判別企業之事業設計所位處的價值移轉階段。

　　當了解到本身的事業設計所位處的價值移轉階段時，企業經營管理階層就會盡可能的將其市值成長率提高，以避開突如其來的崩潰危機。一般來說，大型企業會有好幾個經過診斷評估的事業設計，小型企業則只有一個事業設計。然而不管企業規模的大小，當確定了其事業設計所位處的階段時，就是意味著企業將會面對價值移轉階段中的諸多挑戰，而這些挑戰則有待企業經營管理階層與創新團隊加以面對、克服與調整（如表 9-2 所示）。

表 9-1　事業設計概念評估的問題

1. 事業設計概念在顧客價值及員工價值、股東價值之企業經濟效益方面，是根據什麼樣的基本假設而予以設計者？

2. 迄至目前為止，事業設計概念的基本假設是否仍正確？有沒有什麼事物或觀念足以可改變這些基本假設？

3. 顧客目前最重視的需求與期望與之前進行事業設計時相比較，是否有所變化？

4. 事業設計概念中有哪些關鍵因素是為符合滿足顧客最重要的需求與期望？在目前是否也能依然滿足顧客的最重要需求與期望？

5. 依目前而言，事業設計概念能滿足顧客需求與期望的程度有多大？是否尚有某些顧客需求與期望尚無法獲得滿足？

6. 就目前的事業設計概念而言，與競爭同業間有哪些差異？而這些差異是否足以影響到顧客的抉擇？

7. 就事業設計概念的基本假設而言，與競爭同業間有無差異？差異點何在？

8. 就企業組織內部來看，事業設計概念是否取得全員共識？

9. 就事業設計概念所考量的因素有哪些無法滿足顧客的需求？

10. 事業設計概念所投入的成本與價值效益有哪些？

11. 事業設計概念能否持續創造價值？能否維持競爭優勢而不被競爭者侵蝕其價值？

12. 事業設計概念在顧客需求與您的經濟效益發生何種變化時，就應重新進行事業設計概念的建構？

13. 在目前來言，企業已在哪些方面進行重構事業設計概念？又有哪些已導入實施？是否可滿足顧客需求與企業的經濟效益目標？

資料來源：整理自劉真如譯（1998），Adrian slywotzky 著（1996），《成本由轉型開始》（一版）。台北市：智庫股份有限公司，PP. 52～55。

表 9-2　事業設計在價值週期中的決策

階　段	關　注　問　題　與　決　策　行　動
一、價值 流入期	1.1 階段特色：具有卓越的經營管理團隊與高績效的員工，在產業中擁有優勢的產業吸引力與利潤。 1.2 關注問題：到底新商品所能產生的價值有多大？生命週期有多長？尤其要如何擴大或維持價值的成長與流入？在市場中是否具有持續與擴大價值的成長與流入的能力或優勢？有哪些競爭者與相對應的策略？是否有可能藉此時期創造利益？有什麼指標可作為判斷此一時期的結束參考？ 1.3 決策行動：經營管理階層與創新團隊藉由問題思考以進行事業再設計，且做好進入價值穩定期的準備，當然最重要的乃在於如何滿足顧客的需求與期望。

二、從價值流入期轉移到價值穩定期之轉型過程

2.1 過程特色：已呈現出比較有限的業績，營收成長率放慢與價格鬆動，競爭者激烈投入、主要顧客的爭奪、利潤率下降、求職人才短缺、投顧業者不再青睞，甚至顧客在競爭者處已能取得替代品了。

2.2 關注問題：要如何調整或修正既有的事業設計以延長價值流入期的時間？營收成長率即使減緩但要如何在人力、資本、資產與產能等方面做調整以維持既有利潤率？忠誠高的顧客有哪些？可能棄我而去的顧客有哪些？

2.3 決策行動：經營管理階層與創新團隊藉由問題思考以進行事業設計調整或再設計，並做出提高價值成長率與穩定企業組織市值的決策。

三、價值穩定期

3.1 階段特色：市值與營收均呈現成長狀況，但利潤成長率則遞緩下來，顧客的忠誠相當穩定且其業務績效也相當良好，企業組織能集中資源以推展其業務活動，此階段堪稱安全區。

3.2 關注問題：如何改進現有業務流程以提升獲利能力？資本決策應做何種改變以因應競爭者的加入？有哪些因素會對目前穩定情勢產生破壞性影響？有哪些競爭者會利用這些因素？顧客曾預告哪些事情且有關於市值的可能流向？當價值發生流動時我們該如何因應以掌握發展與移動的方向？

3.3 決策行動：充分利用現有事業設計改進流程及資本決策以延長穩定期時間；若已可判知穩定期將告結束，則應在未轉型的價值流出期之前，注意須做的因應對策與採行行動，以便在競爭者之前及早再重構事業設計。

四、從價值穩定期轉移到價值流出期之轉型過程

4.1 過程特色：企業組織很可能無法扭轉專注內部管理績效的提升與成本的降低等方面的注意力到重視顧客需求與期望的創新及競爭者調整或修正其事業設計的訊息，以致企業大多無法察覺出來而未能及時採取因應對策。

4.2 關注問題：能否專注內部績效提升之際，也能併同強化資訊情報的蒐集、分析與判斷？能否重視維持企業方針目標達成的同時，也能時時關注顧客需求與期望的變化？能否時時進行競爭情勢分析（如：競爭工程技術）？

4.3 決策行動：要努力建構新的事業設計，以為迎合顧客之需求與期望，及時準備進入價值流出期的有關因應對策，更應拋棄以往在穩定期的效率提高與成本降低為唯一有效因應對策的思維與策略。

五、價值流出期

5.1 階段特色：營收與市值開始衰退，經營管理階層面臨是否修改或重構事業設計或繼續投資既有的事業設計之困惑，同樣也面臨市值衰退之困境。

5.2 關注問題：是否能坦然面對既有事業設計已無法維持？市值與營收的變化產生的威脅有多大？若已確認沒有辦法維持市值時，應在多少時間裡就退出此一市場？有沒有規劃出新的事業設計以爭奪已告流失的市值？

5.3 決策行動：企業的經營管理階層要立即採取重構新的事業設計之決策與行動，絕不可眷戀於昔日的成功與成果，同時要能將胸襟眼光的放大放遠，時時診斷所處位置及面對任何問題，以持續關注各個階段的事業設計與顧客需求期望之變化，及競爭者的事業設計所面臨問題及競爭情勢演變，如此方能掌握競爭優勢。

划船活動培養創新持續力

划船是一種國際性的活動，比賽採用國際划船聯盟（F. I. S. A.）
所訂定之最新規則。水域競賽場地的重點在於有合理的比賽區
域，假使一個團隊要建立一個永久的場地，須注意水域四周的環
境及變化：注意水位升降、水源流向、競賽期間水的流向（儘量
避免有不公平的情況發生）、水的污染（儘量避免當地有污染的
水域，也不要在有污染的水域游泳）、水域（深度及水質）中是
否有雜草或蘆葦、人工場地水的流動及水平高度是否有控制。
【修平技術學院國企系：楊三賢】

㈢重構事業設計的策略創新層面

　　策略創新個案的成功關鍵不僅止於創意而已，更須在整個創新過程中注入
策略創新。市場的定位與再定位及重構事業設計，需要在許多層面上做出重要
的選擇與執行，如：組織架構、生產製造與服務作業、行銷與推銷、人力資源
發展、研發創新、財務資金管理、採購管理、流程管理等方面均需要跟著做調整。

　　重構事業設計的策略創新，不僅僅大企業才能進行，即使是中小企業或微
型企業也可進行策略創新，以將其市場重新定義、定位與再定義。即使是行政
機關，也可發揮策略創新的執行力，在其機關中注入新的活力與動力。

　　要重構事業設計，應在若干策略層面上加以診斷分析與選擇，方能順利推
動。但不管重構事業設計的基礎如何，均應符合顧客的需求與期望，而如何方
能建構出具有獲利能力與競爭力的事業設計？則是創新者的一項挑戰。

第二節　成熟與未成熟企業如何進行策略創新

　　過去，大多數的企業只要能徹底了解三、五家競爭同業的事業設計與本身的事業設計，以判斷哪些事業設計會對自己企業的競爭優勢有所正面的影響，就能掌握本身企業的創新策略（如：可口可樂公司須了解百事可樂公司，通用汽車公司要了解福特汽車、豐田汽車與克萊斯勒汽車，西門子公司則要了解奇異電氣公司與西屋電器公司，大陸康師傅方便麵要了解台灣統一企業公司等）。

　　到了二十一世紀，和您相競爭的企業可能有三、五十家，在如此激烈的競爭環境中，若依據同業種或同業態的競爭者進行專業設計之策略創新，則可能會無法滿足競爭需要。現在須建構出與您既有的設計大不相同的事業設計，在選取建構事業設計創新策略相比較對象時，並不代表是同業種或同業態，也不一定只和既有競爭者相比較，而是很可能會和新進入者、有標新立異的創新者，或非在領導群之企業的事業設計相比較。

　　這就是企業在進行重構事業設計時，往往會借助於外部的專家學者與管理顧問師之原因所在。外部專家看待某項產業時，可看出其未來五年十年的發展趨勢與可能的標竿企業，而若由自己來看自己的企業與所屬的產業時，易於將視野界定在過去成功的模式中，以致影響到思維與視野。尤其是已確立市場地位的大企業更會因對其組織結構、組織文化、組織內部政治、成就的自滿、擔心既有商品組合遭到新創事業或商品的衝擊、更害怕破壞到既有的核心能力，以致沉迷於現有的成就，不敢勇敢重構事業設計以迎向不確定的未來。

一、已確立市場地位的企業如何達成策略創新

　　已確立市場地位的企業大多會在策略創新時面臨如下幾個障礙：(1)目前具有舉足輕重的市場地位，且有相當的利潤，自信對於產業中頗具有競爭優勢，為什麼要投入充滿不確定性的未來？(2)即使已深切感受到顧客需求與期望的變化，可是又有誰能確保位處在最有利的地位與變化潮流的最前端？(3)即使已感受到重構事業設計之需要，但我將要改變成什麼樣子？(4)甚至我已能了解到並確認市場定義定位與再定義之方向，然而這個新的市場／事業設計能否提供一個能成功與獲利的支撐論述？(5)當我決定重構此一事業設計／新市場時，該如

何達成現有組織全體員工的共識與同步行動？有沒有同時管理兩個不同事業設計的能力？或是為了新的事業而要放棄既有的事業？

若您的企業在產業中已是一家穩定的企業，或者是已具有一定的市場地位，為克服上述障礙，您可思考如下幾個方向來進行策略創新：

(一)建立雷達幕視野以釐清競爭環境

對於已趨穩定或已具一定市場地位的企業而言，經營管理階層往往易於滿足既有市場占有率、利潤與競爭優勢，以致發生見樹不見林的狹隘視野，不敢輕易嘗試創新機會與挑戰不確定性的未來。所以若想企圖讓企業健康永生與持續保有競爭優勢，就應用雷達幕視野取代傳統的狹隘視野。

所謂以雷達幕視野來看待您所位處的競爭環境，是須針對整個市場（涵蓋既有的競爭者、新加入者、具有時時標新立異的創新者、與非穩定／領導性企業在內的市場），重要的是，不要把競爭者侷限在同產業內，應將其擴大到站在顧客的立場來思考任何可能的競爭者／替代滿足顧客需求者，在雷達幕上予以建構出競爭者的競爭情勢與如何重視顧客需求的雷達幕視野。

以二十世紀中期的購物產業的發展來說，以往消費者購物大多在傳統商圈內的零售店、百貨店、便利店與百貨公司，雖然在上述各個零售點的商品涵蓋了所謂的高級商品的百貨公司與中級商品的百貨店、便利店與零售店，但到了二十世紀末期，大賣場、購物中心、專賣店、電視購物與網路購物的相繼興起，帶給了顧客的另類選擇，導致傳統的購物產業產生了極大的變革。當時的百貨公司、便利店、百貨店與零售店之經營管理者忽視了顧客的結構與講究購物的便利性、一次購足性、專業性等需求的演化，以致把市值成長的機會與領導購物行為的力量拱手讓予大賣場、購物中心、專賣店與電視購物、網路購物，這是由於原來購物領導企業未將競爭者或同業當作競爭者所造成的。

在二十世紀八〇、九〇年代的大賣場與購物中心、專賣店、電視購物與網路購物以一種嶄新有力的新事業設計概念進入購物產業與顧客間，而這些新領導企業中的大賣場及電視／網路購物是以時間緊迫、節省成本與提供服務為其事業設計最重要概念，購物中心則以購物、休閒、娛樂、健身、餐飲綜合與一次購足為其事業設計的主要概念，專賣店主軸以同系列 DIY 服務為主要概念，這些新興的領導企業均以滿足顧客需求與期望之變化，而進入市場，贏取顧客與利益，當然最重要的是擴大了市值營收與競爭環境。

事實上，新的事業設計也能吸引既有的企業和業種競相研究、分析與學習。

一般來說，購物產業也有其脆弱的一面，如：顧客也許不願在電視購物或網路購物之無法摸得到與試試的心理滿足上發生斷層，而到了購物中心會因有力的促銷活動與活化策略之誘惑而超出預算去多做消費，到了大賣場則有買到次級貨品之疑慮。以致會說此種事業設計可能是好久以後的事，也可能會認為不可能會被顧客接受，但購物產業的業者須努力蒐集、分析與預測顧客可能的變化，及如何重構新的事業設計以滿足顧客的需求與期望。而在思考過程裡，就可在雷達幕上加以研究，哪一個業種會是閃亮的光點或是黯淡的光點，如此的觀察將可釐清您的競爭情勢（如圖9-3所示）。

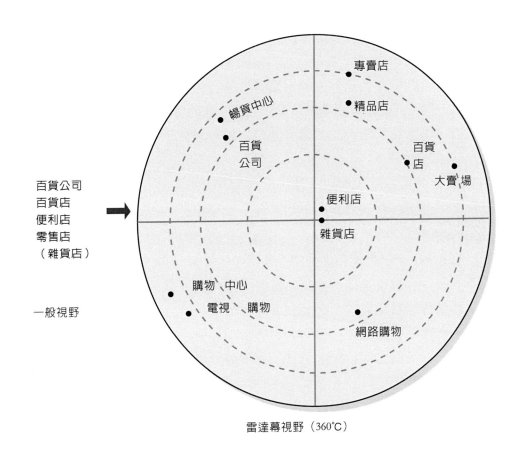

♟圖9-3　從狹隘視野變成雷達幕視野的購物產業

　　當然，當您擴大競爭視野時，您將會在既有的產業中找尋重大的價值成長的機會，且為維持既有的競爭優勢，也須針對競爭環境加以檢討與分析，並以目前或修正過有潛力的新事業設計跨入產業，以創造出可觀的利潤成長。這就

是將以往只看顧客既有的需求與期望，及站在同產業的立場來看競爭者的狹隘視野否定掉，而站在價值鏈的不同部分（如：新競爭者原本是該產業的供應商或顧客、傳統競爭者可能創造出新的設計以其他方式滿足顧客，或您對顧客服務不夠好而為新競爭者所攻進、新競爭者能滿足已改變需求的顧客），將會清清楚楚地看清整個競爭情勢，也會掌握新競爭者此刻正接近您的顧客之機會，而適時地在新競爭者未站穩滿足顧客腳步之前打敗其攻勢，並利用雷達幕上所呈現出來的新的商機與著力點站穩與發展競爭優勢。

建構雷達幕視野來評估競爭環境變化，應思考到目前的競爭力怎麼樣？未來會有什麼樣的改變？並在經營管理與創新團隊中反覆討論（如腦力激盪方式做對話或辯論），找出足以挑戰目前事業設計的基本假設，而導引大家往注意顧客需求與期望的變化方向去看問題。就顧客的立場來看，任何足以滿足顧客的潛在競爭者可能會取代您們去滿足顧客需求者的事業設計，是跳脫只重視競爭者的立場，將可促使企業與團隊及早認知到有關的警訊及顧客行為變化趨勢，進而作為重構事業設計概念的依據與靈感／創意之來源。

(二)克服現有或以往事業成功的自我與懶惰

當已在市場中具有一定的地位時，若是自我陶醉於卓越創新事業設計的能力與成果的迷陣時，將不會對現有的事業設計概念有所懷疑：「是否在未來的三、五年或者五、十年仍能為您站穩在產業中，且有足夠迷人的利潤成長率？」那時將不會另行發現或重構新的事業設計。因為對一個穩定或已具相當市場地位的企業經營管理階層而言，是相當不容易的事，因為其企業的競爭力仍是相當強盛的，真要他們質疑自己目前的經營管理模式（即使他們也了解到競爭者正進行新事業設計概念的再設計），的確不易說服他們將過去否定掉而嘗試進行具有不確定性新事業設計。

策略創新者同時又是市場產業中的領導者是鳳毛麟角，而絕大部的策略創新者都是局外人。除了策略創新不易達成之理由外，尚有如何達成策略創新與應不應追求並落實創新的疑慮。這就是為什麼策略創新不易在已具市場地位，且有可觀的市場占有率與可觀利潤之企業願意嘗試的理由，何況要他們放棄既有市場而去開創新市場，或是同時占有兩者市場，當然是強人所難。

事實上，目前具有優勢競爭力的企業擁有比中小企業更多的資訊蒐集與人力分析的資源，他們往往會比中小企業早先好幾步偵測到目前或未來新的顧客需求與新加入的市場競爭者，但他大多不願意在企業未發生危機之前質疑其經

營管理模式，何況當下全企業正是沉醉於現有事業設計創新成功的果實中，有不錯的利潤與傲人的成長，市值更位處在成長曲線的上升段，有什麼理由在此穩定時期做策略創新？因而領導企業或穩定的企業大多會在出現經營危機（如：財務資金不足、財富淨值下降、市場占有率下降、利潤下降、市值衰退等）時，才會開始思考改變既有事業設計與經營管理模式，且大多會朝著組織內部績效提升、成本降低與提高資本投資等方針策略企圖扭轉乾坤，但只會是市場與顧客的流失愈為嚴重。

所以一家穩定的企業或已具有市場地位的企業應在事業經營成功時，就要時時偵測競爭環境與釐清競爭情勢，同時更要未雨綢繆思考未來該往哪裡發展的創新經營管理策略，不要在發現危機已逐步顯露或已爆發危機時才要求全企業動員構思未來，那時可能會事倍功半，甚至會被淘汰出局。

㈢應建立監視與量測價值移轉警訊的預測系統

在以上的討論中，我們知道要在平時即應偵測競爭情勢與顧客需求期望轉變的警訊，但要如何預測事業設計之價值移轉警訊？如何及早偵測到警訊促使自己的企業比競爭者更快速地因應危機與利用機會做轉型？要怎麼樣預測價值移轉的時機、趨勢與速度？則是策略創新事業設計的關鍵議題。幾個企業經由艱困的價值移轉時期變為更為強大的例子：(1) HP 經由重整從儀器事業轉型到電腦事業，再由小型電腦為基礎轉型到以微處理器為基礎的科技事業，再到桌上型電腦事業；(2) IBM 公司從列表機事業轉型到電腦事業；(3)霹靂布袋戲則由地方布偶產業到電視戲劇、錄影帶與電影文化娛樂產業。

基本上，並不是大多數的企業均能搶在競爭者發動強勁競爭攻勢之前或是顧客決定他走之前，就開始質疑或攻擊自己的既有事業設計，使其在進入成熟期時就能重新回到價值快速流入期及再維持其強大的競爭優勢。事實上，大多數的企業均會滿足於目前的優勢與利潤，以致大多是等到危機重擊其企業時，才開始質疑自己的事業經營方向，這些企業的成功後惰性，是常見於許多的成功企業。提供如下幾個方向以供企業經營管理者與創新者參考：

1. 進行對顧客的徹底了解

Adrian Slywotzky（*1996*）指出，要及早了解顧客需求變化的情形，應由顧客的財富、力量與需求成熟度等三個面向加以評量。

顧客的財富面指顧客財富水準若是向上提升，其新的需求將會被顧客創造

出來，因爲顧客可支配所得的成長，當然可提升其生活水準與改變其購買／消費的習慣從平價水準提升到高價水準；相反的，當顧客財富水準若是減少，則其消費習慣將會發生緊縮的情形與改變顧客的需求。但企業須跳脫「想當然」的思維，因爲當其顧客的財富增加時，仍會持續支持您的每一種事業之假設是一種危險的假設，主要原因是顧客的財富增加的確會創造出不同財富水準的不同需求，在這時若仍抱著顧客對您的任何事業設計均會給予支持的信念時，那麼顧客將會遠離您。同樣地，當顧客財富減少時也假設仍會支持您的事業設計，只不過數量降低而已之假設，也是一種危險的假設，因爲顧客也會轉而尋求符合其財富縮減但需求卻可同樣滿足的供應商。

顧客的力量面說明了顧客的集中程度與供應商的集中程度之關聯性，若是某項產業所供應的商品並沒有太多區隔時，其集中程度也就較高，那麼顧客的選擇力量將會很大，即顧客有多樣選擇權，自然企業的事業設計不易穩住其顧客的忠誠度。而當某項產業供應商的差異化大且區隔性相當明顯時，其顧客的力量自然不大，也就是不論企業的事業設計有否改變，其顧客仍會支持的，即使不滿意也會勉爲其難地支持。但若是自認爲商品有明顯差異化，也就自認爲供應商力量大於顧客力量，而疏忽於重構事業設計，在短期間內顧客尚未尋找出替代方案時，或許會支持既有的事業設計，然而產業情勢是瞬息萬變的，若是仍自滿於現狀，怠忽於顧客力量，則在情勢改變時，顧客的價值將會遠離而發生價值流出之危機。

2.進行妥適健全的監控策略

經營管理階層與策略創新者應經由財務與策略的健全性監控機制，以對企業未來與現今的策略健全性變化趨勢予以監視與分析；而在進行策略健全性的監控時，可針對企業的財務健全度加以監視量測。但若單由財務健全度的量測指標以作爲企業的營收與市值狀況良窳的判定指標，很可能發生盲點。

有相當多企業的CEO與策略創新者容易爲財務報表上揭露的數字所迷惑，因爲單看財務報表所顯示出企業仍是獲利狀況，且有可能很賺錢，使其判斷目前（即使未來的三、五年）沒有什麼好擔心的。然而，企業的事業設計已悄然在改變中，甚至價值移轉週期已朝向價值流出階段發展了，可是在財務健全性而言卻是安穩無疑的，這就是有很多企業在目前是營收市值均呈現成長態度，而利潤率也很高，卻在三、五年後發生危機的原因所在。

所謂的策略健全性監控，可經由競爭雷達幕的建立，以看出顧客的需求變

化與滿足其需求的新方法間的互動。當然，建立預警系統與建立衡量指標，以利能早在危機發生前二、三年就能發現問題並立即加以改進。

而這些警訊可依據如下問題加以探討：⑴目前最關鍵主要的顧客需求是什麼？和二年、三年、五年、十年前有什麼差異變化？⑵顧客的需求變化會不會為您的企業創造出新的事業設計機會？⑶上一次的重構事業設計是怎樣的衝擊而改變？⑷未來三、五年或十年後的外在環境的變化或改變趨勢，對於企業的事業設計會帶來什麼震撼？⑸國際化、全球化的競爭趨勢會帶給既有的事業設計、市值營收與利潤什麼樣的震撼？⑹新興企業對於既有的事業設計有什麼衝擊？⑺當新創或小型企業的競爭者與產業中的另一項事業設計結合時，是否會產生立即性的威脅？有多大？⑻您的市場已為新的事業設計攻陷？對您的市場是吞食還是擴大更多成長機會？⑼市值／營收／利潤曲線中，您的事業是處在什麼地位？由什麼因素造成？⑽您的事業設計之價值移轉曲線是在流入期？穩定期？流出期？若是流出期則移到哪一個市場／事業設計？⑾您為面對新興企業或國際企業的事業設計，是在採取投資？模仿？或是不動如山時，會有什麼樣的結果？⑿您的事業設計的價值移轉因素為哪些？移轉速度如何？價值移轉是否已告結束？移轉出去多大？⒀若是您的事業設計的價值移轉結束了，那麼您從中所採取的策略創新模式與其他行業或企業有何差異？

㈣在組織內部創造策略創新的共識與承諾

企業領導者與策略創新者經由價值移轉警訊的監視與量測之後，雖然其企業仍處於財務健全的狀況，但若擔心如下的變化就應採取策略創新以重構其事業設計：⑴顧客需求發生移動；⑵顧客滿意度下滑；⑶產業結構發生改變；⑷國際化、全球化所致的產業自由化趨勢；⑸企業的財務健全度趨勢（如市值、營收、利潤）；⑹組織氣氛與工作士氣趨勢；⑺新商品的趨勢；⑻市場的回饋資訊；⑼企業與競爭者之競爭力消長情形等。

儘管企業領導人與策略創新者已決定進行策略創新，但要怎麼樣才能突破企業的機構記憶盲點？以免於企業與員工的創新心態發生狹隘現象，而導致創新思維無法跨越滿足於現狀與惰性的範疇。可由如下幾個方向來探討：

1. 領導人與策略創新者須具有策略創新與領導能力

卓越領導人與策略創新者應具有敏銳觀察力、能意志堅定地放棄眷戀與自滿於過去的記憶與大力擁抱顧客需求，並針對與顧客新需求結合的事業設計，

將科技與商品與成功的事業設計結合、堅持不懈地為顧客創造有價值的商品。在注意財務的健全時，更要注意事業設計之未來成長來源。這就是企業能策略創新的第一項有效的方法。

2.在組織內部創造正面危機並取得員工創新承諾

在建構策略創新方案以建構事業設計過程中，僅由高階管理者與策略創新者的塑造並無法使整個組織動起來。因為他們還得經過模擬角色的扮演或透過溝通與說服的過程，將目前與未來其企業所隱含的危機警訊告訴全體員工，使全體員工能與他們一起面對新的組識願景與目標，從而理性地接受新願景與目標，坦然承諾為企業的新事業設計、新市場定義與定位而努力。

㈤制度化的行動展開策略創新行動

當然，這些創新結構、程序或文化的行動是需要某些要素與技巧的配合，才能形成制度化的行動，如：⑴領導人與策略創新者需要獲得企業的授權，以利其進行創意思考；⑵CEO或策略創新者應取得最高領導階層的支持，以確保策略創新觀念能轉化為創新方案；⑶CEO或策略創新者須將創新方案轉化為組織的創新行動，同時創造出一種工具促使全體員工能普通接受此一正向危機的意識；⑷CEO或策略管理者應塑造組織成員認為自己是精英分子且強化員工對企業的認同感；⑸CEO或策略創新者須塑造其組織團隊的假想敵，以為全組織建立新願景與新目標的發展依賴，同時建立具有激勵獎賞的目標管理制度，並可適度允許員工自定目標，促使持續追求目標的達成。

成功的企業或占領導地位的企業領導人與策略創新者對其企業在不久的未來（或許是二至五年後）將會發生的既有利潤無法維持、或既有顧客的流失、或既有領導地位的喪失等危機有所了解，且要認知到企業已到了非改變不可的地步，但他們到底做哪些改變？要將其企業帶往何處？這就是他們須不斷抱持「Who? What? How?」的態度，去質疑目前的事業設計之策略規劃程序，同時須在其組織內建立起質疑的文化。

對於創新策略規劃程序所習慣的模式之質疑，乃構築在「Who-What-How」的層面。而站在這個宛如新創事業的基礎上，思考其企業的某些潛在問題：⑴在什麼市場中競爭？⑵跟誰競爭？⑶顧客在哪裡？⑷怎麼與競爭者競爭？⑸能提供什麼商品？⑹市場要什麼商品？⑺價值生命週期在什麼階段？⑻價值移轉方向為何？⑼有什麼核心資源／技術？等等。從而將策略規劃程序的創造多種情境、評估競爭態勢、修正策略觀點與管理可行方案等原則納入於企業

的事業設計規劃的發展過程中。

二、尚未成熟企業與新創企業的策略創新

　　尚未成熟的企業與新創企業存在有相當多的挑戰，這也正是需要進行策略創新的理由，當然這些挑戰乃歸屬爲此類型企業須面對之創新挑戰。

　　一般而言，尚未成熟與新創的企業雖然擁有較多較靈活的創意與創造企圖心，然而仍需要建構其妥善的創新管理制度及各項管理制度，以作爲企業運用的依據。當然，這些制度應包括有關的作業標準與程序在內，其目的乃在於指引全體組織成員了解企業願景、方針與目標，進而知道要怎麼做？如何做？何人負責什麼？績效評量指標有哪些？責任目標完成期限爲何？

㈠建立以顧客需求滿足為導向的發展重點

　　因爲未成熟與新創企業的CEO與策略創新者主要任務乃在於創造出其顧客的價值，同時要將其所提供的商品的價值充分提高。未成熟與新創企業須體現與體驗到其生存與發展的前提是要能滿足其顧客與市場的需求與期望，不論是目前的顧客或是未來可能的顧客均是以能滿足他們爲最高指導原則，而不是企圖追求改變或改造他們。

㈡確立長期發展的各項管理制度

　　新創與未成熟的企業在建立其各項經營管理制度時，須將其市場再定義清楚，而在再定義市場時係由顧客的角度來再審視與再定義，而非站在企業本身的立場來定義。基於再定義後的市場角度進行其策略規劃與建構修正各項經營管理制度，而此建構過程中應放眼三、五年或十年後的發展願景與方針目標，而不要短視心態只看到高利潤但短期的市場，以致耗費過多資源而陷入缺乏長期性與整體性規劃的陷阱中。

㈢須建立財務健全性規劃系統

　　財務資金預算管理制度之建構爲企業追求在發展過程中的財務規劃與控制的健全性，如：現金流量、資金籌措、費用管制、帳款回收等方面，而不僅是利潤與利益計畫方面。財務健全性須與策略健全性併同列爲關注焦點，尤其此

兩項健全性的監控為及早預知各項危機發生之警訊,而企業應時常加以監視與量測,並與其策略創新方向相結合,以利其策略創新活動得以結合市場再定義與再定位,藉以孕育再一波成長與獲利的契機。

㈣做好進入成熟企業的準備

企業領導人應思考如何發展出新的事業設計,同時應思考建立一套可支持差異化與低成本的商品策略。在此種為新事業設計構築的前瞻思考中,即應建構出創新/經營團隊以為準備接受進入成熟企業前的兩大挑戰(即:如何讓新事業設計之策略規劃與目前的事業設計共存?如何順利因應事業設計重構使其目前的組織型態轉換為新的組織型態?),而這個創新/經營團隊在尚未正式邁入成熟企業之前即應建立起來,並積極投入企業主要活動中(如:研發、行銷、生產作業、財務、人力資源等)方面的方針目標與策略管理,及早磨合出高績效團隊與互相合作發揮團隊戰力的默契與績效。

生活當中的創意從哪裡來?

任何的創意、點子、靈感,其實都是平時累積的工夫,累積的程度,達到臨界點時,便會有靈光乍現神奇的效果。在學界上稱它為魔島理論。任何人都可培養創意,只在乎他到底有無專心一致地去思考問題?專心想了,內化累積的結果,答案自然也就會浮上檯面。【作者拍攝】

㈤培養具備通盤思考事業設計概念的能力

創新／經營團隊須思考如何將其組織引導成爲產業革命者與產業領導者，而有此企圖心時就須具備通盤檢視與思考事業設計概念／模式的能力。而事業設計概念／模式應涵蓋：企業組織核心策略（Core Strategy）、策略性資源（Strategic Resources）、顧客需求介面及價值網路等要素（*Gary Hamel, 2000*）。企業領導人與創新團隊須培養出能洞悉創新的本能，並能創新發展出新的事業設計概念，或創造出能與既有的事業設計並存與相互競爭的新事業設計。這就是新創企業與未成熟企業應認知的如何成爲事業設計概念的創新者的理由。

Smart Innovation 9-1

小激勵，大成果激勵的五個迷思

資料來源：齊立文、文及元，2007.07.03，台北市：經理人月刊

迷思 1：將激勵與金錢報酬劃上等號

《新手學管理》（*Managing for Dummies*）（Bob Nelson）針對一項橫跨七種產業、總計一千五百名員工的工作動機大調查調查發現：最能激勵員工的前幾名分別為學習活動；彈性工時；個人讚美憑藉優異績效贏得工作權威；有機會能配置資源、制定決策、管理他人的工作自主；有時間和主管對談；分時休假；公開讚美；選擇工作內容或任務；寫一封電子郵件或書面讚美。出乎意料地，金錢排在第十三名。除了金錢外，別忘了，即時誠懇地讚美，還有一對願意傾聽部屬想法的耳朵，是最不花錢的激勵。

迷思 2：激勵需要很多時間準備

激勵不需要花時間：了解部屬希望得到什麼激勵，誠懇的眼神可強化激勵的訊息、給予認同，知道他的名字，而不是沒沒無聞的隱形員工。

迷思 3：激勵士氣的關鍵在於員工的工作態度，與經理人無關

激勵員工的關鍵，掌握在經理人手上，經理人在很多時候正是打擊員工士氣的兇手！經理人是否會因為員工做得好，就給予他們認可？是否提供了一個愉快、支持的工作環境？是否在組織裡營造共同使命感和團隊精神？是否對於員工一視同仁、避免偏袒？在員工想講話時，是否傾聽他們的聲音？

迷思 4：激勵只是一種利益交換的對價關係

激勵不能只從外在動機的角度來看待，因為激勵還包含了溝通、肯定、感召，這些都不存在對價關係，而是在於啟動部屬對於工作的內在動機。溝通能了解部屬的想法；肯定能讓關心傳達給部屬；以身作則能感召部屬。

迷思 5：小事不需要讚美，做出大成績時再讚美即可

激勵的精神在於小事件大表揚、有功必賞。

IDEO 創新的三個祕訣

資料來源：齊立文，2006.03，台北市：經理人月刊

創意是怎麼誕生的？是天才的靈光一閃，還是埋首於實驗室不斷地嘗試與錯誤的累積？我們可從全球首屈一指的設計公司 IDEO，發現創意也是可被管理、被流程化的，只要你懂得這些技巧。

IDEO 的創辦人暨董事長大衛‧凱利（David Kelley）而言，設計師這個詞，指的是每一個人在思考的時候，都應、也都可像是一個設計師。因為，一切都和了解人類的需求有關。凱利說，「對我而言，那就像是宗教一般，我真的相信，設計思維可讓生活變得更好。」

以下是 IDEO 創新的三個祕訣：

祕訣 1：訂出一套設計流程

1999 年，凱利在美國廣播公司（ABC）〈夜線〉（Nightline）節目「深掘（Deep Dive）：一家公司創新的祕密武器」專題報導中表示，其實我們並不是任何特定領域的專家，我們所擅長的是一套設計的流程，所以不管產品是什麼，我們只是設法找出如何利用這套流程來創新。的確，舉凡寶鹼的 Crest 牙膏管、歐樂 B 的兒童牙刷、Palm Computing 的 Palm V、拍立得大頭貼相機 I-Zone 等等，都是 IDEO 的得意作品。

祕訣 2：將設計思維引進商界、學界

1990 年代，IDEO 則是改變了營運模式，除了持續推出酷炫的產品外，也轉而聚焦於流程，為消費者營造更美好、舒適的體驗。換言之，IDEO 漸漸地轉型成為一家非比尋常的商業顧問公司。

對於許多上過 IDEO「身體激盪」的大客戶而言，赫然發現其很多事情都是常識，但人們往往因為習慣、惰性和制約的緣故，喪失了觀察細微之處的能力。IDEO 是十足的行動派，因為唯有實際付諸行動，才能激發創意。凱利說他一點都不擔心創意會被客戶學走，因為就算客戶學會了這禮拜的創意，我們下禮拜還會想出更好的創意。

祕訣3：將設計和開發的機會視覺化、具象化

在IDEO，創新是根植於一套集體合作的方法，同時考量使用者的需求、技術上的可行性，及商業獲利能力。這套創新的機制採用了一系列的技巧，將設計和開發的機會視覺化、具象化，以利於評估和修正，茲列舉如下：

1.**觀察**　觀察使用者是每一項設計方案的起點，並由IDEO的認知心裡學家、人類學家和社會學家等專家所主導，與企業客戶合作，以了解消費者體驗。所有IDEO的設計師都非常善於觀察人，及他們是如何與這個世界進行互動。在這部分的技巧包括：追蹤使用者、勾勒使用行為、消費者的使用歷程、用相機寫日誌、極端用戶訪談、說故事（說出親身體驗的故事）、非焦點團體、親身使用產品或服務以找尋細微的線索、鼓勵遊戲和惡作劇，讓工作者有掌控命運和超越自我情感的感覺。

2.**腦力激盪**　這是一個緊湊密集、蒐集靈感和創意的過程，將觀察人們所得的資料進行分析，每一次都不超過一個小時。且在會議室的牆壁上，還印著腦力激盪的重要原則：暫緩進行判斷、以別人的構想為基礎再提出己見、鼓勵瘋狂的構想、多多益善（儘可能找出最多的點子）、具象化、專注討論不要偏離主題、一次進行一場對話不打斷別人的對話。

3.**快速製作原型**　製作原型不但一種創新的語言、一種生活方式，更是溝通與說服的工具。重要的是，原型是一次次趨近於成品的不良品，愈早失敗，愈早找出問題所在，成功的速度就愈快。

4.**重複評估和改良原型**　在這個階段，IDEO會將諸多選項過濾到只剩幾個可能的解決方案。做法為：腦力激盪、專心製作原型、加入客戶觀點、展現紀律、專注於流程的結果、達成協議。

5.**執行**　完成了構思的過程之後，就進入了將概念打造出成品的最後階段：(1)集結IDEO的工程、設計、社會科學專家，發揮所長，實際創造出產品或服務；(2)選擇製造夥伴；(3)廣泛測試成品；(4)必要時還可協助客戶推動及時與成功的產品上市活動。

Chapter *10*
有效管理流程　進行流程創新

　　企業想要在組織中激發創新，不應像閃電般來得急去得快，更不能像瞎貓碰到好運氣就可抓到耗子般的等運氣，唯有在各項作業流程系統中做好管理工作，同時也應把整個組織帶進對現狀質疑的文化中，如此才能鼓舞整個組織興起積極創新的共識與行動，如此的流程創新將可持恆進行，確保企業的精進行動得以發酵與持續邁進，厚植整個企業的競爭力。

企業運作環境日益複雜，以往的思維、習慣、運作工具與事業設計概念、明顯地已沒有辦法應付激烈競爭與顧客導向之一日數變的企業環境。新事業模式的發展，使得舊事業模式變成一種落伍的概念，如：(1)數位相機既可拍照又可透過網際網路傳送，可預期將有可能全面取代非攝影玩家的傳統照相機；(2)網際網路電話可傳送聲音與數字，在未來也極有可能取代只傳送聲音的傳統電話。當然新事業設計的誕生並不代表可完全取代舊有的事業設計，而是會部分取代舊事業，而使其規模萎縮，如：(1)大賣場跨入家電產品的銷售，但傳統的家電產品經銷店依然存在，只是其經營規模相對減少；(2)超商與便利商店的興起，只是讓傳統市場營業規模壓縮而未使其自市場撤退。

創新事業設計的目的，在於能在某一個業種或業態的競爭領域中推出更多不同的策略選擇。一般而言，任何一家企業在進行事業模式中任何一項關鍵要素的經營管理水準的向上提升活動時，若能仔細考量在最後的成果驗收階段中，能獲得利益關係人（如：顧客、員工、股東、供應商等）滿意的結果，則將會是成功的事業創新者。這就是企業若能在經營水準向上提升活動中，注意到流程管理與創新者，將會促使該企業獲得成功，且其顧客、員工與股東的滿意度也愈高。

第一節　以顧客爲主的流程創新

任何一家具有創新績效的企業，其創新機會與建立、推展並不容易，絕對不是靠運氣就能進行的，而是須先管理好流程的互動，建立質疑的企業文化，才能促進與鼓勵創新。流程泛指企業之活動與資源的組織方式，目的爲協調各個前後相關作業的功能，使前後相關作業功能得以互爲支援、協助與配合，進而達成其企業目標與願景的實現。當然，更是容許各個作業能創新發展，以使其利益關係人均能獲得滿意，爲其企業與利益關係人創造價值。

一、確認事業流程

在上述說明中我們應將流程當作是一組相關的作業，藉由這些作業，得以提供滿足顧客需求與期望滿意的商品服務。在此以 Stephen Geoge 與 Arnold Weimer-skirch（*1994*）的 COPIS 模型加以說明有關「顧客、產出、流程、投入與供應商」

間的關係（如圖 10-1 所示），是以顧客為最主要的推動力來加以說明。另外，並將引用 NCR 以顧客為首要的程序管理模式，來說明為 NCR 公司將流程管理視為一種方法（就是流程管理乃在於提升員工承擔作業的能力，使每位員工均可定義、管理、控制及改進各自所負責的作業流程的目的），最主要的目的乃在於提供符合顧客需求與期望的商品，及追求卓越的競爭力。

☀圖 10-1　以顧客需求滿足的流程活動

　　NCR 公司將 COPIS 模型制定出流程管理的九大要素（如表 10-1 所示），而這九大要素仍以顧客為最主要，因為顧客對其所提供的商品之良窳，具有決定性的評價權威，而 NCR 對於流程管理的五大向度則為：⑴所有權（泛指具有管理責任與權力者）；⑵定義（泛指確認九大要素的活動）；⑶評估（泛指資訊蒐集、整理、分析）；⑷控制（泛指確保流程符合企業與顧客的要求）；⑸改進（泛指修正、改進及增加企業與顧客滿意度）。

♟表 10-1　NCR 公司流程管理要素

*1.*顧客：企業所提供之商品的接受者、消費者、使用者或參與者。

*2.*產出要求：企業與顧客經由協商以確定其所提供給顧客之商品的評量、驗證的衡量方式與標準。

*3.*產出：企業為滿足顧客需求與期望的商品。

*4.*作業活動：在既定的流程中，某人在此流程中所擔任的工作。

*5.*工作：一項活動或是能增加企業／顧客價值的一連串活動。

*6.*投入需求：企業與供應商協調有關向供應商採購的商品之評量、驗證的衡量方式與標準。

*7.*投入：供應商為滿足企業需求與期望的商品。

*8.*供應商：提供企業所需的商品者。

*9.*界限：由顧客與供應商之關係來界定流程所有人的責任範圍。

資料來源：整理自汝明麗譯（1996），Stephen George & Arnold Weimerskirch 著（1994），《全面品質管理》（一版）。台北市：智勝文化公司，PP. 213～214。

IBM 公司則將流程管理界定爲：(1)流程管理是運用預防的概念，以有規律可循的管理方法，應用於從事有關作業流程的執行、改進與修正重訂方面；(2)流程管理的特徵爲可量測的投入，可增加附加價值的活動、可量測的產出及持續不斷重複地運作。

流程管理一直作爲企業提升商品品質與競爭力的重要方法，同時在ISO9004（2000）中甚至將流程管理列爲品質管理八大原則的第四原則。企業爲進行此項原則時，應進行如下活動：

1. 將企業爲滿足顧客需求與期望的流程鑑別出來，而這些流程是以滿足顧客爲其流程活動的主要目標。
2. 各個流程均須鑑別出其投入與產出之監視與量測。
3. 依據企業的功能以鑑別出各個流程的介面。
4. 明確地規範各個流程活動所有權者之責任與授權權限。
5. 針對各個流程活動所需要具備的專長、知識、智慧與能力明確鑑別出來，並作爲職務規範與訓練項目參酌依據。
6. 鑑別出企業的目標顧客，並予以定義、定位與再定義。
7. 確認出企業的所有利益關係人。
8. 找出企業的核心策略、策略性資源、顧客介面與價值網路，以建構其事業設計概念。
9. 評量出進行流程活動時可能存在的風險因素、衝突因素與各流程間的互爲因果關係。
10. 確立品質改進的程序步驟及持續改進機制。
11. 在設計規劃流程時，應針對各個流程投入與產出、作業活動步驟、人力資源與訓練需求、作業方法與作業軟硬體資源、監督量測與改進異常等方面加以審愼評估，以利於達成預期的目標。

一般而言，企業若能順利地進行流程管理，將獲致如下成果：

1. 將傳統的部門管理機制轉化爲流程管理機制，以利全企業的作業活動能以「In-Put→Out-Put」的概念形成「供應商→作業流程→顧客」概念，有利於推展符合顧客需求與期望的企業內作業文化。
2. 將所有權的概念融入各個流程／從業人員，使其能確認其權利義務與權力責任之意識，建立權責相符的文化。
3. 確認流程活動的各項流程要素（如：NCR公司九項要素）。
4. 建構滿足外部與內部顧客之需求與期望的共識與認知。

5. 建立供應商（含企業內前一作業流程之所有權者在內）應行承諾的責任範圍（即界限）。

6. 建立全員共識的各項作業程序與作業標準，以供流程間的整合運作。

7. 建構能提高價值與降低成本的價值流程活動。

8. 運用 IS09001/14001、IS0/TS16949 及統計品管技術手法進行企業有關的各項作業流程的持續改進。

9. 建立內部與外部溝通、協調、磋商與談判機制，以提升各作業流程的所有權者及企業的品質提升與異常改進績效。

10. 有利於企業進行事業設計的重構，以因應新進擴張的競爭環境。

11. 有利於企業高階經營管理者與策略創新者能及時掌握既有事業設計的價值移轉流程狀況，及時採取因應策略。

二、創新精神是流程創新的動力來源

基於上述討論，我們可體現到現今好的流程管理就是要能給予企業自由的空間，也就是好的流程就是能創造出高績效的企業，且所謂的高績效乃涵蓋了該企業的願景、經營目標、組織與事業設計重構、價值移轉週期、績效標準等方面，以建構出優良的競爭優勢。

流程的創新管理能力是現今優質企業為維持良好的競爭力所須關注的議題。本書將流程界定為企業之活動與資源的組織方式，企業若是因為以往的成功經驗與事業設計模式，而沉迷於過去成功的流程管理，疏於了解市場或顧客需求之變化及競爭者的創新或模仿跟進情形，將會使其競爭優勢不再，甚至造成營收與市值的衰退。所以，企業應要具備有持續創新流程管理的能力，不僅僅在於新的商品之創新，而是要具有創造與創意能力。當然，最重要的是使企業能持續創新價值與力量，使創新與發展廣布於組織的各個流程、各個部門／單位與各個員工，以永保持續創新之能量源源不絕。

流程創新將事業設計模式的要素（如：顧客介面、核心策略、策略性資源、價值網路）加以創意創新出新的行動方案。對於實現企業的願景與目標而言，流程創新是企業的各個員工與主管對既有的作業活動、既有的商品、既有的資源與既有目標有所質疑時，才會產生的創意與創新行動。

當然，企業在進行流程創新時，和其他創新一樣，並不會隨機地就有創意構想，更不會是所謂的「船到橋頭自然直」的自然發展出創意與創新，而是要

整個企業與全體員工動起質疑的文化，針對既有的事業設計懷疑是否具有三年、五年甚至十年後的市場吸引力與競爭力加以診斷分析，從而產生、評估與實施一套或多套的創新行動方案，使其企業得以永續發展。而此創新行動方案的發展過程裡，也不宜將其複雜化。

　　企業高階經營管理者與策略創新者，須考量將創新設計在具有創業精神的架構中，因為只有具備創業精神時，才能使企業不斷地創新。在現實裡，創新精神是可經由企業文化、組織結構、決策流程與顧客導向等四個方面（如表10-2所示）培養出來的。

⚘ 表 10-2　培養創新精神的方向

構面	簡　要　作　法
企業文化	1. 由最高領導人帶領企業全體員工進行創新活動。 2. 管理階層主管須信任員工與容許員工的創新冒險行動。 3. 企業組織要建構激勵獎賞創新的制度。 4. 個案例子：3M 公司允許公司研發部門員工花 15%的工作時間做創新構想與研究，而不須經主管核准；Inturit公司（著名理財軟體Quicken的研發與銷售公司），每年提撥淨利的 1/3～1/2 作為支持開發一些未獲利新產品的經費。
組織結構	1. 扁平化組織並充分授權。 2. 營造出企業組織的彈性、快速、員工歸屬感與向心力 3. 企業組織並給予各事業單位充分支持與協助。 4. 個案例子：許多大企業將組織改編為獨立事業部（依產品別或地區別、新成立的事業獨立出去），而給予各事業部決策權，讓組織扁平化，另外有些企業甚至將各事業部決策權下放給個別產品小組。
決策流程	1. 決策流程在組織扁平化與講究授權的原則下，可縮短流程與快速決策。 2. 個案例子：許多企業的創新事業計畫若在決策過程裡過久，將會扼殺創意與創新者的創新精神，這就是創新者不耐久候上層的實驗而離職他去的原因。
顧客導向	1. 創新須以顧客與市場的需求與期望為導向，其所創新的商品或事業設計須能掌握市場之脈動與需求變化趨勢，並針對上述基礎而創新市場空間。 2. 個案例子：全球公司研發、繪圖使用者介面即以貼近消費者需求而依據市場區隔，重新規劃其行銷部門、產品及服務部門，並授權給他們有權自行決定推展產品的品項與服務項目。

　　基於上述的討論，流程創新在企業追求創新發展的過程中，流程創新不僅限於各個職能的作業活動而已，也是營銷活動中各項工作過程。簡而言之，流程創新就是以最妥適的方法，做出最合理及最有效率的安排，涵蓋多項職能的各個作業過程。所以，流程創新要能成功，就得需要各個工作過程作為基本因素；否則一旦將過程抽離出去，流程創新之過程將會是艱難重重，甚至談不上流程，充其量只是一些鬆散的過程而已。

　　因此我們在進行流程創新時，即應思考到各個工作流程的流程管理，並也跟著企業文化與組織結構的改變與重構進行修正與變更。否則即使達成創新流程，也會事倍功半。所以，企業在經營管理活動中的流程管理工作，不僅是做好作業程序與作業標準，就可做好流程管理的品質，且還要將其品質的層次拉高，使流程管理在轉化過程中，能創造出新的附加價值。

三、流程創新的模式

　　企業講究創新是要將其落實在常態的經營管理流程中，且創新精神不應放在檢討過去的成功或失敗的變革上，而要放眼未來，針對未來創造出新的事業願景與目標，養成創新的能力，如此方能將其企業的價值生命週期從價值流出期轉換到另一波的價值流入期，緊緊抓住創新未來的脈動。

　　本書將引介幾個流程創新模式，以供讀者參考：

㈠ Stephen M. Shapiro 的 7-R 架構（如表 10-3 所示）

⚑ 表 10-3　Stephen M. Shapiro 的 7-R 創新架構

步　驟	簡　要　說　明
一、重新思考（Rethink）	1. 關注議題焦點：企業組織流程背後的理論基礎與假設，是「為什麼／Why?」的問題，如：為什麼會這麼做？還有沒有其他解決方法？ 2. 也就是質疑現有的流程與假設，但其重點仍應放在要解決的根本問題上，而不是檢討其原因或病症；同時也應注意這個問題是不是沿襲過去的習慣所產生的？若能發掘出其問題時，即應加以質疑為什麼／Why，並檢討是否予以改變、刪除或保留？ 3. 唯最重要的，是不能忽略某項流程的基本假設，因為這些假設可能已形成習慣，若不加以破除，可能創意構想是難以被創造出來的。

二、重新組合 （Reconfigure）	1. 關注議題焦點：為重新思考的 Why 找出解決方案，如：有什麼活動或過程可刪減？所以這個步驟是為「什麼／What?」的問題找對策／答案。 2. 在這個階段須對流程質疑，應思考是否有別的方法可使現有的步驟能進行得更好、更快與更少的費用？或是有無其他的方法可縮短過程？但無論如何，均要以顧客能滿足其需求為主軸來設計。 3. 唯所謂的創新，是尋找新方法以實現其目的，即應本著多方思考的精神找尋新方法，不宜在未確定你所要的最好的結果之前，就判定其他方法均不是你想要找的方法。
三、重新定序 （Resequence）	1. 關注議題焦點：尋求「何時／When?」的工作運行時機與順序問題，如：某項工作要何時完成？某項工作可調整為具有更佳的成效？ 2. 在這個階段的重點工作乃在於時間的安排（何時要完成？各項工作的先後次序、時間排列與相互關係之設計如何？）其方法有：(1)對未來預測，而將活動提出或延後；(2)調整活動和其他活動併同實施，以減少時間浪費；(3)將相互牽扯依存的關係重組，以消除現有依存關係。
四、重新定位 （Relocate）	1. 關注議題焦點：尋找「哪裡／Where?」的活動位置與進行此等活動的實體基礎結構在哪裡？如：某項活動應在哪個地方進行才能達成活動的目的？ 2. 在此階段乃在探究活動應在哪裡進行的地點、距離與實體基礎設施，其重點乃在於：(1)如何以模組化作法提高彈性？(2)如何與顧客拉近距離，以改進整體效率？(3)如何在企業組織內部進行快速有效的溝通？(4)如何縮短物流或決策往返的時間與距離？(5)如何進行虛擬組織，以減少對實體資產的依賴？(6)如何與供應商協商，由其提供所需的商品而不必均由自己儲存管理？等。
五、重新定量 （Reduce）	1. 關注議題焦點：進行活動的頻率（要做多少次與多久做一次？），如：進行某個特定活動要多久進行一次？或是做多少？ 2. 這個階段在於思考假若活動頻率一經改變，不管是快還是慢，流程要如何改進才能得到預期的結果？其思考問題如：(1)怎麼樣才能更為有效地運用重要資源？(2)有沒有更好的方法減少資訊與控制之活動方式，卻能獲得改變的效果？(3)創意構想或創新方案有時非但未降低頻率反而是提高頻率，卻可有效地達成預期的目標。
六、重新指派 （Reassign）	1. 關注議題焦點：乃指派流程工作的負責人，其目的乃在於由「誰／Who?」負責在相關問題中找出解決方案，如：那項活動由誰來做？還有其他人更適合某特定活動嗎？ 2. 此階段是影響企業創新或蛻變成敗的重要關鍵，如：將某項特定工作委外負責（如：供應高、顧客、夥伴、子公司、契約工、外包商等），那麼企業組織將會挪出時間、人力與財力來進行核心關鍵事業，而其

顧客卻可更有效掌控某些活動，可謂是共贏的結局。

3. 有些問題可供深入思考：(1)某項流程可外包？(2)某些活動與決策可否轉由他人負責？(3)某些活動可否由顧客 DIY?(4)目前由顧客執行的活動可否改由企業組織負責，以服務顧客（如 2003 年起，民眾上財政部特定網可查詢到民眾的當年度收入）？(5)某些活動可否由供應商來執行（如：最近流行庫存大多由供應商來管理）(6)策略聯盟可否達成規模經濟？（如：共同聯合採購）？(7)供應鏈體系之建構可降低成本？

| 七、重新裝備（Retool） | 1. 關注議題焦點；乃注重達成目標／工作所需的技術與才能，其目的是要與「如何／How?」有關的問題中找出解決方案，如：什麼科技工具會有這樣的效率？什麼科技工具可達到改變這個流程活動？

2. 在這個階段著重在工作的完成方法，包括有：科技工具、人力資源、設備資源、執行人員的才能等在內，如：(1)以科技工具讓流程轉型而不單是改變自己而已；(2)新的流程須要有新的技術能力才能順利進行達成目標；(3)創新人才的知識管理與智慧資本累積擴散，方能有辦法適應新的流程與創新效率。

3. 當然最重要的是要如何把上述的優勢運用到新的流程／活動中，也就是把新的流程（可能是資產，也可能是功能）延伸到新的事業設計領域裡，才能享受到流程創新的果實。 |

資料來源：戴至中譯（2002），Stephen M. Shapiro 著（2002），《24/7 創新》（一版），美商麥格羅・希爾國際出版公司台灣分公司，PP. 51～94。

(二) Francis J. Gouillart & James N. Kelly 的企業蛻變四要（如表 10-4）

🔷 表 10-4　Gouillart & Kelly 的企業蛻變四要

步驟	簡　要　說　明
一、 重新規劃（Refra-ming）	1. 關注焦點：調整企業組織對自我的看法與要求，經由企業組織的創新思考（如：水平思考法等），而將企業組織的慣性予以突破，轉化為新的思維、新的眼光與新的意志。 2. 在這個階段重點工作在於：(1)在企業組織內部形成整體總動員的氣勢，以追求達成共同目標的成果，其主要工作為：①培養卓越的領導者；②建立寬頻的互動溝通機制；③鼓舞員工組成創新的團隊及協助員工能接受改變與適應改變；(2)為企業組織與員工描繪共同願景，其主要工作為：①策略意圖的研擬；②規劃排定企業組織全體利益關係人所關注議題的次序；③建構企業組織的根本價值觀與信念；(3)將願景轉化為一套評量目標的制度，其主要工作

為：①研擬企業組織高階經營管理者的評量與目標系統；②在各高階目標間建立相互的因果關係以為搭建行動舞台；③建構領導階層與各階層的創新的評量目標；④將兩套評量目標整合連接成為一組主要的績效指標，而每一個指標即代表一個流程。

二、

重新組織

（Restruc-turing）

1. 關注焦點：重建組織結構為企業組織的競爭力的磨練與培育，使企業組織更具好的競爭力。

2. 在這個階段的重點工作為：(1)依據其財務績效指標的項目做有系統、由上而下的分解，以建構該企業組織的經濟模型，主要工作為：①善加利用投資組合分析的技術，將企業組織依據財務面予以分解成個別的事業集合，以檢視其經濟價值；②鼓勵員工為每一項事業訂出高階價值鏈（即以序列邏輯上環環相扣的活動，界定出某項事業在最高階集合上的工作內容）；③以成本與服務品質水準為基準，促進企業資源依活動進行分配（就是以作業基礎成本制度與服務品質評鑑機制來進行價值鏈中的活動，予以分解為主要事業流程及再分解為流程的主要活動，每項流程均有一份作業成本及服務品質分析，以為判定每一流程於整體事業的價值）；(2)組織實體結構作為創造價值過程的主控架構，包括有策略性能及企業組織的利益關係人間相互牽連的關係，主要工作為：①研擬將策略目標轉化為營運需求與可協調企業組織實體架構的目標與政策之營運策略；②依據營運策略發展出高階的網路策略；有秩序地通盤檢討及協調各處的作業設施，並鼓勵部屬提出個別設施層次的行動方案與建立其流程管理，以符合企業總體策略的評量目標；③明確制定外部資源策略，即供應商、零售商、經銷商的管理政策；(3)重新規劃工作結構，其主要工作為：①協調各個單項流程內的工作，進行重新組織或合理化調整，以贏得創新的先期成效；②協調各項流程、促進一致性的創新行動，以維持企業組織創新的動力；③將每一個流程與企業組織的策略價值連結及各個流程間的互動關係，形成學習迴路，以形成企業組織整體的創新運動，而達到全面的工作過程的重新設計運動。

三、

重振活動

（Revital-ization）

1. 關注焦點：乃指經由企業組織與內部外部環境間的聯繫，以激發企業組織的成長，重振活力是企業競爭力強與弱的分水嶺，也是企業創新或是單純的重組之分界線。

2. 在這個階段的重點工作為：(1)須瞄準顧客，以確切掌握市場的焦點，也就是審視企業與市場的關係，因為只有透過企業自己的眼睛，才能看清本身與市場的關係，其主要工作為：①依據企業組織的特質研擬出其給予顧客的價值提案，而這個提案須符合需求者之期望與要求，當然須為企業組織創造利益；②依據顧客對價值、利益與價格的期待有相同屬性地列為顧客群，而依顧客群分別提出價值提案；③因應企業組織的所有流程須依據價值提案做調整之產生後勤供給系統的作業複雜性與困難度，要求各個作業系統放棄各自為政

的習慣，當然領導人與策略創新者須進行設計新的價值供輸系統；(2)創新事業設計，其主要工作為：①將瞄準市場焦點的眼光拉回到企業組織身上，促進全體員工發揮集體的創意與創新構想，以找出核心專長及創造出滿足顧客的新的方法／流程；②必要時得向外部尋求聯盟與交流，以紮實新事業所需的專長；③再不然透過合併或購買，以結合不同公司的核心專長，以誕生出全新的專長，為既有顧客市場或新顧客創造出共贏的新利益；(3)透過資訊科技來改變企業組織的營運規則，以為延伸企業組織的核心專長，主要工作為：①運用資訊科技以改進創新／營運的效率；②利用資訊科技來整合企業組織的內部作業系統；③將不同的流程放在同一科技平台上連接起來以探索作業流程，及作為進行改造新標準的跳板；④利用科技發展出加強型的事業網路；及打開嶄新的策略領域；⑤利用資訊科技重新規劃事業範圍及其事業再定義／再定位。

1. 關注焦點：以創業家或創新的精神在企業組織內全體員工身上注入新的專長、技能與使命，使新知在企業組織內快速傳播，培養出適應環境變化的反射能力或自體再發新生的能力。

2. 這個階段是企業蛻變／創新中效力最強大的一個階段，重點工作為：(1)建構激勵獎賞之報酬制度，主要工作為：①建構一套平衡的評量與目標之新報酬制度；②將報償制度延伸到企業組織外部供應商與顧客的業務裡面，以增強顧客滿意度與供應商的互信程度；③以有組織性與彈性的獎賞報酬制度，使員工得以發現自己的潛力，及為自己決定報酬的權力，也就是為自己創造在企業組織內部的發展道路；(2)塑造與促進員工的個人學習，使員工因知識擴展與自尊自重增強，而擴張其解決問題的能力與效用，更重要的使個人產生使命感、參與感與成就感，主要工作為：①致力於組織內部的個人發展；②設計培養高強能力工作人員的訓練計畫；③找出企業組織所需的重要技能，並建構具有前瞻的教育訓練策略；④設法平衡企業組織內部的技能供需關係；(3)發展（正能蛻變）創新的企業組織，主要工作為：①規劃設計具有核心專長與核心流程為中樞的組織模式；②建立卓越的創新團隊以為組織發展創新的驅力；③展開全球化的學習型組織；④以坦然、自知、自主與自負的精神建構企業家精神，以參與建設未來企業公民社會的工作。

四、
重啟新生
（Rene-wal）

資料來源：整理自宋偉航譯（1996），Francis J. Gouillart & James N. Kelly 著（1995），《企業蛻變》（一版）。台北市：美商麥格羅‧希爾國際公司台灣分公司，PP. 8～43。

創新香草藝術花園的價值

提倡零污染、零農藥，多種香草植物，以有機栽培，零農藥種植各種香草植物。進行乾燥花教學，提升了乾燥花的欣賞價值。DIY立體型彩色砂風景畫教學，由石英砂染成不同的顏色，利用精巧的魔術棒，製作鳥、花、草、山、雲等，形成一幅美麗的自然風景畫。大人、小孩均宜自己動手製作，屬於非常值得紀念的工藝品。【展智管理顧問公司：陳禮猷】

第二節　積極引爆流程創新之心

　　關於流程創新，基本上應分三個面向來看待：為什麼要創新？創新的部分有哪些？要如何進行創新？事實上，前兩個問題乃屬於策略層次的問題，而後一個問題則屬執行層次的問題，同時也是較為困難的問題。現今企業領導人與策略創新者面對經營環境的丕變與科技法規變化的一日千里，他們卻可能「今日的成功可能種下明日失敗的種子」。所以，過去有許多的頂尖企業在一夕間化為烏有的慘痛個案，會給予他們創新的刺激。因而，對於流程創新的前兩個問題大多是胸有成竹的，然而對於第三個問題則會顯得一籌莫展，大多是靠領導人與策略創新者的經驗與企業的運氣來進行流程創新，也就是摸著石頭過河。

　　基本上，企業的領導人與策略創新者要推動流程創新，無疑的將會把組織內的成員拉到一個具有風險、不可預期的境界中。在此多元化、自由化與國際化的時代裡，企業想要創新，就須跳脫以往的漸進式／延續性創新的框架，往革命式／破壞性創新之路前進，因為破壞性創新所帶給整個企業的壓力與威脅、風險是相當強勁的。

企業進行流程創新的幾個步驟，是值得思考的方向。

一、提高危機意識掌握未來

翻開世界知名的證券交易所歷史，我們可發現在 1980 年代某一地區某一產業的領先者，未必能在 2000 年仍有若猛虎般神勇地屹立於該地區／產業之龍頭地位。如同 IBM、飛利浦、波音、賓士、花旗銀行、迪吉多、汎美航空、德州儀器等曾在競爭環境中發生搖動其領導地位的危機。

Gary Hamel 與 C. K. Prahalad（*1994*）提出 40/30/20 定律：「企業高階主管平均有 40%的時間用於前瞻未來，而此中的 30%用於思考未來三、五年的發展，而在這個 30%時間中的 20%用於建立全員共識，也就是高階主管只有不到 3%（40% × 30% × 20%）的時間用在建立企業整體願景之發展上」。所以說，企業高階主管與策略創新者須認知到，只有把對其企業前途的關注力放到重建企業之策略上，也就是重組與改造其企業，且開創因應未來市場之變化，才能持續成長與保持領先地位。

㈠提高危機意識

企業為什麼會在不自覺的情況下突然變壞？問題的癥結可能不在於高階主管未能適時採取行動，而是在該企業未能及時採取合適的行動。為什麼會由好變壞？其原因大致上乃因其企業領導與策略創新者沉迷於既有的思考及作業流程／模式（此等曾經為其企業帶來成功的經驗），致使他們變得冥頑不靈與顢頇無能，沉迷過去而不可自拔地產生積極慣性（Active Inertia）。而在產業環境發生變化（如：消費者已尋覓到需求的替代品，競爭者大舉侵入等）時，其成功典範在一夕間反轉為造成失敗的毒藥（如圖 10-2 所示）。

所以，企業的高階主管與策略創新者須深切了解到，要為其企業注入新的創意，使其跟得上時代，拋棄積極慣性，將如圖 10-2 的四大積極慣性的指標予以改變、變革與創新，扭轉與擺脫過去的束縛，並做好準備進入未來。當然，若已了解要藉由變革與創新使企業組織轉型，但在尚未準備好進入未來之前，應教育員工改變策略思考架構、標準作業程序、人際關係網路與價值觀，才能在激烈競爭的產業環境中存活。另外，仍需要在既有的基礎上進行創新，但不宜貿然進行破壞性創新，因為企業在這時尚未準備好要進入另一個嶄新的市場。

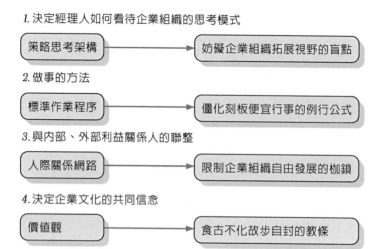

1. 決定經理人如何看待企業組織的思考模式

策略思考架構 → 妨礙企業組織拓展視野的盲點

2. 做事的方法

標準作業程序 → 僵化刻板便宜行事的例行公式

3. 與內部、外部利益關係人的聯繫

人際關係網路 → 限制企業組織自由發展的枷鎖

4. 決定企業文化的共同信念

價值觀 → 食古不化故步自封的教條

圖 10-2　企業由成功走向失敗

資料來源：林佳蓉譯（2004），Donald N. Sull 著，*Why Good Companies Go Bad*, Harrard Business Review July/August 1999。台北市：《遠見》雜誌 166 期（2000 年 4 月），P. 148。

　　企業的高階主管與策略創新者須在其企業組織裡宣導傳遞四大積極慣性，改頭換面與創新及因應未來與挑戰未來的必要性，同時應建立一套危機偵測機制（如表 10-5 所示），作為積極創新的參考。

🔻 表 10-5　檢視你的企業是否染上積極慣性

如果您在企業內部經常聽到如下的論述，您就最好針對四大積極慣性指標重新評估一下！

1. 我們認為公司的市值與營收均仍成長，且均有利潤，所以並不需要改變或創新。
2. 我們認為相當了解競爭對手，即使對手已在大步躍進，但我們仍是領導者，根本不需要跟隨他們的腳步。
3. 我們公司最重要的目標是滿足顧客與取悅顧客。
4. 他人正在引進資訊通訊與網路科技，我們則認為不必急於引進。
5. 我們對於上述問題或機會的危機感有所了解。
6. 我們知道要用什麼舉措來判斷目前的危機程度。
7. 我們的標準作業程序乃運用得相當順利，對於公司營運而言簡直可達到自動、經營的地步，根本不用費神煩惱。
8. 我們研究發展的重點在於改良商品及增加其項目，同時目前這些商品均有利潤，根本不必再費神去開發什麼新商品。
9. 我們須專注於既有事業的核心技能的鑽研，根本無暇去追求市場的一些不切實際的流行風潮。
10. 我們的經營管理團隊是相當卓越且極為隱定的。

11. 我們的企業文化相當堅實而穩固的。

12. 我們在這之前均依賴這樣的核心優勢與關鍵成功因素而能有今天的領導地位，所以我們絕不放棄這些關鍵成功因素。

13. 我們的作業程序與作業標準自信在業界仍是獨領風騷的，所以我們根本沒有必要去變動或修正它們。

14. 我們的領導地位迄今仍是堅實的，所以對於我們的經營策略與經營行動方案根本無須去做更動或修正的。

15. 我們員工的忠誠相當高，但若我們招募另一批新的人才時，現有的員工會有所挫折而紛紛求去。

16. 目前我們的市場地位是居於領導地位，且自認為可持續維持這個領導優勢。

17. 我們的內部成本有點吃緊現象，是在某些流程中出現有明顯的浪費，但仍有利潤，所以並不急於去降低成本以免得罪同仁。

18. 我們目前的供應鏈系統乃建構在策略夥伴的基礎上，所以我們不想另謀新的通路而影響到此一供應鏈的關係。

19. 我們的企業價值觀是我們的精神堡壘所在，所以我們永遠不會產生改變我們的企業文化思維。

20. 我們的高階主管為強化內部公眾關係，大多專注在內部事務之處理，有點處在象牙塔中。

㈡重建企業策略

企業的領導人與策略創新者一旦了解到須在平時即應提高危機意識，那麼就應促使其企業的員工能親口說出「動手吧」，這樣將會為其企業奠定創新良好基礎。當然，企業的領導人與策略創新者如果已有危機意識，要將企業變小一點、變好一點或變快一點，以提高企業競爭力的認知，就更應要培養出重新審視自己、重新建構企業的核心策略之能力，這樣才能給予企業新生命，才能使企業競爭力大為提升（如圖 10-3 所示）。

全錄公司在 1970～1980 年代其影印機市場被佳能與 SHARP 侵蝕相當大的市場，因而導致全錄在作業流程方面進行改進，結果 1990 年代初全錄達成降低成本與穩住再被侵吞市場占有率的局面，只是尚無法奪回先前失去的市場。另外，全錄並投入研究雷射印表機、網路、圖像電腦及膝上型電腦之開發，唯並未創造出具有附加價值的新事業，反而將賺錢的機會讓給他人。

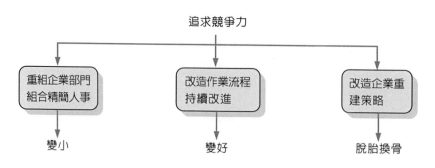

♀圖 10-3　追求競爭力

資料來源：顧淑馨譯（1996），Gary Hamel & C. K. Parhalad 著（1994），《競爭大未來》（一版）。台北市：智庫股份有限公司，P. 20。

　　為什麼會這樣？是全錄公司未能配合新商品開發的腳步，將其企業策略重新建構與重新進行其事業設計，舉凡市場行銷、生產製造、品質管理、物流管理、顧客管理、人力資源管理、財務資金管理、研發創新管理、資訊管理等方面均應加以重新建構其流程管理。結果全錄就這樣將影印機市場拱手讓給佳能，同時新創商品卻未有創新流程相搭配，自然將其明天的事業再拱手讓出。

　　所以，企業組織須要進行核心策略的改變，放眼未來而想像五年、十年或十年以後的可能情況：(1)市場到底會變成有什麼需求？(2)有什麼需求須滿足市場，否則會棄您而去？(3)市場的定義與定位再定義後又會是什麼樣子？(4)未來的顧客到底在哪裡？未來將和顧客經由什麼樣的通路進行溝通、協商、說服與談判？(5)未來的競爭對手與現在的對手比起來怎麼樣及未來的對手會是誰？(6)現在與未來的競爭優勢有何不同及未來的競爭優勢是什麼？(7)未來的利益與利潤來源在哪裡？(8)目前與未來的關鍵成功因素有哪些差異及未來的 KSF 有哪些？(9)目前與未來的企業價值觀有哪些差異及未來的企業價值觀是什麼？經由這些方面徹底審慎的評估，您的企業在未來決勝的環境中將可永保安康，而不會輕易為他人所超越。

　　依據 Gary Hamel 與 C. K. Parhalad（1996）呼籲，要求企業建立新的策略典範（如表 10-6 所示），方能在追求創新時可結合具有策略宏觀概念的員工與經營管理階層之智慧，及創意構想與創新概念，這樣子才能贏得未來、掌握未來。

⬇ 表 10-6　新策略典範

項目	既　能	又　能
一、競爭挑戰 　　方面	1. 改造流程。 2. 組織轉型。 3. 為市場占有率競爭。	1. 再創新策略。 2. 產業轉型。 3. 為機會占有率競爭。
二、尋找未來 　　目標方面	1. 以學習為策略。 2. 以策略為定位。 3. 策略計畫。	1. 以遺忘為策略。 2. 以先見之明為策略。 3. 策略架構。
三、為未來動 　　員方面	1. 以配合為策略。 2. 以資源分配為策略。	1. 以勉為其難為策略。 2. 以資源累積與借力使力為策略。
四、決勝未來 　　方面	1. 在既有產業環境中競爭。 2. 為商品領導地位競爭。 3. 個別競爭。 4. 擴大新商品的成功上市率。 5. 確知新商品上市時間。	1. 為塑造未來產業結構而競爭。 2. 為核心專長的領導地位而競爭。 3. 結盟競爭。 4. 擴大新市場知識的學習率。 5. 縮短取得全球先機時間。

資料來源：顏淑馨譯（1996），Gary Hamel & C. K. Parhalad（1994）著，《競爭大未來》（一版）。台北市：智庫股份有限公司，P. 31。

二、創新團隊的組成與管理

　　當企業已意識到其危機而有了重建企業新策略典範的共識時，即應籌組成立創新的工作團隊，且要能凝聚團隊的共識。在此將說明如下兩個有關於創新團隊建立方面的論述：

　　1. 有效的作法：

　　　(1)創新團隊的成員須是能展現熱忱、企圖心、投入、團隊合作、協助成員展現等特質的人員所組成。

　　　(2)團隊領導人須塑造出團隊成員的互助合作、相互依賴、均衡互惠的團隊精神，而不是創造英雄。

　　　(3)善用創意思考法、水平思考法，將團隊智慧、能力、經驗、知識能經由集團討論方式產生自立、自信與互信的團隊力量。

　　　(4)如果您是團隊領導人或是企業高階主管，若認為此一步驟仍沒有辦

法順利進行時，或者是團隊成員尚有無法執行此步驟的工作任務時，不妨回到第一個步驟，提高危機意識與掌握未來的構面上強化大家的共識、認知與執行力。

2. 無效的作法：

   (1)創新團隊成員組成顯得軟弱無能、怠惰頹萎、沒有企圖心與執行力。

   (2)創新團隊管理者沒有領導能力，也沒有創新思維與責任擔當能力。

   (3)創新團隊缺乏團隊精神。

   (4)企業高階主管未能給予支持與援助。

三、產生創新流程的想法與實施

　　企業在推展創革時，應要先改變企業文化，否則即使已進行危機意識的升高，且組成卓越有效領導的創新團隊，仍是難於推展流程創新的活動。而建立企業創新文化的工具須依靠制定創新的流程，因為創新流程是可引導各項不同的思考，且更能將這些創意與創新的想法轉化為有價值的解決方案，更可在企業的營銷活動中不斷地重現與實施。

㈠創新流程的步驟

　　企業如果想要創新，應由許多不同的角度予以切入，其目的在於塑造出理想的模式，找出平時不易為人發現或察覺的關係。所以說，創新的關鍵乃在於先產生出許多的想法（分散式的），而後再從中進行評估這些想法的可行性（整合集中的方式）。Stephen M. Shapiro（2002）提出了一套簡易可行的創新四步驟：假想、著手、躍進與實行（如表 10-7 所示）。

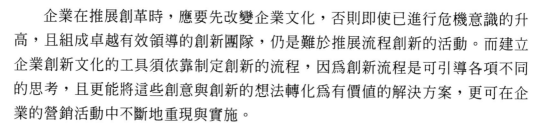

表 10-7　創新四步驟

步驟	說　　　　明
假想	1. 關注焦點：假想的方法與腦力激盪的方法是相似的，為在解決問題之前的有關可行方法的蒐集，而這個步驟主要是經由創新團隊的依據內部與外部資料加以分析，找出觀點、看法及彼此間的關係與類型，因而正式進入創新的領域。 2. 當然在找出許多的想法時，創新團隊成員為其企業目標與願景的實現，就會自然地將諸多想法集中在某一個角落，而加以分析與篩選，而後將篩選後的想法集中起來，這個集中型的活動是找出觀點、看法及彼此間的關係與類型。

<table>
<tr><td>著手</td><td>1. 關注焦點：強化在假想階段所發現的結果，而使此等想法、類型與關係變為確實可行，當然在這個階段的基本概念是過濾，也就是要讓企業能了解這些想法、類型與關係有哪些可能性，但並不是要找出可能是正確的解決方案。
2. 唯在這個階段並沒有提供企業該如何做？或是看到什麼，因為這些關鍵動作乃在下一個步驟才得以達成，所以在這個步驟事實上是處於思考的層次（點式的思考與線式的思考）。</td></tr>
<tr><td>跳躍</td><td>1. 關注焦點：針對前個步驟所發現的結果／機會，找出可能是某個可行契機／機會的想法，也就是找出可能是正確的解決方案。
2. 在這個階段，著重在評估與判定標準的選擇上，而這個標準大致上可分為解決方案的數量與解決方案的定量，而在這步驟所產生的想法與其他想法的關係如果愈為密切時，那麼可能是正確的解決方案的形成將會愈為順利。</td></tr>
<tr><td>實行</td><td>1. 關注焦點：將可能是正確的解決方案賦予其所需的功能，以利真正而順利地轉化為實際的行動。
2. 在這個階段，著重在開始落實，所以須要找出能讓上述所尋得可能正確的解決方案順利實現的功能，也許在既有的熟悉領域中找尋，也許須放棄既有的框架，也就是說解決方案目的之手段須予創新，而不單在目的上的創新而已。</td></tr>
</table>

資料來源：戴至中譯（2002），Stephen M. Shapiro 著（2002），《24/7 創新》（一版）。台北市：美商麥格羅‧希爾國際出版公司台灣分公司，PP. 108～113。

(二)選擇目標與解決方案

　　企業在創新流程時，應選擇如何競爭的根本基礎，也就是其核心策略。核心策略包括企業願景與企業使命、商品／市場的範圍，及差異化基礎等因素在內。

　　在創新流程時，須依據願景與使命的指引而設計出來作為企業組織及各事業部／各流程所要達到的目標，或要提供的商品／市場，企業願景／使命包括有：價值主張、策略意圖、大膽的大目標、目的或整體績效指標在內（但有些企業並未明白陳述其企業願景／使命，且也可能會限制到企業對事業設計概念的看法）。當然，若企業以一個全新或全然不同的企業願景／使命作為其事業設計的依據時，這將會是一個事業概念／模式的創新。

　　而顧客與商品的定義、定位與再定義，將可促使企業拉近顧客，進而了解與掌握其對企業所提供的商品的需求與期望。當然，所創新／找出的解決方案將可貼近「完全解決方案」，進而擴大商品及市場的範圍，提高市場占有率與顧客的滿意度。

　　另外，企業若能採取與競爭者有所差異的作業流程與作業方法時，將會吸引顧客眼光的焦點，進而取得更高的市場占有率與顧客占有率。而這些差異化可呈現在商品、解決方案、市場空間等方面，當然，能找出其差異化機會時，其事業設計概念與流程將會隨即被重構或創新。

　　企業的高階領導人、策略創新者基於問題的發生與解決之需要，將會因事業設計的重構與企業策略的重建，而以某種主動出擊的方式選擇創新目標，進而發掘出來新的且是對的問題之後並加以鎖定，同時應以財務績效指標作為衡量工具，因而使解決方案的綜效得以呈現出來。

(三)創新置入流程的時機

　　企業在創新流程後，須將創新的流程置入企業組織流程中，至於其置入的時機，一般而言在該企業未發生問題之前，大致上是按兵不動的，但在其鑑別出危機即將引爆時，將會稍微提前將之置入於流程中。顯然地，這個置入時機應是在創新時一併會將其置入並同時納入於創新計畫中，且這個創新置入流程的活動將涵蓋到：所有的創新任務、問題解決方案、流程與工作過程等方面在內。

　　創新置入於流程中，需要將企業的事業概念四大要素之核心策略與策略性資源（核心能力、策略性資產、核心流程）、顧客介面（履行與支援、資訊與洞察力、關係動態、價格結構）、價值網路（供應商、合夥人、股東、策略聯盟者、合作者）進行因素連結。如此才能在創新置入流程時，重新審視現有的事業設計的每個要素：有沒有新替代的解決方案？原有的解決方案是否仍具有好處？新創事業將會如何做？將現有事業設計重新組合／建構，將促使傳統的影響力自然地會減少。

創意生活產業是產業發展趨勢

台灣在處於經濟轉型的過程中，社會環境與以往累積
的經驗實力，都可作為發展創意生活產業的有利條
件，而在優勢上我們具備了產業的製造基礎紮實、人
力資源豐富、產業文化內涵深厚、文化開放性與包容
性、投資環境基礎良好、中小企業經營的靈活。【作
者拍攝】

Smart Innovation 10-1

誰才是組織的創意發電機？

資料來源：謝明彧，2006.04.01，台北市：經理人月刊 NO.017

　　企業不能再只靠創意部門提出創見，他們無法獨力接住環境轉動的變化球，也無法獨立接住環境轉動的變化球；高階主管或研發部門主管也不那麼值得依靠，他們還有隨著世界變化的速度愈來愈快，競爭變得愈來愈不可測，過去偉大構想的來源已不符新時代所需，何況他們還有其他煩惱與預算限制。偉大的創意應從以下這些人著手：

一、新進人員

　　團隊、部門、公司的新成員，是可刺激你的好來源。任何組織裡的新成員是提出偉大新構想的第一種來源，因為他們有新鮮的眼睛。

二、邊緣人

　　在許多公司，總部都是維持現狀的堡壘，愈是接近京畿重鎮，就愈沒有機會嘗試新東西。但在邊疆地區，卻可進行很多實驗，很多新想法得以產生、測試、修改得更好。如果構想最後能落實，就轉呈總部；如果構想失敗了，也可有一個安靜、尊嚴的葬禮，再也不會有人聽到。

三、前線工作人員

　　在某些時候，最好的構想是由指甲最髒的人提出來的。如：公司第一線的維修代表與傾聽消費者的電話客服代表，如果你想聽到偉大的想法，花點時間和前線人員聊聊，最好是和他們一起工作一天，在這段時間，你將會聽到一些非常實用的構想。

四、顧客

　　如果要等顧客說出他們想要什麼，我們就永遠做不出連他們都不知道自己想要的東西。如果你拿新東西給他們看，他們很快就會說出自己的看法。

（取材自《大聲牛》，天下雜誌出版）

Smart Innovation 10-2

創意學：拔除創意三毒

資料來源：賴聲川，2006.06.28，台北市：經濟日報

經驗、習性、動機可直接造就創意，但也可能成為阻擋創意的屏障。

一、經驗不當累積，後座力強

經驗並未刻意在心中做標示，而是一種內在的機制在分類、判斷經驗的重要與否、儲存與否。對於許多創意人來說，這樣的經驗不但成為創作的素材，也成為創意的原動力。

二、習性最可怕的滅音器

習性是創意三毒中最強大的敵人。我們不斷在累積作業模式，這些作業模式就是習性。習性引導自己用某種固定的方式看待世界，這就抹殺了個人的創意。因為習性拘束了心。拘束的心永遠在尋找標準答案，充滿創意的人總是透過創意的習性，在尋找另類答案。

三、動機自動運作僵化創意

動機是我們做任何事背後的理由，人生中大大小小行為背後都有動機，有的容易觀察，更多是隱藏的，甚至連自己都不知道為什麼。

四、轉化三毒成三智慧

經驗、習性、動機這麼容易就變成自動運作。我們既不主動爭取經驗，也沒想過需要調整自己對經驗的觀點與看法，於是經驗的累積，未必成智慧，反而可能在累積身體脂肪的同時，也累積心中的脂肪。操控對經驗的反應正是習性，習性背後隱藏著很少被注意到但極為重要的動機。

經驗、習性、動機或呆滯及自動狀態，對嚮往具有創意的朋友來說，這就是「毒」，因為現在的模式只會讓生活轉入固定模式，讓自己愈來愈僵化。須找方法，對遮蔽創意的「三毒」，轉變成造就創意的「三智慧」。

（本文摘自天下雜誌《賴聲川的創意學》）

Chapter 11
掌握市場機會　創新行銷策略

企業領導人、CEO 與策略創新者不妨放開視野，超脫出傳統領域，進行有系統有創意性的探索，藉以發掘出前所未見且具有真正價值創新的新商機。且在這個具有開創性的全新市場空間裡，提供競爭者所沒有的商品給顧客，進而創新各種行銷策略群組，以滿足顧客的需求與期望，達成企業組織及其全體員工的共同願景。

二十一世紀的消費族群的教育程度愈來愈高、可自由支配消費的能力也愈來愈高、重視感性感動經驗愈來愈強烈等，以致對於其所消費的商品或需求的勞務要求水準也愈為嚴峻與豐富，促使市場運作方式產生了相當大的變化。所以在全球化時代裡，不論是為國內市場或國際市場的供給者，企業須充分認知市場、創造市場、掌握市場與適應市場的運作方式。事實上，每一個企業均已由各種不同的管道進入全球市場，每天均要面對來自世界各地區／國家既有或新創的商品的加入競爭，企業的領導人與策略創新者須正視這個無所不在的與來自於全球市場的競爭威脅力量之日益激烈趨勢。

◎ 第一節　掌握市場機會

台灣的製造產業（包括傳統產業、科技產業與生產性服務業在內）向來是源自 OEM 型態，而隨著技術的提升與品質管理系統（如：ISO9001、ISO/TS16949）的導入，進而發展到注重研究開發與設計的 ODM 型態，及為因應全球化市場的策略布局需要，再發展到注重自我研究開發與創新設計、自我品牌行銷的 OBM 型態，及全球運籌管理的 GL（Global Logistics）型態。

在二十一世紀，企業愈來愈講求價值鏈、關鍵鏈、供應鏈與需求鏈管理，以提高商品的附加價值及顧客價值與員工價值，因而就須自行為市場與商品進行再定義與再定位，朝向創意與創新設計發展，進而真正發展為 OBM 與 GL 型態，掌握市場及顧客的發展潮流與趨勢，以增加全球市場的競爭優勢。

服務業與休閒業仍受到新經濟時代資訊、通訊與網路科技工具的 E-Marketing 策略的影響，因而走向注重顧客的了解，在此注重顧客滿意的前提之下，這個 E-Marketing 策略顯然忽略了顧客的行為、心理與參與／購買時情境的影響。所以在二十一世紀，運用這些科技行銷的策略將會改變為新整合行銷（New Integrated Marketing），也就是行銷需要將新科技與傳統工具予以相融合，並考量到顧客的各種消費／參與／購買活動及其背景，從而為其顧客提供在任何情況之下的無縫綿密的消費經驗（Seamless Experience）。

一、掌握市場焦點

企業在其產業生命週期呈現成熟的時候，也就是其經營管理系統與核心業

務流程的蛻變、轉型與更新速度，跟不上產業大環境與市場環境的變化速度時候，將會導致企業的經營管理的成長腳步放慢，甚至停止成長與走向衰退滅亡。雖然企業會因創意與創新能力的缺乏而踏上衰退與滅亡的命運，但其高階領導人與策略創新者卻可在其老化的過程中扭轉這個悲慘的命運，也就是在老化過程中將其經營管理系統與核心業務流程迅速轉換能適應市場的變化，從而取得跑在其顧客及競爭者前面的發球權，這樣子企業將可使其商品維持獨特、新穎與價值。

㈠符合顧客價值的暢銷商品企劃

企業要真正掌握市場焦點，就須要能瞄準顧客，且須運用對於自己企業組織的了解與診斷，跳出由企業本身看顧客的框架，站在顧客的角度來發掘出企業本身與顧客的關係，觀察與了解顧客，及管理與掌握顧客的範疇與層次，如此進行的市場焦點組合應是唯一且最符合顧客價值的暢銷商品企劃。

*1.*符合顧客價值的暢銷商品是屬性與特徵的組合

消費者／參與者對於商品的屬性與特性包含如下三種：

⑴具體性知識，如：①機械設備的生產效率與負荷能力、自動式或手動式；②溫泉是冷泉或熱泉；③雲霄飛車是 360 度旋轉；④運動俱樂部是射箭或跆拳道、有氧舞蹈；⑤休閒活動是生態旅遊或清貧旅遊等。

⑵抽象性知識，如：①溫泉池是否有防針孔設備；②機械設備有否安全性；③跑馬場是否訓練有素、溫馴而不狂野；④觀光旅館的消防安檢有無依賴 SOP 來執行與 SIP 來查驗；⑤戶外戲水場有無配置合格與敬業負責的救生員等。

⑶情感評估因素，如：①在天體營我也不敢裸露身體（即使被當外星人）；②登山休閒我喜歡，但就是不願意登山，因為我有懼高症；③美食街小吃我不敢去，因為我是淑女／紳士；④明知這部機械性能佳、安全性高，但我討厭它的聲音；⑤明知有氧舞蹈有益身心，但我身材比不上別人，所以不要去參加等。

*2.*符合顧客價值的暢銷商品是感覺、價值與效益的組合

每一家企業的特質，是由其暢銷商品價值提案（Valve Proposition）所塑造而來的，而這個價值提案乃指：⑴企業到底用什麼樣的商品、價格、通路、銷

售策略、銷售作業程序、銷售服務品質與銷售之設施場地與方法來提供其顧客何種利益、感覺與價值；(2)顧客在許多競爭者的價值提案中做評估判斷，以選擇符合其感覺、價值與利益的供應者。所以說顧客在選擇之後，他們的體驗結果將會形成一定的社會結果（Social Consequences：如在消費／參與之後成為其人際關係網路中的友人親長所讚賞、羨慕、欽佩、模仿與跟進之現象）與功能結果（Fundional Consequences：如在消費／參與之後能獲取有形與無形之感覺、價值與利益），而這兩種結果若均呈現正面或正面大於負面的體現效果時，將會促使企業解決與滿足顧客的需求與期望，同時也使顧客覺得企業能使其問題獲得解決，及使得價值得以呈現。

3.符合顧客價值的暢銷商品須能滿足顧客之效益、目標與價值

企業在研擬價值提案與暢銷商品計畫時，應考量到其顧客體驗與體現結果，須往正向情感發展（如：價值、利益、歡欣、愉悅、滿意、感動、目標等），而不可發生負向情感發展（如：失望、受騙、生氣、不滿、挫折等）之反應情形，就是要滿足顧客之效益、目標與價值的要求，才能使其再度消費，及鼓舞友人親長參與／消費之決策。

4.符合顧客價值的暢銷商品企劃應考量顧客之涉入程度

企業在追求滿足顧客需求與期望的某些特定情境下，可能會產生顧客強烈維護其認同的商品的情形，因而在進行商品的創新設計時應一併將此顧客涉入（Involvement）的因素併予考量，以免引起忠誠顧客之抗議或關切。當然，企業若針對顧客的特殊偏好與個性化需求，也可採取客製化的策略予以因應，唯顧客涉入程度會因時空環境的改變而消失。

5.符合顧客價值的暢銷商品企劃依循原則

在研擬符合顧客價值的暢銷商品企劃時，可依循如下幾個原則：(1)企業選定之顧客最好儘可能朝向價值鏈的下端去覓尋，如此才能開發出創意點子與創新構想，因為顧客往往是在比較有創意與創新的下游活動中選擇其供應商；(2)企業須親近顧客，只是不要學總統候選人走入人群的方式，而是要採取One-by-One 的一次關注一個顧客的方式，如此才能真正了解其需求與期望及掌握到其關注的焦點，同時也才能發展出能符合顧客之價值提案的創意與創新方案；(3)企業領導人與策略創新者須親近顧客及聆聽其意見，並做資料資訊處理與整合分析工作，以擬定最有可能符合顧客價值的暢銷商品計畫的價值提案，當然不

要依賴顧客給予提案，因為若如此，將使企業喪失創意與創新的能力，且也會造成價值提案紊亂與複雜而導致不知要如何是好的窘境；(4)企業須明確界定企業願景與經營目標，才不會產生紊亂與矛盾的價值提案；(5)企業的高階領導人、策略創新者與各事業部門均應提出其價值提案，並加以整合起來，如此才能經由「Up to Down」與「Down to Up」的管道以形成企業的暢銷商品企劃。

㈡暢銷商品之商品化計畫

商品化計畫（Merchan Dising; MD）依據美國管理學會的定義：「實現企業之行銷目的，而以最適切的場所、最適合的數量與最合理的價格，行銷特定之商品或服務的計畫與督導活動。」

企業最基本的立足基礎乃在於滿足顧客的需求與期望，而顧客對於商品的期待則在於：(1)給予顧客良好的感覺、感受與感動情境的期待；(2)給予顧客方便參與、購買與消費的期待；(3)提供合理適當或價值超越價值的期待；(4)提供顧客體驗與體現之價值與效益的期待；(5)商品資訊與情報提供的期待。

1. 新時代的商品化計畫的意義

二十一世紀的顧客講究價值與效益的體驗，所以有人認為「消費者 MD」是指：「顧客為實現其體現與體驗價值的商品場所、設施、設備、價格、商品、服務與活動所構成的商品組合」。這表示企業要如何蒐集符合顧客價值、顧客需求與期望的商品，經由策略性整合規劃企業有關之人力資源、服務作業、市場行銷、研發創新、財務資金、資訊通信與時間運用等方面資源，以呈現給顧客最有價值與效益的價值體驗等活動，乃稱之為商品化計畫。

2.商品化計畫的具體實施策略與活動

企業為實踐其企業願景與經營目標，為追求符合顧客價值與需求期望，須將其所提供的商品進行市場競爭優勢分析、重構商業設計概念、試銷與測試顧客的反應與意見、商品化行動方案之計畫管理與控制，也就是將服務和活動予以商品化計畫。

商品化計畫的幾個策略活動方向：(1)目標顧客之設定與潛在顧客的開發；(2)營銷場所、地點與設施之選擇與規劃策略；(3)活動方案的設計與設備的開發；(4)活動場地的設計與活動流程規劃設計；(5)解說、導覽、參與作業標準程序的規劃；(6)提供商品的方案開發；(7)營銷活動方案組合構成；(8)參與／消費／接受營銷活動方案的價格策略；(9)服務作業管理程序制定與服務人員訓練；⑽顧

客參與流程系統規劃；⑪商品化業務活動規劃；⑫販售／參與營銷活動之管理；⑬支援性服務之提供；⑭創造參與者／顧客再度參與消費之氣氛與促進活動；⑮提供緊急應變計畫與風險管理對策；⑯其他相關之販售等各項作業之進行；⑰售後服務與成效檢討改進活動。這些商品化計畫實施的具體事項，其目的乃在於符合顧客的基本期待，以達成符合顧客價值與吸引再度消費的高顧客滿意度。

3.商品化計畫體系

商品之商品化計畫可予以有系統的整理成一個體系，而此一體系中較為重要且須為企業所關注之焦點如下：

(1)商品化計畫之擬定：舉凡所提供之商品之行銷計畫、市場動向分析、需求預測、顧客數預測、現況分析、目標市場分析、商品行銷戰術與戰略等。

(2)商品組合與構成：所提供的商品之組合策略與分類、品質水準、品牌定位等。

(3)設備設施之規劃與管理：營銷活動使用的設施與設備之選擇與施工、景觀設計、附屬設備之規劃與施工、安全措施之訂定等。

(4)服務作業管理程序：消費者參與營銷活動之作業管理（始自銷售前、銷售中之參與有關活動到銷售後之服務為止）程序之擬定與訓練所有員工。

(5)價格策略：定價策略、價格政策與調整變動政策等。

(6)場地、場所規劃與管理：營銷場所與場地之動線、活動空間、有形實體物品之配置與陳列、入口與出口設計、停車場規劃等。

(7)組織系統之責任、職權與溝通：企業組織系統、各部門各人員職責、部門內溝通系統與跨部門溝通系統、授權權限、職務代理人等。

(8)資訊情報系統建置：組織內部資訊情報系統與外部資訊情報系統、顧客資料庫建立與顧客關係管理、POS 系統／EOS 系統／SCM 系統／MIS 系統等。

(9)緊急應變與風險管理：緊急事故應變、參與超負荷應變、入場管理、離場管理、售中／售後抱怨與申訴處理、失物招領、兒童協尋等。

㈢新商品之分類

2001～2002 年 Qoo 果汁為何能成為台灣市場的新寵兒？愛之味鮮採番茄汁在 2002 年所造成的旋風連帶使番茄種植農民樂翻天，原因何在？Pocket PC 比

Plam評價高，使用方便性也高，為何銷售卻沒有比Plam好？此為市場洞察力的因素，新的商品要能一炮而紅，就須了解並掌握市場的優勢，才能異軍突起；休閒產業也是如此，看京華購物中心開幕的成功及帶來的業績、007 電影上映帶來的門票收入，均是該活動或產業之策略管理者與經營管理階層能了解市場脈動，進而掌握市場優勢以致成功的傲人佳績。新商品分類為如下幾種：

1. 創新市場的全新商品。
2. 進入既有市場之新商品。
3. 進入市場中既有商品之新商品。
4. 既有的商品加以改進或改變之商品。
5. 既有商品予以重新定位。
6. 降價求售手法。
7. 既有商品改良後，並再改名字之新商品。

二、無所不在的全球市場

　　二十一世紀顧客愈來愈精明，需求與期望的項目與方式也愈來愈多元化，而新經濟時代所衍生的新市場運作方式也的確產生了前所未有的變化，企業領導人與策略創新者須學習並採取能完成適應此一新市場的運作方式。事實上，現在的企業不可否認的，其所須觀察、了解、掌握、管理與發展的市場將會只有一個，那就是全球市場。新的全球市場已為現代的企業創造了前所未有的市場條件與運作方式，企業領導人、策略創新者與行銷企劃人員將無可避免地，須正視它與了解它的所有市場條件、運作方式與發展趨勢。

㈠全球市場的特色

　　新的市場因為受到全球化與無疆界化的影響，使得新一代的消費者與市場經營者（即企業組織）都相信價值是可擴張的，同時也可共享的，因此分享價值的企業夥伴愈多，企業所能獲得的回饋也愈多；同時新的消費族群由於比以前更為富裕、教育水準也愈高，因此要求也愈為多元化。所以，在此新經濟時代的全球市場具有如下的特色：

1. 由企業創造與推動的市場

(1)企業所創新與創造的新商品、新服務與新活動，並以滿足其所創造既有顧客及潛在顧客的需求與期望。

(2)企業創新與創造新的商品型態，並建立新的價格點及新的通路，以提升其服務品質至更具有吸引顧客之新境界。

(3)企業並以全方位的眼光來跨越既有的與以往的市場界線，進而開創新的市場空間及將其事業設計重新定義與定位，朝向以功能、情感、時間與感覺為導向之嶄新事業發展。

2. 由顧客創造與推動的市場

(1)顧客已化被動為主動積極，要求能具備有企業組織所提供商品的主導權或參與權。

(2)顧客不僅要求主導權與參與權，甚至要求企業提供其自助式的機會，也就是顧客已不單是消費者的角色，而是要求變成企業在提供商品時的自助式參與、轉包商參與設計開發過程。

(3)顧客甚至可能參與企業的生產與作業服務流程之改進，以形塑客製化解決方案與增加顧客忠誠度。

3. 由供應商創造與推動的市場

(1)由供應商與企業緊密供應鏈關係，以強化創造營運效率與商品的價值。

(2)供應商在企業創造的市場空間，扮演知識創造的協助者之重要角色。

(3)供應商與企業進行充分資訊交流合作，藉以壓縮庫存並提高快速服務的績效。

4. 由相關團體創造與推動的市場

(1)顧客之消費過程已形成重要的社交過程，其提供企業與顧客間的互動與談判活動並達成知識分享與均衡互惠、相互依賴的商務活動目的。

(2)顧客所組成的團體促使買方議價力量的提高，進而促使供應者須正視其權益與價值、利益之要求，並設法滿足顧客。

(3)企業應由不重視顧客關係的維持與提高之方向，轉為重視顧客間的關係管理，也就是從顧客網路中找出符合其需求與期望的策略行為，以

與顧客建立起價值鏈體系。

5.全球消費者的市場模式

(1)滿足新興與中產階級與新時代的需求：由於全球化與無疆界化的發展，新時代的企業須正視此階級的需求（如：①如何方便取得商品；②如何確保 A 地商品可迅速送達 B 地等），這就是創新市場模式的產生要件，而這些要件的策略行動則有：①全球運籌管理以運送商品；②設置海外據點、分公司、辦事處；③尋找合夥人、經銷商、代理商；④併購、合作與合資；⑤知識、觀念與構想等智慧資本流動；⑥金融資本流動；⑦人口的流動等。

(2)貿易集團的限制：國際間的全球市場已形成運作實體（如：歐盟、北美自由貿易協定、東南亞國協、中美洲共同市場等），已不是以往國與國間講求區域合作即可跨到國外市場，反而已對全球市場帶來威脅。企業如何取得貿易障礙的突破，已成為邊緣國家與地區的企業領導人須正視的問題，當然經由上述創新市場模式之策略行動應可降低更多風險。

㈡新時代的企業組織應注意事項

隨著WTO正式成立，全球市場的發展正在改變任何一家企業的國內與國外市場交易模式，企業除了增強本身的競爭力外，還需要把國內市場擴展為全球市場，否則將會放任本身既有的市場為競爭者（有可能來自於國內或國外）所吞噬殆盡。企業為因應全球化市場趨勢，須注意如下事項：

1. 須正視並學習國外的商品組合之優點，加快創新商品以滿足顧客之需求與期望，從而維持市場及掌握市場。
2. 發展出以顧客價值為導向的企業經營管理理念與文化。
3. 發展企業本身的核心能力，積極創新開發本身的競爭能力與競爭優勢，提高本身的核心專長與創意創新能力。
4. 積極和供應商、顧客與員工建立起價值鏈體系，並與供應商／顧客建立綿密的關係網路，提升快速反應及優質商品創新能力。
5. 接近市場，了解顧客需求，以開發與創造給予顧客的獨特價值提案。
6. 積極蒐集國內與國外的市場資訊，掌握市場發展動向，取得生機。
7. 以企業的核心專長與能力為基礎，重新規劃事業設計概念及市場再定位與再定義的策略地圖。

8. 重新打造企業的事業範圍，質疑現有的事業設計概念，並將營運重心轉變爲具有虛擬價值鏈的市場空間，同時更須考量重新建構事業設計。

9. 進行多國籍化的策略規劃與伺機進入國外市場。

10. 進行策略聯盟、合資合作、併購與授權移轉等策略規劃並選擇、評估與選定最佳的策略行動方案，以進行全球市場的鯨吞蠶食行動。

11. 重新思考企業或品牌、商品之形象的重新設計與建置，以配合新的事業設計發展策略。

12. 學習運用國際局勢有關之國際金融／資本／經濟問題，以了解本國政府的決策可能趨勢，以利及早建構因應策略。

13. 學習在國外以小搏大的作爲，如：(1)利用資金購買適合國內／國外的市場新知識；(2)投資國外技術與商品的創新開發等。

發揮創新價值 1+1>2 的綜效理論

台灣木雕藝品未來的前景，是要結合大家的力量與智慧，從創新台灣木雕藝品的內容、品牌、符號意象，到價值鏈的建構等，將木雕藝品產業加入文化、創意的元素，塑造出無形的品牌意象，使得夕陽產業轉變成朝陽的文化創意產業，創造出真正的「財富」！這就是 1＋1＞2 的綜效之具體展現。【作者拍攝】

第二節　市場的破壞性創新

Seth Godin（*2002*）在《紫牛》（*Purple Cow*）一書中提到：「永遠都不夠

P」，也就是行銷上的P，不管是商品（Product）、價格（Pricing）、促銷（Promotion）、定位（Position）、公眾關係（Publicity）、包裝（Package）、傳閱率（Pass-along）、許可（Premission），或是通路（Place）、作業流程（Process）、實體設備（Phystical-Equipment）、人員（People）均會發展到不夠用，所以Seth Godin提出一個嶄新的P就是紫牛，而紫牛是須卓越非凡（Remarkable：特殊社群向社員傳播），Seth Godin認為就是要如何使自己卓越非凡。

　　事實上，在任何一家企業要追求使其自己能卓越非凡，並不是在市場或行銷活動中予以創新發展就有效的，而是須在營銷活動的源頭就開始講究創新與創意，就是在商品的設計與開發過程中即應進行創新，否則會在商品均已差不多完成時再來找市場，則這個時候將會使商品變成隱形，讓人視而不見（*Seth Godin, 2002*）。

一、兩種市場的破壞性創新

　　Clayton M. Christensen與Michael E. Raynor（*2003*）在《創新者的解答》一書中提出破壞性創新模型的三度空間圖，並提出兩種市場的破壞性創新。

㈠新市場的破壞性創新

　　新市場的破壞性創新是指，在目前尚未成為某項商品的顧客群中尋求認同，及採取使顧客產生消費行為的創新行動。而此一創新行動的目的，在於促使其所創新出來的商品能提供該等新市場／新顧客，更為便利、更有價值、更方便、更具有感動性的使用／參與，如此的創新活動也就是新市場的破壞性創新活動。而在此所稱新市場的破壞性創新，事實上並不是爭食既有的市場，更不是與同業種或類似業種的競爭者進行市場的爭奪與競爭，而是創造出新市場的價值網絡。如：⑴SONY公司與個人電腦公司合作開發上市的第一代口袋型電晶體收音機；⑵佳能公司的桌上型影印機；⑶彭博資訊（Bloom Berg, L. P.）的獨特電子網路交易系統；⑷可攜帶式的血糖測試儀；⑸柯達公司的立可拍拋棄式相機等，均是典型的新市場的破壞性創新例子。

　　新市場的破壞性創新在策略創新活動上是具有較多或較大的成功機會，因為在進行新市場破壞性創新之初，市場領導者往往會忽略到創新者的策略價值，而仍認為只要將現有商品加以改良、改進或提高價值（即：延續性創新），就能永保安康，以致任由採取新市場破壞性創新策略的企業順利地將原有價值網

路中的顧客轉換到其開創的新價值網絡中。

當然在採取新市場破壞性創新之初，由於將其目標顧客放在尚未消費的顧客身上，以致並不會入侵到既有的主流市場，剛開始大多是把原有價值網絡的低階顧客（要求最低的顧客）從既有價值網絡拉到其所創造的新價值網絡中。所以，在開始階段，既有的市場領導者較不會產生壓力，以致創新者易於成功創造新市場與新顧客。

(二)低階市場的破壞性創新

一般來說，想要在低階市場創造企業的永續發展契機，就應建立起以低廉商品來爭奪市場領導者的原有或主流的價值網絡中的低階市場，以創造出較高利潤的一種破壞性創新活動。此種低階市場的破壞性創新策略，是企業領導人與策略創新者利用低成本的策略來爭奪市場領導者與其他在此市場的競爭同業之低利潤的顧客。如：(1)小型鑄造廠利用電熔解爐的技術，以低成本的鑄造技術及回收廢鋼銑為原料，終能和大型鑄造廠做直接對決，而以低於市價20%～30%的相同品質的鑄造工件與大型鑄廠做競爭；(2)網路 E-mail 的興起並取代郵局的信件通訊業務；(3)亞馬遜書店（Amazon.com）取代傳統書店經營業務；(4)韓國現代汽車的全球市場占有率急遽升高是攻占低利市場；(5)愛德華牛肉包裝公司（Iowa Beef Packers）的包裝牛肉結束了地方屠宰業務而移轉到中央廚房統一處理的配銷通路。

低階市場的破壞性創新策略常常導致市場既有的競爭同業與領導人會因低階市場的創新／破壞者而進行直接的對抗，雖然已活躍在市場的企業在遭受到創新／破壞者的攻擊與破壞時，會採取延續性的創新策略，企圖賺取高利潤以彌補被創新者侵食的低階市場，然而當採取破壞性創新的企業領導者與策略創新者將其剛開始進入的低階市場提升／轉換為更高階的市場，並以低成本、高售價、高利潤的商品供應其顧客，就能創造更大的獲利空間，這就是在競爭過程中，創新／破壞者只要能持續不斷地向高階市場挺進的話，就能席捲市場及享有豐富的市值、營收與利潤。另外，市場的原有企業為了與創新／破壞者進行硬碰硬的直接競爭時，大概只有調降價格一途了。

當然，憑其企業／品牌形象可能可增加營收金額，但其利潤率不可否認的將會衰退，甚至虧損；所以市場原有的企業也須進行破壞性創新，以為因應市場被侵吞與占領之危機。當然，在此一破壞性創新機會中，最好是另外成立一個在成本結構上有較大的獲利空間之獨立市場，以擺脫原有的成本結構之桎梏，

而朝向高階市場挺進及創造市值、營收與利潤。

二、將破壞性創新的概念形成破壞力

　　在上述探討中，不論是創新者／破壞者或是原有市場的既有企業（不論是否具有一定的領導地位），一方面須為既有事業的永續發展而努力，另外一方面則須為破壞性創新做準備。雖然困難重重，但企業卻須為了整個企業的永續經營與發展過程中的發生任何問題（包括：新商品的加入所造成的市場保衛戰、企業內部管理典範的轉移等在內）之解決尋求創新。而在延續性創新與破壞性創新的選擇上，雖然兩種創新皆有助於追求企業的成長與發展，但我們要提出如下幾個論點以說明破壞性創新的價值。

㈠延續性創新並不是建立新成長事業的最佳選擇

　　在企業採取延續性創新發展出新事業或新商品時，勢必在市場上大展鴻圖以掠奪既有市場與顧客，而這個掠奪行動將會引起既有市場的企業群起抗拒與反撲。當然，這個創新概念可能會破壞到既有市場之企業的市場占有率與顧客占有率的維持，因而促使他們採取反擊的策略，而也可能將會為他們創造出延續性創新的機會，促使他們試圖擺脫糾纏與攻擊，那麼創新者／破壞者就須轉移創新活動的發展進度，重新回到規劃的階段，運用策略管理、競爭優勢分析、競爭工程分析、統計品管技術等工具加以分析了解問題所在，並運用創意思考模式尋求可破壞既有市場之企業的延續性創新機會，否則就只有放棄這個創新的行動，因為若仍堅持進行該項創新行動的話，將不易在選定的目標市場中獲取成功的機會。

　　這種例子相當多，如：⑴ 1970 年代的 NCR 公司自滿於 NCR 為機械式收銀機的龍頭而忽略創新者推出的電子收銀機進入市場，以致NCR幾乎被迫要退出這個產業，而後才開發出自己的電子收銀機，再依賴其強大綿密的行銷通路網而快速地奪回原來的龍頭地位；⑵IBM 電腦公司在大型主機電腦的技術維持上絲毫沒有受到RCA、GE、AT&T等知名大型公司的攻擊而流失其市場領導者地位。

　　所以說，採取延續性創新策略的企業想要能與具有一定地位的企業一較長短，就須要有專精的策略方能比具有市場一定地位的企業更快速開發出新的商品。更因在市場已具有一定地位的企業的商品之品項較多較具有寬度，所以在專注防守其市值、市場占有率與利益上，會無法兼顧或極可能有自家產品互相

　　爭鋒衝突之情形，使得創新者有成長與發展的空間。當然，對一家採取延續性創新策略的企業而言，大多期望藉由進入爭奪領導企業之市場，促使自己驅動走向高階市場，如此不但創新者能立足市場，同時更可驅動更高階市場的產生，因而開拓破壞性市場。然而，具有一定市場地位的領導企業在面對市場邊緣者／新興企業的攻擊時，只要採取正面迎戰策略，就能以其穩固的商品的行銷能力與綿密紮實的市場通路，很快地會重新站上其原有的市場占有率之地位，如此下來對於新興企業而言將會是徒勞無功的。相反地，具有一定市場地位的領導企業若採取逃避策略時，也就是不採取迎戰策略時，則創新者／新興企業／市場邊緣者就能將創新的概念塑造成為破壞性創新策略，因而可發揮以小擊大的有效結果。

　　不過，根據C. M. Christensen（2003）的研究指出，「在企業進入延續性創新軌道時，若已能建立穩固的商品能力，則應回過頭來將這些商品賣給緊隨於後的其他領導企業，且在運用得當的情況下迅速獲取豐厚利潤。」事實上就是，領導企業運用其雄厚的資源，將某些工作（包括研究開發）予以委外代勞。在二十一世紀委外作業制度的盛行，是說明委外的企業將其一些延續性創新或維持性開發工作委託其他企業代勞，就是將其資源透過委外作業，取得某些有創新／開發能力企業的新商品的所有權與營運權。

㈡運用創造應變能力發展創新能力

　　延續性創新是改進現有的商品，以強化已取得主流市場重視的效能；而破壞性創新則是藉著引進全新的商品，以創造出全新的市場及吸引全新的顧客群。

　　全新商品在上市之初會為其市場批評其價值與效益不如既有商品來得好，但由於企業創新的初期成果終究會讓市場產生關注與嘗新的因子，等到這些因子發酵起來，就已能使這個市場產生擾亂與破壞的作用，進而運用其特殊之點而促使市場產生新的用途，到後來也就能符合主流市場的需求。如：⑴嘉信理財公司當初以陽春型折扣、經紀商姿態進入市場，當然其功能會使美林證券等經紀商認為根本是來搗亂的，因為美林證券擁有周全服務的經紀商體制，根本不怕，但嘉信理財卻由平價經紀商得以起家，並在 1990 年代開始走向主流市場；⑵ 1980 年代的個人電腦（PC）的進入市場也是一種破壞性創新商品，只是那時的迷你級電腦已開發的應用軟體已有相當的成果，以致PC電腦在當時來說只是破壞者而已，但當市場開發出更多配合PC的應用軟體且PC的功能也逐漸發展時，到二十世紀末PC已成為電腦的主流商品；⑶ Linux 作業系統進入市場

乃以市場現有作業系統的替代選擇，雖然在 2003 年初僅在伺服器市場有所斬獲，但 Linux 原先定位在高階的 Unix 作業系統與微軟的 NT 作業系統間，卻因在網路伺服器市場站穩市場之後，而取得不少的Unix作業系統的市場占有率，且正改向 NT 作業系統及手持型器材的作業系統軟體市場。

　　一般來看，破壞性創新策略是缺乏有系統建立的作業程序與彈性的因應能力，且破壞性創新的商品大多是因為要創造市場，以致在進入市場之前無法能快速回收創新開發的成本，因而在推出市場時的單位利潤沒有預期的樂觀；且要經由市場宣傳、教育與傳遞予其主要顧客，其成本與時間自然會較高，以致不甚符合已具有一定市場地位的企業採取破壞性創新的價值觀。

　　但若因而放棄採取破壞性創新策略行動的話，就會促其企業體的醜態窘境暴露出來。如：⑴美國交易（Ameritrade）推出線上股票交易是其不得不的延續性創新需要，但對於嘉信理財與美林證券來說，卻具有十足的破壞性，迫使嘉信理財不得不另立新事業以迎戰美國交易；⑵微軟的作業並無法與主機型或小型電腦的作業系統相抗衡，也沒有超越過Unix及蘋果電腦的作業系統，但微軟卻可從 DOS 到視窗 NT，一路發展下來，使其足以威脅到 Unix，然而到二十一世紀卻也遭到 Linux 的威脅。

　　事實上，不管是採取延續性創新策略或是破壞性創新策略，均應建立新的作業程序與價值觀，方能創造出新的創新能力，而其方法依據 C. M. Chritensen（*2001*）研究，可分為如下幾點來說明：

1. 在企業內部成立新組織，並發展創新的作業程序

　　在企業內部尋求組織結構的重整與重組，以形塑出新的組織結構，並籌組創新團隊與遴選創新領導人／策略創新者，加以培訓以強化有效的組織、有效的人力資源管理，同時並建立創新的作業程序與標準以供創新團隊遵循與執行（請參閱第十四章第一節）。

2. 另成立獨立的新組織以發展新的作業程序與價值觀

　　在企業內部的價值觀已沒有足夠的能力以進行創新需要的資源分配時，企業領導人或策略創新者便應採取自本身組織內部予以分離的作法，在企業外部另行成立新的組織。一般來說：⑴在市場上具有一定地位的大型企業雖然具有雄厚的財力與人力資源，但往往無法排除既有組織體系內的員工與幹部的抗拒力量，以致大型企業大多不會也不可能主動分配必要的資源給予創新的商品作為其產業的基礎；⑵也許目前的市值或市場規模不大，不符合大型企業的主流

價值觀所要求的成長需求；(3)大型企業的成本結構往往沒有辦法在低階市場中獲取利潤，當然不符合大型企業的主流價值觀。

所以在企業的外部另行成立獨立的新組織也就變得重要了，唯在進行此項規劃時，應體現到新的創新計畫是不宜與既有的主流組織互爭其組織的資源，以免發生資源分配的危機，資源分配乃需要企業領導人的支援以制定一套正常的資源分配程序。另外，新組織的作業程序、作業標準與價值觀，應跳脫舊有的作業模式，而依據新的模式來進行（即使既有的作業程序與標準在既有的企業之營運中成效顯著），且須趕在市場新的變局影響到既有的主流業務之前，即應擬定新的模式以因應各種競爭與破壞力。

但企業領導人與策略創新團隊領導人須要確認的一項事實，是任何創新策略的執行與發展，均需要他們的親自參與及監測所有的創新過程，否則該項創新行動很有可能是會失敗的。

3.藉由收購以擁有創新能力及所需的作業程序與價值觀的組織

在企業外部成立獨立的新組織，有時候受限於本身組織的人才、時間與創新的能力，而採取向具有創新價值與資源的企業或其獨立的事業部進行收買或併購，以收購其創新能力。唯若企業藉由收購的手段以獲取被收購的創新能力時，應體現到創新能力的價值與資源是植基於被收購企業的作業程序與價值觀，所以在進行收購的策略規劃時，應思考被收購的組織是否納編於收購者的企業內，以作為進行收購行動時的組織結構規劃之依據。

然而在進行思考時，應先對於被收購企業組織的創新能力來自於其作業程序與價值觀？或是來自於其資源？應加以分析了解：

(1)當收購者看中的是他們的資源時

收購者自應朝向要如何把被收購者的資源（如：員工、商品、創新研發與生產作業技術、顧客、供應商等資源），移轉到收購者的作業程序與價值觀中，使其能依照收購者的作業程序與價值觀進行運作，以為提升收購者的既有的創新能力。而有些新成立的企業，往往並不具有卓越的作業程序與價值觀，而是憑藉創業團隊成員的卓越人才（如：工程師、市場行銷專家等）及新商品，而這些資源正是一些收購者（尤其創新能力已相當不錯者）進行收購的理由，因為他們想藉由收購這些新興企業，把新興企業的資源納進其企業的價值鏈中，使其能於收購之後加速發展其各項主要作業流程、作業程序與提升其市值、市場占有率與產業吸引力。

(2)當收購者看中的是他們的作業程序與價值觀之創新能力時

　　收購者則應另外使其獨立於其組織外，並使其獨立運作，同時把其企業的資源投注於此獨立組織中，如此一來被收購者的作業程序與價值觀在其資源的助益之下，其創新的能力將可大為擴增。因為收購者就是希望藉由被併購者的獨特、卓越、具有創新能力的作業程序與價值觀，來提升其企業的創新能力。而若將其吸納在本身組織內時，被收購者的能力將會為收購者的既有作業程序與價值觀所轉化，因而失去其原有的能力。

(三)將創新概念塑造成為具有破壞力的創新

　　事實上，在創新概念開發出來時，並不具有延續性或是破壞性的力量，因為破壞力並不是與生俱來的，是要經過相當嚴謹的思考與縝密的企劃。

1. 首先，企業須先做自我診斷分析，確切了解其企業是否具有足夠或稍經挹注即能因應產業的競爭情勢之能力與資源。
2. 其次，企業需要評估自己本身有沒有足夠的因應競爭所需的作業程序與價值觀，以利企業在進行創新行動之後，得以使其企業及新商品能順暢運作？
3. 另外，企業領導人與策略創新者應思考並判斷其企業的創新概念是否具有破壞的潛力。在這方面 C. M. Christensen（2003）提出三個方面（如表 11-1 所示）以供有志將創新概念塑造成破壞力者參考。

⬇ 表 11-1　創新概念是否具有破壞力的檢核表

問題別	問　題　內　容
第一組問題	一、問題目的： 　　在於研究企業本身的創新概念是否能變成新市場的破壞性創新？ 二、思考問題： 　　1. 在以前是否因為缺乏財務能力、相關設備或創新的技術能力，以致未從事創新行動，或者須委外代為進行創新？ 　　2. 顧客對於既有的商品的消費／參與／購買是否須到不方便或是特定的地點才能進行？ 三、判斷方式： 　　上述兩個問題至少要有一個答案是肯定的，最好兩個都是肯定的答案。

第二組
問題
	一、問題目的：
	乃在於探討企業的創新概念有無可能在低階市場中進行破壞性創新？
	二、思考問題：
	  1. 低階市場的顧客是否願意以更低廉的價格來購買／消費／參與某些價值商品性能較少的商品？
	  2. 企業有無能力以價廉物美、品質高的商品提供目前為企業過度服務的顧客，但須是仍能為企業創造獲利能力？
	三、判斷方式：
	上述兩個問題須均是肯定的答案。

第三組 問題	一、問題目的： 乃在探討企業的破壞力獲勝的成功機會有多大？ 二、思考問題： 這個創新概念轉化為行動能否破壞既有市場領導者及具有一定地位的企業？ 三、判斷方式： 此問題須是肯定的答案。

資源來源：整理自李芳齡、李田樹譯（2004），Clayton M.Christensen & Michael E.Raynor 著（2003），《創新者的解答》（一版）。台北市：天下雜誌（服）公司，PP. 84～87。

　　當然，在表 11-1 的思考中，若是答案是否定的，則並不需要懷憂喪志，因為了解問題之後，就應分析其存在的因素有哪些？是應採取的態度與認知針對這些因素進行構思與尋求解決對策。這就是戴明品質循環 PDCA 的應用，且對於這些問題更不可一廂情願地看待它們，因為若是如此的話很可能導致創新團隊深陷在重重障礙中，更可能瞎猜胡猜滿懷狐疑，終究是於事無補的。所以企業在萌生創新概念時，應經由創新企劃（P_1）到執行（D_1），以致檢討查驗（C_1）及修正調整（A_1），且要一再地反覆進行，即（$P_1 \rightarrow D_1 \rightarrow C_1 \rightarrow A_1$）→（$P_2 \rightarrow D_2 \rightarrow C_2 \rightarrow A_2$）→……（$Pn \rightarrow Dn \rightarrow Cn \rightarrow An$）），才能使創新概念成為具有破壞力的好策略與好行動。

　　對於任何業種或業態的企業想要進行創新，有關如何把創新概念形塑為具破壞力的策略，其關鍵在於最高階經營管理者之全力支持（當然其所支持的須是好的策略），且有關的管理階層須要為所面對的競爭情勢與變動局面進行激勵獎賞，以使其組織內部具有創新能力的員工發揮其創新的潛能。同時最好能在創新行動之初即應思考是否將創新概念塑造為具有更大成長潛力的破壞性創新／事業，而不是一開始就將之塑造為維持（延續）創業／事業，另外高階經營管理者尚應體認的是不宜將創新規劃作業只全權委託策略創新者來進行，因為若是全權委託一人來進行創新規劃，易陷入決策盲點中。

延續基業培育接班

從中國歷代王朝來看，再強的帝國也會改朝換代，永世基業根本是假的。中國人也常說：「家族企業好不過三代。」有人甚至舉例說：「富人是窮人的兒子，窮人是富人的孫子。」因此，企業要永保長春極其困難。眾所周知，企業經營當然不像一個王朝帝國那樣複雜，但要永續經營也極其不易，因為培育接班是要用心經營的，除了接棒的經營者外，也要有戰將幹部與謀略布局幕僚，才能讓企業更為強大。【台中縣稅捐稽徵處：李菁芬】

第三節　創新行銷策略，提高顧客價值

　　由於政府關注對消費者權益進而制定消費者保護法，加上消費者意識的抬頭與消費者保護團體的興起、自由化國際化經濟情勢的變遷，以致顧客對於商品的品質判斷、價格是否划算、利益與價值是否符合預期目標等方面的價值觀愈來愈高，因此在二十一世紀的顧客力量也就更為高漲。

　　隨著顧客力量的高漲，企業更需要使顧客隨時隨地均可視個人的需求與期望直接跟企業建議、申訴、抱怨、聯繫，因而企業需要把顧客的期望與需求當作企業的核心流程、核心作業程序與價值觀，將本位主義（如：視本身的商品已是最能符合顧客要求等）的心態予以摒棄。企業的內部員工須正視顧客的力量，且將眼光放遠，超越以顧客為重的層次，鑑別出企業與顧客間權力關係的改變，同時要將自己的創新概念訴諸行動，以因應未來更激烈的競爭壓力。

一、顧客價值的提升

　　企業須由顧客的角度，來審驗本身商品的價值，且要由企業外部到內部進行事業設計。企業的負責人與策略創新者要明瞭其營運與市場行銷間的緊密關係，發掘出改變企業本身結構與創新商品的機會，這些行動是為了留住顧客與提供顧客更高的價值。為能滿足愈來愈多樣化的顧客需求，企業應朝向如下幾個方向來提高顧客價值而努力：

㈠通路創新革命

　　通路不應再將其視為製造商與消費者間的中介者角色，而是要把通路塑造成為一個強勢的品牌。且將通路創新革命，使其能立即掌握市場趨勢，提供即時的服務，加速商品的流通速度，如此的通路方能在眾多的通路中鶴立雞群。唯通路的創新革命是經由：⑴通路的合縱連橫以增加通路力量；⑵提供額外服務給顧客滿足的感覺；⑶從通路數量增加之策略轉為品質服務的策略，以提供顧客及時服務的滿足等策略行動，以為提供便利、快速、服務、價值與效益，其目的乃在於為顧客加值。

㈡提供便利創新

　　事實上，通路創新就是和便利創新的作法是一樣的，且有愈來愈多的企業領導人與策略創新者朝向此一方向努力。在二十一世紀，便利的提供是數位時代須考量與努力的重點，如：⑴到生鮮超市不但有魚、肉、蔬菜，且也有配料、沾料；⑵美術館不再只有展演的經營模式，也有了餐飲美食及複製品銷售業務；⑶錄影帶店兼賣零食；⑷個人電腦除了蘋果電腦外，其實不管什麼品牌的PC商品大多是呈現標準化與商品化了（大多使用 Intel 的晶片與 Windows 軟體）；⑸NCR 公司推出微波銀行（Microwave Bank），使顧客一面使用微波爐做晚飯，一面可到線上銀行辦事、購物、收發電子郵件，另於微波爐的門上還有觸控式的液晶螢幕可看電視，更絕的是還具備讀取條碼的功能以掃瞄家中食物之代碼及建立購物清單並寄給網購商店以購買商品。而在查看菜單時，微波爐則會指出冰箱裡有哪些食物已超過保存期限不可使用，並會建議使用哪些食材來做菜（*Stephen M. Shapiro, 2002*）。

　　有項研究統計指出，二十一世紀便利已成為顧客的消費行為因素的第一位，

這是在這講究 e 化、m 化與 u 化的時代中，人們已爲時間不夠用而耗盡腦汁要擠出「工作、休閒與休息」的最佳分配方案，以致沒有過多的時間去沿襲傳統的購物行爲，而發展出講究便利的 e 化、m 化與 u 化消費行爲。

㈢和顧客競爭的超競爭時代

二十一世紀是超競爭時代，但不是和自己競爭，而是要搶在顧客需求與期望具體化之前，就能提供給他們所需要的商品，所以二十一世紀是與顧客競爭的超競爭時代（如：統一超商 7-11 的業務項目從正餐到零食，休閒書報雜誌到商務傳眞，並涵蓋預購家電禮品與生鮮，乃因消費者在乎的是否符合其需求，而不會想到這些物品應到哪些通路去購買。）另外顧客崇尙便利與流行，也就是方便與善變；所以企業須在他們的方便與善變需求轉化爲具體化方案之前，即應在顧客之前予以具體化，方能滿足其需求與期望（如：統一超商 7-11 綿密的密度、24 小時營業之模式，提供了其他業態無法與其抗衡的多重便利）。

㈣讓顧客愉快與安心的消費／參與／體驗

任何創新的商品均應予以商業化，而在商業化的過程中須能使顧客有著愉快與安心的消費／體驗。如：時下流行的有機食品則是一種爲零售業者提供高價值的創新行銷方式，因爲他提供了安心、健康與環保的價值給其顧客。

㈤個性化、客製化與協同商務管理

二十一世紀無論工業類、商業類或是休閒產業，無不走向個性化、客製化與協同商務管理的模式，所以要能提高顧客價值，就應重構事業與商品的設計，創造非一體適用的商品，使顧客的需求與期望得以滿足，也就是量身訂做的模式。如：⑴新娘禮服業者可開放某些女性較爲關注的設計點給予準新娘參與設計，使得加工完成的禮服符合該準新娘的身材、嗜好與滿足感；⑵戴爾電腦可針對個人需要來組裝商品，唯其開放顧客建議組裝的方式也是有一定程度的限制，和新娘禮服一樣在某一定範圍內是可讓顧客參與設計或組裝以滿足其需求。

二、提高顧客價值的創新顧客策略

企業以擴大創新概念的創新發展策略開發出的新商品，可在其既有的品牌下發展新事業，同時也可提高顧客價值。當然，若是企業能深入市場、了解市

場，顧客的真正需求與期望，則顧客應能針對商品給予更多更有用的資訊回饋。如：太平洋 SoGo 就以其 SoGo 卡建立了一套有用的顧客資料庫，經由該資料庫可了解有哪些購物決策因子？多久買一次東西？每次消費金額多大？哪一類的顧客喜歡哪些商品等資訊，只要充分運用太平洋 SoGo 卡，就可很容易地滿足其顧客需求，了解促銷檔期的主力商品是什麼。

　　創新的企業是以顧客為重、關注顧客注意的焦點，所以才能以行銷與創新為動力，在休閒產業與科技產業裡的企業領導人與策略創新者大多相當認同行銷與創新是創造顧客須具備的功能，而傳統產業（尤其傳統型態的組織）則大多以生產為主導企業發展方向，然而以此掛帥的企業可能對於市場與顧客的需求、期望、發展趨勢所知有限。

　　以顧客為重的企業的背後，應是以行銷與創新為其事業經營的動力來源，而在二十一世紀的新企業管理典範是以「顧客百分之百的滿意」為其企業經營發展的目標。當然，這個目標達成的方法是以「全面的顧客為重」為主要的方法，且以追求高顧客滿意度為其中心目標，這也就是現代企業創新行銷策略及創造顧客價值的首要之務。有人說，顧客要的是洞而不是鑽頭，意思是，顧客所購買與參與你的商品時，並不在乎你所提供的商品本身怎麼樣，而是在乎其價值、效益與感覺。因此：(1)有人為什麼要吃牛排時，不去普通牛排館或夜市吃，而非到王品台塑牛排館不可；(2)有人住旅館為什麼要到日月潭涵碧樓而不到其他五星級旅館；(3)有人為什麼不再親自到台北迪化街的年貨大街購物辦年貨，而願意上網向迪化街商家採購年貨等。這就可解釋為這些以顧客為重的企業所提供給顧客的，除了其功能外，更重要的是能創新出顧客價值。

(一)確認目標顧客所在

　　顧客資料庫的建立須維持其動態性的，顧客資料庫每隔一段時間就應加以更新，同時企業的 CEO 更應重視顧客資料庫的使用。因為 CEO 須認知到，不斷蒐集各業態的行銷資訊是維持優勢競爭的利器，且經由這個資料庫可了解到顧客的需求，測試其顧客對於企業與商品的各項措施之反應，如此該企業將可確立應運用什麼樣的行銷方式、技術、價格與服務，以滿足其顧客的需求與期望。所以，若以為建立顧客資料庫就可深切了解到顧客群的需求與期望，顯然是不夠的，而是要由 CEO 起一直到所有的員工，均要相當用心地為其顧客設身處地加以思考其需求與期望，並將顧客的要求融合在企業的策略規劃、商品的開發與設計、各項作業流程等活動中，方能真正拉近企業的全體員工與顧客的

距離，測量顧客滿意度，藉由對顧客的需求變化趨勢的掌握以滿足顧客。

　　當然利用顧客資料庫對於顧客群應進行區隔創新，因為以往傳統的顧客區隔方法大多採取依據企業的財務績效目標加以區隔的，其方法大致依據顧客的交易次數或頻率、顧客行業別、交易項目與數量／金額、交易毛利與顧客可能交易潛力等標準來進行區隔。

　　唯在二十一世紀注重顧客滿意度與顧客價值的議題中，則有點力不從心，因為顧客群的區隔被忽略其特定需求與需求的多元變化趨勢，所以在這個顧客為重的時代中，並不能以往昔的顧客群定義方法為滿足，而是要行銷與創新研發為主軸來加以重新定義顧客群（如：將平日多購買瘦身用品的劃歸美容瘦身客群，將平日多參與休閒活動者列為休閒客群，將平日採購高檔消費品者列為頂級客群），以顧客消費決策模式來區分客群，將顧客滿意度訪問及其他查核顧客需求與顧客價值的方式納入顧客區隔方式中，而後將這些資料對應到企業的專長、流程、策略、商品與行銷活動中。

　　同時在此過程中，應與各個客群進行深度訪談與調查研究，傾聽顧客的需求與期望之聲音，並細心、反覆地查驗確認顧客之需求無誤，並經由市場調查與研究以了解競爭者與顧客的問題，進而進行可能的協助解決顧客的問題，這就是經由找出顧客的問題及企業本身的核心專長間的交集區域，以創造顧客與企業本身的最大利益與價值。

(二)傾聽顧客的真正需求

　　全錄與 IBM Rochester 利用所建立的顧客資料庫，將顧客區隔為幾個主要市場，然後再找出每一個市場之顧客需求，並將「一廂情願地希望顧客能跟著他們走」之作法轉為「他們對於顧客的需求已有較多較深的認識，所以他們能研發創新出最好的方法與對策來滿足顧客的需求」。另外，企業想和顧客維持同步的脈動，就須將顧客的不滿聲音（包括：建議、申訴、抱怨、退貨）納入考量，且最好能針對顧客的滿意找出因應、矯正預防措施，並公布這些策略結果，使企業內部員工均能了解企業的任何進展。如此可使整個企業的每一個員工均能了解顧客、自己的企業、自己，且這方面的了解程度將是決定企業是否能成功與創新的基礎。

　　傾聽顧客的真正需求須經由如下幾個方法來達成：(1)與顧客充分合作，和顧客建立緊密夥伴的合作關係，並發展出企業本身的創造與創新發展的潛力，且要持恆地與目標的每一個核心顧客維持這種關係，方能為企業及顧客帶來具

有深遠的價值；(2)對市場的脈動與顧客可能的需求與期望改變趨勢應加以蒐集並管理。因為市場與顧客的需求會因為市場脈動、新進入者及既有競爭者所採取的價值創造策略、顧客本身人口與企業組織結構的變化、市場與社會的創新潮流、顧客層所重視的價值觀（如：品質、服務、迅速、價格、便利等）改變等因素而導致的激烈變化趨勢，企業領導人與策略創新者須能掌握其動態，並可預測顧客在未來的所有可能的變化趨勢；(3)同時，對於如何才能蒐集到真正的顧客需求與期望的資訊，則應予以深入探討。要找對的顧客，而不是散彈槍打鳥的方式。一般而言，顧客大致分為三大層級（也就是冒險者／領先者、一般者／常態者，及膽小者／落後者），而傾聽顧客聲音應放在一般的或是常態性的顧客聲音上，因為他們是顧客的眾數，他們的聲音代表著顧客的大眾需求與期望；而對於冒險者／領先者部分也不應疏忽掉，因為他們代表顧客群中的重要或有力、被模仿的力量所在，也是引領大眾消費／購買參與的早期採用者，所以應加以關注而不宜將之忽略其價值的特別性。

(三)決定顧客需求並服務顧客

一般而言，在數位時代的顧客類型大致可分為以商品價值為導向的顧客及以服務為導向的顧客等二個類型。

以商品為導向型的顧客，重視的是商品是否能帶給他有關需求與期望的滿足，但：(1)其花費的成本是最划算的；(2)能在其需要的時限內提供給他；(3)能在最有利於他的範圍內給予滿足；(4)能提供給他真正想要的品質與效益；(5)能給予應有的方便與服務等則是此類型顧客所關注的議題。所以對於這類型的顧客，企業就是要將商品的價值、效益與其特定的解決方案呈現給顧客。

以服務為導向型的顧客，重視的是商品是否在提供的過程中能帶給他有關需求與期望的滿足，但：(1)其接受服務時是否能有被尊重的感覺；(2)在接受服務之後是否有感受到方便與便利；(3)在體驗之後有否感受到其願望已獲得滿足等則是所關注的議題。所以對於這類型的顧客，企業就須看穿顧客的真正意圖，要滿足其生活的意義、生命的目的與消費商品間存在的雙向學習、交流、互動的願望。

但不論是哪一類型的顧客，企業須看穿顧客的真正意圖或願望，在最佳的時刻裡提供給顧客最有價值的商品。但這樣還不夠，因為在提高顧客滿意度的服務活動中，尚須：(1)分析與改進企業本身的各種流程，以提升顧客滿意度的各項要素（如：能量測的品質目標、影響品質目標的要素、顧客不滿意原因的

改進方案、改進不滿意要因的行動方案與行動目標標的等）之表現；(2)思考改進顧客流程及企業本身流程與顧客流程間的界面流程，乃因在數位時代的商業模式中，所謂的流程範疇已跨越了組織間的藩籬及各職務間職權與能力之界限。

㈣利用顧客滿意來創造新的行銷策略

企業想要利用顧客滿意或顧客需求來創新行銷策略，就是需要由顧客需求與顧客滿意所學到的經驗，經由該策略以影響企業的經營管理系統的評量、計畫、流程與結果，如此整個企業均會受到其影響。

事實上，當企業要提高其創新能力時，應由內部利益關係人做一番思考，甚至要跳脫企業內部團隊成員的框架，而在外部利益關係人中找出誰最有能力為顧客帶來最好的結果，請這種人來共同進行顧客滿意度提高的活動。如：有些企業所推行的協同設計或協同商務的活動，就是利用消費者／參與者和企業本身進行即時與實質虛擬的合作方式，如此一來顧客及價值鏈中的成員不但可輕易、迅速與正確地取得企業所提供的商品之資訊，更可使大家可共享商品與流程資訊，這就是利用顧客參與的行為而使得顧客滿意度大增的一項聘用顧客之策略。

當然，企業須在內部推動提高顧客滿意度的終極策略。所謂的提高顧客滿意度終極策略，是應用價值鏈中的主要作業流程（如：創新開發流程、採購流程、倉儲流程、生產與服務作業流程、市場行銷流程、售後服務作業流程與應收帳款作業流程等）及支援作業流程（如：行政管理流程、人力資源管理流程、文件與記錄流程、獎賞激勵流程、矯正預防流程、持續改進流程、顧客資訊回饋與處理流程等），而將最重要的顧客滿意度予以納入在各個流程中，則企業將會在顧客滿意的驅動下，形成全企業員工、有關經營管理的作業程序與標準均在顧客滿意為原則之指導下追求改進與創新企業價值之活動，進而達成高顧客滿意度的企業願景／目標之實現。

㈤利用自己的創新能力以創造自己的未來

然而，光傾聽顧客之需求與期望的聲音是不夠的，因為有的時候有的顧客與並不了解其真正的需求與期望，而是需要企業在了解到他們需求與期望的聲音之後，要在創意與創新思維方面的協助之下才能使企業創造出能讓顧客滿足的商品。CNN 的全天候新聞服務也不是因顧客要求而是由 CNN 本身加以創新服務，同時全天候的新聞服務也成為現今各有線電視與無線電視爭相學習的一項服務。

　　所以說，企業為求創新行銷策略與顧客策略，其經營管理階層與策略創新者須認清的一項事實：「所謂的未來是很難預測，而是要企業本身自己去創造自己的未來。」因而現代的企業須在傾聽顧客需求之後創新服務顧客，並視商品／市場的特殊性與產業環境狀況，考量讓顧客參與商品之設計開發、市場行銷、售後服務等部分非企業管制項目，也就是聘用顧客以使服務顧客達到最大的價值與效益。如此將可在系列的全新行銷／顧客策略行動中找到創新與創造自己未來的方向。

觀光與會展發揮加乘效益

　　會展產業所包含的業種相當廣泛，硬體設施會展產業已是無國界的產業，未來我們所面對的競爭者主要來自國際上競爭力強的城市和其他會展業者，因此，未來會展人才的專業能力一定要以歐美國家的專業標準來衡量，甚至積極建立會展專業的認證制度。再者，國際化是會展產業必然的發展方向，會展專業人才須具備專業素養和商業外語溝通能力，培養國際觀，才能降低競逐國際市場的障礙。【修平技術學院國企系：楊三賢】

茶水店變身約會地點

資料來源：李至和，2006.07.08，台北市：經濟日報

台南賣茶水的老闆特別多，不過要能做出平價又具有文化氣質的品牌卻不多見，葉東泰一身古意氣質，卻將泡沫紅茶年輕化，他認為喝茶也是一種文化，因此賣一杯茶就是一次文化傳承的機會，能落實理念，主要靠以下三點祕訣：

一、讓茶店搖身變成約會地點

奉茶亭不只是賣一杯二十元的泡沫紅茶，十幾年前葉東泰就懂得要賣氣氛、賣裝潢、賣一種看不到的感覺，因此吸引很多情侶願意花比外帶杯貴一點的價格，到店裡內用。這種內用與外帶的價差，成功提高客單價，也讓消費者自願多花點錢享受別處沒有的古早味，進而建立品牌口碑。

二、不隨波逐流增加餐點

台南的餐飲店有個特色，無論茶店或咖啡店，從小火鍋到各式簡餐、甜點、三明治、銼冰都要賣。葉東泰則認為，盲目地增加餐點反而會攪亂定位，因此即使賣餐點，也要與養生及茶藝有關，比如奉茶亭推出的人氣餐點牛蒡雞腿綁飯，雖然是日式口味，米飯卻加入清茶湯蒸煮，口味有別於其他餐廳。

三、用心思變化創意茶水

奉茶亭的茶飲光是名字就非常特別，台南店有銷售以中國花茶為基底的「中正路的心情」、「安平追想曲」。

台北衣蝶百貨以女性消費客層為定位，葉東泰還為此寫了首詩「時間像雲，停在妳的唇，叫人直想，聞吻妳的白鬍子」，因為台北衣蝶店主打的茶飲是「乳霜奶茶」系列，白色乳霜沾在唇上好像白鬍子，葉東泰用詩的想像，推銷創意奶茶，成功打動女性浪漫的心。

Smart Innovation 11-2

距離不是問題，虛擬團隊運作十大法則

資料來源：官如玉，2007.06.27，台北市：經濟日報

在跨國企業加速全球化布局，通訊科技日新月異之下，由一群很少見面甚至素未謀面的員工，共同完成企業特定任務的虛擬團隊。不過，虛擬團隊要運作成功面臨不少障礙：時差讓不同時區的人無法立即溝通，文化差異容易造成誤解，沒有見過面的團隊成員，很難產生團隊運作不可或缺的化學作用。企業界愈來愈無法負擔員工頻繁面對面開會所衍生的費用。另方面，員工愈來愈排斥出差對家庭和健康可能造成的干擾，為了讓分散各地的團隊成員發揮最大的生產力，企業勢須找出讓虛擬團隊更有效運作的方法。

一項深入調查研究，虛擬團隊運作成功的案例，如英國石油、諾基亞、奧美廣告。此外，倫敦商學院的一個研究小組也調查十五家歐美跨國企業的五十五個虛擬團隊的一千五百多位成員。

此二項研究結果發現成功虛擬團隊的十大黃金法則：

1. 投資線上資源，讓成員可很快的認識彼此。
2. 挑選已互相熟悉的成員。
3. 指定成員扮演跨界橋樑，至少占 15%。
4. 把培養跨界橋樑視為例行公事。
5. 把團隊工作分割成幾個單元，讓各地的進度不會彼此拖累。
6. 成立一個網址，讓成員可協調、交換意見和互相啟發。
7. 鼓勵頻繁溝通，但不可強制聚會。
8. 指派有挑戰性和有意義的任務。
9. 指派的任務須對團隊成員和公司都有意義。
10. 儘可能徵召志願者。

由《維基百科》和 Linux 的例子可看出，若是虛擬團隊納入較多擁有重要技能的志願者，成功的機率較高。諾基亞負責未來策略性挑戰的團隊，大部分成員都是志願參加的。

（取材自《華爾街日報》）

Chapter *12*

運用科技創新　發展新商業模式

　　雖然科技並不能全然解決企業的所有問題，但它的確有相當的潛力可改變營運模式
並提升經營績效，任何企業組織均應思考如何以創新方式予以整合與運用科技，以
為推動嶄新的營運模式，從企業的供應鏈、需求鏈、關鍵鏈以致企業的價值鏈，均
可利用整合科技的工具與技術來創造企業的創新能力與企業的整體價值。

　　二十一世紀無論企業或是個人、家庭無不受到資訊、通訊與網際網路的深遠影響，根據《數位時代雙周刊》（2004 年 9 月 1 日第 89 期）的統計：「Internet擁有 26% 占有率，使其使用邁向全球化；中國網路 2003 年使用者達八千萬人；搜尋引擎 2003 年成長 180%，成為網路廣告吸金器（占 35%）；網路零售成為消費新天地（2004 年第二季美國市場即達 156,54 億美元）；旅遊是網路購物的當紅炸子雞（2003 年美國網路購物規模 1140 億美元，旅遊占 37.10% 達 423 億美元）、住宿也為網路購物的佼佼者（2003 年美國規模約 110 億美元）。」二十一世紀，企業將普遍運用網路、電腦、通信等科技於溝通、協議、說服、資訊、商務與娛樂方面，使得電子商務（B2B、B2C、B2B2C、P2P 等）、線上遊戲、網路交友、網路廣告等方面的商機不斷地成長。

　　Internet 的應用，首見於 E-mail 及瀏覽器的應用，對於使用者的使用習慣帶來相當大的衝擊與改變，而二十一世紀更是擴及於資料搜索（Search）、尋找（Find）及獲得（Obtain）的應用，並導致既有的實體商務世界的運作模式改變為虛擬商務世界的運作模式。雖然根據 Accenture 的調查，電子商務履行概況中 2000 年的網路購物約有 67% 根本沒有送到消費者手中，12% 未能準時送交給消費者，且在退貨流程方面也比傳統零售店或型錄郵購者表現來得差，但不可否認的，在虛擬商務世界的重視與接受程度將會是與日俱增的。

第一節　二十一世紀的創新研發策略

　　台灣的企業在二十世紀講究與自豪的是勤勞、敢拚、聰明、模仿、彈性與快速的企業精神，所以能在極短的時間內就能跟上世界最新的流行商品與服務，進而在最快的速度量產上市。但那個時候的企業大多習慣於付權利金的方式來開發新商品，而不願冒風險去投資自行研究開發與創新的商業行為，以致台灣的企業在過去的創新能力一直無法突破。就拿 2003 年來說，台灣就付出大約新台幣 600 億給國外機構，而 Intel 與微軟一年的研發費用就幾乎等於全台灣的研發費用。一般而言，台灣的大型企業研發經費占營業額比約 1.5%～1.7%，然而Intel 卻是 13%，可見先進國家的大廠能主宰世界的商品走向不是沒有原因的（如表 12-1 所示）。

♣表 12-1　主要國家 2003 年創新能力指數評比表

指標名稱 國家	國家創新 指標	科技人力 指標	創新連結 指標	聚落環境創 新指標	企業創新導 向指標
美　國	1	4	1	2	1
芬　蘭	2	3	2	3	8
英　國	3	17	3	13	3
日　本	4	2	13	1	4
南　韓	20	20	18	16	21
以色列	14	31	4	23	12
台　灣	13	16	20	6	15

資料來源：張殿文（2004 年 9 月 1 日），〈發現科技續航力——用台灣味的研發打贏下一場看不見的戰爭〉，《數位時代雙周刊》，89 期，P. 46（台灣創新能力需要突圍）。

　　事實上，企業在利用科技工具來進行創新之前，應對於科技的定義予以了解。Stephen M.Shpiro（*2002*）的看法是：⑴應用套裝軟體、有專門作用的應用軟體與經由 Internet 執行的網路式應用軟體；⑵執行業務所應用之資訊與資料及顧客資訊與資料；⑶電腦、PDA 與行動電話等工具；⑷網路、網頁伺服器、路由器與作業系統等科技基礎設施；⑸網際網路（含 w.w.w.在內）。

　　且科技是要與企業、作業流程併同考量。因為流程、人員與科技間的關係是要整體思考，其間任何的改變都會對其他層面產生的影響，而不是企圖以科技的導入與運用即能推動企業加速創新之一廂情願的想法。如許多企業往往認為只要有預算就可導入 ERP 系統，但經過 3～5 年仍是無法順利運作一樣，這就是因為忽略了科技只不過是一種工具而已，若是無法將科技與流程、員工、組織予以整合，或是無法將科技與流程、組織、策略相結合時，即使引用最好的科技（如：軟體、硬體）也是無法產生作用與價值的。就拿時下的台灣的原住民在遭遇到 1999 年的 921 地震、2001 年的納莉與桃芝颱風、2004 年的敏督利與艾莉風災之後受到政府當局的遷村或移民要求，為何他們不為所動？都會的生活與數位時代的競爭生活環境卻是對他們的生活並不具有誘惑力，因為如何重建原有的家園與道路交通，才會是符合他們的要求，至於電腦科技則往往比不上他們眼中的農特產品的銷售通路與價格提升來得重要。若換個角度來說，企業的 CEO 與策略創新者也許會認為要如何重新事業設計、重組蛻變與轉型成功，是被認為比起科技來得更實際、更重要的事。

　　台灣經濟奇蹟向來屢為世界各國所稱許，台灣依賴的是綿密的中小企業網路所構成的速度、效率與製造優勢。在這個微利時代，台灣的企業更要體驗出「應用研發是產品市場化的橋樑」之意義，因為全球的科技產業大廠（如：SONY、HP、Intel、3Com 等）均相當注意台灣本身所具備的研發條件及應用研發能力，且如 Intel 等大廠更是在台灣與矽谷每年辦理高科技論壇 IDF，其目的是希望利用台灣的應用研發能力而能快速將其產品與科技技術予以商品化與迅速進入市場。

　　在二十一世紀的台灣，企業更應將台灣特有的研發模式——整合製造（Integrated by Manufacturing）予以發揚，重新由製造的角度來思考品牌與研發的意義，同時藉由全球化流動的市場、人才、生產基地、技術與變化等方面的資源，使台灣的特有研發模式大鳴大放。如：鴻海精密在 2003 年在美國的專利數開始超越台積電而居首，其專利卻集中在自動化生產與模具開發方面，但這兩種技術卻是產生大量利潤的利器，此乃鴻海精密在產品設計時即將量產的思維予以納入考量，這就是能創造利潤的研發創新思維。

　　台灣的企業不管是科技製造產業、傳統製造產業，傳統商業、科技商業或是休閒產業，若想趕在中國大陸的「產業聚落」形成之前，能使創新研發的能力與技術提升得以扎根與發展，則是當今企業的 CEO、高階經營層與策略創新者不得不正視的課題，而要能達成創新研發的策略，則可分為幾個方向來加以探討。

一、從製造的角度來構思品牌與研發的方向

　　所謂利用科技技術與工具來創新，並不全然將之定位在產品的開發領域之上，即使將研發的經費預算提高占總收入的 5% 或 10% 以上，由於目前的產業型態正逐漸由 OEM 走向 ODM、OBM 與 GL 的型態，在短時間內要想超越如 SONY、Intel、Dell、HP、GE、TOYOTA 等知名大廠著實不易，然而台灣企業卻比美國與歐洲日本的大廠更懂得製造，因而鴻海精密公司就是由產品設計時即加入量產的創新概念與思考，這就是鴻海公司能創造大量的利潤與擁有美國的自動化生產與模具開發方面最高專利數量的理由。

　　事實上，不管過去、現在或是未來，台灣企業的製造經驗將會是將企業推向研發創新全球化的一個相當具有優勢的資源，且全球化與自由化的浪潮，正可導引企業吸收更多的世界各種資源，甚至可在其營運效率與策略定位方面，發展出企業組織在研發創新上的獨特競爭力（*Michael Porter; 2001*）。如：二十一

世紀初台灣的個人綜合所得稅申報制度的創新，改由網路申報的制度，就是利用作業流程的一項自動化創新，雖然剛開始民眾接受度不高，但使用此種創新的民眾已呈現明顯的成長，以前申報的繁雜與費時，如今可經由網路取得民眾個人自己的當年度所得資料，同時申報時又可免除排隊與稅務人員的加班收件現象，在退稅方面又具有大幅降低錯誤率、書面表格的重複作業人力與成本之大幅降低、快速退稅等效果。這就是國稅局引用科技的創新其作業流程，而達到改進服務民眾品質、降低作業人力與成本、減少錯誤率，及提高政府機構與民眾創新研發價值的互信基礎。

二、企業的 CEO 與經營團隊須真正地重視創新研發

企業不能沉醉於股東與員工的分紅策略，以為在內部利益關係人的滿意下就足以達成永續發展目標，殊不知企業要能在其市場的需求與期望改變之前，就須要能預先掌握其趨勢，也只有在其需求與期望改變之前予以提前推動價值提案，才能使市場的價值得以被創造出來，進而維持其競爭優勢、市值、營收與利益。

要達到這個目標，就應正視創新研發的須性與必要性，然而正視並非僅限於口語的宣示而已，重要的是要每年的創新研發經費投資要真正如營收一般比率的成長幅度，有創新研發經費才能讓創新研發團隊得以順利地推展創新研發活動，如此方能真正維持甚至擴大其企業的續航能力與成效。

三、企業的創新研發始於市場與顧客的需求與期望

要創新研發須能了解市場與顧客的真正意圖，而不是關起門來閉門造車。為什麼 Intel 每年會在台灣與矽谷辦 IDF 高科技論壇？因為 Intel 看重台灣的應用研發能力。也就是說，Intel 願意花大錢來台灣辦理 IDF 論壇的意圖，是因為 Intel 的產品或技術研發出來之後，想要透過台灣的科技產業能在最短的時間內就能將其產品製造出來，並及早予以商品化與進入市場，否則將會是延遲 Intel 的產品商品化時機，因而喪失優勢競爭力。

台灣的企業對市場的需求與期望的了解與掌握能力，因為受到以往代工的產業經營策略影響，所以不能掌握市場的未來需求趨勢，因而投入產品的創新研發而無法成功上市的失敗機率則是居高不下，以致以往的企業不敢貿然投入

創新研發。但為了響應政府創新研發的施政措施與擺脫代工的桎梏，進而能取得永續經營的優勢競爭力，就須深切認知到只有了解市場與顧客，掌握市場與顧客的要求脈動與趨勢，及管理市場與顧客的竅門，如此方能擺脫代工的命運，真正走向 OBM 與 GL 的經營模式。

四、企業須勇於發展與投資人力資源

　　台灣擁有全世界最多的大學院校，同時也培育出相當多傑出的人才，只是台灣的研發創新人才培育的速度遠低於企業的需求數量，且台灣企業的國際化、全球化程度正與日俱增，同時，台灣產業面對中國大陸、東南亞與東歐等新興工業化、商業化的激烈競爭，已呈現出「質量不齊」的窘境，因而導致知名企業與政府機構對延攬人才的迫切需求。

　　當然在二十一世紀的台灣企業，的確需要向國外延攬科技軟體與硬體的工程師與管理師，以彌補現在的質量不齊的缺憾。然而，一味向外尋求外來人才，有時會發生與企業本身的文化相左的情形，所以企業在延攬外來人才之餘，更應勇於培養企業內部研發創新人力資源的發展與投資，雖然在剛開始進行這樣的投資的投資報酬率不高，也許正如生命週期曲線由剛開始的小 S 到後來的大 S 一樣，但剛開始的投資報酬率低到後來的研發創新成果顯現而報酬率大增，則是受到企業已形成研發創新的企業文化之影響，而興起全企業的創新風氣及提升創新價值，更是企業與政府機關應追求的目標。

五、企業須運用科技培養創新的企業文化

　　創新文化是可成就其企業競爭優勢的主要來源，同時也是促使企業得以永續發展的動力。企業的 CEO 與高階管理階層、策略創新者須將其滿足現狀（如：市場占有率、營收、市值等）與不想改變的思維予以徹底改變，使整個企業由上而下地動起學習創新與勇於改變、質疑既有模式的風潮，將創新變成其企業的日常運作或生活方式，如此就能確保整個企業的智慧資本按部就班，並順利地為企業創造出全企業的利益與價值效果，而最重要的是形成其競爭對手無法輕易模仿與抄襲的創新文化。

　　二十一世紀的台灣企業須善用科技工具於其創新研發活動中，而要將科技研發應用於創新的文化中，最重要的是將以往的「製造的企業文化」轉化為「創

新研發的企業文化」，而在這個創新文化的培養過程中，最重要的是將耐心與創意運用於組織能力、結構能力與領導能力中，方能使企業的文化將創新的種子從播種、孕育、發芽、成長、開花，以致結果均能深深烙印於其中，如此將可使創新成為企業及全體員工的日常生活的一部分，如同呼吸與飲食、休息、睡覺一般，再也正常不過的生活方式一樣。就是這樣的創新研發的企業文化，才能使企業能貫徹其創新研發策略，唯有如此才能為企業創造出更大的空間、延攬並留住更多的創新研發人才，及開創企業永續發展的競爭優勢。

創意創新發展新興商業業態

在發展新興商業業態上，未來政府應從：(1)結合流行時尚之新興商業經營；(2)複合式經營、異業結盟之新興商業經營；(3)居家服務型之新興商業；(4)新興數位行動商務之崛起；及(5)文化創意產業衍生之新興商業業態等五個面向來全盤規劃與檢討。【中華民國區域產業經濟振興協會：洪西國】

第二節　利用科技技術創新企業營運模式

　　利用科技技術創新，是將點、線、面予以串連起來，如時下管理學者常提到的供應鏈、需求鏈、價值鏈一般，就是把供應商、企業組織、員工、顧客與其他的利益關係人予以串連起來，利用科技技術將企業的所有利益關係人均納進在該企業的組織網路中。如近年來的全球化行動辦公室、商務活動與行動商務活動，正因為科技技術的連結與運用，就變成這個世代創新企業組織的新營

運模式。

據 Stephen M. Shapiro（2002）所謂「當科技被用到下列狀況時，創新就會出現：⑴建立虛擬企業；⑵改變遊戲規則；⑶透過價值鏈合作；⑷增進員工知識；⑸開創新事業」。而 W. Chan Kim 和 Renee Mauborgne（1999）則提出：「六個創新市場空間的方法為：⑴跨越替代性產業；⑵跨越策略族群；⑶跨越購買族群；⑷跨越互補產品服務組合；⑸跨越功能性與感性取向；⑹跨越時間」。

企業在進行商務活動時，常會發現一些成長已停滯或趨緩的市場中，競爭者間正面對抗與火併的場面是多麼令人不忍卒睹的。但置身其間的企業又何嘗願意上演這種不忍卒睹的血腥場面？實際上，還是為了跳脫被淘汰的危機而不得不如此。但為能徹底擺脫這個束縛，唯有投入創新研發的活動中，而在這個數位經濟時代的企業，更應將科技技術與創新拉上關係，也就是將其企業的創新焦點放在以科技技術促進創新或建立新的營運模式之上。

一、建立快速的企業組織

由於這個時代是快速變動的時代，誰能早一步鑑別出顧客的需求與期望，且能在最短的時間內給予回應及滿足，那麼誰也就能多存活一天，甚至可持續生存下去。然而要想讓企業變得既快速又能創新顧客價值，不是一件簡單的課題，要想使企業的速度與創新能力能比競爭者早一步做出具有成效，就須將其企業轉換為快速企業。然而，就傳統的慢速企業（姑且如此稱呼）與快速企業在企業的工作環境來說，的確在管理風格、市場焦點、問題解決方法、創新風險、組織結構與科技技術等方面的認知與行動模式上有所差別（如表 12-2 所示），但快速企業的創新工作團隊的確比起傳統慢速企業的創新效率要來得有效率、有價值，同時在企業的利益與價值的創造上也更有發展潛力。

表 12-2　慢速企業與快速企業的創新工作環境

項目＼區分	慢 速 企 業	快 速 企 業
領導行為與管理風格	大多採取威權的管理風格，領導人要求部屬要在既定作業程序與作業標準之規範中，執行企業與主管所交付的創新／工作任務。	採取授權與賦權的管理風格，領導人賦予部屬可依照環境變化，快速進行決策及修正調整有關作業程序與作業標準，以達成工作目標。

市場焦點與顧客	企業的經營管理階層、CEO、策略創新者與全體員工奉行只要經營規模與市場占有率高，就能主導市場及顧客消費者趨勢，根本不需要擔心會被競爭者的侵襲。	企業經營管理階層、CEO 與策略創新者，及組織的經營理念與政策乃放在以顧客為重及注重市場需求變化趨勢之滿足上，時時會思考重構滿足顧客的事業設計策略。
問題解決的方法	大多採取不告不理的態度，但當受理顧客抱怨或異常問題發生時，則會全力想辦法解決以回應顧客，唯時效上往往很長。	平時即會進行潛在問題的研究，且能建立矯正預防的資料庫，以為在問題未發生前就能預防發生，在發生時即能引用資料庫立即加以消除，以建立持續改進的文化與能力。
創新風險管理機制	若既有企業已有既定市場規模與市場營收效益，則大多不會鼓勵冒險創新；而若已呈現衰退現象時，則會瞻前顧後害怕創新失敗。	企業CEO 及經營階層採取不創新就沒有機會的敢於承擔創新風險態度及鼓勵員工創新，同時更可能制定激勵獎賞創新的獎勵冒險制度。
組織結構能力的改革	改革規劃與推動者大多是由 CEO 或高階管理階層一肩承擔，以致員工大多是被動地參與改革，因而對於改革成效是有限的。	建立授權組織員工參與落實與推動改進，並建立各項績效評量標準、組織結構與溝通管道，以提高員工的改革能力，並達成流程創新。
科技技術的創新	大多是因應利益關係人的投入而跟隨運用，然而欠缺事前的規劃與整合，以致科技技術的引用在創新活動上的幫助有限，甚至有閒置浪費或缺乏效益的情形。	大多懂得如何做引用以前的分析並做整合，在引用時則會建構有關運用的規則與參數，同時並將之引入於軟體中，以降低成本、錯誤率及達成流程自動化，並能與顧客共享資訊，因而為顧客帶來便利與滿足感。

　　企業為利用科技技術使其加速成為快速企業，事實上並非新的觀念。在 1980 年代起，美國奇異公司的 Jack Welch 推動 WorkOut 方案即是在建立快速企業的行動方案，且在 GE 公司推動 WorkOut 方案後十五年，即把該公司導入快速企業的效益（如：強化領導責任制、員工知識管理及其有效為公司所運用、刪除非必要的繁雜流程與工作）顯現出來。1999 年美國通用汽車的 Go Fast!行動方案，也在 2003 年起 Go Fast!深獲其九萬員工的支持並刪除數千小時的非必要工作，其員工已能與工作整合，並可快速引用授權做出決策，而不必再像以前需要遇事呈報再經審核的冗長流程。雖然有奇異公司與通用汽車的成功例子，但並不代表所有的企業只要導入各種行動方案就能創造出全新的營運模式，有許

多的導入企業由於在進行快速企業的創新之前，並未能在如表 12-2 所列的項目中予以改變，也就是企業文化未能改變，以致員工往往將行動方案看作是暫時性的專案，不久即告故態復萌回到以往自我滿足的狀態，因而只能改變少數員工及在短暫的時間中做改變，這種行動方案無法持續推展下去，自然不會是意外或奇蹟！

依據 A. T. Kearney 顧問公司（2004）的研究，為達成加快創新速度的企業有六種策略，分別整理如表 12-3 所示：

♣ 表 12-3　六種加速成為速企業的策略

策略內容	簡　要　說　明
定義痛苦點	1. 組織怠惰因素：組織層級過多、授權與賦權程度不足、員工自我決策意願不足、無效工時過多（如：開會次數頻繁或長、等待上級做決策等）。 2. 定義確認問題：召開研討會（Workshop），利用創意思考方法、要因分析方法、ISO9001 問題矯正預防模式及腦力激盪方式，確認改進流程、降低成本、刪除非必要工作及提高目標達成方案之有關行動方案。 3. 注意事項：每個研討會須要有結論與成果出來，且藉由研討會要達成改進作業績效的目標，及刺激員工與主管的改進問題行為的改變。
訂定明確目標	目標須能制定在組織績效及員工有切身利害關係的基礎之上，切忌含糊。如：某家公司制定目標為「若不降低成本提高交貨準時率，那麼訂單會被顧客取消，導致員工沒有工作可做而被裁員」，此是企圖使員工不得不動起全力以赴改變的行動與執行力，避免為其公司裁員之危機發生。
立即行動、經常溝通與獎勵成功	1. 企業領導人須立即啟動行動方案，切斷苟延殘喘、得過且過與「船到橋頭自然直」的念頭。 2. 對員工進行不斷的溝通與說服，使員工能因認同而引發執行的興趣。 3. 建立激勵獎賞的制度，針對加速改進與創造新工作模式／行為的員工給予激勵獎賞及肯定其成就。
培養新能力	1. 鼓勵員工不斷接受有關創新與加快速度之新知識、新能力的訓練，同時給予員工創意思考問題解決的空間（如：挑戰現有的行為模式、主管的決策及問題解決方法）。 2. 將企業學習模式定位為體驗式學習模式，也就是平時即進行培育員工能不斷改進問題及積極工作的邊做邊學模式。 3. 但領導人的管理能力、溝通協調與說服能力、以身作則及傳遞給員工有關改進成功的事蹟，以增進員工認同與承諾的管理風格，則是領導者應積極努力追求學習與磨練的方向。

定義「速度」結構	1. 以速度行動方案為管理重心，並挹注足夠的資源於行動方案中。
	2. 妥善考量組織文化及員工對聘請外部顧問專家之指導的接受度，而在內部資源與外部資源中決定一個平衡點，通常在推動創新與速度行動方案時，必要時得以引進外部資源以為挹注資源於行動方案之實施行動策略中。
	3. 重整並簡化組織結構，使層級縮短以強化化繁為簡與快速決策的理念於組織行為模式中。
計時開始	1. 建立組織的整體目標，可分為：
	(1)初期（第一年～第三年）的目標著重在衡量活動的進度成果。
	(2)中期（第四年～第七年）的目標著重在衡量具體的事業績效。
	(3)長期（第七年～第十年）的目標著重在衡量組織文化的改造成效。
	2. 創新與速度的快速企業，最重要的乃在於創造新的企業文化、養成員工的創新能力、建構永續經營的企業組織結構。

資料來源：整理自 A.T. Kearney 顧問公司著（譯本出版年：2004 年），《如何建立超快速企業》（第一版）。台北市：《EMBA 世界經理文摘》第 213 期（原著出版年：2004年），PP.30～45。

二、建立創新的營運模式

　　在這個虛擬時代裡，運用科技來促進創新企業經營模式已是現代企業組織須探討與追求的方向，網際網路、通信與電腦的快速發展，將可讓新設立的企業能以相當低廉的入行成本與簡單的經濟規模，就能在一夕間成功創業，甚至在一夕間即能與全球巨擘分庭抗禮或並馳於市場中。只是能如此輕易地創業與入行，並不能說就能成功與永續經營下去，但卻是利用科技與技術創新事業並往前邁進的一個出發點，也是既有的企業不分產業型態與規模大小所須正視的事實。

㈠利用科技促進創新或建立新營運模式

　　由於不論新設立的或是既有的企業均能利用科技技術來建立其創新營運模式，這些利用科技技術來達成的方法則有許多種（如表 12-4 所示）。

↓表 12-4　利用科技技術創新營運模式的方法

方法名稱	簡　要　說　明
建立虛擬企業及新的營運流程	1. 新設立的企業，不再像以往的企業一定要能充分地擁有足夠的企業資源（如：生產與服務作業、市場行銷與營業、人力資源、研發創新與財務資金管理等五大資源）方能使其企業得以順利營運。而是只要利用網際網路、行動通信與電腦等科技與技術，並與業務外包的策略結合運用，就能發展出一種所謂的聯盟管理（Alliance Management）的策略來將各種不同業務或能力的企業予以合縱連橫起來，並達到滿足顧客的需求與期望之目標，且顧客也不會懷疑他們與好多企業在進行交易買賣。 2. 既有的企業，也同樣可另行成立一個虛擬企業或因應新的市場區隔或定義定位之新專業設計而另行成立的新事業，而此一新事業即可運用新設立的虛擬企業營運模式來加以經營與發展。 3. 至於什麼狀況之下採取外包分工、內製整合或部分外包分工之策略？據 Clayton M.Christensen（2003）的研究：(1)所有競爭產品的性能都不夠好時，就採取自己做的整合策略，而企圖以產品功能與品質來擊敗競爭者；(2)所有競爭者的產品均已夠好的時候，就採取專業分工的外包策略，企圖藉由速度、回應顧客需求期望、便利性來擊敗競爭者；(3)所有競爭者的產品部分已夠好了，但另部分則不夠好時，則採取部分外包的分工策略，依產品的依賴性或規格化程度而定，相互依賴性的產品則為內製整合策略，而產品為規格化結構則以外包之專業分工策略為之。
依市場定義與定位改變營運活動的遊戲規則	1. 利用科技技術將作業流程予以自動化，如：電子商務已能在固定資產型商品（如：汽車、電腦、房子等）及消費型商品（如：年貨、化妝品、旅遊訂房、飛機劃座等）進行交易買賣活動，顧客可選擇（甚至參與設計）自己所要的商品、選擇所要的商品組合、決定試用／試遊、試算顧客本身的經濟與財務能力以決定付款方式。 2. 但市場經由定義、定位與再定義之後，企業也許會將新的事業分割獨立出去，而採取與既有不相同的營運模式，或將既有事業的營運遊戲規則改變為新的遊戲規則。由於營運模式的改變，連帶地會影響到企業的營運模式之遊戲規則，當然也會影響到消費者的生活方式。 3. 然而企業在利用科技技術創新營運模式之後，企業組織有可能會進行產品與市場的區隔，以免因科技技術創新的事業衝擊到既有的事業，如：採取產品與市場區隔策略的產品款式差異化、定價差異化、產品品牌差異化等方式。

利用系統化方式轉型為新的管理模式

利用科技技術創新的企業將可應用系統化的方式，集中所有的資源來達成滿足顧客的需求與期望之新管理模式：

1. 企業的 CEO 與高階經營層、策略創新者須建立改變的決心與行動方案，同時須站在以顧客為尊的位置來進行改變的方案、目標、評量與獎賞等方案與步驟的制定，以全副心力投注於新管理模式的發展。

2. 須將改變的管理模式對全體的內部利益關係人加以宣導、說明與說服，且最好做一個系統評估（也許已迫在眉睫，但仍須做一個簡短的評估為宜），同時這個新的管理模式應以能充分了解顧客的看法及兼顧到內部各項評量的結果。

3. 傾全力以符合顧客需求與期望的關注焦點議題，且在進行策略規劃時將顧客焦點予以制度化（如：蒐集目前潛在顧客的相關資訊、制定市場研究與顧客情報蒐集程序、檢討顧客滿意度評估工具與顧客價值增進方法等）。

4. 進行創新事業之系統內各領域的策略規劃、員工參與、作業流程管理、監視量測與持續改進等新管理模式的制度化工作。

5. 進行創新事業內各個部門、各個員工、各個作業程序與商品的整合，以滿足顧客的需求與期望，並達成既定的績效目標，同時且要秉持超越顧客需求與期望之持續改進與創新目標的經營政策，其目的乃在永續經營與維持競爭優勢。

6. 利用回饋的迴路系統策略，針對各個階段的產業環境與競爭情境隨時（定期或不定期）檢討企業的系統，並著手次一回合的改變與創新行動之準備，確保競爭優勢。

透過價值鏈的合作以創新流程設計

1. 企業須把內部利益關係人與外部利益關係人予以緊密結合起來，使各個工作均產生有 In-Put 與 Out-Put 的供應鏈與需求鏈的關係，而各個流程／過程／部門組織／企業組織間則需要透過合作的機制才能順利運作與生存。

2. 供應商與企業間及企業組織與顧客間的關係，就如同在企業組織內部前後作業過程的關係一般，須能在緊密的合作關係／夥伴關係的機制中方能順暢運作，就是供應鏈與需求鏈的合作與平衡，如此的運作不單在商品的供需上，甚且在資訊與資源的供需上均可共享與互相依賴、均衡互惠，如此的雙贏或共贏的價值鏈合作關係，也會使得供需各方所需的資訊得以變得綿密與透明地流動，至於供應或作業的地點也就不會那麼重要了，另外各個環節的執行與作業時間一樣均得以彈性處理與易於掌握了。

3. 當然上述的價值鏈合作關係也可擴展到與競爭對手或不同業種的異業間的合作，這是電子商務時代 e 化、m 化與 u 化的潮流下必然的結果。而由於 e 化、m 化、u 化的無遠弗屆，自然更是促進真正全球化及創造全球市場的成功推廣。

	4. 這就是利用科技技術創新及透過價值鏈的合作,而使得企業組織在二十一世紀易於真正地全球化、遙控電子商務時代的 e 化、m 化與 u 化之新營運模式。
利用 e 化 m 化之便就直接創立新事業	1. 由於 e 化、m 化、u 化的時代到來,在電子商務與行動商務領域裡要想創立新事業,真的是很容易的,且所需的資金並不會太多(如:大學生或中學生就可設立網站進行網路購物),但其評估與選擇創立的事業是哪一個業種?是哪些品項與品目?如何選擇供應商品之供應商?如何選擇物流配送廠商?如何評選顧客及其信用?均是開創新的事業之前應予以考慮清楚的。 2. 所謂的開創新事業,並非僅指新設企業而言,尚包括現有企業在其既有業種中或業態中另行開創新事業在內。

(二)利用科技技術進行創新營運模式時應注意事項

利用科技技術來進行流程設計或營運模式創新時,仍有許多需要企業組織的高階經營管理者、CEO 與策略創新者關注的議題,因為要能順利地利用科技技術來創新營運模式時,仍有其限制條件的:

1. 須先行確認導入科技技術的前提是否以顧客焦點為導向?能不能藉由此套系統而創新企業與顧客的價值?若不能的話,就應再做審慎評估為宜。

2. 引進這套科技技術是否有利於協助實現企業的各個有關作業流程的經營目標?若無助於目標的實現,則應省思引進的目的到底在哪裡?

3. 引進這套科技技術能不能協助作業流程設計或創新營運模式的順利進行?而不是期望藉由它的導入就能主動達成上述的目的,因為科技技術並非創新或改變的主角。

4. 在進行創新作業／流程設計與營運模式之際,即應找出有哪些科技技術能發揮支援的助益功效,也就是要兩者能發揮互相搭配的功效,而不是有了科技技術時又要投入相當多的時間使其與創新方案相搭配,甚至須為了要運用科技技術而要大費周章地修改創新方案。

5. 應事先針對科技技術可能造成重新設計流程／創新營運模式的發展絆腳石加以審慎評估。而這些絆腳石有:(1)是否符合企業的作業流程變革需求?(2)是否要花費相當大的成本?且會為企業帶來負擔?(3)導入的準備作業時間是否會很長?(4)企業現有人員有無能力運用?或須作多少訓練方能順利運用?(5)企業現有的平台是否相容?若無法相容時

　　要做什麼樣的投資？效益如何？(6)當提供科技技術廠商合約期滿，企業的人員有無能力承接與維護？(7)若企業因應競爭需要而做局部流程的調整時，該項科技技術可否做調整或擴充？

6. 導入科技技術的創新作業流程／營運模式之作業設計與創新，不宜由科技技術團隊主導，因為他們可能對企業的作業流程是否真的已充分做了解？對於企業文化是否認識與了解？若是不能真正了解，那麼可能其所主導的營運模式將會難於順利推展的。

7. 另外，企業的CEO與高階管理階層、策略創新者切勿追求時髦趕流行而專注於最新與流行的科技技術身上，因為若是如此的話，勢必會忽略應將精力與資源放在市值、營收、利益與市場占有率等目標的必要性，同時更會忽略其他對其企業的創新發展具有潛在價值之科技技術的注意力與研究是否引用的可行性，反而是得不償失的行為。

藝術市場的延續性創新

創新管理是指組織努力突破、改變現狀，以提升組織績效的組織策略。組織裡的領導人有其創新的理念，並積極地建置出有助於創新的環境與組織文化，進而引發組織成員進行各種創新的過程，如此才能提升組織整體競爭優勢為持續永續不墜的趨勢。其內容包括：策略創新、行銷創新、科技創新及創新文化。【作者拍攝】

第三節　整合科技創新，延伸企業價值鏈

　　數位時代激烈的競爭產業環境已是企業CEO與高階經營層、策略創新者須面對的常態性認知，且其激烈程度年復一年，每一種產業所要面對的永遠是場場顛覆與被顛覆的角力競逐。

　　就拿科技產業來說，在2003年起PC系統組裝退潮，TFT-LCD則趁勢崛起，各種科技產品的生命週期呈現愈為短暫，企業若仍停留在藉由管理效率的提升與成本的降低作為企業競爭價值之層次上，將會發現其價值愈為縮小。在未來的科技產業，甚至傳統產業與服務產業、休閒產業均會面對更為嚴酷的挑戰，若是仍沒有創新研發能力，勢必會在短期的未來被陸續淘汰出局。

一、科技產品需求趨勢對於科技創新的影響

　　依據詹文男（2004）分析：「科技產品需求的未來趨勢有：影音娛樂行動化、寬頻網路無線化、數位家庭網路化、薄型顯示家用化、優質音樂平民化等五大趨勢」。Craig Barrett（2004）也具體提出「未來科技產品的開發，應同時考量到具備PC運算能力、通訊或上網的功能、多媒體檔案的呈現三個方向」。王振堂（2004）則分析：「台灣科技產業的未來可能機會有：(1)資訊、通訊與數位家庭產品的整合；(2)產業價值鏈朝上、下游延伸（朝上游布局更關鍵的零組件、或朝下游的通路及品牌扎根）；(3)開創新的商業模式以結合台灣活絡的製造與資本市場特色，朝向全球營運中心布局。」

　　由於台灣的產業價值在以往是依賴著製造端的優勢而創造出產業的附加價值，而在這個世代已無法再依賴這個優勢，而須朝向研發與品牌發展出更多更重要的附加價值，所以在科技產業中就有「未來在台灣以產品來做科技產業分類的意義已不會有意義，而有可能會分類為製造的廠家、設計的廠家、行銷的廠家與研發的廠家等功能類別之區分」，這就是科技產業在最近幾年熱衷於產業的合縱連橫與策略聯盟的原因。

　　企業創新者須思考如下課題，以提升企業與顧客的價值：

　　1.如何增加產品或服務／活動的附加功能以增加其一份價值與競爭力？

　　2.如何利用現有核心技術／能力進行創新研發出新的核心技術／能力？

3.如何針對既有的企業成長能力進行橫向整合能力的發展？

4.如何善用既有的生產與作業管理優勢向ODM、OBM與GL的方向發展？

5.如何創新研發出解決問題及產品設計開發改變的能力？

6.如何善用3C整合的潮流以創新經營與管理的策略與能力？

7.如何進行廣義的行銷（指：通路規劃、競爭對手研究、消費者行為研究、新商品開發、商品管理、行銷資源分配與管理等）能力的創新？

8.如何針對台灣的代工階段使命的結束，將創新成長重回企業經營主流？

9.如何將製造的文化轉變為創新研發的文化（包含其策略有哪些）？

二、利用科技創新追求商品化

　　菲利浦（Philip）是當今世上的技術領導者，其在全球各地方所擁有的專利數量超過十萬件、商標超過二萬二千件、模型權一萬一千件、二千個網域名稱，在2003年投入創新研發經費約26億美元，專利授權所得收入占該公司總收入6%之多。菲利浦的魔鏡電視（Mirror TV）就是設置在旅館的浴室裡讓旅客一邊刮鬍子或刷牙，一邊可收看新聞或交通路況報導，其科技是結合了顯示技術與網路傳輸等科技技術，但在其公司的家庭實驗中實驗的結果，居然發現在一般家庭生活中更受到歡迎，於是再做修改而融入在數位家庭的架構中，這個例子就是菲利浦公司創新研發、追求商品化的案例。

　　當今企業須深切思考回歸到企業的定義或原點去思考，到底企業要進行創新研發的目的是什麼？企業要靠創新研發創造企業的利益與價值是相當明確的方向，但想要藉由創新研發為企業賺取利潤則需要該企業的各個環節緊密配合與合作才能達成目標的。尤其更需要充分的了解其企業之定義與定位，如：(1)該企業是為滿足哪些顧客？也就是要將顧客與市場定義與定位清楚；(2)滿足其顧客的哪些需求與期望；(3)要怎麼樣去滿足顧客的需求與期望？也就是應具有哪些競爭力或創新策略；(4)創新研發所要達成的目的有哪些？也就是為現有事業找商機或創造出目前不存在的事業；(5)企業願景與經營方針目標在哪裡？等等問題均應予以明確地確認，這樣子企業才能針對其企業資源進行最妥適的分配，以達成其科技創新商品化的目標。

　　以創新研發為導向的企業，要將創新研發作為深化其本身技術能力的商品化手段，以培養出企業的獨特競爭力，確保其市場的需求與期望的滿足。同時並能經由對市場的定義、定位與再定義，而掌握市場需求與期望的變化趨勢，

以創造顧客價值、企業價值、員工價值及企業永續經營利基。企業須眞正地思考利用科技技術創新商品與管理典範之目的，並將創新研發的策略思維拉回到出發點，思考創新研發對企業的眞正價值在哪裡？若是眞的已釐清了其企業的定義與企業價值在哪裡，則企業將可把利用科技創新追求商品化的技術當作其經營管理的一項正常且是日常的管理活動，這樣企業的創新研發能力將可形成眞正的獨特競爭力。

三、利用科技創新自創品牌邁向全球化企業之路

台灣的創新研發已獲致相當的成果，在 2003 年在台灣的專利在美國註冊就達到 6,719 件，僅次於美國、日本、德國，是全世界第四大專利權國家。但現代的企業光是利用科技技術創新研發以創造其企業價值還是不夠的，因爲還需要創造自我品牌（OBM）來進行廣義的行銷，雖然自創品牌行銷是一條相當具有風險性、艱辛的路，但在這個代工階段使命結束的時代，除了朝向研發端發展外，更應朝向品牌方向發展，因爲現代的顧客對於供應商品之企業的要求會愈來愈嚴格，而品牌的價值也會愈爲顯著。

企業要從OEM走向ODM，就應建立品牌，若是在這個品牌競逐的時代裡，沒有品牌的支撐與包裝，就像是人們沒有名字一樣。當一個企業若是沒有品牌但要想在市場中殺出一條路與占有一席之地，就須能徹底打造品牌，讓品牌發光發熱，進而能成爲消費者心目中的理想品牌。

在e化、m化與u化的時代裡，要如何打造品牌？大致可分爲如下幾個方向來加以探討：

㈠將品牌當作企業與商品來經營以獲取顧客的信任

將銷售活動當作是在賣品牌來看待，企業的員工就會視顧客需求與期望的滿足爲其對顧客責任的履行，並能取得顧客的信任。另外，企業利用科技來進行 e 化、m 化與 u 化的服務與作業流程，就能快速提供顧客資訊，落實社會責任與企業責任，這些均是累積品牌形象與厚植品牌資產的重要工作。

㈡利用顧客關係管理以傳遞企業與品牌重要資訊給顧客

惠氏製藥的S-26在台灣及聯想電腦在中國大陸的打造品牌手法，是利用廣告（包括整合行銷傳播、網路經營在內）、CRM、專業人員訓練及通路管理，

以打開與顧客的資訊管道，讓顧客能獲得重要的有關經驗與資訊。

㈢利用公益、綠色與運動行銷將品牌傳遞給顧客

統一麥飯石及舒跑運動飲料就是利用運動行銷策略以結合其通路、企業品牌、教育推廣而形成了強勢的商品品牌形象。2004 年的雅典奧運之所以為各種商品、電視媒體所青睞而廣告滿檔，也是因為搶搭運動行銷之便車以提升其企業與商品品牌形象。有機蔬果則是搭上綠色行銷之便車，因而提高其價格。

㈣利用整合行銷傳播以為建立品牌形象

整合行銷傳播（Integrated Marketing Communication, IMC）是建立品牌的有效途徑，因為 IMC 是傳播也是行銷，是廣告或公眾關係也是顧客接觸企業或品牌所有訊息的來源，IMC 的意義在於在同一個品牌概念下，傳遞一致的訊息給市場，所以 IMC 不單是傳播而已，而是要有行銷的概念與知識，及認知品牌管理的知識，並使所有的行銷活動均須整合在品牌的核心價值裡面，如此的品牌經營就涵蓋了企業形象、通路形象、行銷組合、傳播組合在內，也就是須在全球市場中通過考驗，方能成為永續的品牌。

㈤進行品牌定位及在顧客消費者決策行為中卡位

因為品牌對於顧客而言，是多種訊息元素的整合體，其中包括有：(1)顧客情感的投射；(2)價值的展現；(3)自我形象的塑造；(4)價格的敏感性；(5)企業形象或商品形象的信任。所以企業要打造品牌時，須針對顧客的需求與期望設法給予滿足，且要在品質、服務、便利、快速與成本感受性方面先在顧客的消費／參與決策行為中卡位，且須將這個位置構築為獨特的且不易被取代之特殊性，方能在顧客心中深植品牌之形象。

藝術市場的破壞性創新

領導廠商雖然經過六次重要技術變革改造公司營運，但藉由新技術仍舊能生存的例子只有兩次。失敗架構主要來自於三個方面：延續性科技與突破性科技在策略上具有不同的重要性、科技的發展速度常會超越市場所需、成功企業客戶與財務結構嚴重扭曲對他們而言極具吸引力的投資計劃。在科技不連續競爭的時代，昔日的資產可能是負債，新價值須靠新創事業來創造。【作者拍攝】

減法設計編輯生活的高手

資料來源：王家英，2008.01.18，台北市：經濟日報

在奢華極品與低調奢華二股流行的夾攻下，日本無印良品代表的是低調無為的生活美學，刻意用減法消除不必要的設計，簡化製程與包裝。

無印良品設計產品的設計師，基本上都認同品牌理念，認為過度的設計過時了，設計的用意在呈現商品原來如此的本質，至於商品的價值，不應由廠商用包裝堆疊出來，而是取決於使用者的感受。

無印良品須在事業經營和原來如此的傳統理念間，求取平衡。最好的方法就是借重設計師的專業，在更多暢銷品中賦予無意識設計，卻讓人心有同感的精神；無印良品開發設計商品，一直在推動簡略工程的概念，大部分廠商開發商品是創造新需求，無印良品是在消費者既有的需求和既有的產品中，尋找可簡化、改善的空間，反覆探究商品的原形。

無印良品的商品開發方式也不斷地創新；成立網站供網友提出各種點子，找出具潛力的開發設計，再上網展示，讓消費者票選，只要有超過1,000人票選的，就由商品開發人員和外部設計師合作，將之商品化。無印良品舉辦 MUJI AWARD 國際設計競賽，等於提供無印良品豐富的靈感，調整既有的觀點，以不同的角度開發新商品。另一個做法則是觀察真實的消費者生活樣貌，找出問題與需求，再透過專業的設計，提出解決方案。

這種設計工作，比較像編輯生活，解決不便之處，也去除不必要的部分。就是這種細膩的觀察能力，讓無印良品培養出 Over Zoning 的生活提案開發能力，這種脫離原有的框架，創造新的商品類別的能力，成為它的一大優勢與競爭門檻。

通常商品開發以半年為單位，其間每隔二個月，商品採購和企劃設計人員會舉行 First、Second、Final 三場檢討會，先後討論創意概念、模型製作，及最後的確認設計、製作模具。通常由設計師組成的外部顧問委員會也會參與，提出客觀的意見。但商品的汰換更新，須經過嚴格務實的檢視，有足夠的市場性、獨特性及接受度，才有商品化的條件。

拒絕半調子的創新，營造組織共識，打破創新瓶頸

資料來源：陳錫鈞，《能力雜誌》2008 年 1 月號，台北市：中國生產力中心

　　一項企業組織文化創新調查（中國生產力中心；CPC），調查結果顯示，前三大企業創新資源依序為：財務支持（21.91%）、技術移轉（20.99%）、技術諮詢服務（20.73%），而阻礙創新的原因也與上述三項相呼應，依序是：缺乏技術人員（18.29%）、缺乏財務資源（17.56%）與缺乏市場資訊（16.76%）。

　　調查結果顯示，技術與財務是大部分企業創新成功與否的關鍵，經過進一步訪談得知，二者互為因果關係，創新的瓶頸就在於二者無法相互反應。如：當企業有創新構想時，資金的投入不一定能保證創新技術產出；而擁有新技術也無法確保技術可被市場化，進而轉成對組織的財務挹注。這樣的矛盾讓中小企業管理者在資源有限的情況下，很容易成為半調子的創新。

　　歸納企業於創新上面臨的問題如下：(1)團隊創新共識不足，團隊支持幾乎是所有企業從業人員最重視的一項企業創新文化，但該構面下的工作團隊裡，成員會以建設性的方式挑戰其他人的工作與在我的工作團隊裡成員會互相幫忙等兩項，卻顯示認知差異相當大。顯示企業內部成員把創新當成共同工作的意識不足，易形成創新只是某些部門或某些人的事的概念；(2)對創新價值存疑的企業高層，對創新的矛盾理念反應到基層對創新的認知上，降低組織的創新執行力；(3)工作壓迫創新空間在組織障礙與工作壓力部分，工作內容多樣化與工作常會面臨很大時間壓力是員工於創新上面臨的最大問題。但此兩項因素也成為企業中認知差異大的項目，工作性質不同、對創新的看法與能力也不同。矛盾的是，往往具有創新意圖的人，在工作上卻面臨缺乏時間進行創新，企業組織需要將這種創新能量，妥善地應用組織整體的資源來進行，別讓創新變成由創新提出者一個人承擔的任務。

Chapter **13**
啟動創新引擎 培養創新文化

　　每個企業都有它特立的文化，企業文化是每個企業組織的做事方式，強勁的企業文化能鼓舞員工士氣，員工也會為企業而更有努力工作的意願與行動。

　　智慧資本攸關企業真實價值、知識經驗、組織技術、顧客關係、創新能力，與企業文化的呈現，能創造卓越的企業、員工、股東、供應商、市場與顧客價值。

一個具有創新能力的企業應具備有無限的創造力、活力與彈性，所以在其追求創新發展之初期，企業的CEO與高階經營層、策略創新者均應要具備對創新的堅持，並領導創新團隊與促進整個企業創新發展，及塑造企業的創新文化，方能將整個企業的創新神經予以撼動起來。將創新塑造為其企業內部全體利益關係人的一種生活方式，才能確保全企業的所有人力資本傾力於創新研發，如此的創新文化將可為其組織產生競爭優勢、永續發展及獲取該企業所希望獲取的價值、效果與利益。

◎ 第一節　突破文化瓶頸，打造創新文化

文化（Cultures），依照《韋氏大辭典》的定義：「文化是人類行為的主體，包括：思想、語言、行動和成果，依據人類學習和傳遞知識的能力留傳給下一代的模式。」麥肯錫顧問公司的 Marvin Bower 則將文化視為：「我們這裡的做事方式。」Richard Foster 與 Sarah Kaplan 則將文化看作為「心智模式」（Mental Models）。

事實上，每個企業均有其獨異於其他企業或組織的特殊文化，然而若你問某個企業的負責人或高階經營管理者有關其組織的文化要如何描述時，大多無法做一個完整的描述，其主要的原因是所謂的文化有時是相當分散零碎的，有時是難以用筆墨或語言加以說清楚的。但不可否認的，企業文化對其企業組織的影響是具有相當深遠的影響力，且會左右到企業的各種商品的日常運作、工作士氣、管理績效、人際關係、勞資關係、各項經營績效指標達成與改進成效、創新能力等方面，所以我們認為企業文化對於企業營運之成敗具有相當重大的影響力。

一、強勁的企業文化是企業致勝的新瓶舊酒

數位時代的企業由於受科技不斷創新的影響，以致在管理企業的方式上須跟隨科技創新做大幅度的改變，而要走所謂的 4C 管理方式，也就是：(1)隨時創新（Create）；(2)不要害怕改變（Change）；(3)建立企業文化（Culture）；(4)須重視企業內部與外部溝通（Communication）等管理方式。如趨勢科技公司在 1988 年在美國洛杉磯創業迄至 2002 年，每年的營業額成長均能維持在 30%～35%的高成長率，毛利率維持在 95%的水準，然而趨勢科技在 2003 年成長率一下子掉

到 8%，毛利率也降到 21%，促使公司董事長張明正一下子清醒過來，立即著手思考使公司再度獲得高成長率的策略。

趨勢科技將策略定義爲公司的價值定位（Value Proposition），因爲該公司作爲 Software Business，不像製造企業的具有實體的可見資產，而是非實體之看不見資產（趨勢科技資產中可見資產約 7%，不可見資產爲 93%），張明正常說，他很怕他的員工在下班後第二天就不來上班，因爲只要員工不來上班，那麼趨勢科技的資產也就是零。而該公司主要商品是抓病毒，但在 2001 年起病毒改變原來經由磁碟片或檔案來散播與傳染的方式，變成了藉由網路來散播傳遞，使得該公司措手不及而抓不到病毒，在 2003 年一下子陷入危機，偏偏微軟公司又併購一家羅馬尼亞的防毒軟體公司，一旦微軟將其軟體放入 Windows 裡面時，則趨勢科技可就要關門大吉了。

趨勢科技經深入探究發現：(1)依賴一向自以爲傲的技術創新是不夠的，因爲該公司有 30% 的員工在做虛工，而張明正認爲最重要的是缺乏正統的管理訓練；(2)顧客要求的是抓到病毒，即使抓不到，最起碼要讓網路不 Shot Down，也就是滿足顧客要求的商業連續性；(3)不能一味地要求工程師開發出最好的產品，而是要了解顧客要求解決的問題；(4)調整該公司的組織，將支援部門提高價值與快速支援顧客要求；(5)建立企業文化來支撐該公司的無限循環曲線之運作，該曲線一面要滿足顧客需求，一面要技術創新，並通過策略性組織讓顧客端與其公司技術端得以順利溝通與運作。

所以，趨勢科技朝向眞正可供執行的成長策略發展，也就是 4C 的管理方式，並分由提升核心競爭力、維護與滿足既有的顧客，及開發新顧客等方向來進行。趨勢科技同樣面臨是否轉型爲硬體公司的難題（因爲其競爭者有 95% 均在併購其他公司，但其中 95% 的併購案都失敗），而趨勢科技發現，併購案的失敗是因爲併購者未建立起「價值」，而趨勢科技也深深了解到要將硬體賣給顧客是不容易的，因爲總不能讓顧客爲了防毒而將整個硬體全部換掉吧，於是進行與別人策略結盟的方式，因而找上最大的網路公司思科（Cisco），將其防毒產品放到 Cisco Router（路由器）上，且以「Business Went on as Usual」爲訴求，即滿足顧客在病毒來襲時仍能確保運作正常的需求與期望。

趨勢科技採取了四項核心要件以維持其持續成長，即：(1)建立差異性的策略；(2)與員工、顧客進行誠懇的溝通；(3)調整組織爲爵士樂型的組織，使公司機動性高、彈性高與全體員工達成共同的價值共識；(4)建立全企業員工能隨時隨地接受挑戰與勇於創新的企業文化。趨勢科技就是利用這四種成長要件來追

求差異性策略，同時促使決策階層了解什麼是導致企業無法成長的阻力？以什麼樣的對策來克服？（如表 13-1 所示）

表 13-1　趨勢科技公司的無法持續成長之阻力與對策

阻　　力	對　　策
做大做多（Serve all Needs）	了解自己要做什麼與不要做什麼，並擬定策略。
一知半解（Ambignous）	須經由充分溝通之後方才制定策略。
表裡不一（Fitness）	策略與企業之資源、能力、獨特競爭力與方針目標相契合。
一廂情願（Gaps Feedback and Alignment）	企業的價值與策略定位須與市場的需求相匹配。
一言堂（Autocracy）	摒棄集權式管理模式、重視團隊共識、認同與承諾。
假仙（Not be Yourself）	實事求是，切勿虛假、矯情做作與言行不一。

資料來源：整理自張明正主講，萬敏婉整理（2004 年 10 月），〈讓成長引導不熄火〉。台北市：《遠見》雜誌（第 220 期），P. 84。

㈠具有創新文化的企業組織

事實上，經由科技產業的統計數據加以分析，我們發現，科技產業中僅有 20% 的企業真正以成長策略為其經營管理方針目標做指引，而在這 20% 裡的企業又有 80% 的比例雖然有策略規劃，但沒有真正落實執行，以致在科技產業中大約僅有 4% 的企業能真正落實創新策略。

科技產業尚且如此吝於創新活動，更何況是傳統產業與休閒產業，當然也不會真正落實創新活動於策略管理中。或許這些企業缺乏一個強勁的企業文化來刺激與支撐其持續力，以致誤以為只要在業績上呈現成長就可永續經營，因而陷入如表 13-1 的成長阻力陷阱中，當產業環境與市場需求與期望發生變化時，這些無法真正持續成長的企業就立即面臨被淘汰出局的危機。

每個企業均有其獨特的企業文化，只是一般的企業並未能將其整合為能隨時隨地挑戰現況，而不會墨守成規的創新文化。因為企業領導人與高階經營管理者，大多會面臨到底要扮演創新者還是適應者角色的疑惑。當然，他們的決策會改變或是維持其企業的做事方式，而這個做事方式就是企業的經營哲學，當經營哲學能廣為全體員工所接受時，即可形成該企業的企業文化。

　　一般而言，企業若想建立一套詳盡的創新經營理念與做事方式，就應利用其組織內最重要的資源（指：人才創新的作為、卓越的領導、暢通的溝通管道與彈性應變的能力），塑造出其企業的價值觀、製造出組織的創新成果、建立激勵獎賞創新的制度及有效運用創新文化的網絡，並經由此等創新文化構成要素的運用，建立出比其他企業更具有優勢的獨特企業文化。因為在如此獨特的創新企業文化的潛移默化下，企業將可把其價值觀與創新的信念傳遞到各個部門與各個利益關係人，以為整個企業組織的創新與經營管理活動之有力指引，這樣不但可成為高績效團隊與高績效員工，更可達到如下成果：(1)強勁的創新文化可使員工不必浪費過多的思考時間，即能有效地利用創新文化於創新活動中；(2)強勁的創新文化可作為其員工建構創新活動的依循準則；(3)強勁的創新文化將會鼓舞員工創新的士氣與意願。

(二)企業文化應具有創新的動力

　　一般來說，一個具有創新能力的企業來說，應具備無限的創造力、活力與彈性。所以在其追求創新發展之初，其組織的CEO與經營管理階層、策略創新者就須堅持創新及認真地領導整個創新團隊的發展，如此才能撼動整個企業，使其創新的神經系統活絡起來，否則要想創新是相當不容易的事。事實上，企業應將創新的因子深植於企業文化中，使其創新的活動／作為能很自然地在全體員工的日常行為中成為工作信念／方式的一部分，如同生命中的呼吸一樣的自然。

　　企業內任何階層的工作人員均應理解其企業文化，且要能弄清楚企業文化的作用，因為企業文化對於他們很可能會有極大的影響力。如剛進入企業上班的新人或許會認為他們只是來工作以獲取工資而已，但當他一旦加入到這家企業時，無異是在宣告他已接受這個企業的生活／工作方式，而這家企業的文化將會潛移默化地影響到這位員工的工作信念與行為模式，使其成為具有工作績效或不具績效的員工、有創新能力或不具創新能力的員工、講究團隊精神或追求個人英雄主義的員工，而這位員工渾然不知，直到他有朝一日離職他去或這家企業被併購的時候，方才大吃一驚，原來他早已為該企業文化定了型。

　　事實上，企業文化給予其組織及員工的震撼是相當深遠的。比如說，某個在奇異公司表現相當優異的主管跳槽到全錄公司不久即告後悔。即是受到文化震撼（Culture Shock）的影響，因為兩家公司企業文化截然不同。並不是他不能把工作做好，而在於未能正確地掌握到奇異的企業文化是講究凡事須就事論事且需要能得到同儕的尊重、對權威須絕對尊重及凡事不論大小均應深思熟慮，

不同於全錄的做事想要成功就須能近乎瘋狂的工作步調，盡心盡力的工作，是把工作當作是享樂的企業文化，這就是企業文化的威力與功用所在。

撇開個人的工作不談，企業要想能成長躍進與維持其獨特競爭力，就須把創新納入到其企業文化中，使創新的動力、活力與彈性融入企業文化，使企業能建立強勁的創新文化，進而使企業文化具有無限的創造力，且能集中穩固其企業組織全體員工的創新精神。但就上述例子來說，個人都會受到原有企業文化之影響，無法在轉換工作環境時即正確地掌握新工作環境的企業文化，以致徹底失敗，何況是企業組織？企業的CEO與高階層主管策略創新者若想要達成企業的願景與方針目標，就須深入了解本身的企業文化及其功用。如：在一個講究嘻哈風氣的企業，要推行嚴謹而具有挑戰性的目標管理制度時，那麼就很可能會使這個制度變成「備而不用」，除非CEO與高階主管能想辦法駕馭這家企業的文化（如：創立新的成功典範或英雄人物來教導企業全體員工的工作方式），並改變其企業文化，否則很可能會失敗。

㈢如何創造一個創新的文化

企業想要能成長躍進與突破巔峰，就要把創新的前瞻思維與行動移植到其企業文化中，只是在推動創新計畫時，勢必引起內部員工的改革恐懼（如：對未來的不確性風險的恐懼、到底到什麼時候能緩和或安定下來、目前好好的又不是乳臭未乾的小毛頭何須鬧什麼改革等）。而企業為了消除員工的恐懼症，大致上可採取如下七項建立企業的創新文化之措施：

1. 將創新的思維、構想與行動注入在員工的日常工作方式與行為中

使全體員工的日常工作、行為準則、作業方式與激勵獎賞方面均能做徹底地改變、調整或移植具有挑戰性的作業模式。

2. 建立企業具有創新概念與信念的價值觀

用最簡單的也最具體的言詞與字眼跟全體員工說明成功的定義（所謂成功的定義是告訴員工說你如果這樣做的話那麼你也會成功的），在企業內部建立所謂的成就標準，供主管公開傳遞這個創新的價值觀，同時也作為企業評價行為的價值規範。

3. 建構故事與傳說，從而把企業文化的價值觀予以具體化

因為不管是企業內部或其他企業，均會存在著某些傳奇英雄人物所創立的

豐功偉業，而聰明的CEO與高階主管通常會直接選擇某些人來扮演英雄角色，作爲全體員工具體學習的楷模，以鼓舞其他員工試著效法或超越這些英雄，而塑造這些英雄人物的意義乃在於：「只要如此做，你就可在此出人頭地。」

4.透過例行活動以建立創新事蹟傳播的儀式

讓員工有一個輕鬆的場合與不同單位的員工彼此交換創新意見的機會，而這個例行活動可儀式、典禮、慶典聚會方式予以呈現。這個儀式與典禮爲將創新的信念傳遞給全體員工、昭告全體員工有關企業的使命願景與目標、廣泛地訓練，以建立企業文化的傳播儀式。

5.建置企業內的文化溝通網路

是企業內部主要的溝通與傳播的樞紐，企業的創新理念、價值觀、故事傳說乃透過這個管道來傳遞給全體員工了解，及取得認知與行動。這個網路能有效地將創新導入於企業文化與員工做事方式中，同時也是了解企業文化的重要管道。

6.要調和兩種極端的文化

所謂的兩個極端文化是 Stephen M. Shapiro（2002）所謂的無限上訴權（即任何人均有權否決任何創新提案，而使做事方法或創新的流程回歸到原點）及且戰且走（即各自創新，而造成紊亂無章與根本沒辦法因創新而帶來進步），企業的CEO與策略創新者須加以調和這兩種極端的文化，使企業的創新文化能真正生根發芽與茁壯成長。

7.須要有卓越而有魄力的領導

這個領導者須做好：(1)刻意塑造企業的危機意識，以激起員工對於改變與創新的信心；(2)在改變與創新的過程中能一面拋棄昔日的作法與作風，一面重新商定新的價值觀、人際關係、故事與傳說，以引導員工了解、接受與遵行新的作法與作風，這就是企業的暫時文化；(3)積極找到改變與創新的資源，取得員工的諒解與認知，與獲得員工對改革與創新提案／方案的支持；(4)積極宣揚改革與創新的理念，並取得全體員工了解認同與支持，帶動團隊合作與全力以赴的風氣與行動；(5)爲全體員工提供新價值觀與新做事方法的有效訓練，並使全體員工能具有創新能力的新文化之能力；(6)領導人須具有堅強的秉持創新有助於改變文化之信念；(7)領導人要建立在企業組織的一定影響力。

二、發展有生產力的創新者打造創新的企業文化

　　3M 公司以創新作為該公司的企業文化之最主要成分，3M 公司會故意聘僱背景差距懸殊的員工，以減少該公司的創意思考模式或習慣被定型，更鼓勵員工勇於冒險，且員工也不會因為冒險創新失敗而受到公司的處罰。Kellogg's 食品公司也很注意員工的創意與創新，不但僱用不同背景的員工，尚且鼓勵其研發人員把工作時間的 15%運用到員工本身的創意點子與構想裡面，使得該公司能在一個月的時間就發展出來 65 項的新產品概念與 94 項的新包裝構想。

　　若是能在企業內部培養出有創新生產力的創新者時，將會導引整個企業建立其創新的企業文化。雖然企業的組織變革能力與意願、變革時機、變革的切入角度與引領變革的負責人均會對於企業文化變革有所影響，但無可否認的，企業在進行文化的變革與改造時，應先行評估：其企業目前位處於哪個位置？最近一次的變革有多久？目前營運績效怎麼樣？員工對於變革的看法與認同度怎麼樣？企業成員有無能力再投入變革？等一系列的評估，以確定是否立即投入進行組織與文化的變革？或是先休養生息一番再投入？

㈠企業文化變革的管理

　　一般來說，企業在進行組織變革時，企業 CEO 與策略創新管理者就應針對如何進行文化變革的管理，以達到最有效的企業文化改造：

　　1. 在組織內部的同儕中建立文化變革的共識
　　2. 秉持開放與信任的態度來傳遞變革的構想
　　3. 將變革構想傳遞和員工執行變革技巧與能力的訓練相結合
　　4. 塑造企業組織的共同價值觀，以改變企業文化的本質
　　5. 實施激勵獎賞制度，打造持續變革的創新文化

㈡創新者的發掘與訓練

　　企業文化的變革乃在於培養出企業的創新文化，而創新的文化則有賴於企業培養出具有創新生產力的創新者來激化整個企業文化的變革，而具有創新生產力的創新者應具有的關鍵技術能力則是企業 CEO 與策略創新管理者所應積極的培養及發掘的方向。

1. 創新者應具有創新的思維、眼光與遠見
2. 創新者應具備的工作價值觀

    (1)創新者應捨棄本位的英雄主義、須對企業整體貢獻的責任心。
    (2)創新者要以合作的共識和創新團隊與各個成員維繫著管理規則的關聯性與合作性、互助性。
    (3)創新者須時時進修與學習更多的新工作、新知識與新技能。

3. 創新者須具有創業家的精神

    (1)創新者應具有顯示創新成功是觸手可及的認知
    (2)創新者應是可提供給其他同儕學習的榜樣
    (3)創新者應能將企業文化與共同價值觀的特點予以保持
    (4)創新者須具有臨機應變及順應時代與顧客需求變化的能力
    (5)創新者須具有接受他人批評與建議的勇氣與能力

4. 創新者須要能學習與運用知識
5. 創新者須堅持做正確的事與以企業組織爲先

㈢全員動起來，共同打造創新的企業文化

　　未來的企業組織型態有可能朝向沒有老闆的企業組織模式（如：無疆界組織（Boundaryless Organization）、原子式組織（Atmized Organization）、虛擬企業組織、SOHO族等）勢必取代目前的科層式組織或專案型態的功能式組織型態，然而不論是哪一樣組織型態，必定促使每一個人均變成企業家，然而要想讓這樣的組織模式能順利運作，就須要有強勁的企業文化以爲連結，而新的象徵性的管理模式須予以建構起來不可的。

　　隨著組織的改變，雖然可能是小而美的工作爲中心的小型工作團隊／組織，也可能是各自管理自己的管理流程與財務預算的組織，但仍需要透過資訊、通訊與網路科技與其總公司或各個單位保持溝通聯繫，同時經由企業文化的連結使各個組織得以形成一個大的組織，也就是其企業整體。

　　由於這個未來企業組織的可能發展，所以現代的企業經營管理者與策略創新管理者須進行企業文化的變革，由經營管理階層帶頭做起，並帶動起全員的投入，以徹底改造既有的作業流程，使企業的文化能創新與改造出新的文化與價值觀，進而將持續創新的理念與行動注入在新的企業文化裡，以確保企業的持續創新能力，進而成爲市場上的贏家及業界標竿！

創新組織經營績效

在知識經濟時代「技術決定企業的成敗，管理決定企業的盈虧，策略決定企業的存亡」，創新管理可幫助我們在這競爭的商業中調整焦距，擺脫無謂的干擾，讓願景變得更為清晰、更有意義；擬定行動時，更能融入知識改進技術與經驗，然後全力以赴，將願景、行動、績效緊密結合，以整合成一股強而有力的力量；我們深信今天有效善用創新管理，是保證明天成功的一種投資、一種保險！【作者拍攝】

第二節　投資智慧資本，創新企業文化

　　在這個知識經濟時代，企業要謀求轉型與創新企業文化已為時代潮流，在這個時代裡，能打造企業的新文化者，將會比一般的企業更容易迎向創新及搶占市場的絕大版圖；至於落後者，大概只有跟隨在後苦命追趕。在這個時代裡，知識管理已為眾所矚目的焦點，任何商品之創新發展過程中，仰賴於知識的程度也愈來愈重要，而知識所創造出來的無形資產對於企業文化的塑造及企業生存與否的影響力也日益擴大。在此之前，評估企業價值的方式大多以該企業的實體資產為評估基礎，如今，無形資產的隱藏價值與有形資產的帳面價值間的差距已日益拉大。所以在這個創新的時代裡，如何投資智慧資本，已是講究創新的企業及經營管理階層所需加以關注的議題。

一、投資智慧資本取得競爭優勢

　　智慧資本（Intellectual Capital; IC）是否值得投資？究竟應投資多少錢？相信企業的高階經營層具有高度興趣的是，投資智慧資本的價值在哪裡？智慧資本的定義迄今尚無統一的定義，同時由於智慧資本是無形資產，既是無形資產自然就具有相當程序的風險性，甚至還存有無法交易的特殊性，所以智慧資本的定義與價值評估則變得相當重要了。

㈠智慧資本是企業經營成功的要素

　　二十一世紀知識與科技主導企業經營管理的要素，現今產、官、學界對其重視的程度已凌駕在機械設備、資產、原材料與員工之上，也就是說未來的企業將不會再把土地、設備、廠家等實體資產當作其企業的競爭優勢的來源，而是會把無形資產與知識所創造的價值作為市場決勝負的關鍵，這就是為何現在的企業須正視知識與無形資產之價值創造的理由，且這個無形資產與知識所創造的價值就是智慧資本。

　　智慧資本的概念是經濟學家 Galbraith 於 1969 提出來，他認為智慧資本是運用腦力的行為，可用來解釋企業的市場價值與帳面價值間的差距，同時也是所有資產價值創造的總合。所以往後的學者在探討智慧資本時，大多會以「傳統資產負債表無法列舉」的價值來作為定義智慧資本時的延伸說法。

　　智慧資本的定義，中外學者的定義迄今尚無統一，唯不可否認的智慧資本有三個基本要素為：人力資本（human capital; HC）、結構資本（structural capital; SC）及關係資本（relational capital; RC）所組成，雖然各個學者在要素分類上有些增減，但大多是以此三者為核心主軸。

㈡創造智慧資本取得競爭優勢

　　在這個數位科技高度發達的時代，各國的產官學界紛紛投入研究智慧資本，同時也積極發展出智慧資本的衡量指標，以作為評量無形資產的標準，以使企業的隱性價值得以被公平與正確地鑑價。同時這個無形的知識資本與智慧資本就顯現在企業的領導力、員工向心力、顧客與供應商的關係、創新的企業文化、人力資源、研究發展等方面之上，而此等因素，在知識經濟時代裡，雖然具有無形資產、高風險、無法交易與不易評估價值的特性，但由於智慧資本涉及內

部管理與外部評價，所以可由其內部管理的能力方面（縱然沒有明確的數據，但與同業相比較可知道該企業能力的排名）與外部評價（則需要有明確與客觀的數據以表達其價值）等兩者來評估其智慧資本的價值。

1. 無形資產影響企業組織的價值

一個企業的無形資產到底有沒有價值？事實上，可經由資本市場的企業股價來呈現其價值，雖然未必是正確的評估，然而不可否認的一個企業的市場價值往往是遠超過其帳面價值的。如微軟公司的市場價值爲帳面價值的 17 倍、英特爾則爲 6.6 倍及美國標準普爾五百種股價指數在 2001 年以後的市場價值約有 80% 來自於未能呈現在財務報表上的無形資產。由此可見，智慧資本對企業價值的提升的確具有決定性影響力，無怪乎 Peter Drucker 在《後資本主義》一書提出，知識將會是企業經營的最重要生產要素，這就是告訴現代的企業領導人，須致力於智慧資本的創造、管理與累積，以提升企業競爭優勢。

2. 智慧資本時代的來臨

知識經濟時代的政治、經濟、科技、技術的變化結果，將會使智慧資本成爲一個關鍵且必定會影響企業經營成敗的關鍵因素，因爲科學與技術知識的成長及持續加速的知識成長，已爲傳統的組織任務、商品品質、作業流程及作業程序注入了提高智慧資本的關鍵要素，而在 e 化、m 化與 u 化的加速發展下，更促使傳統的組織型態在架構、運作與性能上創造出不同以往的組織型態。在未來的智慧資本時代，須尋找新的競爭優勢，因爲許多舊的競爭優勢已不再具有避免被仿效、被克服與被超越的危機，如：過去的組織可透過低成本、掌握重要的原材料／零組件供應商、雄厚的資金、響亮的品牌等獲得的優勢已不再有效。現代與未來的企業須尋找新的競爭優勢，而這個競爭優勢的來源則和智慧資本有相當關聯，包括：(1)人力資本（融合組織成員的知識、技術、經驗、能力、社群關係互動）；(2)結構資本（涵蓋支持與發展企業組織全體員工工作效率與品質的組織化能力、智慧財產與創新資本、系統流程與流程資本、企業文化與營業祕密等在內）；(3)關係資本（泛指與顧客、供應商及其所屬產業上下游的關係網路）。

3. 智慧資本是企業競爭力的關鍵

由於在數位知識經濟時代裡，企業已被引導到以知識與智慧決勝負的競爭環境中，無可避免地企業發展競爭優勢的有力引導已向智慧資本的蓄積、擴散

與管理靠攏。況且現今與未來的企業新競爭優勢的來源，已由以往的實體與有形競爭資源轉向無形的資源，在這個時代之前的低成本、高效率、重要原材料與零組件的掌握、政府的保護措施、高市場占有率等資源已轉向看不見、摸不著的資源發展，如：人力資源、企業文化、營運流程、品牌與企業形象、專利與商標、顧客與供應商之關係、領導力、員工向心力與忠誠度、創新與創意能力、營業祕密等。智慧資本已在企業及整個產業界成為知識經濟的重心，因而企業的競爭力與創造企業價值的方式，已轉向到無形資產的領域發展，同時有關企業經營績效的評估，也由以往的投資報酬率（ROI）、資產報酬率（ROA）、股東權益報酬率（ROE）、管理報酬率（Return On Mangement; ROM）、稅後淨利率（Return On Sales; ROS）、每股盈餘（EPS）、折算現金流量法（Discounted Cash Flow Approach; DCF）、損益平衡點（BEP）、本益比（PER）等方法，轉而延伸到智慧資本附加價值（Value Added Intellectual Capital; VAI）與經濟附加價值（Value Added Economic; EVA）。只是智慧資本的衡量在目前並未有一套標準公式，因為智慧資本的組成與企業的願景、文化、核心價值觀及策略息息相關，何況智慧資本的組成架構受到各個企業的信心能力之影響而有所不同。但不可否認的，智慧資本已是知識經濟時代的重心，有待追求優勢競爭力的領導人去努力及運用。據國外研究，當今市場價值與淨資產的差距比例高達十倍、二十倍甚至三十倍以上，尤其以知識密集度愈高的企業，其差距愈大，如：微軟公司的有形資產只有十六億美元，但總市場價值高達四千億美元；而易立信（Ericssion）的有形資產僅占總市場價值的 5%，智慧資產價值高達 95%。

(三)智慧資本與智慧財產權、企業經營之關係

智慧資本研究受到各種專業之侷促，所以未能發展出一套標準的衡量公式，然而在深度上如何才能不陷入偏執於學理的形而上之迷思？在法律層次上又要如何不會侷限於各項智慧財產權法律的限制？且進行智慧資本的研究時要如何藉由智慧財產權與企業經營關係得以呈現出企業的完整市場價值？

1. 智慧資本與智慧財產權之關係

智慧財產權（Intellectual Properity; IP），一般來說是指專利權、商標權、著作權、營業祕密、網路著作權與積體電路布局，這是企業界與法律界所認同的具體化的智慧資本。在傳統的企業經營型態裡，大多將 IP 視為法律層面的議題，其焦點也集中在保護專利、商標、著作權與資料庫，如今隨著智慧資本廣

為企業及領導人的認知、重視與投資，而逐漸為其所能帶來價值創造的機會而更為重視，已跨出以往的「保護」思維，而導引到「槓桿」的思維中。

依據「2002 年歐洲 KPMG 智慧財產權調查報告」，歐洲的三百家企業對於 IP 的策略、管理、開發、保護與執行，並未如其他的企業資產一般受到有效管理（如表 13-2 所示），但不可否認的 IP 管理對於公司治理（Corporate Government）、價值保護、收益與價值創造有著須加以重視與管理的需要性。

以法律層面來看待 IP，因為可經由各種法律程序予以權利化數據化，所以其權利客體、範圍與法律權就能具體確定及會計上的入帳基礎，故能較為簡易評量其經濟價值與市場價值；而智慧資本中的營業祕密雖也屬 IP 的範圍，卻因其權利客體較乏具體性，以致其權利範圍不易界定，經濟價值與市場價值的量化有其困難性；另外，不容易量化與衡量的智慧資本更是受到企業的願景、文化、核心價值觀與策略、組織結構、核心能力及顧客關係的影響，以致更難發展出一套標準或公式能涵蓋所有的智慧資本。

⬇ 表 13-2　KPMG 的跨歐洲 IP 調查報告（節錄）

1. 受訪企業認為知識、商標與 Know-How 為最重要的智慧資產。
2. 有 58% 的受訪企業已擬定／規劃出書面化的 IP 策略。
3. 受訪企業中有 72% 的董事會有參與過 IP 管理，但只有三分之一參與過 IP 策略的制定。
4. 約有 56% 的受訪企業雖然認同將 IP 商業化有可能帶予其企業極大的利益，但他們並未積極地將 IP 商業化。
5. 約有超過 40% 的受訪企業認為，IP 是法務部門應有的權責，故只有 24% 的受訪企業有另行設置獨立的 IP 主管來負責 IP 的管理（含策略、管理、開發、保護與執行在內）。
6. 約有 70% 的受訪企業尚未建構出 IP 的績效衡量指標。
7. 約有 46% 的受訪企業並未將 IP 的管理狀況／成果呈報到董事會。
8. 約有 52% 的受訪企業將 IP 的管理排除於企業內部稽核外。
9. 從已授權 IP 的企業中發現，預期可增加 IP 授權收入與預期減少的企業約為八比一。

資料來源：吳嘯、吳明璋（2004 年 5 月 9 日），〈智慧財產：保護或是槓桿〉。台北市：《經濟日報》，企業經營版。

2. 智慧財產與企業經營之關係

美國在 1985 年立法通過杜拜法案，大力推動 IP 的發展，競爭力因而大為提升。台灣在 1999 年立法通過科技基本法，政府補助各大學成立創新育成中心、技術移轉中心，及推動產學合作等措施，事實上台灣的企業及學術機構、財產

法人研究機構是相當具有智慧資本發展潛力，應集中火力找出發展方向的焦點議題，發展出具體的管理工具，以協助企業提升 IP 的管理績效。

　　台灣的企業領導人與策略創新者大多已確認 IP 對企業營運的深遠影響力，已有自行或在政府的外圍單位的輔導下，以予推廣與建立 IP 的管理制度，但企業須要跳脫以往偏重保護 IP 的思維，轉而積極地運用 IP 到全球的研究開發、市場行銷、生產製造、技術移轉、運籌管理、人力資源、財會租稅、投資業務、商業化計畫、商業競爭與商業談判等業務上，方能在此全球化的時代裡，獲得更多更積極性的智慧資本價值與企業價值。

　　企業須從 IP 與企業經營關係的基礎上，藉由 IP 的管理（包含策略、管理、開發、保護與執行）進而建構企業的智慧資本，以確實落實提升企業的競爭優勢，充分呈現企業的完整市場價值。但須提醒企業領導人與策略創新者，在建立與執行 IP 管理制度時，應了解各種 IP 在各種不同業種與不同業態中有其不同的比重與功能，所以在規劃、建立與執行 IP 管理制度時，要確實了解到並不是其他企業的 IP 比重與功能可複製或移植到本身的企業裡面。

二、投資人力資本與員工延續管理

　　由於知識的成長與組織運用知識方式的改變，導致員工的工作性質也同樣產生變化，在這個時代裡，有愈來愈多的工作變成知識工作，人們對於運用知識、資訊與科技工具處理觀念與構想，及創新企業價值的需求正與日俱增。另外，更由於科學知識的大量成長、工作性質的改變、組織型態的改變、顧客關係也愈為重要，及全球化的高度競爭，均為現代的企業帶來相當激烈的挑戰，以致企業須尋找新的競爭優勢來源，而這些來源源自於智慧資本的投資與價值創造，然而不論是哪方面的智慧資本，都和人力資本有關，企業須要有適當的人力資本，才能創造與維持組織結構資本與顧客關係資本，這就是為何愈來愈重視人力資本與積極開發培養出優質的人才的理由。

　　員工對於企業價值之表現愈來愈具有影響力，因此在這個知識經濟時代裡要做好人力資本管理，以協助員工發揮本身的最大價值，進而促進其企業績效與價值的提升。可見，人力資本已為當前企業應予以重視的一項經營目標，同時更應視為企業競爭優勢的關鍵。依華信惠悅針對大中華地區企業的調查報告，顯示出 2003 年卓越的人才資本管理能提升 78.7% 的股東價值，可見人力資本與股東價值具有高度相關性。

(一)高績效組織與高績效員工管理

員工是現代企業珍貴的資產，企業組織受到 e 化影響，數位化人力資源管理（e-HR Management）將主宰組織內人力資源管理的方向，企業領導人與人力資源管理者除了面對管理功能資訊化或網路化來評估員工工作標準化及考核訓練等因素外，企業領導人與人力資源管理者應考量資料、資訊、知識三者間帶給企業密不可分的關係，引導企業邁向高績效組織的重要影響力。

導入 e 化最主要的是企業內部流程改造，人力資源管理系統化是其核心之一，也是最重要的部分。人力資源管理 e 化（e-HR）的最大價值在於將耗時、重複而無趣的傳統人事管理作業委由電腦與資訊科技處理，而將人力移轉至思考性、創造性與策略性的人力資源管理工作上（方翊倫，2001）。而企業領導人與人力資源管理者應與知識長（CKO）結合，重視將知識導入資訊管理系統（MIS），並強化組織內員工解決問題的能力，提高其參與率及工作滿意度，促進員工信任組織，願意共同分享其知識、經驗與技術，進而能與組織不斷的創造成長與發展的雙贏優勢，從而有效提升組織核心競爭力。如何在數位化管理下創造高績效組織與高績效的員工，可經由如下途徑進行之：

1. 應培養企業組織內部的創業家

企業要培養其內部的創業家，要激發員工的創業精神，有效的激勵方式是和其員工一起以工作團隊之方式進行決策，且要注意如下原則：(1)在基本原則上須取得共識，並建立彼此互信之基礎；(2)以企業願景與經營目標為決策前提；(3)領導者、人力資源管理者與員工的資訊需要充分公開；(4)領導者、人力資源管理者與員工共同規劃經營發展的方向；(5)領導者與人力資源管理者須具有將成果歸屬於員工貢獻之認知。

2. 使命、價值與榮耀（Mission、Value、Pride、MVP）

企業組織採取MVP途徑；即其員工通常會作為該企業的一員為榮，或為他所屬的組織團隊完成的任務感到驕傲，甚至對個人或團體能對其企業有所貢獻時將會倍感榮耀，同時隨著受到內部或外部的肯定，此榮耀將會持續著。

3. 企業組織提供員工的是一生的事業（work）而不是一個工作（Job）

企業須充分而清楚地傳達給員工：究竟做這個工作的目的是什麼？可產生什麼樣的結果？這個成果將會為企業與員工個人帶來什麼樣的價值與意義？等

類的問題，均可讓員工對其工作有更大的投入使命感與熱情。

4.流程與工作評估標準（Process and Metrics; P&M）

員工只要能不斷達到或者超越企業爲其所訂的工作目標，並遵守有關的作業流程規定，就會受到同儕的肯定與尊敬和主管的獎賞，因此重視內部流程，及對員工表現，有明確的評估標準與方法之企業，將會採行P&M途徑以爲有效的激勵員工工作活力與意願。而在進行績效評估時，除了量化的評估外，領導人還應與員工討論有關員工個人成長的相關議題，同時以員工角度進行評估，讓評估過程就像是在深入聊天而非在進行正式評估。

5.表揚與慶祝活動（Recognition and Celebration; R&C）

企業領導人會經常爲員工或組織的表現，舉辦各類不同的表揚、頒獎及慶祝活動，其目的在於營造整個企業組織之歡樂、活力與熱情的工作情境，而獎金或調整薪資之類的激勵方式反而變得不很重要。

6.個人成就（Individual Achievement; IA）

注重個人成就的企業，基本上認爲員工應根據其個人的成就，獲得相同比例的肯定、獎賞與酬勞，員工對企業之貢獻度大小是企業核定給薪與升遷的依據，因此以IA爲途徑的企業，其員工間充滿著強烈的個人企圖心，企業也給予員工相當的發揮空間，員工間也因此而存在某些方面的良性競爭。

7.重視員工之熱誠與態度

企業培育員工是重視其熱誠與態度，哪些願意付出、認同企業價值、能因應情勢需要、配合企業之改變而改變、樂於學習，及能和同儕與組織共享知識經驗的員工，才是企業應僱用與培育的對象。

8.建立 e-Training 及 e-Learning 的組織學習環境

企業針對其內部知識、資訊情報蒐集與分析技術、產銷流程作業管理程序與技術經驗、組織流程運作機制與程序，及異常缺失改進與矯正預防對策等，可引用數位科技技術與工具而建立一個或數個數位學習網路系統，藉由所建立e-Training 及 e-Learning 的組織學習環境，將員工與組織的知識、經驗與技術建立爲企業之知識社群，以形塑學習型組織之有利條件與環境。

9.營造與提供員工與組織的新學習內涵

企業須提供員工：(1)工作擴大化；(2)工作豐富化；(3)工作輪調的制度，促使員工的工作因而有新的內涵（代表著新的學習）。由於企業在e-HR的工作環境中提供員工在作業、學習、競爭能力與核心技術、因應多樣化與多變性時代之能力學習環境，員工可將工作當作知識與技能的學習平台，從而員工的工作將會時時有新的內涵與新的學習機會，進而開創動態式工作環境（On Demand Workplace），塑造提升員工與組織的學習能量的數位化學習型組織。

(二)員工延續管理

企業成為數位化學習型組織除了推動知識與IT結合，「人際關係網路」是不可忽視的，在第二代知識管理中強調人際關係的互動與溝通會產生熱情，也就是知識管理需要建立順暢的溝通管道及人際關係網路（普賽克，2002），在數位化學習型組織提到「從e-Learning建立分享式的學習方式」，建立學習社群是人際溝通互動及挖掘員工知識的管道之一。對企業而言，擔心員工離職後帶走了儲放在員工頭腦裡的知識，使得組織核心知識無法累積、儲存、建立、搜尋、傳播與分享、維持更新機制，進而喪失創造最大的知識價值，員工知識就無法在數位化學習型組織發揮知識分享與智慧分享，使企業內部的知識管理（Knowledge Management）無法傳承下去。

企業裡面重要的營運知識，須有效地充分移轉，不能棄置於離職員工的打包行李中。據研究，企業的核心知識有 70%存放在員工的腦海中，若無法有效移轉，則企業的競爭力將大受影響。企業的核心競爭力，原本是一連串的知識累積、沉澱的結果，是從數據（Data）解讀為資訊（Information），再歸納為知識（Knowledge），並統合為能力（Competence），最後提煉為智慧（Wisdom），這些過程為競爭場域中最難跨越的進入障礙。

為了不讓企業之知識與智慧伴隨員工之離職而流失，須將企業之知識與智慧予以充分移轉。所以企業需要建立員工延續管理系統，將此系統應用於數位化學習型組織中，以為成功移轉知識。並將內隱知識規劃儲存於資料庫，應用資訊科技技術與外部知識連結，以數位化知識管理系統啟動顧客關係管理，讓員工延續管理產生企業之核心價值，創造組織永續經營契機。喬治亞華盛頓大學管理學教授 H. Beazley 提出推動延續管理（Continuity Management）理論的六大步驟如下：

第一步　成立知識延續評估小組

成立知識延續評估小組，評估企業內部知識延續或不延續的程度，這也是一種風險評估，主要目的是爲找出企業內部不能流失的重要知識，也爲企業找出核心能力。

H. Beazley 指出評估組織內知識延續或不延續，可計算離職率、臨退休人數、找出企業內部哪些職務需要參與延續管理、評斷現任員工與繼任員工之知識延續或不延續的程度，並評估企業文化是否重視知識與知識分享。

第二步　決定延續管理計畫的範圍與目標

在決定延續管理計畫的範圍時，應考慮四項因素：

(1)廣度：有多少職務牽涉到重要的營運知識？

(2)深度：每一個職務所獲得的營運知識有多少？

(3)技術複雜度：企業所獲得或移轉重要的營運知識之技術有多複雜？

(4)支援程度：企業文化或激勵制度是否能支援延續管理？

(5)需要延續程度：企業的營運知識需要延續程度有多少？

第三步　成立協調小組執行延續管理

企業應建立執行延續管理的協調小組，執行有關知識延續管理的作業。

第四步　規劃延續管理的執行方案

(1)分析競爭環境，找出企業組織的迫切需要、需求與期望。

(2)成立延續管理的指導團隊。

(3)發展出企業之員工延續管理願景、目標與策略。

(4)和企業內部相關人士溝通延續管理的願景、策略、需求與期望。

(5)設法診斷出延續管理之障礙並加以移除。

(6)推動激勵獎賞制度。

(7)編組指導團隊成員，並加以組織與訓練爲推行延續管理的種子。

(8)建立企業的推行延續管理方案。

(9)定期審查現階段的延續管理方案是否需要修整？需要時即予Up-Date。

第五步　制定獲得或移轉重要的營運知識之方法

就是建立企業內之智慧、知識庫（Knowledge Profile），並擬定系列問題據

以了解接任員工是否已掌握到重要的營運知識？H. Beazley將這些問題稱為知識庫分析問題（Knowledge Profile Analysis Questions; K-PAQ），K-PAQ 裡應包含如下專案：

(1)工作所使用或需要的數據或資訊是什麼？
(2)自何處取得這些數據或資訊？
(3)過去有哪些數據或資訊對現在的工作很重要？
(4)自何處取得現在工作中的很重要數據或資訊？
(5)現在獲得的數據或資訊有哪些是員工所不需要？

經由上述的問題可找出流入的關鍵知識與自企業流出的關鍵知識，及企業組織內部分享的重要知識、技術、經驗與智慧。

第六步　移轉知識

延續管理理論，是為了使企業的知識得於保存並在全組織分享，就算留不住優秀的員工也要留住他們腦袋裡的知識，然而要讓員工願意把個人的知識轉移到組織，須以人與人的信任為基礎，促使員工敞開心扉，達到知識延續的綜效。領導人與知識管理者將隱性知識經過系統化的快速整理與擷取，並透過標準化的方式移轉給知識需求者。而達到員工延續管理之方式與重點為：

(1)透過數位化，把隱性知識有效整理轉換為人人都能了解的語言或數字，使內隱知識可在組織內傳播與形成組織智慧，並分享予全體員工。
(2)在 e-Learning 的學習中，建立互動式社群，達到員工樂意知識傳播與知識擷取的效果。
(3)使員工學習如何在組織中講真心話，塑造組織的共同願景。
(4)應運用長期性的激勵員工方式，給予績效獎勵，讓員工全面性地參與知識管理流程。
(5)組織需要多樣式的知識轉移管道，以利知識流通。
(6)在數位化人力資源中，動態式的工作環境所產生的機制，使員工縮短完成任務的時間，提升企業效率，達成知識、技術與經驗的「模組化累積」，協助企業內部形成一套知識管理系統。
(7)知識的儲存不是以系統為基準，而是以人性為出發點，經由參與和激勵措施，有效地儲存員工知識。

知識是時間經驗的累積，當然企業應建立誘因機制，使員工願意分享知識、應用知識，是知識管理上最重要的一環。利用員工的人際關係網路建立知識分

享網路，企業領導人與知識管理者藉由「員工延續管理系統」鼓勵組織知識與智慧分享，使組織知識網路運作順暢，進而讓組織同僚紛紛效法，以形成組織之知識與學習文化，達到組織知識延續管理與持續維持競爭優勢的目的。

創意思考

網路時代與知識資源的今天，缺乏敏銳的觀察力與符合邏輯的思考模式，將很難在這競爭世代生存；相反的，可能因自身潛能與創意無法有效發揮而失敗；我們日常習慣領域的突破，細心歸零，運用各項自身擁有的潛能及有效的思考模式，強化專業發想技巧，培養豐沛的創新能力，激勵高昂的組織氣氛，引爆卓越的開發績效。【台中縣稅捐稽徵處：李菁芬】

Smart Innovation 13-1

文化牽動企業走向

資料來源：陳珮馨，2006.09.01，台北市：經濟日報

　　如何發揮磁吸效應，吸引最佳人才賣命？除了漂亮的辦公室、傲人的薪資單，文化也很重要，可惜文化捉摸不定，往往最被忽略。美商甲骨文公司人資協理彭雪紅，把文化、策略、組織架構，視為三角形的三個頂點，強調任何一個元素，都不能自外於這個三角形，須彼此結合、牽連運作。

　　在創業初期，組織只是一個小環境，大家產生了革命情感，但當公司開始成長，組織也因應市場拓展逐步擴張時，公司的文化到底要往哪個方向發展？什麼樣的人才適合公司？該找誰一起為未來打拚？都是關鍵議題。

　　很多公司隨著公司擴展，企業文化也隨著轉變，因此，文化將影響公司走向，更是和公司每一位成員密切相關。身為全球最大的資訊管理軟體供應商，甲骨文分公司橫跨四十幾個國家，隨著併購腳步加速，須面對不同的企業文化，如何清楚掌握公司的中心思想，就相當重要。

　　甲骨文格外重視誠信，也很關切性騷擾防制，公司會提供誠信、防制性騷擾的訓練，也提出清楚的規範。她強調，聘用符合企業價值、認同公司文化的新人，就會漸漸形成一致的企業文化。

　　不過，所謂的文化，是從公司整體角度而言，若是落實到中階組織，就成為公司的核心價值，公司要建立一貫的文化價值，領導者首須以身作則，員工才會心服口服。打從心底尊重個人，是相當重要的核心價值。

　　領導者須懂得尊重小事情，外表和內在一致，才能從上貫徹到下，真正發揮影響力，帶領部屬朝著同一方向前進。當然，公司的文化和價值並非一成不變，須隨時間不斷調整。彭雪紅舉例，甲骨文雖然 1977 年就成立一直到現在，仍舊不斷討論辦公室準則。

　　文化是動態的，不斷蛻變往前，最重要的是，要和策略、組織緊密結合才能達到動態平衡，發揮最佳價值。

Smart Innovation 13-2

企業文化：企業 DNA 商場生死學

資料來源：湯明哲，2007.05.29，台北市：經濟日報

一、企業 DNA：文化＋慣例→價值觀

　　新創企業五年內的平均存活率是 20%，能存活三十年的企業很少，所以企業經營絕不能靠運氣。景氣循環、技術變遷、競爭者進入均考驗著企業存活的本錢，也就是企業的 DNA 決定企業能否長期存活。

　　企業的 DNA 就是企業的文化和慣例（Routines），企業競爭環境物競天擇，公司須發展出一套做事的方法，如：新產品開發程序、顧客服務作業程序、策略形成程序。這一套套的程序接受市場的考驗，不適合的公司即遭淘汰，能應付考驗的公司，將成功的經驗加以精鍊，又形成新的文化和慣例。因此公司成就的高低其實取決於創業團隊的組合。

　　和生物一樣，組織也有成長的壓力和動機。當創業團隊獲得初步成功，和生物以 DNA 複製自己一樣，公司擴張時也將原來的一套文化和慣例加以複製。公司成長愈快，複製速度也愈快，愈保留原來的文化和慣例。但當外界環境改變時，文化和慣例也要改變，通常公司並不了解以致仍堅持過去的 DNA，無法突變，終至被淘汰，這是成功為失敗之母的道理。

二、DNA 突變：變革→複製→成長

　　文化和慣例能突變，才能適應新環境，生存下來。然後，再行複製、成長，應著重於文化的深耕和變革，不應僅追求機會。

　　公司的成功不超過十年，十年內一定會遭到環境的變革，如：競爭者的進入，造成競爭力的衰退，只有優良的 DNA，才是長期成功的保證。公司的成功絕不是偶然，能鶴立雞群的公司都有一套與眾不同的作法，不是有絕佳的策略定位，就是有獨步產業的領先管理方式。事實上，獨特的策略定位，不一定能保障公司長治久安，因為競爭者也會選擇同樣的策略定位。

　　（摘自天下文化出版之《台積DNA——年輕工作者的四十堂修練課》）

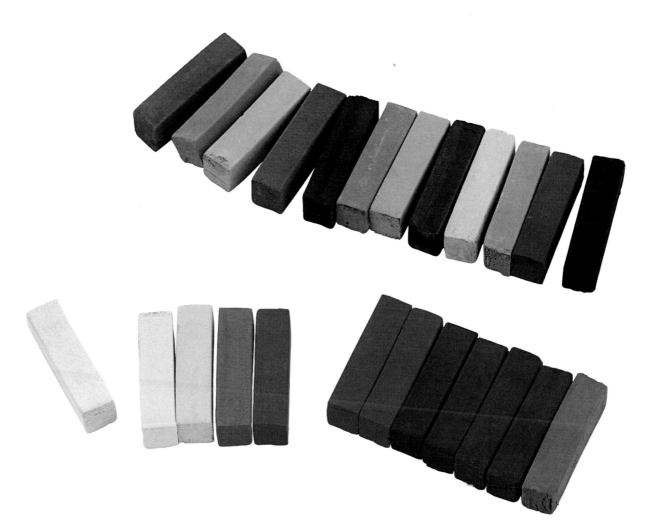

Chapter **14**
建構創新組織與領導者舞台

企業組織須在兼顧既有核心事業的維持與創造成長型新事業的理念中籌組創新團隊，當然要思考如何籌組這個團隊遴選創新團隊成員與主管，及要怎麼培育出這個團隊的破壞性創新能力，同時企業組織更要支持這個團隊以啟動創新事業／商品的成長引擎，達成企業組織的創新願景。

最近的產官學界不論是台灣或是整個世界，大家對於「領導與組織」的課題均感受到特別有興趣，顯然地組織與領導已為當前企業、政府或其他非營利組織所列為須關注的顯學。這是因為近年來，外部環境已發生了重大且激烈的變化（如：(1)網路科技的急速發展所牽引的數位化、行動化革命；(2)無國界與全球化主義的興起所造成的地球村主張與多國籍企業；(3)民族主義的被鼓吹所形成的族群融合與多元文化），使得整個世界均陷入在快速與高度的不確定與不可測的風險中，因而如今的企業、政府與非營利組織，已不能再依賴過去的行動方案，無法循規蹈矩依照計畫一步一步地來進行 PDCA，反而會不時地反問自己或主管：「下一步怎麼做？」「下一個戰略戰術是什麼樣子？」「這個顧客的反應要如何回應？」「這個昨天之前還一切 OK 的事，怎麼今天就不可了？」這些充滿不可知的問題卻一而再、再而三地不斷重演著，而這一切類似的問題已無法再依賴以往的那套作業行動方案來進行。

第一節　建構適合破壞性創新的組織

日本 7-11 創立於 1973 年，迄 2003 年突破總店數一萬家，不但日本營業規模最大的連鎖店，同時更是全世界 7-11 的品牌權的擁有者。日本 7-11 的會長鈴木敏文是將日本 7-11 推向「零售業之王」寶座的靈魂人物，鈴木敏文本身就是一位敢於破壞與創新的領導人，同時他最引以自豪的是經營團隊不能盲從或仿效他人的成功經驗，且能持續進行創造性的破壞。鈴木敏文對於零售業的經營管理典範，要求經營零售業要像一張白紙一切回歸到零的擺脫賣方思維；同時，更要積極地向所有事物挑戰，拋棄過去的攻擊型組織，及應對變化與危機的朝令夕改價值觀。

日本 7-11 自 1973 年成立迄今，每星期均召開全國性店鋪經營指導員的OFC（Operation Field Counselor）會議，日本 7-11 全國的店鋪經營指導員多達一千二百人以上，鈴木敏文不惜勞師動眾舉辦全國性OFC會議，是因為OFC會議是他與指導員溝通日本 7-11 精神的最直接方式，在這個會議中他每週會不厭其煩地對指導員重複著類似主題（如：如何站在顧客立場思考、如何了解顧客的消費心理變化、如何在激烈的變化時代裡自我提升、不必去別人的便利商店觀摩學習、不需要教育訓練手冊、丟掉過去所做的一切經驗等），且藉此會議傳播其經營理念及危機意識到全國的 7-11，且他認為面對面的溝通效果遠比以電話與

網路溝通更大更好。鈴木敏文堅持如此的經營模式，是追求跳脫過去的經驗，挑戰新的事物，建構具有積極攻擊能力的組織經營模式，以徹底避免經營與員工的工作僵化，追求破壞性創新的價值。

一、橫向組織取代階級組織

在數位知識時代，傳統以職務為導向與官僚作風的階級組織模式，有愈來愈多的事實顯示出其不合時宜，因為階級組織過於僵化，不能衝擊層層行政程序的規範與框架，以致在這個講究快速反應與創新發展的競爭環境中，沒有誘因足以吸引住卓越的創新人才，更沒能為其企業開創出創新能力、核心能力與組織能力。也正因為缺乏彈性與競爭力，導致在這時代中的階級組織不得不蛻變為具有團隊合作、員工參與、高度績效、共同領導、資訊網路與通信科技、質疑目前作業模式的企業文化與追求智慧資本價值的橫向組織模式。

這個橫向組織型態是扁平化組織與彈性靈活的組織、具有資訊公開與分享、培育高績效員工、重視與發展智慧資本、質疑目前的文化、敢於拋棄過去成功的經驗、形塑知識管理及創新發展的特性。所以這種組織經營模式，將可為企業創造出其企業的價值，而有別於以往傳統的階級組織的運作模式。而這種組織經營型態的關鍵課題不外乎如下幾個：(1)企業要如何吸引與留用具有創新思維與高工作績效的員工；(2)企業想要留住創新人才多久？(3)要如何培植、支持與激勵獎賞這些創新人才？(4)要如何進行員工內部創業與培育企業的創新文化？(5)要如何善用這些創新人才與創新文化提高企業的價值？

當然，這些課題的解決自然會是企業領導人與策略創新者所須關注的焦點，且在一個橫向的組織經營模式裡，將會有別於以往傳統階級組織的處理與對待方式。這些不同的處理與對待方式，應有如下幾種：(1)將企業當作一個有品牌的僱主以吸引優秀的創新人才加盟；(2)以知識與創新技能為導向的管理模式來取代以職務為導向的管理模式；(3)將以往評述員工工作職務的個人職務說明書，改變為以評述員工為達成企業與上級主管所交付的工作與任務所須要做的事之人員說明（Person Descriptions），同時這個人員說明也是企業作為人力資源的招引、任用、訓練與發展的依據；(4)將以往重視員工忠誠度、品德操守、遵守規範的企業與員工的勞資和諧與員工忠誠關係，轉變為創新、品德、參與、入股及高報酬的勞資雙贏與人力資本關係；(5)推動公司治理與員工個人能致力於建立自己的核心專長、工作成就與創新技能之個人品牌（Personal Brond）；(6)建

立學習型組織，引導全體員工投入終身學習的認知與行動。

二、無疆界組織是未來的組織

　　無疆界（Boundaryless）組織是奇異公司威爾許（Jack Welch）所提出的概念，此概念的產生，源自於奇異公司面臨前所未有的差異化，為能妥善管理與解決差異化所帶來的非常龐大棘手的整合問題，而發展出無疆界的未來組織的新概念。根據威爾許的看法，奇異公司追求的完善組織的無疆界目標有三：(1)地板與天花板（即區隔人員所在的垂直疆界）。將企業內部員工的有效價值資訊與創意在組織間的縱向流通，也就是將區隔人員所在的垂直疆界予以撤除，使創意與資訊得以自由做垂直的流通與公開分享；(2)牆內的世界（即部門間的區隔）。將撤除各個部門間或整個企業間的藩籬與心防隔閡，使組織／部門間的溝通管道暢通，取得互相信任、合作、支援；(3)牆外的世界（即企業與有關的外部利益關係人間的區隔）。企業應與這些利益關係人保持溝通與交流管道，以確保緊密連結關係。

　　奇異公司的無疆界組織境界，一個講究整合的企業須要能將這些區隔的疆界藩籬予以衝破跨越過去，即使因此須投注相當的資源（如：資金、人員、創意點子、創新構想與資訊資料等），也是在所不惜，且對一個能進行整合的企業而言，事實上已踏上無疆界組織之途了。另外，由於現在多國籍企業及控股公司管理模式裡，有將財務與經營獨立的作法，此一事業體間無法如無疆界組織一般，各個事業部的資源即無法分享，因為他們間存在了類似地板與天花板、牆內世界及牆外世界的區隔與隱形的各自為政之藩籬。

　　事實上，多國籍企業或控股公司並非就無法做差異化的整合，在高差異化、高整合度的組織模式裡，就如同奇異公司的市值依然那麼亮麗（市值超過五千五百億美元以上，本益比約44～48間），卻是在各個業種、各個市場、各個國家裡擁有分公司，然而奇異公司卻從未轉為一家控制公司，這就是奇異公司努力走向無疆界組織的結果。當然在二十一世紀數位知識經濟時代裡，由於資訊、通訊與網路科技的發展，促使所有的知識與資訊資料可流動，既然知識可流動、可跟著知識管理者遊走與傳遞，也就是代表組織間的差異化是可被整合的。因此，企業將會以顧客滿意與員工滿意作為其企業的經營目標，一方面仍會設法追求高度差異化以維持競爭優勢，另一方面則打破組織的藩籬，以無疆界組織經營模式解決高差異化與高整合性的難題。

　　但在未來的無疆界之組織經營模式中，無可否認將會受到e化、m化與u化的激盪，進而促成所有的人員間的連結、溝通、互動與交流。更由於層級制度扁平化與網路化，將會促使未來組織的權力來源與運用發生相當大的改變，如：(1)網路組織型態裡，工作人員將會跳脫出職階的框架、管理制度的規範、工作地點的區隔，而進行跨越部門、事業部、地區與國界的合作；(2)衝破以往的被企業與主管的信任控管機制，而進行某項工作的合作與信任關係；(3)網路駭客的衝擊及資訊系統安全性每被衝破的問題，則是網路化時代所須追求防範與保護的重大課題。

　　據 Henry R. Luce（*Business Point, 2001*）指出，現代企業在未來組織中信任風氣的培養及資訊蒐集是建構無疆界組織的競爭優勢最主要來源。而 Henry R. Luce 更提出在未來組織的信任支柱有三：(1)勝任能力（Competence），指核心專長、工作績效與技術能力而言；(2)社群（Community），指人力資本的工作場所與創新構想的地方而言；(3)信奉（Commitment），指社群之興趣與意願是否能支持其企業組織的目標與實踐其目標而言。

三、星團式組織的組織經營模式

　　星團式組織（Cluster Organization）可能是未來的組織經營模式，這個組織結構模式（如圖 14-1 所示）是管理階層只對其屬員揭示企業的大方向（如：願景、方針、目標），至於運作方式則全部授權由其員工以獨立自主的方式予以應用與運作。組織結構有如一組互相牽制的環，環的中心是該 CEO，而在 CEO 外面那圈則是高階管理者，再外面一圈則是中階管理者，最外面的邊緣上的一組小圈圈則是各項專案工作小組，而各個工作小組的職責是：掌握管理職能、發展本身專長、表現出明顯與積極的關注其顧客的需求與期望、貫徹落實小組的決策以達成企業的目標，須對其掌管的業務負成敗責任等。

四、環狀式的組織經營模式

　　環狀式組織是為跳脫金字塔式／階層式的組織經營模式（如圖 14-2 所示），這種組織結構共有三個同心圓組成：(1)位於最內部的一圈是企業的核心地帶，其人事圈最小，是由企業 CEO 與事業部主管所組成，可稱之為顧問，其任務是整合企業的運作；(2)中間一圈則是由全企業的各部門主管所組成，可稱之為合

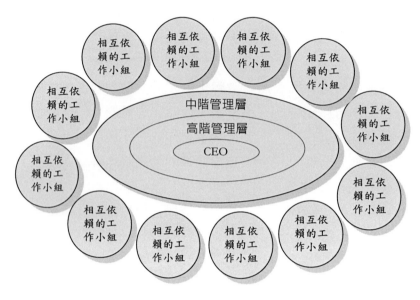

🛉 圖 14-1　星團式的組織

夥人（Partners），其任務則制定工作的行動方案及跨部門的協商與管理工作執行績效；(3)最外面一圈則是由除了第一與第二圈成員外的全體員工所組成，可稱爲同仁（如：生產、行銷、研發、財務、人資、資訊等工作人員，企業內的同仁居此圈中人數最多）及協調員（是負責督導臨時性或永久性的小組任務），在這個圈圈內的同仁平常誰也不必向誰負責或報告，而協調員就是組織中所謂班長、組長、課長、經理，其任務是在同仁有事請求時的協調與解決工作，平時協調時也不互相干涉，其目的是盡可能壓縮主管階層的工作。

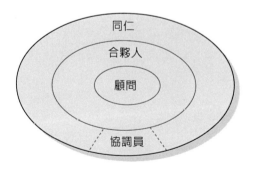

🛉 圖 14-2　環狀式的組織

五、你的組織適合破壞性創新？

　　企業領導人與經營管理者均知道，要創新才能適存於這個充滿變化與競爭的時代，可是實際的案例中卻有許多創新的失敗，且在事後的研究分析裡發現，他們為什麼會失敗？大多數的原因不是因為創新活動的技術面發生致命的瑕疵，也不是市場尚未能準備好接受創新商品的上市，而是因為創新者或創新團隊運作失當，以致辜負了企業所交付的創新任務，進而遭受到創新挫敗。事實上，在實際的失敗創新案例中，有相當高的原因是出自於企業本身並不適合進行破壞性創新的原因，這類企業的領導人與策略創新者誤以為只要能維持現狀的延續性創新能力，就能順利地進行破壞性創新，因而貿然地跳過平凡的創新路線，而大膽地奔向破壞性創新，以致其企業的既有核心能力、技術與知識反而變成致命的錯誤與失敗因素。

　　Clayton M. Christensen（*2003*）研究指出，有三個要素（他稱之為RPV架構）是企業領導人與策略創新者判斷是否有能力成功發展破壞性創新的要素，即：組織資源（Resources）、組織流程（Processes）及組織價值（Values）。基於此一架構，我們認為創新事業是否成功的關鍵不在於價格與產出的競爭，而是來自新商品、新的技術、新的供應來源與新組織型態的競爭。

㈠克里斯汀生的 RPV 架構

1. 組織資源

　　企業資源包括有：人員、設備、技術、商品設計、品牌、資訊、供應鏈與需求鏈關係（即顧客關係資本）等人或事物。在前面我們已提到，人力資本是左右企業創新成敗與否的關鍵，且在實際創新失敗個案中，一半以上的負責人認為其創新的失敗在於他們挑選到錯誤的創新團隊或創新領導人，為什麼創新領導人的挑選會是如此的棘手？

　　事實上，不僅是創新領導人會有此麻煩，舉凡 CEO、事業部主管、專業經理人、各層級主管、專案主管均會面臨相同的困擾，因為一般的企業在挑選人才時大多憑藉這些人選的合格特質（如：溝通協商與說服、以組織目標為其工作導向、紮實的執行能力、排除組織內糾紛與問題等）及過去在自身企業或其他企業有過成功的經驗與成果，就直覺地認為是個合格的人選，因而委以創新

事業的責任與職階，往往是失敗的，因為該合格人選卻不是合適的人選。

　　一個既合格又合適的人選，除了具備有上述的合格特質與成功紀錄外，尚應考量是否具有處理過事業重新設計的能力與經驗、遇到負向因素蜂擁而至時的處理能力、是否能轉型為新的文化的勝任者及是否具備創新任務的技術能力與知識？是否具有學習與挑戰未來的能力與判斷力？也就是要想了解本身企業是否適宜進行破壞性創新，就須謹慎挑選創新團隊成員（尤其創新負責人）。當然，企業領導人與高階經營管理者也須搭配在組織內建立學習型組織，以培植當創新事業成功時要能立即接下新事業經營的責任。

　　2.組織流程

　　克里斯汀生（2001）對流程的定義是：「當員工將企業之資源投入於工作、設備、技術、商品設計、品牌、資訊、能源與資金，即轉變為更具價值的商品時，就能創造價值，而在這個轉變過程中，用於溝通與決策的模式就是流程。」所以，流程正如本書前面章節所稱「產銷活動」的主要作業流程與支援作業流程一般，且企業往往不會忽視掉哪些主要作業流程，卻最容易疏忽了哪些支援作業流程，以致創新事業往往遭到挫敗。

　　為何支援作業流程會是導致創新事業失敗？因為支援作業流程包括支援投資決策的再確認流程或背景處理流程（如：市場調查與研究、資金預算、緊急應變與不符合矯正預防、企業內溝通說服、企業外溝通談判等作業流程）是支援主要作業流程的任務，企業若不能對支援作業流程給予與主要作業流程一樣的關注，將會使創新團隊及其領導人誤判，導致功敗垂成。

　　3.組織價值

　　事實上，克里斯汀生的組織價值就是本書所稱的管理典範、作業程序與標準倫理道德規範與企業文化，因為企業利用資源與流程來界定其企業到底能做什麼？要創新事業的方向是什麼？新商品的市場定義與定位是什麼？而價值則是定義出該企業不應做什麼？不應發展的方向是什麼？如台中地區有家包裝材料製造廠的訂單輸入 ERP 系統時就制定有一個毛利率不能低於 30%的控制閥，於是乎該公司的業務員除了經專案核准外，就沒有辦法接受低於 30%毛利率的訂單，該公司在最近二十年來因而也就發展出強勢價值或決策的準則，也就是該公司生產線上或新開發商品的毛利率須高於 30%，自然而然地該公司的創新事業方向也就須承襲這個準則。

　　雖然上述公司的毛利率 30%以下的商品與事業不做已形成該公司上下的認

知，可是這樣的頑固準則不一定是對該公司的價值與市場發展均是有利的。因為企業的規模、市場競爭環境、成本結構及商品／企業生命週期均會對該企業的價值體系產生衝擊，有可能會迫使該企業的既有價值產生改變。如：當該公司由兩百人組織規模擴大到四百人規模時，就會喪失進入小規模的新興市場的競爭力，因為以往令他成功的價值體系使得該公司無法任意動用企業資源，以和目前規模雖然很小但未來卻有可能坐大的破壞性市場進行競爭，因而該公司也就由四百名員工的規模再度急縮到不到三百人，以避免為破壞者或新進入者所侵噬。

㈡新經濟的未來應追求破壞性創新

二十一世紀新經濟時代的競爭情勢與改變速度，是相當快速的，且正呈加速度持續進行，在這樣的時代裡只要有一種推動經濟向前邁進的關鍵技術往前邁進一步（即使很小的一步），就會成為推動未來邁進一大步的基礎，且這樣的情形會持續地進行著。同時，這些新的關鍵性技術並不會只有一時的發展就宣告中止，所以在這些新技術創新開發成功時，更會產生許多新的商品及事業經營效率的新標準，更而導致企業與整個產業或社會愈為複雜，以致不確定性不連續性增加，這就是新經濟未來唯一不變的特色。

破壞性創新的發展乃因為延續性創新已產生失敗的徵兆。而延續性的創新是維持保護連續性的假設，而不是轉為不連續性。企業在此狀況之下會不斷懷念過去的階層式組織與中央集權式領導模式之效率，同時會因無法破壞既有的商品、管理典範、作業程序及企業文化之框架，以致無法跟上新經濟時代的變化脈動，無法適應新時代的激烈競爭。

也許，複製目前現有的創新成果會有成功機會，但就長期來說，若未能嘗試自我創新，則將來會走向失敗的命運是無庸置疑的。任何產業的企業若是沒有辦法持續性的改變與創新，則將在不久的未來走向失敗的不歸路。同樣，企業若不將破壞性的力量予利用與呈現，將會因為這些力量的長期壓抑而產生破壞企業的能量，進而對企業產生殘酷無比的破壞。所以企業領導人與經營管理階層、策略創新者須在其組織中建立創新的資源流程與價值，使其組織經營模式容許創意思考，及接受新舊觀念間的競爭，並能決定何時與如何讓破壞的力量得以展開與發生破壞性創新的作用。

塑造知識分享環境

知識管理中，知識分享是執行的原動力，然而也是員工抗拒
最大的關鍵點，很難要大家把知識提出來分享，如何提高分
享意願呢？學習型組織是企業現在與未來維持競爭力的唯一
途徑，但如何建構學習型組織呢？【台中縣稅捐稽徵處：李
菁芬】

第二節 培育能破壞性創新的主管

　　企業須能持續不斷地開創破壞性創新事業，更要培養出來能進行破壞性創新的主管（尤其是高階主管）。因為未來的世界是沒有有效期限的，也許某個商品或方案在昨天仍是有效的、行得通的及有價值的，但今天過後的未來也許就不再具有效益的，為何會有如此的激烈轉變？是新經濟時代處處有挑戰、時時有衝擊，任何個人、企業組織、政府機關或非營利組織均無法倖免的，因而現在與未來一切須運用創意與創新構想以迎接這些挑戰，否則仍沉迷於過去的成就與榮躍，死抱著昔日的延續性創新或複製目前的創新成果，將會是被時代潮流所淘汰的第一優先對象。

一、高階主管應扮演的角色

　　要扭轉這種危機的，就要身負持續性、破壞性創新事業的高階主管去履行

其責任,而克里斯汀生在《創新者解答》一書中(*2001*)指出,高階主管有三個重要責任:(1)近期的任務,就是要橫跨破壞性成長事業與延續性核心事業,並決定其資源與流程有哪些是要投注新事業與有哪些要放在核心事業;(2)長期的任務,就是領導整個企業往破壞性創新流程發展,以幫助其企業能持續地進行破壞性創新;(3)永續的任務,就是要時時診斷出所面臨的競爭情勢與市場需求改變的趨勢,並不斷地教育其員工能認知這些趨勢,及能可自我診斷趨勢變化的走向。

㈠高階主管須帶頭參與創新並講究授權管理

進行任何創新成長事業活動時,高階主管的參與程度與運籌管理能力對於進行破壞性創新事業具有關鍵影響力。因為創新活動若是能取得高階主管的支持並帶頭引領創新,則企業的創新團隊及全體員工將會動起來,且會將創新事業當作重大的經營方針與目標;相反地,若高階主管未親自參與創新活動時,則員工會將創新活動當作應景的秀或拜拜,則該項創新活動注定會失敗。

然而,高階主管也須要能講究授權原則,要正確地將哪些事情是非要他作決策的,哪些事情是應授權給他人去負責的。否則,採取集權制的高階主管勢因鉅細靡遺地參與解決其企業的任何決策而顯得時間不夠用、決策品質低落、員工沒有人被培養成為破壞性創新者及員工逃避工作與士氣低落,反而影響到進行破壞性創新的運作與成效。所以,高階主管須制定一套可供遵循的授權準則,這樣將可讓創新決策層級得以明確界定,而不會發生部屬動輒將決策權往上呈,導致高階主管工作大量增加、往中央集權領導行為偏斜,妨礙到破壞性創新的發展。

一般而言,高階主管若發覺到其企業的核心流程與價值決策已無法應付其所面臨的重要決策時,一般來說此時已到了破壞性創新階段,而此階段就需要高階主管積極參與決策制定。而若其企業仍是能正常地進行核心流程與價值決策,則表示這階段是延續性創新階段,其創新決策制定流程的權責主管實可委由中階主管參與制定,而不必凡事都往高階主管身上推。

㈡高階主管應如何維持高績效的創新

高階主管雖然具有合格與合適的創新主管特質,也積極參與創新活動及遵行授權準則,進行破壞性創新事業任務,但卻有許多高階主管會發生失敗的故事(如:可口可樂的Douglas Ivester、寶鹼的Durk Jager),這就是我們要探討高

階主管要如何維持高績效創新的原因所在。

1. 需要領導自己

高階主管應了解到本身就是領導行為的器材或工具，所以須要能有創意地運用自己的個性，同時也須先能認識自己（know thyself）。

事實上高階主管要領導自己，須先對所謂的自己有所了解，在這裡我們將自己界定在心智（mind）或自我意識（ego），也就是高階主管須先將自我意識之害予以割除，如：⑴為既得利益而操縱議題與迴避企業所面對的威脅或壓力，就如同專制帝王一般；⑵對於學習不感興趣，以致無法區分出什麼是過去的威脅、現在的威脅或是未來的威脅；⑶忽視直覺所傳達的訊息，但卻會對於挑戰其權力地位者不斷地給予警告與威脅；⑷焦慮或害怕對其企業失掉掌控的權力，而不惜犧牲企業的永續發展之潛能。

所以，高階主管須要從評量自己的內在領導能力做起，以因應這個時代的要求。企業的高階主管應重視的工具就是自己的個性，也就是判斷自己的自我意識是否在領導行為或決策上發生問題。

2. 高階主管如何維持高績效的創新

未來的領導人應思考如下議題，以維持其企業的創新能力：

⑴為企業建立資源管理、技能管理、流程管理、知識管理、客戶管理與科技管理等六項核心能力。

⑵主動追求開放、公平，以自己的感覺說明事實真相，和預期的一致性及實踐自己的承諾，建立高階主管的信賴度及取得員工的信任。

⑶要專注於自己的熱愛與有活力的事務上，而將其他事務授權出去及委任給信賴的人來負責。

⑷依據自己的職位權力與個人之領導特質來進行創新決策與行動。

⑸要能提供創新團隊領導人扮演：①連結外部顧客的橋樑；②創新問題解決者；③創新過程問題與衝突事件的管理者等角色。

⑹要能迅速從失敗中站起來，重新進行創新領導工作，並從失敗經驗中學習以汲取價值。

⑺抱持不輕易妥協的行動主義，期望明日的企業要能不同於今日。

⑻不因循與不沿襲傳統，敢衝破典範與常規，引導企業找到長遠願景。

⑼不斷更新自己與不斷創造更新自己的機會，將自己定位在創新的導師與教練角色中，引領員工追求創新突破現有的創新績效框桎。

⑽尋找並培養有潛力的接班人，以培養出有效能的領導人接班人選。

(11)注重品德操守的自我要求，將品德與道德規範結合為一，塑造領導人的品德價值觀。

二、高階主管應在流程中創造啟動成長引擎

高階主管在企業當中除了須時常鼓吹與傳遞創新理念、機會與價值外，尚需要進行的最重要工作，就是要透析出其產業革命的機會在哪裡、未來的發展趨勢是怎麼樣、找出打破現狀的破壞性／延續性創新機會，還要能引領整個企業推翻傳統，這些重要的任務須由現代與未來的企業領導人努力去進行，然而要具有這些觀念、認知與行動，就須要有充分的想像力，方能開發出不同於現狀的革命性概念，及做自己的先知。

㈠做自己的先知並想像如何創造未來

高階主管的創新任務並不是要預測未來，而是要能想像出來到底要創造出怎樣的未來。一般來說，任何領導人在面對不連續性、不可預測的未來時，大多會採取兩種方法來面對：(1)採取情境模擬的方法以預測出好些個不同的未來情境，然而這種方法無法提供高階主階或部門主管要如何去做，才能改變現在的環境及塑造企業未來的機會，所以這個方法基本上是基於管家的精神而不是創業精神；(2)將自己變為更敏捷，能快速調整商品、通路、技術、資源與價值觀，但這種競爭優勢屬延續性創新，其跟隨者也會複製既有的創新成果，在未來的激烈競爭與革命破壞的時代裡，將會有英雄氣短與下台一鞠躬的危機。

所以，未來的高階主管須將自己塑造成革命者，超越一般的眼光尋找非傳統的創意點子與創新構想，時時以創新的眼光來看世界及運用嶄新的方法來做事情，如此自然就能創造出不同的價值與績效。高階主管要想成為未來的革命家／破壞性創新者有如下方向可供參考：

1. 將自己蛻變為新奇事物的狂熱分子

要將自己蛻變為對新奇事物的狂熱分子，就應把自己拉開原來的環境，而到另一個不同的環境去看事情，藉此淬鍊將可找到一些新奇的智慧、技術、能力、知識與經驗，當然在心態上要讓自己驚訝於「我怎麼可能不知道這些事物？」「我怎麼有那麼多不知道但卻應知道的事物呢？」如此你將會問自己如下的問題：(1)什麼樣的改變與改變方式能創造新市場空間的潛力；(2)我們的事業設計要做如何調整，才能繼續爭取企業價值；(3)當成長率趨緩時，若從人力資本與資產方面來看，需要多少產能才能維持獲利能力；(4)這種正在改變或已

改變的事物，是否有可能發展為破壞性創新；(5)這種事業和哪些顧客能建立強勁關係，又有哪些顧客有可能離開；(6)我們可利用哪些不連續的現象；(7)有什麼因素會破壞目前的情勢、有哪些競爭會如此做、我們會不會如此做；(8)顧客的回應訊息中有哪些訊息顯示出市值已開始流向他處；(9)價值開始流失時，該如何改進；(10)是否比同業更了解正在改變的事物；(11)這種價值移轉會有什麼樣的威脅；(12)要如何保護市值；(13)有哪些動力可讓新事業設計概念發揮作用；(14)要如何在新事業設計概念上投資以奪回流失的市值。

高階主管能自我審視與盤點上述問題時，就有機會變成破壞性創新者，進而引導全體員工注意各種改變，帶動整個企業，一起努力抓住改變的趨勢與方向。另外，高階主管除要時時審視與盤點上述問題外，尚應做到如下重點：(1)極力透過準確的洞察力，睜大眼睛，找出尚未被找出來的事物，尤其是易為大家所忽略的事物；(2)設法超越目前所看到與想到的議題，但一想到或找出令你驚訝的新事物時，最好立即登載下來，並不時檢視一番，看看有沒有辦法找出這些新奇事物的共同主題；(3)多了解一些不變的事物，儘可能地再深研究，尤其對於一些不連續的現象更應加以蒐集、分析與了解；(4)要培養出質疑目前一切事物的習慣，同時將質疑目前的作法例行公事般地反覆進行；(5)培養出追蹤成效及找出與預期不相符合之差異要因，並予以矯正預防。

2. 將自己變成為一個極端分子

高階主管應時時質疑目前的一切事物，包括商品、管理典範、作業程序、技術、資源、能力、資本與策略，且是抱持著反傳統的思考模式，所關注的課題不在於現在與未來的抉擇，而是要引出異端和正統對抗。一般來說，要想進行破壞性創新，就要消除「從現在現有的角度去看待改變的事物」之思維，因為若不如此就會被搶先一步。如果你想要打造一個全新的事業設計，就須如此做，且要將一切不再是普遍的事物予以徹底打消。

此時高階主管已感受到須徹底將已被質疑的心智模式予以重新設計出一套新的事業設計模式。但依據統計，有90%以上的人認為現有的心智模式是不容許挑戰與改變的，所以你若想成為一個破壞性新事業的創新者，就須將原有的企業經營理念、企業文化及事業模式予以破壞，真心做一個極端分子，否則不要想能成為一個破壞性創新者。

要想成為一個極端分子，就要朝以下幾個方向努力：(1)承認自己受制於現有心智模式，才能質疑許多為人們所認同的典範、信念與真理；(2)利用反向思考模式，從自己與同事中，找出顧客從來未曾給予我們或產業的評語（最少能

找出十個），我們公司的正統教條是什麼？若不加以改變會帶給我們什麼結果？若加以改變又會帶給我們什麼機會？（也可由自己公司與主要競爭者的共同相信十件事有哪些來進行反向思考）；⑶要養成不斷地發問「為什麼？」「如果……會怎麼樣？」，則你將會得到令人意想不到的驚奇答案；⑷多鼓勵部屬提出新事業設計的概念，即使愚不可及的概念也應予以鼓勵，如此將會讓整個企業發展出有思考與想像空間之能力；⑸在進行策略思考時，可練習自己擔任正方與反方交互問答，不要害怕辛辣與極端的假設問題；⑹對於矛盾與衝突的原因要能深入了解，也就是要超越出「取與捨」之劃分原則，試著深入思索有無其他更為新奇或驚奇的方案；⑺重新學習不為過去的成果與經驗所蒙蔽，以重建好奇心，使你時時能有敏銳的能力找出令你驚奇的事物。

(二)啟動破壞性創新成長引擎

企業若想要能一個接一個地發展出成長性的事業，就應為其破壞性創新能力建構一個啟動成長引擎的破壞性創新流程（如表 14-1 所示），並將這個成功的方程式作為通往發展出成功的破壞性事業之流程上的步驟。

培育接班人追求永續成長

彼得‧杜拉克說：「領導人最糟的一點，就是不去培養接班人。領導人主控一切，組織中其他人的能力就完全無法發揮，導致人才流失，領導人離開後，就再沒有人可銜接了。」企業領導人要正視接班人計畫？企業應如何培養？如何找到對的人？如何透過評估機制，讓真正優秀的人才出頭、接受培訓？接班人培育變成企業追求永續成長，再創經營佳績的當務之急。【中小企業經營輔導專家協會：陳政成】

♦ 表 14-1 啓動成長引擎的破壞性創新流程

流程步驟	主　要　工　作　項　目　簡　述
一　鑑別出所需要的迫切成長需求	1.最好是能在企業仍屬持續成長階段即能進行鑑別。 2.鑑別出的迫切需求應告訴全體員工，以建立員工應具有的危機意識。 3.分析出為什麼要創新的理由，並由高階主管帶頭宣導給全體員工了解為什麼要創新，以深植創新的重要性於各個員工的心坎中。
二　教導員工了解流程與創新方向	在推動創新方案之前，最好能整合全企業組織的作業流程與未來的創新方向，針對全體員工實施教育，以利組織功能與創新目標相結合。
三　貼近顧客與市場投資破壞性創新	1.企業組織CEO、經營管理階層（尤其市場、設計、開發部門）均應及早認知到顧客與市場才是他們應關注的焦點。 2.這個步驟須持續不斷地進行，甚至應拉到第一個步驟併同進行。 3.但企業領導人、CEO與經營管理階層應認清的一點就是創新／改變／轉型絕不可忽略市場與顧客。 4.要去除將新事業做得愈大、愈快或愈好就能成功地創新事業之不正確思維。 5.這個時候應由最高主管與各部門所任命的流程推手組成創新團隊，如此將可加快創新／轉型／改變的速度。
四　高層引領與分配流程以確保成果	1.高階主管及創新團隊須一開始就能了解並鼓勵創意思考模式，以開發出企業的創意與創新構想。 2.高階主管帶頭引領全體員工，除了堅持創新方向以外，並不惜將其大部分時間用在塑造員工的危機感與創新意識。 3.高階主管掌控資源分配，並持續進行破壞性或延續性創新之界線的溝通。
五　創新團隊編成與創新技能的精進	1.編組創新團隊負責創意與創新構想之商業化工作。 2.建構涵蓋組織導向，對流程有反應、依賴流程來推動、由流程來主導、功能式網路及結構式網路等不同的速度來推動創新（Stephen M. Shapiro; 2002）。 3.對於企業所缺乏之專業技能則可向外尋找奧援。
六　確立流程負責人及進行人員訓練	1.及早確立各個作業流程的負責人，以確保創新／轉型改變工作能有人負責管控，及順利推展以達成創新方案。 2.除了創新團隊的訓練外，並應將最接近市場的人員加以訓練，使其了解創新的目標及顧客的定義與定位。 3.經由訓練之後，期企能使其符合創新方案及能正確地就其流程所需之任務而發揮創新的加速效果。
七　持續性創新以形成創新循環迴路	1.創新活動須形成企業內部的創新循環迴路，也就是要發展一個接一個的創新方案，並要能持續地進行。 2.創新到底在本流程的哪一個步驟啟動創新引擎，則要看當時的產業與競爭環境及市場與利潤狀況，以決定選擇採取延續性創新或破壞性創新之策略。 3.唯不可否認的創新啟動點也可在既有組織的不同作業流程啟動，如開發產品流程、開發顧客流程、訂單變更流程、顧客服務流程、售後服務流程等。

領導統御：企業接班四棒傳承

資料來源：林婉翎，2007.09.16，台北市：經濟日報

工研院產經中心主任林紫宸提出企業接班的四棒程序：

第一棒　創業領導人

企業經營的第一棒，就是創業領導人，須具有行動力、個人魅力，擁有技術、資源掌控、顧客關係經營能力等專業背景，並透過影響力號召一群夥伴，踏上創業之路。創業初期會遇到許多波折，第一棒的領導人能堅定意志，相信自我理念，並能掌握時機，帶領公司慢慢成長。

第二棒　專業經理人

隨著企業的擴大與成長，整個企業需要建立複雜、強調團隊合作的管理制度，而此時創業領導人可能出現無法有效管理此時的企業營運，所以，企業開始引進專業經理人，接下企業經營的第二棒。外聘專業經理人和擁有所有權的業主，彼此的互動建立在互信的基礎上。業主賦予經理人權限，透過管理功能、規模競爭、資源整合、制度化流程，擴大企業規模。

第三棒　叛逆經理人

但經營管理制度化會使作業流於形式化，部門動作也愈無效率。此時就要有人來推動變革管理，打破組織慣性及既有制度，重新塑造組織特性。走到第三階段的企業，已具全球性企業之規模，此時，更要利用全球資源，創造特殊的價值，組合為核心競爭力，創造無人可比的競爭優勢。

第四棒　全球化經理人

這有賴企業內部人員的大換血，第四棒領導人也要跟著全球化，而拓展海外據點，人脈是最厲害的武器，運用當地的資金、人力、經營團隊，讓全球化等於在地化，即使在地人也無法分辨這家企業來自何處。

Smart Innovation 14-2

U 化的創新生活，U 化數位生活

資料來源：2006.12.03, G5 Capital Management, Ltd.

「Ubiquitous」象徵無所不在的概念，意思是藉由各種資訊產品與網路，實現資訊無所不在的理想世界。結合 RFID（Radio Frequency Identification）技術，未來網際網路除了無所不在外，更可隱藏在任何地方。

無線網路的出現後即開始慢慢地改變人們的生活習慣，每個人都可隨手帶著筆記型電腦任意遨遊網路世界；手拿 3C 產品即可從每個角落得到想要的資訊，這種 U 化生活型態正是目前世界各國所在積極推行的。

U-Home 為消費者提供的是一種全新的無所不在的數位生活方式。利用最新的短距離無線通訊技術、智慧設備管理技術、多媒體處理技術，將傳統的家電、PC、手機等家用產品升級為網路家電產品，並構成一個連接家庭內部全部設備的家庭網路。隨時隨地利用 U-Home 的「家庭成員」（手機、電腦、電視等）對家裡的一切實施監控，並實現資訊共用與溝通。

出門在外時，我們可透過手機和網路隨時了解家裡每一角落的變化；在下班的路上就開啟家裡的空調，提前準備一個涼爽的環境；隨時觀察家中需要照顧的老人和孩子是否安全；如果有非正常的門窗開啟，手機會及時通知，在實現 U-Home 的環境，一切將盡在主人掌握中。

U-Home 也為家電服務帶來了革命性的變化。所有零件都進入了資料庫，透過家電內部的晶片模組和軟體控制，當某個零件出現故障或需要更換的時候，不用撥打服務電話，零件可自動發回指令給控制中心，若是一些簡單的升級程式，控制中心一端的工作人員輕點滑鼠就可維修完畢。

RFID 技術的運用範圍可更廣泛結合數位家庭、網際網路、無線網路及設備，發展出遠距照護、安全監控、數位娛樂、車輛導航、電子貨櫃、醫療廢棄物追蹤、機場行李通關等新的整合科技運用，創造無限商機。經由 e 化服務，建構台灣成為一個安全便利的安心社會，達成 2010 年高速寬頻網路與匯流涵蓋率達 90% 的目標，使台灣成為世界 U 化的先進。

（http://www.newfinancialworld. com/news. php? id=282）

Chapter **15**
傳遞創新理念　促進永續發展

不管你高不高興，破壞性創新已不斷地出現在各個產業裡，現在你只有積極地找出
破壞性創新機會，並加以判斷出何者較有成功的機會。

同時你須站在顧客的立場加以商業化，及如同呵護孩子般予以呵護與培育這個新事
業，使事業能永續經營與持續成長下去。

　　北歐四國（丹麥、瑞典、挪威、芬蘭）在1980年代起努力追求創新，且能在短短的二十年就能從以往相較於歐洲大陸與美國日本來說的沒沒無聞與發展落後的國家，一躍而成二十一世紀初最具有創新力與競爭優勢的地區。據WEF指標：「芬蘭連續兩年排名第一，瑞典第二。」而挪威2003年在全球個人平均所得高居第一名，由北歐四國在創新方面的投資與運作機制，可給予我們相當的提示，那就是創新不是一時性的，更不是追求時髦的，而是要有持續性與能傳承的運作，才能真正享受到創新的成果與價值。

第一節　從創業者到繼承者均要積極破壞創新

　　企業領導者與各事業部門主管，無不努力在找尋可創新泉源，期待能取得其企業的永續經營與持續發展契機。然而，如何將已認知的創新精神、已奠立的創新文化、已建構的創新流程與營運模式持續地傳遞下去，不論是創業者或其繼承者在其企業成長遇到瓶頸時，均能善於運用這股創新的力量，以御風而行，持續維持事業成長的機會，是須面對的課題。

一、創業者應選擇在什麼時候傳承？

　　依據Larry E. Greiner（*1972*）的研究：「企業隨著成長而增加其年輪的同時，大致上會經歷五個階段的轉捩點，而企業在各階段的經營者須要克服各階段的瓶頸，並於轉型後，持續地向前發展。」Greiner的五階段（如圖15-1所示），分為：依創業者構想而產生的成長、引進經營管理專家後所產生的成長、採行事業部制度所產生的成長、企業內部設置協調性機構所產生的成長，及協同作戰——採行矩陣組織所產生的成果等五個階段。而在各個階段中均會產生某些危機，各階段危機分為：因一人專制獨裁所造成的危機、因權責委付造成混亂的危機、因分權所造成的派方主義危機、官僚形式主義與僵化規則之危機，及迄至Greiner發文為止尚未明確的危機。

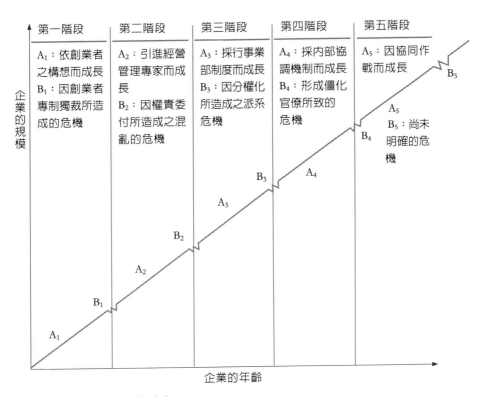

第一階段

A₁：依創業者
之構想而成長
B₁：因創業者
專制獨裁所造
成的危機

第二階段

A₂：引進經營
管理專家而成
長
B₂：因權責委
付所造成之混
亂的危機

第三階段

A₃：採行事業
部制度而成長
B₃：因分權化
所造成之派系
危機

第四階段

A₄：採內部協
調機制而成長
B₄：形成僵化
官僚所致的
危機

第五階段

A₅：因協同作
戰而成長
　　　　B₅

A₅
B₅：尚未
明確的危
機

$企業的規模$

B_4

A_4

B_3

A_3

B_2

A_2

B_1

A_1

企業的年齡

註：──表示企業的成長階段（A）
　　〰〰 表示企業發生改變／轉型／創新階段（B）

⊕ 圖 15-1　企業成長五階段及其危機

資料來源：松下幸之助，路易士‧龍伯格著（1985），葛東萊譯（1985），《卓越企業家談卓
　　　　　越經營》。台北市：中華企業管理發展中心，P. 61。

　　企業每發展到一個階段，也就是當其克服了前一階段的危機後，只要該企
業不要發生過於嚴重的市場萎縮、顧客流失、財務赤字或內部分崩離析，大致
每一個階段應維持4〜8年的持續成長。創業者隨著年齡的增長與生活品質的要
求，勢必會在其企業的某個階段傳承給繼承者。然而創業者到底應在哪一個階
段引退最為適當？

　　企業組織均會歷經五個階段與五個轉捩點，在歷經這五個階段的任何一個
階段及各階段轉捩點中，我們並沒有辦法提供一個確切時點建議創業者傳承或
交接經營權，因為當創業者能讓其企業持續成長，同時其年齡及身體均不錯，
能在任一個點將危機一一克服，使其企業永續發展，那麼也就沒有理由要求創
業者交棒；當然，事涉企業經營權爭鬥或法規規定（如：持股率不足、違反民

刑事法令）則又另當別論。然而我們在此提出幾個看法，作爲創業者是否傳承、交棒之參考（如表 15-1 所示）。

⚶表 15-1　創業者交棒時期的建議

階段別	建 議 事 項 簡 述
第一階段	此階段正是創業者為其企業描繪企業與員工的共同願景在努力發展以朝向創業目標前進的時段，員工大多相當依賴創業者的信心與企圖心，若此階段的轉捩點即進行傳承交棒，則會在內部發生士氣渙散及外部企業形象低落之現象，所以在這個階段不宜進行傳承交棒，但若市值成長快速時，創業者宜進行各業務的職位授權，委由各業務承辦人處理有關事業之管理工作。
第二階段	在這個階段剛剛引進組織管理機制，對於各項管理系統、作業程序與作業標準、部門經費預算等機制正在萌芽發展，創業者不宜將其經營權傳承交棒，乃因為大部分員工或許已接受委派的新經營者，但仍會因對創業者的信賴感頓失而產生焦躁不安，所以在此階段的轉捩點仍應由創業者引領可能接棒的新經營者，帶領大家全力以赴。
第三階段	在這個階段的轉捩點創業者就可放心地傳承交棒了，因為在這個階段各部門已能開始自我管理及各部門間的協調合作。然而在此時企業已建立了分權與授權機制，此時需要有綜合性與卓越的經營者來統籌整個企業管理機制之運作，以彌補創業者的創造力與創新力之缺乏激勵獎賞與養成教育方面之不足。此時若各部門沒有充分配合時，整個企業就沒有辦法讓創造與創新力和分權化的企業經營績效發生相乘的效應，就需要另找具有整體性想法與創新理念的繼承人接棒了。
第四階段	在這個階段由於權責委付與組織分化的結果，在企業經營管理機制中，經營者須擁有的統籌與協調機制之能力，因為在此階段企業會增加新的職種與人員以為進行企劃、分析、預算、稽核與管制等作業。這時不應讓官僚主義蔓延起來，也不宜讓所謂的規定或作業規範窒息了企業的創新性、創意性與積極性，然而在這個階段，官僚主義卻會一而再、再而三地重複發生，這時候經營者要申明重視成果的決心，而不要一些什麼手續來拉扯創新力的發揮，所以經營者最好能親自或委派專責人負查驗官僚主義有否伺機而成之危機。 （這個階段在以往是創業者傳承交棒的時候，唯目前應提早到第二階段即予進行，當然此時創業者仍在位時也是可喜的，但問題就會一大堆且不停地發生。）

第五階段	在這個階段經營者的責任相當沉重，因為組織分工、事業部成立及全球化企業的形成，對於以往的組織經營模式已到非改不可的時期，所以在此階段企業反而是要回到創業初期的主動、積極、創新與創造的氣氛。這個時期充滿著挑戰與競爭，經營者須秉持著創業與創新的精神來經營這個企業組織，同時要尊重專業，對於創業者與前任經營者須謙虛以對，但對於企業的管理典範、作業程序、商品須抱著質疑的態度，追求創新永續發展機會。

二、積極尋找破壞性創新機會

　　創新的能力到底有多大？就拿美國知名信用卡公司 Capital One 來看，該公司在 1999～2001 年這三年的時間，就因創新而使持卡人數成長了 43%，在 2001 年更創下持卡人數 4,380 萬人次，收益達 64,200 萬美元。Capital One 公司採取了兩大策略來創新其事業經營，即：資訊基礎策略與鬆散的組織環境。資訊基礎策略是 Capital One 獨立開發的資訊管理方法，其方法是在專門進行資訊蒐集與分析之後，再設計發展為大量多元具有潛力的商品，並推出市場進行測試，遇有困擾時即予縮小測試之專案規模，直到找出有效的解決方案再大規模推出上市（如：該公司的信用卡在線上核可程序即因遇到詐騙事件，就縮小測試規模，並持續測試兩年，待該公司已學習到偵測不合格信用卡申請人及建立防偽系統之後，才大量推出上市）。

　　另外，Capital One 為激勵創新，打破層層官僚體制，改為鬆散的管理架構，由各區域分行依據當地資訊找出符合該地區的營運模式，同時允許員工犯錯，但處事方法須符合該公司的處事原則者，其目的在於尋求錯誤中學習，及強化該公司「冒險與失敗是可容忍」的企業文化（如：該公司的催收員認為「熱忱對待顧客的方法，不在於有效催收帳款，而是有效建立信用與忠誠，因而踰越權限核貸其顧客七百美元的信貸」，使該公司修改不合宜的政策，並授權員工只要認為是對的事，就可打破公司的既有規範）。這兩個創新的策略就這樣地讓 Capital One 公司的業務績效大幅成長，雖然創新與風險間不易取得平衡，但不可否認，企業要想永續經營，若不冒險創新，就不會有轉型／改變的機會。

㈠在公司內部推動創新事業的觀念

對於一個追求破壞性創新的企業來說，雖然創新與風險是相鄰的，但企業

不追求創新則無法使其企業產生變革／轉型，所以企業為能跳脫企業生命週期中的衰退與退出的宿命，就須進行事業概念的創新。Thomas Davenport（*2003*）提出一個事實：「沒有不正確的事業概念，只有不正確的選擇，及不適當的應用與執行。」

　　創新事業概念大多具有如下特質與目標：(1)提高事業經營管理績效；(2)提高市場占有率、顧客占有率、市場價值、營收、利益等價值；(3)提升創新價值，如：新事業、新管理典範、新作業程序、新市場、新顧客等。所以，正如Davenport的沒有不正確事業概念，創新事業概念要想在企業內順利推動，關鍵在於該企業須有卓越的創新實踐者，而這個創新的實踐者應能：(1)鑑別與篩選出適合的創新事業概念；(2)傳遞給組織內部的全體員工了解；(3)利用溝通與說服的技巧取得全體員工的支持與認同；(4)籌組創新團隊，加以訓練及授權團隊成員進行創新活動；(5)鑑別與選擇創意與創新構想，並管理創新專案；(6)和利益關係人溝通以取得顧客的參與意願，以加速創新事業概念的商業化；(7)盤點、稽核與評估其創新事業概念之實踐過程中的任何一個階段，遇有障礙或問題能協助排除。

　　一般來說，企業領導人或CEO不一定是創新事實概念的實踐者，但不管如何，均應朝以下幾個方向加以配合，否則這位創新事業概念的實踐者不如離開，要不然這個企業領導人或CEO就應傳承交棒：(1)確實予以創新事業概念實踐者充分授權，同時維護該實踐者的尊重；(2)對該實踐者給予一套激勵獎賞的制度、合宜的資源預算及在預算額度內的自由調度權利；(3)提出創新事業概念的策略與建立創新的企業文化；(4)隨時和創新事業概念的實踐者共同探討有關的創意與創新概念，使實踐者的創新事業概念能與企業的願景與方針目標相符合；(5)協助實踐者編組創新團隊，並協助訓練團隊成員；(6)輔導實踐者向其他事業部、部門主管推銷與傳遞創新事業概念，以取得企業內部的全員共識；(7)向全體員工發出創新事業概念之重要性、必需性與價值性之訊號（如：文字、語言、行動），使全員動員起來，以確保創新事業概念的開發、試製、試銷與正式上市得以正常運作。

(二)積極尋找破壞性創新的機會

　　反向思考及挑戰假設，是現在與未來的企業領導人與策略創新者須具備有的反向思維，因為「Why Not?」是挑戰既有的事實，既有的典範或程序，既存的問題與危機，也是創新與創意的動力源頭。Why Not就是「為何不……就……」

意思，如：當你看到新聞報導說某位小姐因為深夜老是接到撥錯電話號碼的傳真，甚至一個晚有十次以上的情形，因而導致該名小姐失眠，甚而得了電話鈴聲恐懼症時，你或許會想為什麼電信公司不加裝深夜時段之攔截服務（或許進一步思考，若加裝這種服務時會將客戶的緊急電話也攔掉了）？或是為什麼沒有一個天才發明來電若是傳真時就能攔截的設備？

在日常生活中有許多的「Why Not?」可是一般而言，往往在「Why Not?」之後就回歸正常，因為大多數的人均習慣正向思考。而只有所謂的天才、發明家或是創新者才會反向思考問題。但創新卻是現在企業須投資的方向，不創新就根本不會有成長與多元發展的機會，甚至只有枯等被判死刑的份，所以現代的企業人與社會人只有追求創新，而要追求創新就應養成「Why Not?」的反向思考模式，因為這個反向思維體現了人類與企業追求生存、永續發展的價值。

至於要怎麼養成創意點子與創新構想的催生與推展能力？就應學習如下方向的培養與訓練：(1)遇到問題（如：顧客抱怨或不滿你的商品、作業程序時）你須跳脫以往在 Q、C、D、S、R（指：品質、售價、交運或服務之速度、服務方式、回應速度）等方面，找解答的思維，若改為查證顧客之使用方法、發掘顧客到底要什麼等假設性的思維，甚至可能的顧客會怎麼樣之思維來發掘解決問題的創意與創新方案；(2)觀察市場了解市場的真正需求，感受與體驗一下你的利益關係人的不滿意與痛苦，以發掘出解決問題的創意與創新方案；(3)對於會讓現有的競爭者感興趣的市場為目標的創意與創新方案說「No」，退回重新請他們再研究，一直到找出不為現有競爭者看上眼或會主動拋棄的破壞性創新的機會方停下來，而重要的是就此展開創新方案的執行；(4)對於某些尚未發生問題不表示不會在不久的未來發生問題，而是要思考現有的競爭者或非產業內的企業的創新方案是否可應用到本身的其他用途之上（如：飛機上的黑盒子資料為什麼不與地面塔台連線？省得萬一飛機失事時還要大費周章找黑盒子；為什麼交通警察一定要到路旁臨檢做酒測？何不將每部車均安裝自動檢測其駕駛人是否喝酒開車的裝置，而若超過標準就自動斷電不讓駕駛開車；(5)若把事情倒過來看，也許你就能找出一條進行破壞性創新的機會，而不必與競爭者仍在原領域血拼。

管理創新創造競爭優勢

管理的創新，並非所有管理的創新都能創造競爭優勢。有些管理面創新的效果是逐漸顯現的，管理的創新與其他種類創新一樣，都遵循著冪次（乘方）法則（Power Law），每數十個較無價值與影響力的創意中，才會出現一個真正革命性改變管理實務的創意。但我們不能因此而不去創新，創新是一個數字的遊戲，嘗試的次數愈多，成功的機率就愈高。【中華民國區域產業經濟振興協會：洪西國】

第二節　如何有效管理與培育破壞性創新事業

　　企業大多會了解到其破壞性創新事業占用了相當多的資源，而在實務裡常常會發現，若把這些資源轉移一定比例到其他領域，其效益可能更有價值，但身為企業領導人、CEO 與策略創新者，卻不得不在創新成長的專案上投資，因為沒有進行創新的企業絕對是錯誤的。但在投資創新成長事業的認知裡，企業領導者、CEO 與策略創新者就須在未來不確定的環境中做出抉擇，以確認到底要推動哪些創新成長事業的專案，而哪些專案則應喊停？

　　創新事業或商品一旦上市成功，且在市場中占有一席之地，唯因如果不能強化管理以維持創新事業之競爭力，以致在競爭者的急起直追下，顧客漸漸遠離而去，因而其成功之後卻後繼乏力而無法開發出更符合市場需求的商品，以致黯然退出市場。所以，企業領導者與CEO、策略管理者須破壞性地創新事業，使其與現有事業的成長齊頭並進。發展培育創新事業成功方程式，有效管理與培育。

一、破壞性創新事業的有效管理

　　企業要確實盤點目前正在規劃的與已付諸實施的各種破壞性創新事業的機會或專案，哪些專案是有效益的？哪些是沒有效益的？哪些互相矛盾的？因為企業的資源有其限制性、成長專案又有其不確定性，所以企業領導人、CEO 與策略創新者須要整合所有正在進行的創新事業專案，促使整個企業行動一致，否則就會影響到該企業組織的創新與成長能力。

　　事實上，專案組合並不代表都良好，也會產生如下的錯誤：(1)企業為達成專案目標所做的投資與其破壞性創新策略沒有直接關聯，也就是目標與策略的搭配有困難，有可能將創新目標定位錯誤；(2)忘了創新須站在市場的立場來進行策略規劃，以利構築創新方案，而是仍站在企業的立場來規劃創新方案；(3)疏忽了未來的不確定性，而對自己的預測卻堅信不移，以致未將未來多變的要素納入考量；(4)創新事業方案是為了滿足顧客需求及解決顧客的問題，而不是趕在顧客需求發生之前即創新與設計出未來型的事業或商品；(5)創新事業方案也是要因時因地制宜而富有彈性的，因環境變化而立即予以修正調整，不是擇善固執與堅持不變，直到最後不得不宣告失敗才肯修正調整，然而到了那個時候已無再修正調整的必要了。

　　至於要怎麼樣才能有效管理破壞性創新事業，Cathy Benka 與 Warren McFarlan（*2004*）指出了三大原則：

㈠建立適應不確定的特質

　　有證據顯示目前的預測技術與工具在實際運用上，永遠趕不上時代的快速變化與競爭環境的激烈程度，所以與其將心力放在未來不確定的預測上，不如轉移到為企業塑造出創新的文化及企業與員工的創新能力，以適應充滿不確定特質的未來，反而更輕易地成功，達到企業的創新目標與策略。

　　至於要如何建立適應不確定的特質，以作為建立該企業的策略基礎？Cathy Benka 與 Warren McFarlan 的看法是：(1)積極建立供應鏈與需求鏈連結的價值鏈，則可降低成本、縮短流程時間、增強彈性與提高創新成效；(2)站在顧客、供應商與外部利益關係人的立場與需求，定期評估商品及營運模式，尋求滿足他們的要求，擴大顧客占有率；(3)動作靈敏，高協調能力，並能依不同於商品週期較長的方法來進行專案組合策略的執行，以因應市場的迅速變動及回應快速變

遷的市場需要；(4)發展高效率的內部營運與促進企業內部各單位合作的管理系統，建立事業組合之激勵獎賞制度，以促進事業經營團隊與創新專案團隊間，高效率與和諧合作的內部營運關係。

㈡勾勒出專案組合的評估面向並加以審視

創立成長事業專案組合，大致有幾個面向需要企業加以審視的：(1)顧客價值的評估與審視重點在於商品的定義與定位、既有顧客需求的變化趨勢、潛在顧客的需求與期望、競爭對手策略方向及行銷推銷手法的修正、潛在競爭者的影響力與可能策略等方面；(2)內部營運的評估與審視重點乃在於企業的各個管理系統的營運狀況與績效，如：人力資源管理與組織經營績效、品質與生產／服務作業管理績效、創新研發與設計開發作業績效、財務資金管理績效等方面；(3)供應商的評估與審視重點在於供應商與企業間的合作關係管理，確保能及時如質如數供應企業的需求，以滿足顧客的需求及因應快速變化的市場；(4)利益關係人的評估與審視重點在於了解企業的成長專案組合之投資，對於企業的外部利益關係人及內部利益關係人的影響情形。

㈢發展出專注發展特定能力之個別專案，而不是一味求大

企業為能進行有效的破壞性創新事業之專業組合管理，是不應自認為本身的創新投資實力雄厚，而一味地推動大型的專案，以致在變化激烈與要求快速反應的產業競爭環境裡，發生難於計畫時程中予以順利推展的困境。因而有必要將大型的專案予以分解為數個小型專案，在追求每一個專案之推動時得於聚焦，進而發展出特定之創新成長事業能力，為企業帶來可觀的利益。

在將大型專案分解為小型專案時，宜注意：(1)並不是將大型專案發展階段予以區分專案就可實現，而是在推動之前即予以分解為數個小型專案；(2)分解為數個小型專案之後，經營管理階層應審視評估各個小型專案，以決定是按計畫推動？或修正發展方向後再推動？或暫停某專案的推動？或逕予停止推動？或採取業務外包方式委外代為推動？(3)企業的經營管理階層也應認知到並不是每一個大型專案均可予以分解為數個小專案，如：進行外部技術移轉授權時，即應涵蓋技術授權之價值、移轉方式與內容、後續問題處理、糾紛處理等方面應一併進行，而不宜分成幾個專案來進行的，因為若如此進行時很容易衍生無法配合之困擾；(4)在分解為數個小型專案時，須要將其策略意圖與策略目標對企業員工予以明確地傳遞與宣傳，以取得員工的了解與認知；(5)在分解專案組

合時，應事前即予描繪好策略地圖，以指引全體員工的發展與執行方向，方不至於發生因拼湊而抵銷專案組合的效果。

二、培育破壞性創新事業的經營策略

　　培育一個成長的創新事業之目的在於追求企業的永續經營，以適應競爭環境的激烈衝擊。然而，當新創事業成立之後，應要如何將企業的現有資源與優勢予以整合，以為維護新創事業的持續成長，確保永續經營與發展，則是企業組織領導人、CEO與策略創新者須正視的課題。

　　企業在進行破壞性創新事業之初，即應擬定其創新事業的經營策略，以為在創新事業正式上市及運作時的依循；同時為利於整合既有事業與新創事業間的關係，勢必要及早規劃維持、呵護與培育之策略。一般來說，企業領導人、CEO與策略創新者對新事業之培育的經營策略約有如下四種：

㈠將新事業獨立為衍生事業的經營策略

　　企業在進行新創事業之經營發展初期，最易管理的一種策略是將新創事業當作衍生企業予以獨立經營。這不但不會受到既有的企業文化與官僚組織的影響，其回應的速度也相當快，且其彈性與集中事業經營的力量也是既有的企業難於匹配。所以，在現有的組織外，另行成立一個高度自主的新事業部或新公司，對於創新事業來說，可快速回應產業競爭環境之變動，迅速做出有利於新事業發展的決策，免於在既有企業之官僚組織中歷經層級機制之協調。對於既有的企業來說，也可免於各層級主管因為對此新事業之陌生而產生不知如何去進行溝通、協調與說服之難題，以致降低其決策能力與執行績效。

　　但獨立的自主事業因其獨立於既有的企業外，以致新創事業的經營管理不易引用既有事業已建構妥善的資源（如：資金挹注、品牌與企業形象的搭配與使用、管理經驗與技術、金融保險與行政租稅金融及勞工主管機關的公眾關係、員工交流等），雖然這些資源仍可向既有企業取得，只是尚須經由溝通與協調管道方能達成。但卻有某些資源，不易以槓桿方式運用既有事業的資源（如：生產設備、行銷企劃活動、生產作業與品質管理活動、產品設計開發作業及市場行銷與推銷等），以致新創事業的綜效無法顯現，不但新創事業不易由既有的事業中學習與成長、轉型與擴充經營規模之經驗，同時既有的事業也不易由新創事業中學習創業經驗。

(二)先將新事業獨立為衍生事業之後再與原事業整合的經營策略

這就是一般所謂的先分後合法（The Separated-Integrated Approach），即為將新創事業先另行獨立經營一段時間後，再和原事業體整合之策略。這個策略在理論上是可行的，唯在實際運作上卻是不易順利進行，主要原因在於新創事業的發展初期即已確立先分後合的策略原則，以致新創事業的組織架構、作業程序與管理規則在新事業發展過程中，須處處考量與原有組織的相容性與交流互動性。所以，在新創事業的經營管理模式以不要輕易自創另一套新的方法或模式為指導原則（除非市場競爭環境所傳遞出來的訊息是需要另創一套的方法與模式，否則，是不宜將新事業的經營管理模式跳出原有事業的框架與限制）。

然而，若是對於一個既有企業的領導人、CEO 與經營理念不喜歡在企業內部創新事業，則可採取先分後合的策略。因為既有企業的經營管理階層對於新創事業的成效有所質疑，或者欠缺內部創業的意願與動力，當然會不輕易冒險嘗試將新創業一開始即列在既有組織中，此時先將其獨立為自主經營的衍生事業，自然是頗為合宜的策略。只是在執行這個策略時，既有企業領導人、CEO 與策略創新者應時常針對新創事業的經營管理機制做查驗及異常矯正預防，並建構既有企業與新事業間的溝通協調與互動交流之平台，以利日後進行的整合工作。

(三)先將新事業編制在組織內部且持續維持不分離的經營策略

這一個策略模式就是一般所謂的先合不分法（The Integrated-Leader Approach），即是將新創事業歸併在既有事業中，不再分離出去之策略。這個策略可槓桿運用既有企業的現有資源，其成效有可能比獨立的衍生事業來得有效。但要採取此一策略的企業最好能委派專職的新事業主管，以統籌整個新事業的發展與既有各事業各部門的協調、交流等有關業務，同時化解新舊事業間的組織與管理衝突。

這個經營策略可能會為企業帶來風險，這些風險包括有：新舊事業間的創意與既而慣性會產生的衝突，及新事業的發展腳步需要在既有框架與限制中進行，以致會受到既而事業的牽扯而發生無法快速成長與發展等風險。所以說，採用此策略的企業領導人與CEO須扮演好，如何進行新舊事業主管間的構通任務，好讓新舊事業主管能互為了解組織經營與事業經營發展情形，而取得互相支持與協助的認知與落實，將可為新事業的發展帶入既有企業組織的綜效中。

㈣新事業構想待情勢明朗再整合經營

這一個策略就是所謂的後合不分說（The Integrated-Follower Approach），即是將創新構想暫予擱置，等待技術發展成熟與競爭情勢明朗化後，再整合於內部的創新經營策略，這個策略頗為適合科技發展具有破壞性且其可行性尚存有不確定性風險的情境。因為在其科技發展尚未成熟之前，企業組織內部有可能存在抗拒創新的力量，同時尚未發展成熟的創新構想不易商業化，若是貿然在創新構想產生之際即成立新創事業（不論在內部或外部成立），很可能會落個無疾而終的結局。所以，採取先擱置等待情勢明朗之後再採取創新事業的行動，較易於取得企業全體同仁的認同與支持，自然在企業內部創立新事業也較能發揮其綜效。

基於上述四種策略的討論，我們應已知道，選擇創新事業的培育策略有其分或合的策略考量，因為企業有了創新事業構想時，其對未來該新創事業的風險如何？及應給予的事業定位、市場定義與再定位存在有諸多的不確定性，所以企業大多會做不同專案組合的測試。不同的專案各有其利弊，若採取分家式的創新模式較具有經營效率，是因為獨立自主性的新事業經營策略能快速反應、新事業主管較能專注於新事業的經營管理績效，但若是新創事業與原有的企業整合，可使新舊事業互為支援（如：新事業運用企業原有的資源及舊事業與新事業在市場上的相互奧援與服務），則能促進既有企業綜效的有效提升。當然，在發展與培育新創事業的過程中，應有不同程度的修正以符合其創新的目的與市場的期許。

新創事業須在企業競爭環境中為既有企業創造經營的績效，如此才可能使企業永續經營與發展。何況企業競爭具有不會中止的宿命，任何企業之所以投入創新行動，其目的也在於追求企業的永續經營發展，若想在這種馬拉松式的競爭中脫穎而出，就須摒棄短線操作的心態來創新事業，且要將事業創新的眼光放在追求長期的企業競爭力之上，以決策新舊事業到底採取分家？或整合？這是企業領導人、CEO 與策略創新者須進行的策略選擇之挑戰，但不管如何，最重要的是選擇有利於企業長期發展能力與競爭力的角度，以利做出最佳的思考與判斷。

持續永恆創新實現夢想

用對襯的觀念又不是對襯的東西去取代對襯的想法，讓大家思考，去注意日常身邊的創意，觀察是創意的第一步，有足夠的觀察才能支撐出好的創意，要能接受批評及不能被否定的，很多創意都是從天方夜譚的想法交集而成的，否定創意是扼殺掉所有的可能性，所以歡樂中與人互動，更能了解傳播的意義和創意的發展，我們要學會表達，及讓他人能去了解進而接受自己的創意。【薰衣草森林（新社）：辜斐鈴】

Smart Innovation 15-1

企業成功首重信念

資料來源：黃銘良，2006.10.01，台北市：經濟日報

　　管理大師湯姆・彼得斯（Tom Peters）與羅伯特・華特曼（Robert Waterman）針對全美六十二家優質企業，以獲利能力與成長速度為衡量基準，深入訪談的方式，探討其成功因素具有下列八項文化特質：

一、採取行動

　　協助公司具備應變能力，組織應富有彈性並勇於創新不怕失敗。

二、接近顧客

　　對於顧客的重視，遠超過開發技術或降低成本等課題。這些企業認為，顧客的滿意是企業存在的必要條件。

三、自主創業精神

　　即使外在環境不佳，企業仍有卓越的成績。部分可歸因於企業各階層主管能充分授權，極力提倡創業精神。

四、透過人力資源增加生產力

　　公司認為員工是最重要的資產，將員工視為合夥人，給予高度的關心與尊重，視他們為提高生產力的主要來源。

五、建立正確的價值觀

　　企業領導人經由個人的關注、努力不懈的精神，及打入公司最基層的方式，來塑造令員工振奮的工作環境。

六、做內行本分的事

　　傑出企業都不輕易嘗試本身不熟悉的事業，不敢貿然收購性質不同的公

司，因為每家公司都有一套獨特的價值觀，合併成大集團以後，想推行統一的價值觀，非常不易。

七、精簡的組織型態

組織層級的精簡，有助於上下溝通，尤其幕僚人員精簡，有助於減少經理人的官僚作風。

八、寬嚴並濟的作風

共同遵循特定的價值觀，特別強調定期的溝通和迅速的回饋。當組織中所堅持的信條達成共識時，允許員工擁有決定的自主權，讓他們對工作感到較大的滿足感和成就感，企業也會因為員工的工作績效提升而達成目標。

所以，組織要生存、成功，首須擁有一套完整的信念，作為政策和行動的最高準則，如重視完成工作的細節過程，竭心盡力把工作做好；重視員工的差異性；追求優良的品質和服務；認為組織中大部分成員是優秀的，須支持他們工作上的嘗試錯誤與失敗；溝通不拘形式；注重組織發展和利潤分享。有了一套完整的信念後，還須落實於企業營運的每個環節。

處在千變萬化的世界，要迎接挑戰，須自我求變，而唯一不能變的就是信念。換句話說，組織的成功奠基於它的基本哲學、精神和動機，信念的重要性遠超過技術、經濟資源、組織結構、創新和時效。

Smart Innovation *15-2*

培養接班人，董事會責無旁貸

資料來源：官如玉，2007.12.31，台北市：經濟日報

《深化人才庫解決接班危機》〔夏藍（Ram Cha-Ran）：2007〕，指出接班計畫付諸闕如，會讓企業在金融市場的信用掃地，並使股東價值大幅縮水，也會使相關企業陷入焦慮不安，員工人心惶惶，喪失工作動能。

夏藍表示，董事成員每年均應檢討接班計畫兩次，了解誰是接班人選，不只是下任接班人，還包括下下任接棒人。也需要了解這些人選的進步情形，透過正式的說明會、非正式的餐會或高爾夫球賽了解他們。如此，董事成員才能對候選人有超然的看法，而不是完全依賴執行長的觀點。

夏藍分析董事會對於自身最重要的工作掉以輕心之兩大基本因素：

一、董事會並未認真看待接班這件事

夏藍認為不論執行長的年紀、狀況如何，都應關注接班計畫。

二、董事會認為執行長應具備的條件是一成不變的

世界瞬息萬變，執行長也面臨不斷改變的挑戰，董事會應定期檢討、調整執行長必備條件。

夏藍提出建言，董事會如何善盡培養接班人重任：

1. 董事會須親自介入接班計畫的進行，這件事絕對不能授權。
2. 董事成員也應對如何培養計畫接班人提供建言。
3. 最重要的是要適得其所。董事成員須了解執行長職位絕對要具備的條件，及接班人選的經驗及技能，如果兩者不盡相符，就要另覓人選。千萬別認定在其他組織表現耀眼的領導人，也會卓越領導自己的企業。
4. 在引起媒體注目之前就採取行動。須將接班計畫視為一項刻不容緩的課題，須自問：是否有一套非常明確的接班計畫？如果是否定的，就得進一步探討須採取哪些行動，並訂定完成期限。這個重要的任務，千萬不能成立一個委員會來負責，這是每位董事成員責無旁貸的工作。

參考文獻

一、中文部分 (按姓名筆畫序)

1. 方至民 (2003)，《企業競爭優勢》(一版)。台北市：前程企業管理有限公司。

2. 中華民國習慣領域學會 (2004)，《習慣與創新》。新竹市：中華民國習慣領域學會 92 年度會暨第 11 屆論文發表會論文集。

3. 中國生產力中心、豐群基金會 (1992)，《新產品、新事業開發策略》。台北市：新產品新事業開發策略研討會講義。講師：戶真張 (Tobari Makoto)。

4. 行政院經濟建設委員會 (2000)，《知識經濟發展方案》。台北市：行政院經濟建設委員會。

5. 宋文娟、黃振國譯 (2001)，Jack Gido & James P. Clements 著 (1999)，《專案管理》(一版)。台中市：滄海書局。

6. 宋偉航譯 (1996)，F. J. Gouillart & J. N. Kelly (1995)，《企業蛻變》(一版)。台北市：美商麥格羅‧希爾國際 (股) 公司台灣分公司。

7. 台北市企業經理協進會 (2000)，《2001 年企業管理的挑戰與對策研討會論文集》。台北市：台北市企業經理協進會。

8. 江玲娟 (1984)，Terrence E. Deal & Amold A. Kennedy (1984)，《塑造企業文化》(一版)。台北市：經濟與生活出版事業 (股) 公司。

9. 汝明麗譯 (1995)，Stephen George & Amold Weimerskirch 著 (1994)，《全面品質管理》(一版)。台北市：智勝文化公司。

10. 李田樹譯 (2003)，Marco Iansiti, F. Warren McFarlan & George Westermar 著 (2003)，〈培育創新事業的三種方式〉(原載於 Sloan Management Review 2003 年夏季號)。台北市：《EMBA 世界經理文摘》206 期 (2003 年 10 月)，PP. 24～41。

11. 李田樹譯 (2003)，Lotfi Belkhir, Lisa Valikangas & Paul Merlyn 著 (2003)，〈呵護新事業像呵護孩子〉(原載於 Strategy and Leadership 雜誌 2003 年第三期)。台北市：《EMBA 世界經理文摘 206 期》(2003 年 10 月) PP. 42～56。

12. 李田樹譯 (2004)，Cathy Benko & Warren McFarlan 著 (2002)，〈有效管理你的成長專案〉(原載於 Strategy & Leadership 雜誌 2004 年第一期)。台北市：《EMBA 世界經理文摘》215 期 (2004 年 7 月) PP. 78～89。

13. 李田樹譯 (2004)，A. T. Kearney 顧問公司著 (2004)，〈如何建立快速企業〉(原文標題為：Breakaway Speed!)。台北市：《EMBA 世界經理文摘》213 期，(2004 年 5 月) PP. 30～45。

14. 李田樹譯 (2002)，Richard Weddle 著 (2002)，〈創新的一百種方法〉。台北

市：《EMBA 世界經理文摘》185 期（2002 年 11 月）PP. 26～41。

15. 李田樹譯（1999），Leigh P. Donoghue, Jeanne G. Harris & Bruce A. Weitzman 著
（1999），〈創造價值的知識管理策略〉。台北市：《EMBA 世界經理文摘》
157 期（1999 年 9 月），PP. 90～101。

16. 李玉珍（2003），〈創新思維新模式〉（2003 年 3 月 15 日）。台北市：《經濟
日報》，企業經營版。

17. 李弘輝（2003），《知識經濟下領導新思維》（一版）。台北市：聯經出版事
業（股）公司。

18. 李明譯（2003），Larry Bossidy & Ram Charan（2002），《執行力——沒有執行
力那有競爭力》（一版）。台北市：天下遠見出版公司。

19. 李芳齡、李田樹譯（2004），Clayton M. Christensen & Michael E. Rayner 著
（2003），《創新者的解答》（一版）。台北市：天下雜誌（股）公司。

20. 李翠卿（2004），〈用一流觀念做一流公司〉，《遠見》雜誌第 212 期（2004 年
2 月）PP. 88～98。

21. 吳松齡（2002），《國際標準品質管理：理論與實務》（一版）。台中市：滄
海書局。

22. 吳松齡（2003），《休閒產業經營管理》（一版）。台北市：揚智文化事業公司。

23. 吳松齡、陳俊碩、楊金源（2004），《中小企業管理與診斷實務》（一版）。
台北市：揚智文化事業公司。

24. 吳淑華譯（1999），Michael A. Hitt, R. Duance Irelomd & Robert E. Hoskisson
（1997），《策略管理》（二版）。台中市：滄海書局。

25. 吳啟銘（2003 年 8 月 20 日），〈價值導向管理系統〉。台北市：《經濟日報》，
企管經營版。

26. 吳秉恩（2000），《分享式人力資源管理》（一版）。台北市，翰蘆出版公司。

27. 呂英裕（2003 年 9 月 22 日），〈超越競爭的四大價值驅動力〉。台北市：經濟
日報、企管經營版。

28. 巫宗融譯（2001），Carliss Y. Baldwin 等著（1993），《價值鏈管理》（一版）。
台北市：天下遠見出版公司。

29. 邱明正（1981），《提高生產績效及降低成本實務》（一版）。台北市：自行出版。

30. 林北明（2004），〈知識管理的探討〉。台北市：《品質月刊》第 40 卷第 1 期
（2004 年 1 月）PP. 25～26。

31. 林富元（2004 年 4 月 14 日），〈創造價值脫穎而出〉。台北市：《經濟日報》，
企管經營版。

32. 胡瑋珊譯（1999），F. H. Davenport & L. Prusak（1999），《知識管理》（一
版）。台北縣：中國生產力中心。

33. 周文賢、柯國慶著（1994），《工程專案管理》（一版）。台北市：華泰文化事業公司。

34. 洪裕翔譯（2001），Michael Hiltzik（1999），《創新未酬》（一版）。台北市：天下遠見出版公司。

35. 張玉文、林佳蓉、朱博湧等（2000），〈封面故事二：企業更新成長理論架構——創業精神讓企業生生不息〉，《遠見》雜誌第 166 期（2000 年 4 月），PP. 138～166。

36. 張戌誼等著（2003），《通路創新革命》（一版）。台北市：天下雜誌（股）公司。

37. 唐錦超譯（2003），Richard Foster & Sarah Kaplan 著（2001），《創造性破壞》（一版）。台北市：遠流出版事業公司。

38. 黃文博（2000），《關於創意我有意見》（一版）。台北市：天下遠見出版公司。

39. 黃佳瑜譯（2003），Richard Koch 著（2002），《80/20 個人革命》。台北市：大塊文化出版公司。

40. 黃營杉譯（1999），Charles W. L. Hill & Gareth R. Jones 著（1999），《策略管理》（四版）。台北市：華泰文化事業公司。

41. 陳文隆譯（1997），〈全面追求創新共同產生價值〉，《品質》月刊第 33 卷第 10 期（1997 年 10 月），PP. 22～24。

42. 陳永甡（2001），〈知識管理去探討〉，《品質》月刊第 37 卷第 8 期，PP. 29～33。

43. 陳正平等譯（2004），Robert S. Kaplan & David P. Norton 著（2003），《策略地圖》。台北市：臉譜出版公司。

44. 陳雨生（1994），〈新產品新事業的機會探索〉，《科技研發管理新知交流通訊》第 9 期（1994 年 6 月），PP. 69～84。

45. 陳志安（1994），〈新產品、新事業開發企劃方法〉，《科技研發管理新知交流通訊》第 9 期（1994 年 6 月），PP. 32～41。

46. 陳美純（2002），《智慧資本——理論與實務》（一版）。台中市：滄海書局。

47. 陳耀茂譯（2002），神田範明著（1995），《商品企劃與開發之商品企劃工具集》（一版）。台北市：華泰文化專業公司。

48. 莊素玉等著（2000），《創新管理——探索台灣企業的創新個案》。台北市：天下遠見出版公司。

49. 莊淇銘（2003），《啟創意動商機》。台北市：宏氣國際出版公司。

50. 張明正、陳怡蓁（2000），《@趨勢：全球第一 Internet 防毒企業傳奇》（一版）。台北市：天下遠見出版公司。

51. 張萬權等譯（1999），David Frigstad（1996），《競爭工程》（一版）。台北市，IT IS 專案辦公室。

52. 孫秀惠採訪（2003），〈專訪美商惠悅亞洲區總裁李秋里：下一個企業決勝關

鍵——人力資源〉，《遠見》雜誌第 807 期（2003 年 5 月），PP.68～72。

53. 孫秀惠（2003），〈「杜拉克談未來管理」精華書摘二：企業與個人有系統的創新與學習〉，《商業周刊》第 820 期（2003 年 8 月 11 日），PP.82～86。

54. 許癸鑾、戴瑛慧、黃靖萱（2003），〈中小企業贏家的面貌與成功條件〉。台北市：《天下雜誌》2003 年 8 月份中小企業制勝 DNA 特刊。

55. 尉騰蛟譯（1985），Charles J. Margerison 著（不詳），《管理問題的解決方法》。台北市：中華企業管理發展中心。

56. 梁曙娟譯（2003），Seth Godin（2002），《紫牛》（二版）。台北市：商智文化事業公司。

57. 湯明哲、朱博湧（1999），〈封面故事三：典範轉移理論架構〉，《遠見》雜誌第 160 期（1999 年 10 月），PP. 190～222。

58. 湯明哲、朱博湧（1999），〈封面故事二：創新理論架構〉，《遠見》雜誌第 158 期（1999 年 8 月），PP. 118～184。

59. 游伯龍（1998），《HD：習慣領域——IQ 和 EQ 沒談的人性軟體》（一版）。台北市：時報出版文化公司。

60. 游伯龍（1987），《行為的新境界》。台北市：聯經出版社。

61. 葉亭妤（2003 年 11 月 8 日），《推動知識管理以人為本》。台北市：經濟日報，企管經營版。

62. 楊仁奇（1994），〈國內產業之新產品新事業面臨課題及解決之道〉，《科技研發管理新知交流通訊》第 9 期（1994 年 6 月），PP. 14～26。

63. 楊和炳（2004），〈知識文件管理〉，《品質》月刊第 40 卷第 2 期（2004 年 2 月），PP. 64～65。

64. 樂為良譯（1999），Bill Gates（不詳），《數位神經系統》。台北市：商周出版公司。

65. 楊榮傑（2003 年 11 月 8 日），〈顧客關係管理與知識管理整合運用〉。台北市：《經濟日報》，企管經營版。

66. 楊榮傑（2003 年 5 月 3 日），〈推動知識管理奉行六大準則〉。台北市：《經濟日報》，企管經營版。

67. 楊潤光譯（1994），Lionel Edwin Stebbing（1989），《品質保證》（一版）。台北市：中國生產力中心。

68. 詹宏志（1998），《創意人——創意思考的自我訓練》（一版）。台北市：臉譜出版社。

69. 葛東萊譯（1985），松下幸之助、路易士·龍伯格著（1985），《卓越企業家談卓越經營》（一版）。台北市：中華企業管理發展中心。

70. 潘東傑譯（2002），John P. Kotter & Dan S. Cohen 著（2002），《引爆變革之

心》（一版）。台北市：天下遠見出版公司。

71. 廖志德（1994），〈NBP——創新時代的贏家〉，《科技研發管理新知交流通訊》第 9 期（1994 年 6 月），PP. 64～65。

72. 戴至中譯（2002），Stephen M. Shapiro 著（2002），《24/7 創新》（一版）。台北市：美商 McGraw-Hill 國際公司台灣分公司。

73. 劉典嚴（2004），〈培養具知識基礎的顧客關係〉，《品質》月刊第 40 卷第 1 期（2004 年 1 月），PP. 27～30。

74. 劉原超主編（2004），《創業管理理論與實務》（一版）。台北市：滄海書局。

75. 劉真如譯（1998），Adrian Slywotzky 著（1996），《成功由轉型開始》（一版）。台北市：智庫（股）公司。

76. 謝財源（1997），〈突破創新及價值〉，《品質》月刊第 33 卷第 10 期（1997 年 10 月），PP. 16～19。

77. 蕭富峰、李田樹譯（1998），Peter F. Drucker 著（不詳），《創新與創業精神：管理大師談創新實務與策略》（一版）。台北市：麥田出版公司。

78. 韓劍威（2004），〈融入顧客目標與需求的知識管理〉，《品質》月刊第 40 卷第 1 期（2004 年 1 月），PP. 31～34。

79. 應小端譯（2002），W. Chan Kim 等著（2001），《創新》（一版）。台北市：天下遠見出版公司。

80. 經濟部科技顧問室（1989），《研究發展管理手冊》。台北市：中國生產力中心。

81. 經濟部中小企業處編印（2003），《創業教戰手冊總則篇——全民創業時代的好幫手》（一版）。台北市：經濟部中小企業處。

82. 顏淑馨譯（1996），Gray Hamel & C. K. Prohalad 著（1994），《競爭大未來》（二版）。台北市：智庫（股）公司。

83. 譚家瑜譯（1995），P. Ranganath Ngayak & John M. Ketteringham（不詳），《創意成真一十四種成功商品的故事》（一版）。台北市：天下文化公司。

二、英文部分（按英文字母序）

1. Booz, Allen & Hamilton (1982), *New Products Management For the1980s*, New York.

2. Candida G. Brush & Radha Changanti (1999), *Business Without glamour? an analysis of resources on performance by size and age in small service and retail firms*, Journal of Business Venturing.

3. Carol L. Pearson & Sharon Seivert (1995), *Magic at work*, Bantan Doubleday Dell Publishing Group. Inc.

4. Charles Handy (1994), *Making sense of the future-the empty raincoat*, Random House UK Limited.

5. Charles Handy (1994), *The changing worlds of organizations-beyond certainty?* Commonwealth Publishing Co., Ltd.

6. Craig R. Hickman (1993), *The strategy game-An interactive business game where you make or break the company*, McGraw-Hill Inc.

7. Cynthia Hardy & Deborah Dougherty (1997), *Powering product innovation*, European Manayement Joumal.

8. Danah Zohar (1997), *Rewiring the corporate brain: Using the new science to rethink how we structure and lead organization*, Linda Michaels Ltd.

9. Eliyahu M. Goldratt & Jeff Cox (1992), *The goal: A process of ongoing improvement*, Commonwealth Publishing Co., Ltd.

10. Francis J. Gouillart & James N. Kelly (1995), *Transforming the organization*, McGraw-Hill Inc.

11. Frank-Jüogen Richter & Pamela C. M. Mar (2004), *Asia's new crisis-Renewal through total ethical management*, Commonwealth Publishing Co., Ltd.

12. Gary Hamel & C. K. Prahalad (1995), *Competing for the future-breakthrough strategies for seizing control of your industry and creating the markets of tomorrow*, Triumph World International Corp.

13. Gary Hamel (2000), *Leading the Revolution*, Commonwealth Publishing Co., Ltd.

14. Gaynor G. H. (2002), *Innovation by design : What it takes to keep your company on the cutting edge*, AMACOM.New York.

15. Hans-Jŏrga Bullinger, F. Fremerey & J. Fuhrberg-Baumn (1995), *Innovative production structures-precondition for a customer-orientated production management*, International Journal of Production Economics.

16. Henry R. Luce (2001), *The future of leadership: Today's top leadership. thinkers speak to tomorrow's leader*, John Wiley & sons. Inc.

17. Howell J. M. & Higgins C. A. (1990), Champions of technological innovation, *Administrative science quarterly*, 35, PP. 317-341.

18. Ian Morrison & Greg Schmid (1994), *Future tense*, Raphael Segalyn, USA.

19. Jack Gido & James P. Clements (1999), *Successful project management*, South-Western advision of Thomsom Learning, Inc.

20. Joseph G. Morone (1993), *Winning in high-tech markets*, Harvard Business School

Press.

21. Kahneman D. & Tvrersky A. (1983), *Prospect theory: An analysis of decision under risk*, Econometrica 47.

22. Keeney R. & Raiffa H. (1976), *Decision with multiple objective: Preference and value tradeoffs*, Wiley and Sons, New York.

23. Michael D. Mumford (2000), *Managing creative People: Strategies and tactics for innovation*, Human Resource Management Review.

24. Monica Nicou, Christine Ribbing & Eva Ading (1994), *Sell your knowledge: the professional's guide to winning more business*, Kogan Page 〈UK, London〉.

25. OECD (1996), *The knowledge-based economy: Organization for economic co-operation and development*, Paris.

26. Peter F. Drucker (2001), *Breakthrough thinking*, Harvard Business Review.

27. Peter F. Drucker (1993), *Post-capitalist society*, Butterworth-Heinemann Publish Co..

28. Peter F. Drucker (1992), *Managing for the future*, Butterworth-Heinemann Publish Co..

29. Peter Senge, Art Kleiner, Charlotte Roberts, Richard Ross, George Roth & Bryan Smith (1999), *The dance of change: The challenges to sustaining momentum in learning organizations*, Commonwealth Publishing Co., Ltd.

30. Povl A. Hansen & Serin Gŏrana (1999), *Materials and strategies for successful innovation and competition in the metal packaging industry*, Technology in Society.

31. Richard Foster & Sarah Kaplan (2003), *Creative destruction*, Mokinsey & Company.

32. Seth Shulman (1999), *Owning the future*, Linking Publishing Company.

33. Stephen P. Robbins (2000), *Managing Today*! Prentice-Hall International Inc.

34. Thomas H. Davenport Laurence Prusak & James H. Wilson (2003), *What's the big idea: Creating and capitalizing on the best management thinking*, Commonwealth Publishing Co., Ltd.

35. Thomas Power & George Jerjian (2002), *Ecosystem: Living the 12 principles of networked business*, Pearson Education Limited; United Kingdom.

36. Timothy R. A. & Michael S. O. (1999), Emerging competency methods for the future, *Human Resource Management, 38*(3), 215-226.

37. Walter Block (1991), *Defending the undefendable: the pimp; prostitute; scab, slumlord; libeder; moneylender; and other scapegoats in the rogue's gallery of American society*, Eco-Tend Publications; advision of cite' publishing Ltd.

38. William Joyce, Nitin Nohria & Bruce Roberson (2003), *what really works: The*

4+2 formula for sustained business success, Mckiney & Company. Inc., USA.

39. Yu P. L. (1995), *Habitual domains: Freeing yourself from the limits on your life*, Highwater Editions Kausas.

40. Zadeh L. A. (1965), *Fuzzy sets and applications, Information and Contral, Vol 8*, PP.338-353.

41. Zeleny M. (1982), *Multiple criteria decision making*, McGraw, Hill, New York.

國家圖書館出版品預行編目資料

創新管理—精華版／吳松齡 －初版.－臺北市：
五南圖書出版股份有限公司，2009.10
面；　公分.
I S B N: 978-957-11-5420-6（平裝）

1.企業管理

494.1　　　　　　　　　　　　97019641

1FQG
創新管理—精華版

作　　　者 －	吳松齡(65.2)
發 行 人 －	楊榮川
總 經 理 －	楊士清
總 編 輯 －	楊秀麗
主　　　編 －	侯家嵐
責任編輯 －	吳靜芳、唐坤慧
封面設計 －	盧盈良
出 版 者 －	五南圖書出版股份有限公司

地　　　址：106 台北市大安區和平東路二段 339 號 4 樓

電　　　話：(02)2705-5066　傳　　　真：(02)2706-6100

網　　　址：https://www.wunan.com.tw

電子郵件：wunan@wunan.com.tw

劃撥帳號：01068953

戶　　　名：五南圖書出版股份有限公司

法律顧問　林勝安律師

出版日期　2009 年 10 月初版一刷
　　　　　2023 年 3 月初版五刷

定　　　價　新臺幣 550 元